新世紀科技叢書

革新二版

水質分析

江漢全 著

WATER QUALITY ANALYSIS

WATER QUALITY ANALYSIS

WATER QUALITY ANALYSIS

ATER QUALITY ANALYSIS

 三民書局

國家圖書館出版品預行編目資料

水質分析 / 江漢全著. －－革新二版三刷. －－臺
北市: 三民, 2015
　　面；　公分. －－(新世紀科技叢書)
參考書目: 面

ISBN 978-957-14-4104-7　(平裝)

1. 水－分析

445.2　　　　　　　　　　　　　　　　93015268

©　水質分析

著　作　人	江漢全
發　行　人	劉振強
著作財產權人	三民書局股份有限公司
發　行　所	三民書局股份有限公司
	地址　臺北市復興北路386號
	電話　(02)25006600
	郵撥帳號　0009998-5
門　市　部	(復北店) 臺北市復興北路386號
	(重南店) 臺北市重慶南路一段61號
出版日期	初版一刷　1996年5月
	革新二版一刷　2004年10月
	革新二版三刷　2015年6月
編　　　號	S 340640

行政院新聞局登記證局版臺業字第○二○○號

有著作權·不准侵害

ISBN　978-957-14-4104-7　（平裝）

http://www.sanmin.com.tw　三民網路書店
※本書如有缺頁、破損或裝訂錯誤，請寄回本公司更換。

革新二版序

　　《水質分析》第一版出書距今已有八年之久，時代變遷快速，各種水質檢驗儀器及標準方法之更新亦不遑多讓，故第一版之內容已無法符合目前水質分析領域的需求，而必須將其內容推陳出新。

　　本書與第一版較大的差異，主要是改以美國公共衛生學會 (APHA) 等單位公告的第 20 版《水及廢水標準檢驗法》為基礎，並配合我國環境保護署環境檢驗所最新公告的水質標準檢驗方法，進行各章節之修訂及增刪。此外，本書在架構上為求研讀順暢，將原附於各章之水質標準檢驗方法移出，集成第三篇的內容。

　　雖然在第一版出書後，蒙學界、業界先進及學生等提供不少修正意見，已納入修訂之重要參考，但疏漏之處仍難完全避免，敬請各界人士持續不吝指正，讓本書能不斷改善，謝謝！

江漢全　謹序

九十三年九月

序

　　水質分析是大專環境工程及科學教育中的一門重要課程，另化學、化學工程、農業化學或其他理工學科學生亦有必要修習，惜中英文專門書籍不多，加以進步快速，目前國內本學科之合適中文教科書可謂鳳毛麟角。由於筆者多年從事水質檢驗室工作，並擔任環境工程儀器分析及水質分析課程之教學工作，乃興起撰寫本書之動機，冀望藉由本書介紹重要水質檢驗項目、分析原理及受廣泛使用之標準檢驗方法，使學生得以瞭解環境學上各水質項目之分析方法原理及實務操作技巧，建立從事水質檢驗工作之基本技能，甚或可具備從事空氣污染物、固體廢棄物分析檢驗工作之基本能力。

　　由於考慮到研習的同學可能不具良好的化學基礎，本書之文字力求簡明淺顯，摒棄過於精微之理論，俾一般學生均能習得將來從事環境檢驗工作之基本技能。至於目前正從事本項專業之讀者，筆者建議應另參閱各項實驗儀器之專門書籍或技術手冊以深入瞭解。

　　筆者缺乏編撰教科書之經驗，本書不週延及疏誤之處在所難免，尚祈各界先進不吝指正，使本書能趨於完善，而能對環境工程及科學教育有所貢獻。

江漢全　謹識

八十五年四月

水質分析

目　次

WATER QUALITY ANALYSIS

革新二版序

序

第 1 篇　水質分析總論

第 2 篇　水質分析實驗

27 基本技術

28 物理性質分析

29　非金屬無機成分之檢驗

30　有機成分之檢驗

31　金屬成分分析

第 3 篇　相關重要水質檢測方法彙編

第1篇

水質分析總論

第1章 緒 論

分析化學 (Analytical Chemistry) 是決定物質成分的科學。包含分離、鑑定及測定物質樣品中各成分的種類及含量。如果分析的目的是要知道一種物質樣品中含有那些元素或化合物，這樣的分析稱為定性分析 (Qualitative Analysis)。若分析的目的是要知道樣品中所含元素或化合物之含量或濃度，這樣的分析稱為定量分析 (Quantitative Analysis)。因此，我們可將分析化學的內涵分為定性分析與定量分析。分析化學經歷很久的發展，已是一重要的應用科學，在工業、醫藥及各種科學中均具有重要地位。

使用分析化學的技術以量測各類水質樣品中成分的種類及含量，稱為水質分析。各類水質樣品，諸如家庭用水、工業用水、地表水、地下水、冷卻水、循環水、鍋爐水、鍋爐補充水、經處理及未經處理之廢水、海水……等之分析，在環境工程的領域中，是相當基本的工作。水質樣品分析的結果，往往透露重要的訊息，供吾人決策之依循。例如自來水系統之水質分析，可確定其水質是否達到或超過法定之飲用水標準，而採取必要的改善措施，確保飲用者之健康。

1-1 水質分析與環境

水是環境中主要的介質 (Medium)，是維持人類及其他生物生命的主要物質之一，因此，水是相當重要的資源。自然界的水，分佈在大氣、地面、地下及海洋中，我們取以利用的主要是地表及地下的淡水，由於水是非常好的溶劑，故天然淡水均含一些溶解成分，雖然其中有些成分並非生命體所需，但天然水之水質 (Water Quality) 一般亦還不至於危害人類及其他生物的健康。值得重視的，倒是人為活動引起的水質問題。

　　由於人為的因素或大部分由於人為的因素，直接或間接的介入污染物質於水中，引起水質物理、化學或生物特性的改變，致影響到水的正常用途或危害國民健康及生活環境，這種現象稱為水質污染。自工業革命以來，人類憑藉高明的頭腦，漸漸能征服自然，主宰著地球的命運，然由於過度的開發與過度的浪費，製造了嚴重的公害，水質污染正是其中最嚴重的問題之一。

　　過去數十年來，水質淨化與處理技術有長足的進步。這其中水質分析學家在檢驗方法的發展、增進檢驗技術的精密度 (Precision) 及準確度 (Accuracy) 方面具有非常重要的貢獻。正確的分析結果，提供環境工程師瞭解水質污染的本質並得以精確地評估處理程序的效率，而能發展有效的物化的 (Physicochemical) 及生化的 (Biochemical) 處理系統。

1–2　水質分析之基本步驟

　　透過水質分析過程自水樣中得知某些成分之性質通常必須涵蓋一系列的步驟，如圖 1–1 所示，首先必須選擇適當的分析方法，然後盡其可能取得具代表性的水樣，由於水樣中難免有干擾物 (Interfering Substance)，必須經由某些程序將待測物分離出來，然後測量其性質，最後即可計算分析物存在水樣中的相對或絕對含量，並估計其可信度。

　　上述之五個基本步驟，可說是缺一不可的，無論那個步驟之輕忽，均會影響水質分析數據的品質，甚至導致錯誤的結果。

▲圖 1–1
水質分析的基本步驟

1–3　標準方法

　　水中待測物之分析，通常有許多不同的方法，使用的方法不同，所得的分析結果亦不一致。在水及廢水分析方法中，最負盛名的，首推美國公共衛生協會 (American Public Health Association, APHA) 指定之水質分析標準法委員會 (Committee on Standard Methods of Water Analysis)，自 1905 年出版第 1 版之《水質分析標準法》，然後於往後修訂，於 1912 年出第 2 版，1917年出第 3 版，1920年出第 4 版，1923 年出第 5 版，在 1925 年，美國水工協會 (American Water Works Association, AWWA) 加入，出了第 6 版，並於 1933 年出了第 7 版，並改書名為《水及污水標準檢驗法》，接著，水環境聯盟 (Water Environment Federation, WEF) 的加入，促使 1936 年出的第 8版涵蓋了污水、工業廢棄物、污泥等範疇，APHA、AWWA 及 WEF 三個單位的合作，1946 年出第 9版，1955 年出第 10版，1960 年出第 11版，並更改書名為《水及廢水標準檢驗法》(*Standard Methods for the Examination of Water and Wastewater*)，此書名沿用於往後之各版次，最新版為 1998 年的第 20版。

　　鑑於標準方法之重要性，我國行政院環境保護署於民國八十年成立環境檢驗所之後，即參考上述美國 APHA 等所出版之水質標準檢驗法，陸續公告水質標準方法。

1–4　精密度與準確度

　　要完成一水質分析，使其結果完全沒有誤差或沒有不準度是不可能的。重要的是，我們必須能估計誤差的大小，並使其維持在可容許的水準之內。表現誤差大小的方法，一般採用精密度 (Precision) 及準確度 (Accuracy)。

　　精密度係描述以相同方法所得二次或更多次測量值的一致性。有若干方法可用以表示精密度，諸如標準偏差 (Standard Deviation, S)、變異 (Variance, S^2)、相

對標準偏差 (Relative Standard Deviation, RSD) 等，茲分述如下。

1.標準偏差 (S)：

標準偏差是一種最常用於表示測定之精密度的統計術語。對於一組重覆測定之數據，樣品的標準偏差可以下式來計算：

$$S = \sqrt{\frac{\sum\limits_{i=1}^{N}(X_i - \overline{X})^2}{N-1}}$$ [1–1]

上式中 S 表示標準偏差，N 表次數，$X_i - \overline{X}$ 是第 i 次測量值與平均值的偏差。標準偏差值愈大，即精密度愈差。

2.變異 (S^2)：

變異事實上是標準偏差的平方，如下式所示：

$$S^2 = \frac{\sum\limits_{i=1}^{N}(X_i - \overline{X})^2}{N-1}$$ [1–2]

上式中 S^2 表變異，N 表次數，$X_i - \overline{X}$ 是第 i 次測量值與平均值的偏差。值得注意的是，標準偏差的單位與數據相同，而變異的單位是數據單位之平方。

3.相對標準偏差 (RSD)：

將標準偏差除以整組數據的算術平均值可求得相對標準偏差，如下列式子：

$$RSD = \frac{S}{\overline{X}} \times 1\,000 \text{ ppt}$$ [1–3]

$$CV = \frac{S}{\overline{X}} \times 100\%$$ [1–4]

[1–3] 式中表示相對標準偏差通常以千分數 (ppt) 來表示。[1–4] 式亦是常被採用的，其中 CV 稱為變異係數 (Coefficient of Variance)。一般而言，相對標準偏差通

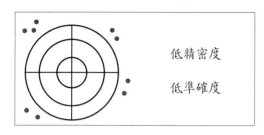 

▲圖 1–2 精密度與準確度差異示意圖

常比標準偏差能對於數據品質提供更清楚的描述，而較常被引用。

準確度指測量值與公認值間的接近程度，以誤差來表示。準確度與精密度之基本差異如圖 1–2 所示，精密度高，並不表示其準確度高。由於我們往往無法知道真值 (True Value)，故水質分析上常以一公認值來取代。表示準確度的方法以絕對誤差 (Error, E) 及相對誤差 (Relative Error, E_r) 最常用。

4. 絕對誤差 (E)：

一分析值 X_i 之絕對誤差 E，可由下式表示：

$$E = X_i - X_t \qquad\qquad [1\text{–}5]$$

式中 X_t 為分析物之真值或公認值。

5. 相對誤差 (E_r)：

相對誤差比絕對誤差更常被使用，相對誤差百分率可由下式計算：

$$E_r = \frac{X_i - X_t}{X_t} \times 100\% \qquad\qquad [1\text{–}6]$$

———— 習　題 ————

一、試述水質分析之五個基本步驟。

二、何謂精密度？何謂準確度？試各舉二種統計方法表示。

三、何謂定性分析？定量分析？水質分析？

四、某樣品測定 5 次之結果為 1.35, 1.42, 1.65, 1.24, 1.56，試以「平均值 ± 標準偏差」的方式表示。

第 2 章　水質分析基本技術

2-1　實驗室安全與環保

水質樣品進行分析時，通常在實驗室中進行。由於水質分析工作上的需要，實驗室備有強酸、強鹼及具腐蝕性的化學藥品，亦有易燃、有毒及易爆之物質，在這樣的一個工作場所，所有工作人員均須注意實驗室中各個危險源，作好自我防護，謹慎使用化學藥品，注意火及熱源，並妥善處理廢棄藥品，使不造成污染問題。

2-1-1　自我防護

在自我防護方面，以下數端，應為實驗室工作者所牢記：

(1)實驗工作進行時，須穿上實驗衣及戴上護目鏡。

(2)不要穿過緊或過鬆衣物，拿掉圍巾及領帶，不要穿戴飾物。

(3)長頭髮應把它紮起來。

(4)不要在實驗室內吃東西、喝東西、抽煙、嚼口香糖、泡茶、泡咖啡。

(5)實驗中不要摸臉、嘴唇及咬鉛筆。

(6)實驗完成後以藥皂將手徹底洗淨。

(7)非工作需要，盡量少待在實驗室內。

2-1-2 化學藥品的使用

化學藥品的使用，常造成工作人員發生危險，以下各點值得檢驗人員留意：

⑴化學試劑於使用前，應查明其毒性，並告知可能接觸到的人員。

⑵具毒性之化學試劑應明確標示。

⑶劇毒性的試劑，要特別小心處理，於稱量及使用時，應注意避免沾上及吸入，如有散落應徹底清洗，以確保個人及旁人安全。

⑷有毒試劑量取時，須使用安全吸球，不可用口吸吸管取用。

⑸不要直接聞未知試藥，需要時應遠離容器，以手搧取一些來聞。

⑹強酸強鹼試藥，打開後瓶蓋要小心放置在別人不易碰到的地方。

⑺有機溶劑傾倒使用時，盡量在毒氣櫃中操作。

2-1-3 火及熱源

實驗室內尤須注意火及熱源，以免不慎造成失火，釀成巨災，下列各點應加以特別注意：

⑴易燃、易爆物應放於陰涼通風處，並避免火及熱源。

⑵注意易燃、易爆之有機溶劑，如乙醇、己烷、氯仿……等之使用遠離火及熱源。

⑶易燃性氣體如 H_2、C_2H_2 ……等之貯留及使用場所，須嚴禁煙火。

2-2 蒸餾水及試驗器材

2-2-1 蒸餾水

水質檢驗所用之蒸餾水，其品質要求依檢驗項目及分析方法靈敏度之需求而

各有不同，通常可分為以下四類：

1. 一般蒸餾水：

使用蒸餾的方法除去水中的微粒、不揮發性有機物、細菌、膠體或無機鹽類等以淨化水質所得到的水稱為蒸餾水 (Distilled Water)。蒸餾水的品質隨進水水質及蒸餾器材質而異，進水最好先經過簡便去離子樹脂處理後再行蒸餾。由於有些蒸餾器是銅製者，因而蒸餾水中常常含有 $10 \sim 50 \ \mu g/L$ 之銅離子。一般蒸餾水之導電度在 $5 \ \mu \mho/cm$ 以下者才適用。

2. 不含二氧化碳的蒸餾水：

蒸餾水通常含有過飽和的二氧化碳，將蒸餾水煮沸 15 分鐘後迅速冷卻至室溫，可製備不含二氧化碳的蒸餾水，常於使用前配製，其 pH 值為 6.6 $\sim$ 7.2。

3. 二次蒸餾水：

使用全部硼矽玻璃之蒸餾裝置，將蒸餾水再次蒸餾所得之水稱二次蒸餾水。

4. 去離子蒸餾水：

將蒸餾水經過強酸性陽離子交換樹脂及強鹼性陰離子交換樹脂混合床，可得高純度之水，其導電度小於 $0.1 \ \mu \mho/cm$，可用於微量陰、陽離子分析用，如用於微量有機物分析時，可使再通過去除有機物之管柱及 $0.2 \ \mu m$ 濾膜過濾。自來水經過陽離子交換樹脂及陰離子交換樹脂混合床處理，所得之去離子水亦可適用於某些檢驗項目，但這種去離子水可能含有非電解質、膠體或非離子有機物等，故受到上述物質干擾之檢驗項目不適用。

2-2-2　玻璃器皿

實驗室中最適用的容器為硼矽玻璃製品，必要時應依需要採用具耐鹼、低硼含量或遮光等特殊性質之玻璃器皿。瓶蓋及塞子應選用能抗所盛物品腐蝕之材質，

玻璃蓋不適於強鹼性液體，因其易與瓶子黏住，橡皮塞適用於鹼性溶液，但不適用於有機溶劑，因其會膨脹或分解。

　　玻璃容器在每次使用前必須清洗乾淨，可使用適當之中性或鹼性清潔劑、酸性清洗劑等處理之。鉻酸清洗劑係將 1 L 濃硫酸緩慢加入於 35 mL 飽和重鉻酸鈉溶液並攪拌之。清潔劑或濃鹽酸可用來清洗硬橡皮和聚乙烯瓶。清洗後之容器必須用自來水沖洗後，再用蒸餾水淋洗，倒置晾乾備用。

2-2-3　試　劑

　　化學試劑及溶劑的純度可從一般工業級至各種高純度級，分析上所要求的純度依分析種類而異，通常所測定的項目及偵測器的靈敏度和特定性為決定試劑純度的因素。一般分析，包括大部分的無機分析，使用分析試藥級（分析試藥級、試藥級及 ACS 分析試藥級為同等級品）即可，至於微量有機分析，常使用特殊的超純度級試劑及溶劑；本檢驗法內，標準溶液之配製，若可能應使用標準級試藥，其餘若未指明試劑的純度，即泛指分析試藥級，注意勿使用較規定純度為低的試劑。

　　試劑需小心配製，視需要以一級標準品標定之。一級標準品瓶上應附有品質分析保證；用作酸定量法的標準品為鄰苯二甲酸氫鉀 (Acid Potassium Phthalate)、苯甲酸 (Benzoic Acid)，用作氧化還原法的標準品為草酸鈉 (Sodium Oxalate)、三氧化二砷 (Arsenic Trioxide)、重鉻酸鉀 (Potassium Dichromate)。所有配製標準溶液用之無水試藥均應在 105～110°C 乾燥 1～2 小時或隔夜，在乾燥器內冷卻至室溫後，應立即精秤至適當量配製成溶液，如需在不同溫度乾燥者會特別註明，如含有結晶水應使用有效之乾燥器乾燥，而不用烘箱。

　　試劑濃度單位常用者為當量濃度 (N)，莫耳濃度 (M) 或增加容積比 (a + b)。一當量濃度為每升溶液中含有一克當量的溶質，一莫耳濃度為每升溶液中含有一克分子量的溶質，在增加容積比 (a + b) 中，a 代表較濃之試劑量，b 代表稀釋用之蒸餾水量，例如「1 + 9 鹽酸溶液」意指 1 容積之濃鹽酸，加 9 容積之蒸餾水的混合溶液。

　　欲配製精確濃度的溶液，可精秤正確量之試藥溶解之，在量瓶中稀釋至定量，或配製較高濃度的溶液，作為儲備溶液 (Stock Solution)，使用前在量瓶中稀釋至標準濃度稱為標準溶液，儲備溶液及標準溶液均應在量瓶中準確配製；如果濃度不需要很準確時，可用量筒代替量瓶。

2-3　基本操作

2-3-1　過濾 (Filtration)

　　過濾係把流體通過一過濾介質或隔膜，使固體沉積在其上，以除去固體粒子的方法。過濾之基本流程如圖 2-1 所示，從依照樣品中過濾物特性開始，選擇過濾方式、過濾介質、助濾劑，必要時需進行過濾介質之前處理，然後組合過濾器，傾濾樣品及洗滌，才告完成。

　　水質分析中雖用到過濾的機會很多，過濾方式則不外乎重力式與抽真空式兩種，前者不藉外力，後者則利用泵浦抽氣使過濾物容易通過過濾介質。過濾介質之選擇一般以濾紙或濾膜為主，依孔隙大小之不同，採用不同密度之濾紙及濾膜，鮮少使用助濾劑及進行介質之前處理。

瞭　解　過　濾　物　特　性

選　擇　過　濾　方　式

選　擇　過　濾　介　質

選　擇　助　濾　劑

介　質　前　處　理

過　濾　器　組　合

傾　濾　及　洗　滌

▲圖 2-1
過濾程序之基本流程圖

2-3-2 迴流 (Reflux)

迴流為需長時間加熱反應之混合物，為防止其溶液散失所用之操作。迴流裝置如圖 2-2 所示，以三角燒瓶或平底燒瓶為反應容器，當其受熱，燒瓶中之水樣及試劑混合物即慢慢沸騰，其蒸氣在垂直的冷凝管中遇冷，冷凝為液體，再回到三角燒瓶中，因此瓶中液體常保持一定，較不易逸失。

迴流操作之基本流程如圖 2-3 所示，主要有組合迴流裝置、放入樣品試劑、開冷凝水及加熱至所需時間等程序。一般在反應容器中，需放入沸石 (Boiling Stone)，以防突沸現象之發生。由於迴流主要目的係使蒸氣冷凝，重回反應容器中，再繼續反應，因此在加熱時需注意觀察，蒸氣是否衝出冷凝管？若能控制蒸氣高度在冷凝管下端 1/3 最佳，如無法控制蒸氣之衝出，則須更換其他型式冷凝管，如蛇形者，或使用較長之冷凝管。

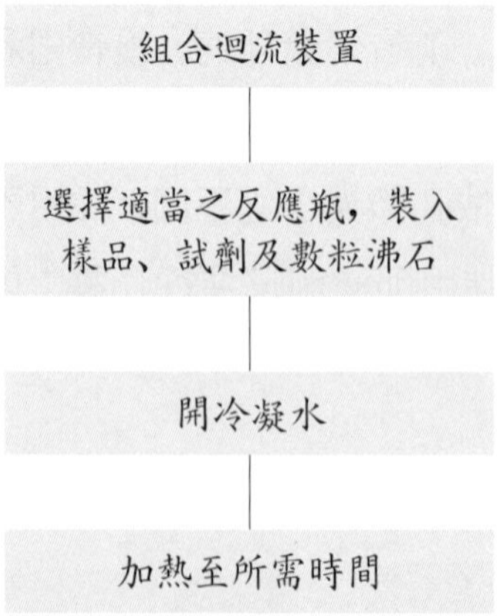

▲圖 2-2
迴流裝置

組合迴流裝置

選擇適當之反應瓶，裝入
樣品、試劑及數粒沸石

開冷凝水

加熱至所需時間

▲圖 2-3　迴流操作之基本流程圖

2-3-3　蒸發 (Evaporation)

　　蒸發係加熱液體使成蒸氣逸散之操作，一般用於移除液體中無用之組成分。藉著蒸發的過程，可達到溶液濃縮的目的，在操作時，應不斷供給熱源並讓產生的蒸氣持續除去。

　　在水質分析中，常用加熱板及本生燈等直接加熱水樣使其蒸發，濃縮待測成分供測定之用。有些水樣中的有機質會與待測成分結合，要促進其分解釋出待測成分還需於蒸發程序前加入強酸消化 (Digest) 有機質。

2-3-4　蒸餾 (Distillation)

　　蒸餾為分離混合液體中成分的一種方法。藉著蒸餾的過程，可將樣品中具揮發性的組成分，隨著蒸氣分離出來，經冷凝後收集之。

　　簡單的蒸餾裝置如圖 2-4 所示，裝置左方之圓底燒瓶中放置水樣可利用電熱包或本生燈加熱，使水樣中之待測成分蒸發出，然後利用冷凝程序將其收集於右方之量筒或錐形瓶中，如此則可將待測成分分離純化，再繼續分析的過程。

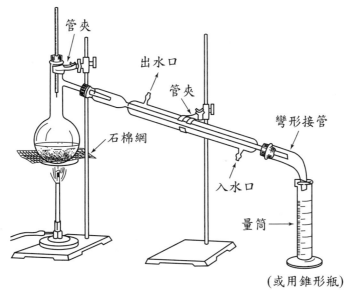

▲圖 2-4　簡單蒸餾裝置

2–3–5　萃取 (Extraction)

　　萃取係以溶劑自固體或液體樣品中，將待測成分抽提出可溶於溶劑部分之操作。它主要是利用待測成分在兩種不同溶劑中之溶解度不同的原理，通常萃取次數愈多，則分離愈完全，且萃取時每次用少量溶劑作多次萃取，較使用多量溶劑萃取少次為佳。

　　萃取之基本流程如圖 2–5 所示，在瞭解待測萃取物特性之後，即可選擇適當之萃取溶劑，其主要通則為「相似物質溶於相似物質」，如非極性的油脂，較易溶於非極性的正己烷溶劑中；然後選擇萃取器具如分液漏斗或索氏萃取器 (Soxhlet Extractor) 進行萃取，其示意圖如圖 2–6 所示；接著即可萃取分離出待測成分。

▲圖 2–5
萃取的基本流程

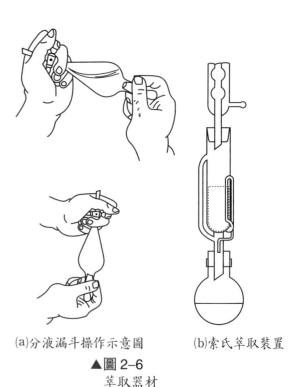

(a)分液漏斗操作示意圖　　　(b)索氏萃取裝置

▲圖 2–6
萃取器材

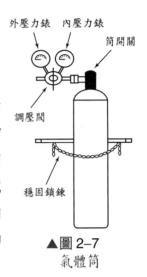

▲圖 2–7
氣體筒

2–3–6　氣體筒之使用

實驗室中的精密儀器，常需使用桶裝氣體，其中不乏危險易爆的氣體，故應尋找通風良好、乾燥、陰涼處貯放，貯放點附近最好有防火設備並設置嚴禁煙火警示牌。又為了防止氣體筒傾倒，發生危險，需加以穩固，如以牆壁鏈鎖方式或加裝鋼瓶底座均可。如圖 2–7 所示，氣體筒之壓力可由內壓力錶觀察，管線壓力則由外壓力錶來控制。壓力錶常用的單位為 kg/cm^2 及 psi，其間之關係與大氣壓力之換算關係為：

$$1 \text{ atm} = 1.03323 \text{ kg/cm}^2 = 14.6960 \text{ psi} \qquad [2\text{--}1]$$

氣體筒之使用流程如圖 2–8 所示，依序為使用前之檢查、打開氣體筒開關、調整流出壓力、使用、用畢鎖緊、洩除管線氣體等步驟，其要點均註明於圖中。

使用前檢查	1.筒內壓至少在 5 kg/cm^2 以上。 2.檢查管線是否有漏氣。
打開氣體筒	以扳手依反時鐘方向，旋轉筒頂開關。 （反時鐘方向——開，順時鐘方向——關）
調整流出氣壓	依順時鐘方向，旋轉調壓閥至所需壓力。 （順時鐘方向——開，反時鐘方向——關） 1.通常儀器使用之氣體壓力，均為固定，因此可在壓力錶上劃上記號，以便查看。 2.當第一次調壓後，關氣體時只要關氣體筒上開關，即可。
使用後	
鎖緊氣體筒	以扳手依順時鐘方向，轉緊筒頂開關。
洩氣	將氣體筒至儀器管路中之氣體洩盡。

▲圖 2–8　氣體筒之使用流程

2-4　數據處理

2-4-1　檢驗記錄填寫

　　檢驗結果之精確記載，是實驗室工作人員不可或缺的訓練，詳實之記錄，可供當發生疑問時，有追溯的機會，因此，檢驗記錄應力求詳細及易於理解，便於審閱。

　　為避免記錄不完全，檢驗記錄以使用格式化的標準記錄紙為宜，每張記錄紙均須填寫日期及檢驗者，於得到數據時馬上記錄，若實驗過程發現可疑部分，則以簡潔之文字記錄於上，切忌使用代表符號，防止日後無法記得狀況。

　　記錄時發生錯誤是難免的，若發生則將錯誤部分劃去，在旁邊改正，不要用橡皮擦去或修正液塗抹，當然，記錄以原子筆為宜，不要使用鉛筆。記錄紙在使用後，應予以整理並妥為保管，便於日後查證。

2-4-2　數據計算

　　實驗分析所得之原始數據，常須經過運算後才能成為報告之數據，其計算公式依檢驗項目及檢驗方法而異，通常在標準檢驗方法中均有說明。

　　值得注意的，一般檢驗項目之數據，係由準確數字後加一位未確定數字所組成，即採用有效數字法。有效數字之加減，係以小數點最少位數為準，如：

$$0.02 + 3.1 + 4\,580 = 4\,583 \tag{2-2}$$

有效數字之乘除，則以最少位有效數字為準，如：

$$\frac{0.01235 \times 45.55 \times 35}{1.386} = 14 \tag{2-3}$$

2-4-3　濃度表示法

水質分析中，最常用的濃度表示法有質量濃度（含 mg/L 及 ppm）、當量濃度 (N) 及 CaCO₃ 表示之質量濃度 (mg as CaCO₃/L)，茲分述如下：

1. 質量濃度：

表示溶液中溶解質溶質量濃度的基本方法有二，第一種是單位容積溶液中的溶質質量，即所謂重量／容積 (W/V) 基準；第二種是一定溶液重量中之溶質重量，即所謂重量／重量 (W/W) 基準。mg/L 及 ppm 分別為 W/V 及 W/W 單位，常用於表示水質分析之結果，如已知溶液密度，兩者可以互換。如果溶液密度 (ρ) 為 1，則兩種濃度表示法一致，即：

$$\rho = 1 \text{ kg/L} \tag{2-4}$$

則

$$ppm \text{ 濃度 } (\frac{\text{mg}}{\text{kg}}) = \text{mg/L } 濃度 \tag{2-5}$$

對於待測成分濃度不高的廢水及天然淡水，可假定溶液密度為 1，故 mg/L 與 ppm 可交互使用，不過，近年來有傾向使用 mg/L 之趨勢。

2. 當量濃度 (Equivalent Concentration)：

溶液中溶質的濃度以 N 或 eq/L 表示即稱為當量濃度，或稱規定濃度 (Normal Concentration)。1 N 濃度的溶液是指每升溶液中含有 1 克當量的該種物質。水與廢水化學中，當量的定義有三種：分別是根據⑴離子的荷電量，⑵酸鹼反應之氫氧離子轉移質子數，及⑶氧化還原反應的電子轉移數。因此分別有下列關係：

$$當量 = \frac{分子量}{離子荷電量} \tag{2-6}$$

$$當量 = \frac{分子量}{n}, \ n \ 是反應的質子或氫氧離子數 \hspace{3cm} [2\text{--}7]$$

$$當量 = \frac{分子量}{z}, \ z \ 為 \ 1 \ mole \ 物質反應的電子轉移數 \hspace{2cm} [2\text{--}8]$$

求得當量之後，待測成分的質量除以當量可得克當量數，每升的克當量數即為當量濃度。

3. CaCO₃ 表示之質量濃度：

以 $CaCO_3$ 表示之質量濃度，廣泛用於表示硬度（含鈣及鎂）及鹼度（含 HCO_3^-、CO_3^{2-} 及 OH^-）之濃度。基於酸鹼反應時，$CaCO_3$ 可反應之質子為 2 ($n = 2$)，故 $CaCO_3$ 之當量計算如下：

$$CaCO_3 \ 之當量 = \frac{分子量}{2} = \frac{(40 + 12 + 3 \times 16)}{2} = \frac{100}{2}$$
$$= 50 \ g/eq = 50 \ mg/meq \hspace{3cm} [2\text{--}9]$$

同理，鈣之當量為 $40.1/2 = 20.05 \ mg/meq$，鎂之當量為 $24.3/2 = 12.15 \ mg/meq$。求得各化合物或多價離子之當量後，即可利用下列公式將該物質（設為 X）轉變為以 $mg/L \ as \ CaCO_3$ 為單位：

$$X \ (mg/L \ as \ CaCO_3) = \frac{X \ (mg/L) \times 50 \ (mg/L \ CaCO_3/meq)}{X \ 之當量 \ (mg/meq)} \hspace{1.5cm} [2\text{--}10]$$

以某水樣測出 Ca^{2+} 之濃度為 100 mg/L 為例，則以 $mg/L \ as \ CaCO_3$ 為單位，可計算如下：

$$\frac{100 \ mg/L \times 50 \ mg \ CaCO_3/meq}{20.05 \ mg/meq} = 249.4 \ mg/L \ as \ CaCO_3 \hspace{1.5cm} [2\text{--}11]$$

習　題

一、蒸餾水與去離子蒸餾水有何不同？

二、實驗室常用的清洗劑有那三類？在什麼狀況下使用？

三、說明各濃度單位之意義：$(1)\,N$；$(2)\,M$；$(3)\,a+b$。

四、何謂萃取？其原理為何？

五、說明 mg/L 及 ppm 之意義。有何相關？

六、計算硫酸 (H_2SO_4)、鹽酸 (HCl)、碳酸鈉 (Na_2CO_3)、磷酸 (H_3PO_4) 之當量。

第 3 章　品保品管

　　水質分析實驗室的品保 (Quality Assurance, QA) 品管 (Quality Control, QC) 系統，近年來相當受到國際間的重視，美國 APHA 等在 1992 年出版的《水與廢水標準檢驗法》第 18 版與其第 17 版內容最大的差異處，即在 QA/QC 系統內容之增修，而美國超級基金 (Super Fund) 的合約實驗計畫 (Contract Laboratory Program, CLP) 對 QA/QC 之要求尤以嚴格出名，此外，美國亦訂有嚴格的飲用水分析實驗室所應具有的品保／品管標準。我國環保署於民國八十年一月成立環境檢驗所後，即持續訂定較嚴格的環境分析實驗室 QA/QC 要求，並且規定民間環境檢驗機構須遵行其要求，方同意成為環保署認可的環境分析實驗室。

　　針對分析實驗室的品質系統，國際間主要依循標準為 ISO Guide 25 "General Requirements for the Technical Competence of Testing Laboratories"，我國亦於民國七十八年依據上述標準制定了中國國家標準 CNS 12608 「試驗室技術能力一般準則」，對我國各種試驗室技術能力設定一些基本要求。依 ISO 8402 的定義，品質是產品或服務的總合性特徵與特性，其具有滿足客戶明訂的或潛在的需求能力。基此，對於一個水質分析實驗室而言，應提供可靠的分析數據，快速地提出檢驗報告，合理的分析價格，方為一能滿足委託者的高品質服務，而完善的品保品管系統，正是達成高品質的必要手段。

3-1　品質保證

　　依據 ISO 8402 的定義，品質保證 (Quality Assurance) 是：為使人們確信某一產品或服務能滿足規定的品質要求所需提供一切有計畫、有系統的活動。就水質分析實驗室而言，品質保證的具體作法是實施品質管制 (Quality Control, QC) 措

施，並建置實施品質管制的完整文件證明，以證明該實驗室在任何查驗下，均能維持一定的水準。換言之，品質保證包括用來監視產生有效數據的整個分析檢驗過程的所有活動，以保證該過程妥為實施且有效產生所需品質。因此，舉凡樣品的收集、分析、品管等檢驗實務，均為品保之一環，更具體的條列，則品質保證的內涵包括：

　　——組織及結構
　　——人員進用、訓練及工作分配
　　——分析方法的選擇、發展及文件化
　　——正確儀器設備的提供
　　——保證儀器正常運作的計畫
　　——實驗室空間的配置及其環境設施
　　——消耗品的採購
　　——樣品的接收及處理流程
　　——修正措施的計畫
　　——品質系統的審查、檢討及稽核
　　——各種適當的記錄保存措施
　　——各種成本支出及開立單據
　　——所有與委託人的接洽與聯繫

　　一般而言，水質分析實驗室的品質保證系統，通常包括數據品質目標 (Quality Object)、品質管制與品質查核 (Quality Assessment) 三部分。除品質管制措施於 3-2 節介紹之外，其餘兩個部分先在此討論。

　　數據品質目標是實驗室主管依其專業人員素質、實驗室儀器設備及管理組織規模等，所訂定的檢測數據品質目標。可分為五大項：

(1)精密度 (Precision)：同一個樣品重覆分析時，其數據之偏差應該愈小愈好。一般水質測項，除有機物或微生物測項可能超出 30% 或以上的偏差外，多在 20% 偏差之內，甚至可定在 15% 之內。

⑵準確度 (Accuracy)：樣品之分析數據，應儘可能減少誤差，使檢測數據愈接近真值愈好。一般水質測項，除有機物或微生物測項可能超出 30% 或以上的誤差外，多可控制在 ±20% 之內。

⑶代表性 (Representative)：樣品之採樣過程，應該特別注意其採樣方法及地點，甚至時間及天候，使採得之樣品，代表母體特性程度愈高愈好。可參閱本書第 5 章內容。

⑷完整性 (Completeness)：在樣品採集、保存及分析的過程中，如發生失誤，會產生不可信或無效數據，故上述過程應力求嚴謹，使得到有效數據之樣品比率愈高愈好。

⑸比較性 (Comparative)：樣品之檢驗方法很多，所分析出來的結果會有差異，為了方便比較，採用之檢測方法使不同母體間愈方便比較愈好。一般的水質檢驗，以採用環保署公告的標準方法或美國公共衛生協會 (APHA) 等公告的《水及廢水標準檢驗法》最普遍。

　　上述五大項合稱為 PARCC。當訂出數據品質目標後，應依據此目標撰寫品質手冊，訂定標準作業程序 (Standard Operation Procedure, SOP) 並要求工作成員確實遵守品質手冊所規定之事項，以順利達成所定的目標值。

　　品質查核或稱品質稽查 (Quality Audit)，依據 ISO 8402 的定義，品質查核是：有系統而獨立的查驗，以判別品質活動及相關結果是否符合預定計畫，以及這些計畫事項是否有效執行，且能適切地達成目標。對於水質分析實驗室而言，品質查核通常包括績效查核 (Performance Audit) 及系統查核 (System Audit)。績效查核是為了瞭解整個水質分析測定系統各部分之準確性，其作法是使用績效評估樣品 (Performance Evaluation Sample, PE Sample)，由實驗室檢測人員分析，供評估其檢測能力，或安排與國內外其他實驗室進行實驗室間比測。系統查核是對整個水質分析實驗室的品保／品管系統進行查驗與評估，以確定實驗室處於最佳狀況，其作法是委託外界之學者專家，對整個測定系統進行定性評估，並且含人員之現場及實驗室操作。不論績效查核或系統查核，水質分析實驗室都應定期執行，維持一定的頻率，以確保水質分析的品質。

3-2　品質管制

　　依據 ISO 8402 的定義，品質管制是：為了達成品質要求所採取的一切作業技術及活動。品質管制是品質保證體系中最重要的一環。在分析實驗室內，品質管制的活動是指每日進行用來保障所產生的數據為有效的一切活動，包括：

　　──工作人員的督導

　　──樣品接收及處理過程的查驗

　　──嚴格遵行既定的檢驗步驟

　　──標準品及參考物質的使用

　　──實驗環境的控制

　　──數據的品管

　　──實驗室間比較測試的計畫

　　──分析數據圖表的製作（例如品質管制圖）

　　──數據、計算、記錄及報告的查驗

　　──尋求客戶的意見

等均屬之。

　　水質分析實驗室常使用的品質管制措施，如表 3–1 所示，包括方法偵測極限之建立、檢量線製作、空白分析、重覆分析、查核樣品分析及添加標準品分析等，茲於下列各節詳述之。

▼表 3-1　水質分析實驗室檢驗品質管制表①

檢測項目		品　　質　　要　　求					
		方法偵測極限	檢量線製作	檢驗室空白分析	重覆分析	查核樣品分析	添加標準品分析
一般	水溫、透視度、濁度、色度、有效餘氯含量	×	×	×	○	×	×
	大腸菌數 (MPN)、一般細菌數	×	×	○	○	×	×
電極法	pH 值、導電度及其他適用電極法之檢驗項目	×	×	×	○	×	×
	氯鹽	×	○	×	○	×	×
重量法	總固體、懸浮固體及其他適用重量法之檢驗項目	×	×	○	○	×	×
	油脂	×	×	×	○	○	×
滴定法	生化需氧量、化學需氧量、氯鹽、氨氮、氰化物及其他適用滴定法之檢驗項目	○	×	○	○	×	×
	溶氧	×	×	×	○	×	×
比色法	硝酸鹽氮、酚類、陰離子界面活性劑、硼、硫化物、磷、氰化物、氨氮、六價鉻、亞硝酸鹽氮及其他適用比色法之檢驗項目	○	○	○	○	○	○
原子光譜吸收法	鎘、銅、鉛、鋅、銀、鎳、鐵、錳、總鉻、溶解性鐵、溶解性錳、硒、砷、汞、有機汞及其他適用原子吸收光譜法之檢驗項目	○	○	○	○	○	○
氣相層析儀法	多氯聯苯、安特靈、安殺番、靈丹、飛佈達及環飛佈達、阿特靈、滴滴涕及其衍生物……等有機氯劑、巴拉松、大利松、一品松、亞素靈……等有機磷劑及其他適用氣相層析儀法之檢驗項目	○	○	○	○	○	○

① 「○」表應該執行，「×」表可不必執行或無法執行。

3-3　方法偵測極限之建立

依據美國化學學會 ACS 的定義，偵測極限 (Detection Limit, DL) 為一個可靠分析方法所能量測分析物之最小濃度。若含待測化合物之樣品不需經過任何前處理分析流程，而係直接以儀器檢測時，則所求得之偵測極限，稱為「儀器偵測極限」(Instrumental Detection Limit, IDL)；倘若待測樣品完全依照特定分析方法所指定的步驟，逐步操作，則所獲得之偵測極限，稱為該特定方法的「方法偵測極限」(Method Detection Limit, MDL)。

方法偵測極限之決定，目前最常被使用的方法稱為單點預估法，是以單一濃度添加求取偵測極限的方法，其步驟如下：

⑴預估偵測極限：可使用儀器與雜訊比 (Signal-to-Noise, S/N) 2.5 ～ 5.0 之濃度，或使用 IDL 值預估。

⑵準備試劑水：試劑水中不得有待測物或干擾物。

⑶於試劑水中添加待測物，使其濃度為預估偵測極限之 1 至 5 倍。

⑷重覆分析水樣 7 次：分析步驟與檢測方法中待測物之分析步驟完全相同，並將結果依檢測方法規定之計算方法求得濃度值。

⑸計算 7 次測定濃度值之標準偏差 (Standard Deviation, SD)。

⑹方法偵測極限的計算：

$$MDL = 3.14 \times SD \qquad\qquad [3-1]$$

當求得各水質分析測項的 MDL 之後，檢驗分析人員應不要使用測值為 "0" 的表示法於檢驗報告上，而在測值低於 MDL 時，應以「偵測不到」(Not Detected, ND) 表示。

一些檢驗報告亦會提出「定量偵限」(Limit of Quantitation, LOQ) 一詞，其值可由前述 MDL 決定步驟中所得到的 SD 值，依下式計算之：

$$LOQ = 10 \times SD \hspace{4cm} [3\text{-}2]$$

LOQ 是要表示，水樣中的待測物信號必須高於此值，才具有定量上足夠的可信賴度。

3-4 檢量線製作

在進行水質分析時，我們用標準品配製出一系列不同濃度的樣品，以特定儀器量測後，會得到不同的訊號或讀值。檢量線 (Calibration Curve) 就是一特定分析儀器的訊號或讀值，相對其水樣之濃度（或量），所繪製而成的 XY 圖。習慣上，我們以水樣濃度作為 X 軸，儀器訊號作為 Y 軸。當檢量線建立之後，待測水樣在特定分析儀器檢測所得到的訊號，就可經由檢量線求得水樣的濃度了。由上述可知，檢量線製作是否正確，會直接影響到水質分析數據的品質。

檢量線製作的方法，在標準檢測方法上通常都有規定，其一般性的步驟如下：

(1)準備儲備標準品：依待測成分，準備純度高的試藥級化合物，作為儲備標準品之用。

(2)配製儲備標準品溶液：秤取適量的儲備標準品（一般常需先行烘乾），以試劑水配製一個高濃度的儲備標準品溶液。

(3)配製適當濃度之標準品溶液：以試劑水作一系列稀釋，取儲備標準品溶液配製成各檢量線濃度之標準品溶液，至少包含 1 個空白溶液及 3 個以上不同濃度梯度溶液，其中一個應接近但不小於方法偵測極限，一個應接近但不大於定量範圍之上限。

(4)求取儀器訊號：將配製完成之標準品溶液進行相同於水樣之分析程序，並以特定儀器分析，求其訊號或讀值，如吸光度、電位值……等。

(5)繪製檢量線：由標準液溶液濃度（以 X 表示），與儀器訊號（以 Y 表示），進行迴歸分析，繪製檢量線 XY 圖。其直線方程式如下：

$$Y = a + bX \hspace{4cm} [3\text{-}3]$$

式中 a 及 b 為常數，可以最小平方法 (Least Square Equation) 計算得到，同時，亦可求得直線迴歸相關係數 r，一般 r 值要求在 0.99 以上。

檢量線之製作，最好在每次分析水樣時均能重新執行。並且，在製作完成後，應立即以一個不同於製備檢量線標準品的試劑，配製成一校正確認標準品 (Calibration Verification Standard)，使其約為檢量線涵蓋範圍之中間濃度，來檢查檢量線之正確性，若二者差異超過 ±10%（原子吸收光譜法分析）或 ±15%（一般有機與無機分析），則應探討原因，採行修正措施，或重新製作檢量線。

3-5 空白分析

空白樣品 (Blank) 是一種為監視檢測過程中是否導入人為污染而設計的人造樣品。以水質樣品為例，試劑水即可用來做為空白樣品。空白樣品依其監視的目的不同而有不同的種類，茲說明如後。

1. 實驗室空白或稱試劑空白樣品 (Reagent Blank)

實驗室空白主要是檢測樣品在前處理及分析過程中是否受到污染，實驗室空白樣品係以試劑水為樣品，試劑水通常為實驗室配製試劑使用的去離子蒸餾水，經過與待測樣品相同之前處理及分析步驟檢驗，所得之測定值為實驗室空白值。一般水質檢驗之實驗室空白值不大於方法偵測極限的 2 倍，才算符合要求。

2. 保存空白 (Holding Blank)

保存空白主要是檢測樣品在保存期間，是否導入污染。保存空白的樣品係以實驗室試劑水為樣品，將其與待測樣品同時放置於儲存室，再經與待測樣品相同之前處理及分析步驟檢驗，所得之測定值扣掉實驗室空白值即為樣品保存空白值。

3. 運送空白 (Trip Blank)

運送空白係將實驗室之試劑水置入與盛裝待測樣品相同之另一採樣瓶內，將

瓶蓋旋緊，攜至採樣地點，再隨同待測樣品同時運回實驗室。運送空白樣品在採樣現場並不開封，它主要是檢測樣品自樣品加入保存劑，運送至採樣地點，再送回實驗室，經樣品保存前處理及分析過程中是否導入污染。

4.野外空白 (Field Blank)

野外空白類似運送空白，係將實驗室試劑水置入與盛裝待測樣品相同之另一採樣瓶內，將瓶蓋旋緊，攜至採樣地點，在現場開封並模擬採樣過程，密封後再與待測樣品同時運回實驗室。與運送空白樣品比較，野外空白主要為檢測樣品在取樣現場是否曾導致污染。野外空白分析結果若大於 2 倍方法偵測極限，且該批次各水樣濃度小於 10 倍野外空白水樣分析結果，則需重新採樣。

3-6　重覆分析

將同一現場樣品分成兩個進行分析，稱為重覆 (Replicate) 分析，通常每 20 個或一批中至少有一個樣品應執行重覆分析。

重覆分析所得的分析值，可以相對差異百分比 (Relative Percent Difference, RPD%) 表示：

$$\text{RPD}\% = \frac{|X_1 - X_2|}{\frac{1}{2}(X_1 + X_2)} \times 100\% \qquad [3\text{--}4]$$

其中，X_1、X_2：重覆分析二次測值。

由重覆分析之結果，可據以判斷分析數據的精密度。重覆分析之差異百分比值，應以表列出，並建立可接受極限，繪製品管圖，若重覆分析差異百分比值落於極限之外，則分析值視為不可靠，宜立即採取修正行動，並且重覆樣品之分析每年應重新建立可接受極限並繪製新的品管圖。

3-7　查核樣品分析

所謂查核樣品 (Check Sample)，係將適當濃度之標準品，添加於試劑水中配製而成。查核樣品所用之標準品，一般需有別於製備檢量線或於分析中作為標準之標準品。查核樣品分析之測定值，可與已知濃度或稱目標值比較，計算回收率 (Recovery)，如下式：

$$回收率 (R\%) = \frac{測定值}{目標值} \times 100\% \qquad [3-5]$$

由查核樣品分析之結果，可據以判斷分析數據的準確度。查核樣品回收率，應以表列出，並建立可接受極限，以及繪製品管圖，若查核樣品回收率落於極限之外，則分析值不可靠，宜立即採取修正行動，且查核樣品之分析每年應重新建立可接受極限及繪製品管圖。

3-8　添加標準品分析

此分析最主要是確認樣品中有無基質 (Matrix) 干擾或使用之分析方法是否適當，因此對同一基質的樣品，可以每 20 個做一樣品添加 (Spike) 分析，或每一批次至少有一樣品做添加標準品分析。其作法乃將樣品等分為二，一部分直接依步驟分析之，另一部分添加適當濃度之標準品後再行分析。

當樣品伴隨添加標準品分析時，應於分析報告中記錄添加方式及添加回收率，若回收率超出 75 ～ 125% 之管制外，應立即採取行動診斷原因，或改採標準添加法分析。

$$樣品添加回收率 = \frac{E \times F - A \times B}{C \times D} \times 100\% \qquad [3-6]$$

其中，A: 待測元素濃度，B: 待測體積，C: 添加標準品濃度，D: 添加標準品體積，E: 添加後總體積，F: 添加後濃度。

　　當樣品之添加回收率太差時，顯示基質干擾嚴重，此時可以用標準添加法求得較佳的樣品濃度。以原子吸收光譜法測定水中待測物質為例，其作法如下：

(1)取定量未知濃度樣品。

(2)分別置入編號 1, 2, 3, 4 之量瓶中。

(3)分別加入不同體積（等量差距）之標準品溶液。

(4)再以去離子蒸餾水稀釋成相同體積。

測定結果如下圖所示：

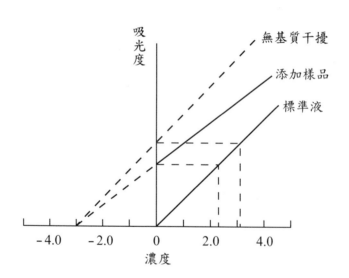

　　將標準添加溶液所測得的吸收度，利用外插法使其與濃度軸相交，再畫出與標準液線的平行線，其與 Y 軸相交點所顯示的吸收度，對應的濃度即為樣品無基質干擾的濃度。計算：

$$當\ Y = 0\ 得\ X\ 軸截距 = \frac{A \times S}{B}$$ [3–7]

其中，A: 樣品之定量體積，B: 最終體積，S: 樣品濃度。

習　題

一、何謂 QA/QC? 試各舉二例說明實驗室 QA/QC 之活動。

二、空白樣品有那些種類? 水質檢驗對空白樣品分析值有何要求?

三、何謂重覆分析? 其差異如何表示? 在分析上有何意義?

四、試述查核樣品分析如何進行? 在水質分析上有何意義?

五、添加標準品分析之回收率與查核樣品分析之回收率差距很大時, 其意義為何?

第 4 章　品管圖的製作

　　品質管制圖（或簡稱品管圖）是一個品質保證計畫中不可或缺的工具。基本上，當一個統計控制下的測定過程偏離了統計上的控制時，利用品質管制圖可以顯示出來，吾人即可透過分析品管圖之意義，謀求改進對策，而達到品質管制的目的。

　　在化學分析過程中，至少會受到兩種類型誤差之影響。第一類型的誤差稱為未定誤差或隨機誤差，會造成數據在平均值周圍或多或少對稱地散亂分佈；第二類型的誤差稱為確定誤差或系統誤差，它導致一組數據的平均值與公認值不同。未定誤差是由許多不能控制的變數所造成的，這些變數是每一個物理或化學量測所不可避免的部分，因此，這種變異在化學分析中可視為正常。然而，確定誤差則有一定來源，通常可被鑑定，它們是單一方向偏高或偏低的變異，這在化學分析中應全力加以消除。水質分析實驗室使用品質管制圖，即為以合理的抽樣方法，將樣本之統計量繪於圖上，以區辨未定誤差抑或確定誤差，達到維護數據品質的目標。

　　欲建立一個品管圖，分析人員必須先瞭解測定步驟，熟習分析方法的每一環節，才具有能力去探討可能的誤差來源，而且，操作經驗也是重要的，通常分析人員操作一個新方法必須經過多次測試後才能克服障礙，因此在剛開始利用新方法測定時，他們的績效一定較熟悉操作後為差。當分析方法被確認且熟習後，實驗室即可開始利用此方法分析樣品，同時必須收集品管樣品，諸如空白樣品、查核樣品、重覆樣品、添加樣品等之測定結果，這些測定若能在一定期間內有多次的（2～5遍）測試更佳，測試在 2 遍以上的理由有兩點：第一，如此可較準確評估允許的變異性；第二，平均值的分佈較一次測試更趨「常態」。

　　建立品管圖時，必須在一定期間內進行多次測試，以確保所有隨機性變異的原因均已納入，一般建議建立品管圖至少需要有 20 至 25 次的測定結果，有了這些數據，就可以進一步探索如何繪製一個有用的水質分析實驗室用品管圖了。

4-1　品管圖之構成

品管圖基本上有平均值品管圖 (Mean Control Chart) 及值域品管圖 (Range Control Chart) 兩種形態，其構成略有不同，故分別討論之。

4-1-1　平均值品管圖

平均值品管圖係先計算各測試組數據的平均值 ($\overline{X}$) 及標準偏差 (Standard Deviations, S)：

$$\overline{X} = \frac{\sum\limits_{i=1}^{N} X_i}{N} \qquad\qquad [4\text{--}1]$$

$$S = \sqrt{\frac{\sum\limits_{i=1}^{N} (X_i - \overline{X})^2}{N-1}} \qquad\qquad [4\text{--}2]$$

[4–1] 式中 X_i 代表一組 N 次測量之分別值，[4–2] 式中 $X_i - \overline{X}$ 是第 i 次測量值與平均值的偏差。如圖 4–1 所示，根據常態分佈，95.5% 的一組測試平均值應該落在 $+2S$ 及 $-2S$ 之間，99.7% 的測試平均值應該落在 $+3S$ 及 $-3S$ 之間，因此，如果測定值被發現是落在平均值加減 3 個標準偏差之外，我們可以合理的判定在分析上有了問題，而如果是落在平均值加減 2 個標準偏差之外，亦警示分析上可能出了問題。

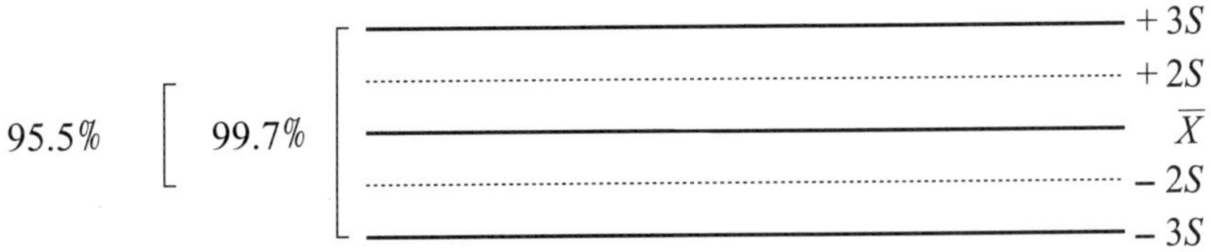

▲圖 4-1　測值之可信界限

　　基於上述分析，平均值品管圖之管制極限 (Control Limit, CL) 被定為平均值線的 +3S 及 −3S，而警告極限 (Warning Limit, WL) 則被定為平均值線的 +2S 及 −2S。位於平均值線（或稱中心線）上方者稱為管制上限 (Upper Control Limit, UCL) 及警告上限 (Upper Warning Limit, UWL)，位於平均值線下方者則稱為管制下限 (Lower Control Limit, LCL) 及警告下限 (Lower Warning Limit, LWL)。其計算式如下：

$$UCL = \overline{X} + 3S \qquad\qquad\qquad [4\text{–}3]$$

$$UWL = \overline{X} + 2S \qquad\qquad\qquad [4\text{–}4]$$

$$LCL = \overline{X} - 3S \qquad\qquad\qquad [4\text{–}5]$$

$$LWL = \overline{X} - 2S \qquad\qquad\qquad [4\text{–}6]$$

典型的平均值管制圖如圖 4–2 所示，平均值線位於中間，UCL 及 LCL 在其上下方外側，以實線表示，UWL 及 LWL 在其上下方內側，以虛線表示，縱座標可用濃度或回收率為單位，橫座標則一般以日期排列。

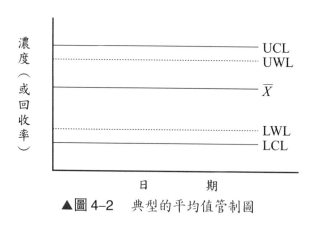

▲圖 4–2　典型的平均值管制圖

4–1–2　值域品管圖

　　分析化學實驗室中，值域品管圖常用於重覆分析之品管。假設方法之標準偏差 (S) 為已知，則可利用表 4–1 中之轉換因子計算中心線、警告界限 (WL) 及管制界限 (CL)，而得到諸如圖 4–3 之值域品管圖，在二重覆分析時，兩個數據相同是

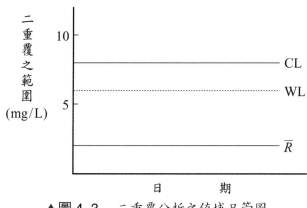

▲圖 4–3　二重覆分析之值域品管圖

最佳的，因此在圖 4–3 中的基線為零，分析人員僅需將兩個數據相減即可繪於圖中。圖中平均值域 ($\overline{R}$) 即為中心線，其 WL 及 CL 之求法為：

$$\overline{R} = D_2 S \tag{4–7}$$

$$CL = \overline{R} \pm 3S(R) = D_4 \overline{R} \tag{4–8}$$

$$WL = \overline{R} \pm 2S(R) = \overline{R} \pm \frac{2}{3}(D_4 \overline{R} - \overline{R}) \tag{4–9}$$

[4–7] 式中之 D_2 為標準偏差變為平均值域之轉換因子，[4–8] 式中之 $S(R)$ 為值域之標準偏差，而 D_4 為平均值域變為 CL 之轉換因子。如表 4–1 所示，在重覆分析樣品數為 2 時，$D_2 = 1.128$ 且 $D_4 = 3.267$。

▼表 4–1　值域管制圖計算中心線及管制界限之轉換因子

測定次數 n	中心線轉換因子 (D_2)	管制界限轉換因子 (D_4)
2	1.128	3.267
3	1.693	2.575
4	2.059	2.282
5	2.326	2.115
6	2.534	2.004

　　值域品管圖之值域亦可以相對差異百分比、相對標準偏差或變異係數加以取代運用。而最常用的方法係將相對差異百分比 (RPD) 求其平均值，如下式：

$$\overline{\text{RPD}} = \frac{\sum_{i=1}^{n}\text{RPD}_i}{n} \qquad\qquad [4\text{--}10]$$

再求其變方：

$$S_{\text{R}}^2 = \frac{\sum_{i=1}^{n}\text{RPD}_i^2 - n\overline{\text{RPD}}^2}{n-1} \qquad\qquad [4\text{--}11]$$

然後以 $\overline{\text{RPD}}$ 為中心線，$\overline{\text{RPD}} + 2S_{\text{R}}$ 為警告界限 WL，$\overline{\text{RPD}} + 3S_{\text{R}}$ 為管制界限 CL，如圖 4–4 所示，則在每一次重覆分析數據經過求得相對差異百分比之運算後，即可繪於此種值域品管圖上。

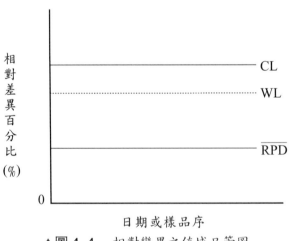

▲圖 4–4　相對變異之值域品管圖

4–2　品管圖之製作步驟

4-2-1　查核樣品品管圖

查核樣品 (Check Sample) 係將適當濃度的欲分析物標準品（不同於校正標準品）添加於試劑水或與樣品相似的基質中配成。其添加濃度，宜接近法規管制之濃度，或者，添加量應大約 5 倍於定量極限值。同批次同質樣品，應至少有一查核樣品分析。查核樣品品管圖可作為準確度之管制圖，其建立之步驟條列如下：

⑴依據標準作業程序，配製查核樣品，於每批次樣品檢驗時，均同時進行查核樣品之分析，所得之結果登錄於查核樣品記錄表中，記錄檢驗日期及測值。

⑵累積 20 個至 25 個查核樣品之測值，以下式計算各測值之回收率 ($R\%$) 及所有測值之平均回收率 ($\overline{R}\%$)：

$$R\% = \frac{測值}{標準值} \times 100\% \qquad\qquad [4\text{–}12]$$

$$\overline{R}\% = \frac{\sum\limits_{i=1}^{N} R_i}{N} \qquad\qquad [4\text{–}13]$$

⑶計算標準偏差 S：

$$S = \sqrt{\frac{\sum\limits_{i=1}^{N}(R_i - \overline{R})^2}{N-1}} \qquad\qquad [4\text{–}14]$$

⑷計算 UWL、UCL、LWL、及 LCL：

$$\text{UWL} = \overline{R} + 2S \qquad\qquad [4\text{–}15]$$

$$\text{UCL} = \overline{R} + 3S \qquad\qquad [4\text{–}16]$$

$$\text{LWL} = \overline{R} - 2S \qquad\qquad\qquad\qquad\qquad\qquad [4\text{–}17]$$

$$\text{LCL} = \overline{R} - 3S \qquad\qquad\qquad\qquad\qquad\qquad [4\text{–}18]$$

⑸查核步驟⑵所使用之各測值之回收率 ($R\%$)，若有超出 UCL 或 LCL 者，則予以剔除後，再依步驟⑵、⑶、⑷計算 $\overline{R}\%$、S 及 UWL、UCL、LWL、LCL 等。

⑹繪製平均值品管圖，如下所示：

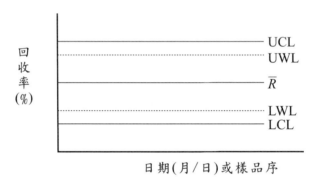

⑺製作完成之查核樣品品管圖即可應用於往後各批次水樣檢驗時，查核樣品之管制用，但此品管圖每年應重新製作一次，使用前一年最後之 20 至 25 個查核樣品之測值執行之。

4-2-2　重覆樣品品管圖

重覆樣品 (Replicate Sample) 係指將原樣分成兩個或多個分離之相同樣品，依照標準方法分析之，可得知樣品重覆分析之結果間相符的程度，而據以評估分析方法之精密度。一般每 10 個或 20 個樣品即進行二重覆分析，故由兩次數據，可求知其範圍 (Range)。重覆樣品品管圖可作為精密度之管制圖，其建立之步驟條列如下：

⑴於每批次樣品檢驗時，應同時進行重覆樣品之分析，所得之結果登錄於重覆樣品檢驗記錄表中，記錄檢驗日期及兩次之測值。

⑵累積 20 組至 25 組重覆樣品之測值，以下式計算差異百分比 RPD%：

$$RPD\% = \frac{|X_1 - X_2|}{\frac{1}{2}(X_1 + X_2)} \times 100\% \qquad [4\text{--}19]$$

其中 X_1、X_2: 重覆二次分析之測值。

並計算其平均差異百分比 $\overline{RPD}\%$:

$$\overline{RPD}\% = \frac{\sum\limits_{i=1}^{N} RPD_i}{N} \qquad [4\text{--}20]$$

⑶計算標準偏差 S_R:

$$S_R = \sqrt{\frac{\sum\limits_{i=1}^{N}(RPD_i^2 - N\overline{RPD}^2)}{N-1}} \qquad [4\text{--}21]$$

⑷計算 UWL 及 UCL:

$$UWL = \overline{RPD} + 2S_R \qquad [4\text{--}22]$$
$$UCL = \overline{RPD} + 3S_R \qquad [4\text{--}23]$$

⑸查核步驟⑵所使用之各組測值之 RPD%，若有超出 UCL 之測值，則予以剔除後，再依步驟⑵及⑶計算 $\overline{RPD}$、UWL 及 UCL。

⑹繪製值域品管圖，如下所示:

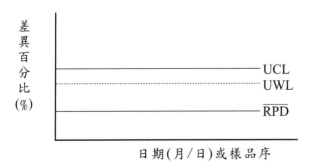

⑺製作完成之重覆樣品品管圖即可應用於往後各批次水樣檢驗時，重覆樣品品質管制之用，但此品管圖每年應重新製作一次，使用前一年最後 20 至 25 組重覆分析之測值執行之。

4-3　品管圖之分析應用

一個正常的品管圖，大多數的點都在管制界限內，且集中在中心點附近，呈隨機分佈。理論上，只有百分之一的點會超出管制界限，而有二十分之一的點會超出警告界限。

在分析實驗室中，可以應用品管圖，來判斷測定過程是否失去控制，依品管圖之結構，具體的規則條列如下：

1.管制界限 (CL)：

若發現某個測值超出管制界限，立刻重覆分析，假若重覆分析的結果未超出，則可繼續分析；若仍超出 CL，則應停止分析，改善問題。圖 4-5 ⒜顯示此種失控 (Out-of-Control) 之數據例。

2.警告界限 (WL)：

若發現兩個連續測值超出警告界限，則分析另外一個樣品，假設第三個測值未超出 WL，則可繼續分析工作；若仍超出 WL，則應停止分析，改善問題。圖 4-5 ⒝顯示四個連續分析數據，有三個超出 WL 的失控數據例。

3.標準偏差 (S)：

若發現四個連續測值超出一個標準偏差 (1S)，或者呈現連續上升或連續下降之趨勢，則分析另外一個樣品，假設第五個測值低於 1S，或者改變其趨勢，則可繼續分析；否則，應停止分析，改善問題。圖 4-5 ⒞顯示六個連續分析，有五個連續分析測值超出 1S 失控數據例。

4.中心線:

若發現六個連續測值超出（或低於）中心線，則分析另外一個樣品，假設第七個測值低於（或超出）中心線，則可繼續分析工作；若仍在中心線之同一邊，則應停止分析，改善問題，圖 4–5 ⒟顯示七個連續分析測值在中心線上方之失控數據例。

當停止分析，改善問題的工作完成後，應再重新分析介於控制中 (In-Control) 及失控測值間之半數樣品。

品管圖除了用於觀察分析過程是否處於穩定狀態外，在評估分析方法之精密度及準確度上亦頗具實際功能。當分析過程之精密度及準確度提昇時，測值常很少超出警告界限，此時可依較近的 20 或 25 個測值重新計算中心線、警告界限及管制界限等，而更新品管圖，則可使品管圖之靈敏度增高，分析實驗室的分析水準亦顯示較為進步。

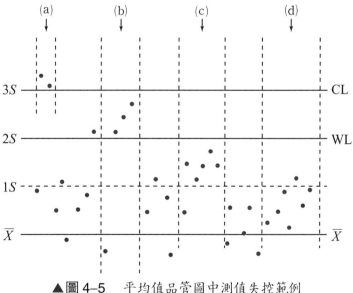

▲圖 4–5　平均值品管圖中測值失控範例

———— 習　題

一、試繪一典型之平均值品管圖。

二、重覆樣品與查核樣品品管圖有何基本上之差異？

三、水質分析當測值超出管制界限 (CL) 或警告界限 (WL) 時，應如何處理？

四、氨氮分析之重覆樣品測值如下：

(1) 0.12, 0.13　　(2) 0.45, 0.41　　(3) 0.39, 0.42　　(4) 0.08, 0.09

(5) 0.51, 0.49　　(6) 0.46, 0.44　　(7) 1.02, 1.12　　(8) 0.88, 0.91

(9) 0.65, 0.59　　(10) 0.09, 0.11　　(11) 0.92, 0.96　　(12) 0.45, 0.49

(13) 0.17, 0.21　　(14) 0.56, 0.62　　(15) 0.19, 0.19　　(16) 0.92, 0.94

(17) 0.93, 0.92　　(18) 0.82, 0.91　　(19) 0.15, 0.19　　(20) 0.06, 0.05

試依這些數據繪製重覆樣品品管圖。

第 5 章 採樣與保存

5-1 採樣工作規劃

　　水體中之物質成分隨著地形、流速與時間而變化，欲取得代表性的水樣，並不是一件容易的事情，更何況水樣取出之後，若要防止其改變品質，必須以適當之方法保存，因此，在採樣工作進行之前進行妥善的規劃有其必要。

　　典型的採樣工作流程如圖 5-1 所示，大致可分為準備階段、現場工作階段、保存及運送階段等。在準備階段通常須依據水質檢驗項目及品保要求準備採樣用器具，如採樣器、採樣瓶、儀器、藥品及其他用具，並校正好現場使用之儀器及事先清洗好採樣瓶及採樣器具。在現場工作階段則著重於現場量測、水樣採取、注意品保用樣品採取及填寫採樣記錄表。在保存及運送階段需依水樣檢驗項目進行適當的試劑添加保存，並將其置於 4°C 冰箱中冷藏，然後儘速送回實驗室進行檢驗工作，由上述說明，可知採樣工作的細節相當多，有賴縝密的規劃，才能井然有序。

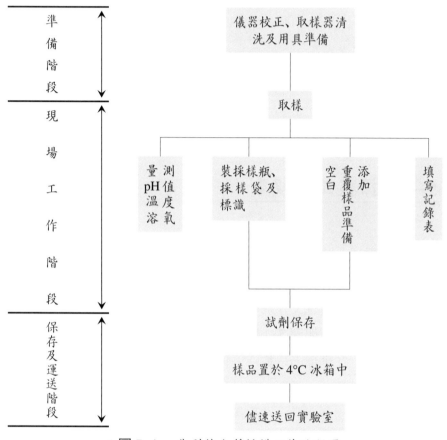

▲圖5-1　典型的水質採樣工作流程圖

5-2　採樣方法

　　水質調查中採樣是很重要的工作，有關採樣地點、採樣時間、採樣水深、水樣種類是否代表該水體之水質，對調查結果之分析有甚大之影響，因此採樣工作必須謹慎進行。

5-2-1　採樣時間與記錄

⑴採樣日期應選擇水質水量較穩定之期間實施。

⑵採樣時應依不同水樣填具採樣記錄表，範例如表 5-1 所示，為適合用於工廠放
　流水之採樣記錄表，亦可依需要增加記錄項目。

▼表 5-1　水質採樣記錄表

採樣日期：　年　月　日　　　　　　　採（送）人員：

委　託　機　構　名　稱						電　話		
聯　　　絡　　　人						電　話		
工　廠　（場）　名　稱						業　別		
採　樣　工　廠　地　址						氣　候		
採　　樣　　位　　置								
採　　樣　　時　　間								
分　　析　　項　　目								
採　　樣　　體　　積								
採　　樣　　瓶　　材　　質								
保　存　試　劑　添　加								
保　　存　　方　　法								
樣　　品　　編　　號								
備　　　　　註 （現場測試項目）								

會同採樣人員：　　　　　　　　　　　　收樣員：

5-2-2　採樣地點

　　實際採樣點位置的決定基本上應配合採樣目的而設置，俾對水質之瞭解有所
助益。技術上尚需考慮以下各項：

(1)是否有適當之攪拌與混合，而使所取得之樣品勻稱者。

(2)所選定之水樣點是否為所欲探討之問題中主要者。

(3)所選定之水樣點其流量是否已知或可推估出來。

(4)所選定之水樣點是否方便、安全，不過有關此點考慮在任何情況下應不能取代樣品之代表性之考慮。

5-2-3　採樣之注意事項

(1)避免在死角或水流尚未完全均勻混合的地方取樣，較佳之地點通常為紊流處下方，以能代表該採樣點整體水質為原則。

(2)在寬度 10 米以內之明渠取樣，由於在中心位置離底 0.4～0.6 倍水深的地方水流較平均流速為快，且不易受底部污泥及水面浮油的影響，應列為最佳採樣點。

(3)在較寬或較深之水體取樣時，宜將全深（寬）分成數段，並在每段取樣後混合，如下圖。

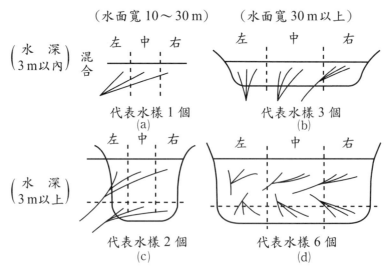

說明: (a)分為三段，每段取一個水樣，作一個混合水樣。
　　　(b)分為三段，每段取三個水樣，作一個混合水樣。
　　　(c)上下層各採取三個水樣，作一個水樣。
　　　(d)上下層各分為三段，每段取三個水樣，作混合水樣。

⑷人工採樣時，宜使用寬口瓶在水面下逆著水流方向取樣，以避免過多之浮游物進入瓶內。

⑸對於採樣時周遭可能存在足以影響樣品代表性之任何狀況均應記錄於採樣記錄表之備註欄。

⑹理化性及細菌檢驗用水樣因性質不同，取樣及處理方法各異，不宜用同一水樣檢驗。

⑺採樣時應避免水樣被污染的可能。

⑻在取樣前，採樣瓶要用擬採之水樣洗滌二、三遍。

⑼在採取配水管之水樣前，應先開水龍頭放水，直至放出之水樣確定為來自大水管具有代表性之水樣為止。

5-3　水樣保存方法

　　水樣會因化學性或生物性的變化而改變其性質，故採樣與檢驗間隔的時間愈短，所得的結果愈正確可靠；若採樣後不能立刻檢驗，則水樣需以適當方法保存以延緩其變質。保存的方法包括 pH 控制、冷藏或添加試劑等，以降低生物性的活動及成分之分解、吸附或揮發等。

　　水樣之溫度、pH 或溶解的氣體量（如氧、二氧化碳等）變化很快，需於採樣現場測定；由於 pH－鹼度－二氧化碳平衡之改變，碳酸鈣可能沉澱出來，而減低水樣之鹼度及總硬度。某些陽離子如鋁、鎘、鉻、銅、鐵、鉛、錳、銀、鋅等可能沉澱或吸附於容器上，應貯存於乾淨的瓶內並加硝酸使水樣之 pH < 2，以減少沉澱或吸附。鈉、矽、硼可能自玻璃容器溶出，如需檢驗這些成分，水樣宜存於塑膠瓶中。

　　微生物的活動會影響硝酸鹽－亞硝酸鹽－氨的平衡，減低酚類的含量及生化需氧量，使硫酸鹽還原為硫化物，餘氯還原為氯鹽。此外硫化物、亞硫酸鹽、亞鐵離子、碘離子及氰化物等均可能經由氧化而減低其含量。

　　表 5-2 為環保署所提供各種檢驗項目的採樣及保存的方法，茲列出以供參考。

▼表 5–2　各種檢驗項目的採樣及保存方法

檢　驗　項　目	水樣最少需要量 (mL)	容　器	保　　　存　　　方　　　法	最　長　保　存　期　　　　　限
色度	500	玻璃或塑膠瓶	暗處，4°C 冷藏	48 小時
電導度	500	塑膠瓶	暗處，4°C 冷藏	48 小時
硬度	100	玻璃或塑膠瓶	加硝酸使水樣之 pH < 2	7 天
臭度	500	玻璃瓶	暗處，4°C 冷藏	6 小時
pH 值	300	玻璃或塑膠瓶	現場測定	立刻分析
溫度	1 000	玻璃或塑膠瓶	現場測定	立刻分析
濁度	100	玻璃或塑膠瓶	暗處，4°C 冷藏	48 小時
懸浮固體	500	玻璃或塑膠瓶	暗處，4°C 冷藏	7 天
總溶解固體	500	玻璃或塑膠瓶	4°C 冷藏	7 天
一般金屬	200	以 1 + 1 硝酸洗淨之塑膠瓶	加硝酸使水樣之 pH < 2（若測定溶解性金屬，須於採樣後立刻以 0.45 μm 之薄膜濾紙過濾，並加硝酸使水樣之 pH < 2）	6 個月
六價鉻	300	以 1 + 1 硝酸洗淨之塑膠瓶	暗處，4°C 冷藏	24 小時
汞	500	以 1 + 1 硝酸洗淨之塑膠瓶	加硝酸使水樣之 pH < 2（若測定溶解性汞，須於採樣後立刻以 0.45 μm 之薄膜濾紙過濾，並加硝酸使水樣之 pH < 2）	14 天
酸度	100	塑膠瓶	暗處，4°C 冷藏	48 小時
鹼度	200	塑膠瓶	暗處，4°C 冷藏	48 小時
硼	100	塑膠瓶	無特殊規定	7 天
氯化物	50	玻璃或塑膠瓶	無特殊規定	7 天
餘氯	500	玻璃或塑膠瓶	現場測定	立刻分析

(續表 5–2)

檢 驗 項 目	水樣最少需要量 (mL)	容 器	保　　存　　方　　法	最 長 保 存 期 限
氰化物	1 000	塑膠瓶	加氫氧化鈉使水樣之 pH > 12,暗處,4°C 冷藏	7 天（若水樣含硫化物，則為 24 小時）
氟化物	300	塑膠瓶	無特殊規定	7 天
氨氮	500	玻璃或塑膠瓶	加硫酸使水樣之 pH < 2, 暗處, 4°C 冷藏	7 天
總凱氏氮	500	玻璃或塑膠瓶	加硫酸使水樣之 pH < 2，暗處，4°C 冷藏	7 天
硝酸鹽	100	玻璃或塑膠瓶	暗處，4°C 冷藏	48 小時（已氯化之水樣則為 28 天）
亞硝酸鹽	100	玻璃或塑膠瓶	暗處，4°C 冷藏	48 小時
溶氧（碘定量法）	300	BOD 瓶	採樣後立刻加入 0.7 mL 濃硫酸及 1 mL 疊氮化鈉溶液，在 10 至 20°C 時以水封保存	8 小時
溶氧（疊氮化物修正法）	300	BOD 瓶	現場測定	立刻分析
總磷	100	以 1 + 1 硝酸洗淨之玻璃瓶	加硫酸使水樣之 pH < 2，4°C 冷藏	7 天
磷酸鹽	100	以 1 + 1 硝酸洗淨之玻璃瓶	暗處，4°C 冷藏（若測定溶解性磷酸鹽，須於採樣後立刻以 0.45 μm 之薄膜濾紙過濾）	48 小時
硫酸鹽	50	玻璃或塑膠瓶	暗處，4°C 冷藏	7 天
硫化物	100	玻璃或塑膠瓶	每 100 mL 之水樣加入 4 滴 2N 醋酸鋅溶液，再加入氫氧化鈉使水樣之 pH > 9，暗處，4°C 冷藏	7 天
生化需氧量	1 000	玻璃或塑膠瓶	暗處，4°C 冷藏	48 小時

(續表 5–2)

檢 驗 項 目	水樣最少需要量 (mL)	容 器	保 存 方 法	最 長 保 存 期 限
化學需氧量	100	玻璃或塑膠瓶	加硫酸使水樣之 pH < 2，暗處，4°C 冷藏	7 天
油脂	1 000	廣口玻璃瓶	加硫酸使水樣之 pH < 2，暗處，4°C 冷藏	7 天
酚類	500	玻璃瓶	加硫酸使水樣之 pH < 2，暗處，4°C 冷藏	7 天
陰離子界面活性劑	250	玻璃或塑膠瓶	暗處，4°C 冷藏	48 小時
總有機碳	100	玻璃瓶	加硫酸使水樣之 pH < 2，暗處，4°C 冷藏	7 天
多氯聯苯 (Polychlorinated Biphenyls)	2 000	以有機溶劑洗淨之玻璃瓶，附鐵弗龍內墊之蓋子	加硫酸或氫氧化鈉使水樣之 pH 值為 5.0 ～ 9.0，4°C 冷藏（若採樣後 72 小時內可完成水樣之萃取，則水樣可免調整 pH 值）	水樣應於 7 天內完成萃取，萃取後 40 天內完成分析
揮發性有機物 (VOCs)	40 mL，2 瓶	以有機溶劑洗淨之玻璃瓶附鐵弗龍內墊之蓋子	加鹽酸使水樣之 pH < 2，暗處，4°C 冷藏（若水樣中含餘氯則於每瓶水樣中添加 40 mg 抗壞血酸）	14 天
半揮發性有機物	1 000	以有機溶劑洗淨之玻璃瓶附鐵弗龍內墊之蓋子	暗處，4°C 冷藏（若水樣中含餘氯則需添加 80 mg 硫代硫酸鈉）	水樣應於 7 天內完成萃取，萃取後 40 天內完成分析

(續表 5-2)

檢　驗　項　目	水樣最少需要量 (mL)	容　器	保　　　存　　　方　　　法	最　長　保　存　期　限
農藥 (Pesticides)	2 000	以有機溶劑洗淨之玻璃瓶，附鐵弗龍內墊之蓋子	因農藥種類而異，依環保署公告之檢驗方法辦理	水樣應於 7 天內完成萃取，萃取後 40 天內完成分析
多苯環芳香族碳氫化合物 (Polynucleated Aromatic Hydrocarbons, PAHs)	2 000	以有機溶劑洗淨之玻璃瓶，附鐵弗龍內墊之蓋子	暗處，4°C 冷藏（若水樣中含餘氯則需添加 80 mg 硫代硫酸鈉/L）	水樣應於 7 天內完成萃取，萃取後 40 天內完成分析

註：　1.本表未列出檢驗項目，建議以玻璃或塑膠瓶盛裝，於暗處 4°C 冷藏，並儘速分析。

　　　2.詳細之採樣及保存方法請參閱行政院環保署公告之檢驗方法，惟其規定如有與本表不盡相符者，依公告檢驗方法之規定辦理。

　　　3.所有檢驗項目應盡可能於採樣後最短時間內完成檢驗。

　　　4.本表所列水樣需要量僅足夠分析一次樣品，若欲配合執行品管要求，則應依需要酌增樣品量。

　　　5.油脂、總有機碳、多氯聯苯、揮發性有機物、半揮發性有機物、多苯環芳香族碳氫化合物及農藥等檢驗項目，不得以擬採之水樣預洗。

───── 習　題 ─────

一、典型的採樣工作，分成那些階段？各有那些工作？

二、在較寬或較深之水體取樣，如何取得代表性樣品？

三、金屬項目分析，水樣之保存方法為何？其原理為何？

四、某工廠廢水之監測，需測定 pH、懸浮固體、化學需氧量及重金屬鎘、鉛，試問應帶那些採樣瓶及保存劑？

第6章 濁 度

　　當水中含有懸浮物質，就會造成混濁度，使光線通過時產生干擾。在水質上，我們可以濁度 (Turbidity) 來表現水樣的混濁程度。基本上，濁度是一個水樣之光學性質，水樣中有懸浮物質存在時，可散射光線，其散射強度與懸浮物質之量及性質有關。會造成混濁度的懸浮物質，種類相當多，諸如黏粒、坋粒 (Silt)、有機物、浮游生物、微生物等，其大小從小的膠體粒子 (1 ～ 100 nm) 到大而分散的懸浮物體不等。在靜止狀態下的水體，如湖泊或水澤，水中之濁度，多來自膠體粒子；但在流動狀態下的水體，如河川，水中之濁度則主要來自較粗大的懸浮物質。

　　在河川上游，降雨時，許多土壤因沖蝕作用而進入河川，土壤的礦物質部分及有機質部分均會導致水體中濁度的增加；河川中下游，常有工業廢水及都市廢水流入，廢水中的各類有機或無機污染質，亦均無可避免地會增加河川水之濁度，尤其在有機物進入河川後，會促進細菌與其他微生物的生長，更增加了混濁度，此外，農田施肥後之排水或養豬廢水流入河川中，會使河川中氮、磷成分增加，造成優養化 (Eutrophication)，刺激藻類大量生長，其結果亦是水中混濁度的增加。由上述可知，引起水中濁度增加的物質，本質上可分為無機物及有機物兩大類，這種本質上的差異，將影響環境工程上淨化程序是否合適，增加工程上之難度。

6-1　濁度在水質上之重要性

　　在公共給水上，濁度是相當重要的指標，濁度高的水，在外觀上即予人不潔淨的感覺，在飲用時易受到排斥。另濁度高的水，在給水工程上亦發生困難，因會使過濾程序負荷增加，砂濾池無法達到效率，且增加清洗費用。此外，公共用水進行消毒時，有些細菌或其他微生物會吸著在造成濁度的顆粒上，而得以抗拒氯氣或臭氧等消毒劑，故濁度高的水，消毒不易完全。

6-2　濁度之測定原理

　　早期水中濁度之測定，是以傑克森蠟燭濁度計 (Jackson Candle Turbidimeter) 為基礎，然而，這種濁度測定儀器並不理想，僅能測得 25 個單位的濁度以上，若與處理過的飲用水往往在 0 至 1 個單位間比較，顯然傑克森蠟燭濁度計法過於粗略，不合實用。因此，美國公共衛生協會等編著的《水與廢水分析標準方法》第 17 版已刪除傑克森蠟燭濁度計法。早期文獻及水質報告上常用此法測定的數據，濁度單位為 JTU(Jackson Turbidity Unit)，已漸漸在較新的文獻中不復見。

　　目前濁度之測定廣泛使用散射濁度測定法 (Nephelometric Method)，係利用散射原理於儀器中，以儀器分析法測定濁度。由光源發生的光照射水樣，水樣中會造成濁度的物質即散射光線，散射光可由光電管偵測出，並讀出散射光之強度，而一般散射光是在入射光的垂直方向測得。濁度計之基本原理可由圖 6-1 加以說明，假設水樣不能散射光線，則沒有散射光進入光電管，儀器指針將顯示讀數為零；水樣中的濁度增加，則會增加儀器指針之讀數，在某個限度內，濁度與指針讀數是有線性相關的。散射濁度測定法可測定水樣透光度大於 90% 之樣品，因此，在比較潔淨的水中，本方法相當適用於濁度之測定。

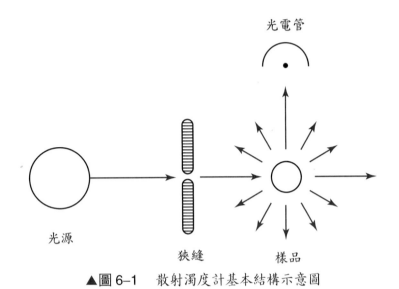

▲圖 6-1　散射濁度計基本結構示意圖

濁度標準液之配製，係溶解 5 g 的硫酸肼 (Hydrazine Sulfate, $N_2H_6SO_4$) 及 50 g 的環六亞甲基四胺 [Hexamethylenetetramine, $(CH_2)_6N_4$] 於 1 公升的無濁度水中，定為 4 000 個 Nephelometric 濁度單位 (NTU)。

6-3　水質標準檢驗方法

濁度的測定，行政院環保署公告之標準方法為濁度計法（方法代號：NIEA W219.51C），即上節所述之散射濁度測定法。茲予以轉錄於第三篇中。另美國公共衛生協會 (APHA) 等所出版之第 20 版《水及廢水標準檢驗法》亦僅提出此散射濁度測定法（其方法代號：2130B），在此一併指明。

──────習　題

一、何謂濁度? 濁度與懸浮物有何關係?

二、試述水中濁度發生之來源。

三、JTU 與 NTU 兩種單位有何不同?

四、試述散射濁度測定法之原理。

五、公共給水中，濁度之測定有何重要性?

第 7 章　色　度

　　自然界的金屬離子（諸如鐵及錳離子）、泥炭土、腐植質、浮游生物、水草、微生物及工業廢水等，常使水源帶有顏色，水之色度 (Color) 由於影響水資源之觀瞻及利用，往往需要予以處理。

　　當水樣中含有懸浮固體物時，水之色度不僅來自水溶液中的物質，也會受懸浮固體物之影響。因此，我們可將色度分為真色 (True Color) 與外觀色 (Apparent Color)。真色是將水樣經離心或過濾的程序去除懸浮物質後所得的水樣色度；外觀色則是水樣直接測得之色度，也稱為視色。由於一般水源當 pH 值增加時，色度亦隨之增加，可知 pH 值會影響水之色度，故水樣檢驗色度時，應同時註明 pH 值。

　　前所述及色度的來源，我們可將其分為天然與人為來源，天然的來源中，有機碎屑如樹葉及木材萃取物、腐植質、木質素的衍生物等常發生於地表水流經森林地或沼澤地區時所帶出；鐵及錳則源自礦物之溶解。人為來源較常源自工業廢水，如染整工業、造紙工業及製革工業等之廢水，欲經濟有效地去除水中色度，並不是簡單的工作。

7-1　色度在用水上之重要性

　　公共給水如果色度高，消費者必然質疑水質的純淨程度，即使水質無礙健康，亦不易受到採信。因此，各國飲用水均定有色度的標準，在淨水工程上，水質工程師均相當重視色度之高低。部分水中造成色度之有機物質，在加氯消毒後，會形成含氯有機化合物，如三鹵甲烷等，則是色度偏高水質所可能衍生的問題。此外，工業用水諸如紡織染整用水，對色度之要求亦很高，以避免水中色度對產品品質造成影響。

7–2　色度之測定原理

　　因天然物質存在而產生顏色之水樣，其外觀上一般係棕黃色。在標準法上，使用氯鉑酸鉀 (Potassium Chloroplatinate, K_2PtCl_6) 和氯化亞鈷 (Cobalt Chloride, $CoCl_2 \cdot 6H_2O$) 以仿製出類似之棕黃色，則可據以比對。一個色度單位，是指 1 mg 鉑以氯鉑酸根離子形態存在於 1 L 水溶液時所產生之色度。若水樣之色調 (Hue) 不同於標準溶液，則可調整鈷鹽含量，使鉑和鈷之比例適合，樣品和標準液之比較就較為容易。

　　當水質受到某些工業廢水污染，如染色廢水，水中呈現的顏色就有別於天然有機物污染之顏色，上述鉑鈷視覺比色法即顯然無法適用，而需要以分光光譜儀 (Spectrophotometer) 來進行色度的測定，每一種不同顏色的色調其最適之選擇波長不同，如表 7–1 所示，藍色調使用波長為 465 ～ 482 nm，紅色調則為 620 ～ 700 nm。光譜儀法測定之色度，其結果表示應包括最適波長 (Dominant Wavelength)、色調、亮度 (Luminance)、純度 (Purity)。

▼表 7–1　各不同顏色色調之最佳波長範圍

波長範圍 (nm)	色　調
400 ～ 465	紫色
465 ～ 482	藍色
482 ～ 497	藍綠色
497 ～ 530	綠色
530 ～ 575	黃綠色
575 ～ 580	黃色
580 ～ 587	澄黃色
587 ～ 598	橙色
598 ～ 620	橙紅色
620 ～ 700	紅色

資料來源: APHA (1992).

　　色度測定以分光光譜儀法進行時，對象係以工業廢水為主，一般測定真色，水樣需先行過濾；而以鉑鈷視覺比色法進行時，則對象係以飲用水或天然水為主，樣品本身多屬潔淨，固體物含量低，水樣過濾之步驟經常省略。

7-3　水質標準檢驗方法

　　水中色度的測定，行政院環保署公告之標準方法有二：⑴鉑鈷視覺比色法，方法代號為 NIEA W201.50T，⑵水中真色色度檢測方法——ADMI 法，方法代號為 NIEA W223.50B；茲予以轉錄於第三篇中。方法⑴適用於飲用水、自來水及因天然物質存在而產生顏色之水樣，方法⑵即為分光光譜儀法，適用於工業廢水色度之檢測。而美國公共衛生協會 (APHA) 等所出版之 20版《水及廢水標準檢驗法》中則除了對鉑鈷視覺比色法（方法代號 2120B）有說明外，對分光光譜儀法（方法代號 2120C）亦有詳細之說明，在進行工業廢水，如染整業廢水色度測定時，可逕行採用。

—————— 習　題

一、何謂真色？何謂外觀色？
二、試述水中色度的來源。
三、色度之視覺比色法使用鉑鈷標準溶液之原理為何？
四、色度檢驗何以需使用 pH 計？

第 8 章　硬　度

　　水中之多價陽離子 (Multivalent Cations) 是導致水具有硬度 (Hardness) 的主要原因，多價陽離子中，尤以鈣與鎂離子兩者為天然水中之主要陽離子，其餘如 Fe^{2+}、Mn^{2+}、Sr^{2+}、Al^{3+} 等亦可能存在天然水中，但其相對含量低，常予以忽略不計。一般而言，含石灰岩地區及土壤表層較厚地區，雨水與岩石及土壤接觸溶出較多之鈣鎂離子，故硬度較高。地下水也因上述反應發生機會比地表水多，而常有較高之硬度。典型的反應如下：

$$CaCO_3 + CO_2 + H_2O \longrightarrow Ca(HCO_3)_2 \qquad\qquad [8\text{–}1]$$

$$MgCO_3 + CO_2 + H_2O \longrightarrow Mg(HCO_3)_2 \qquad\qquad [8\text{–}2]$$

硬度的單位，傳統上係使用 mg/L as $CaCO_3$，而不使用 mg/L。這牽涉到 $CaCO_3$ 當量之計算，如下式：

$$CaCO_3 \text{ 之當量} = \frac{(40 + 12 + 16 \times 3)}{2} = \frac{100}{2}$$
$$= 50\ (g/eq) = 50\ (mg/meq) \qquad\qquad [8\text{–}3]$$

而多價陽離子要換算 mg/L 為 mg/L as $CaCO_3$ 時，即可利用 $CaCO_3$ 之當量，以下列公式計算：

$$X\ (mg/L \text{ as } CaCO_3) = \frac{X \text{ 之濃度 } (mg/L) \times 50\ mg/meq}{X \text{ 之當量 } (mg/meq)} \qquad\qquad [8\text{–}4]$$

式中 X 表多價陽離子。

　　依硬度可將水分為軟、中、硬、甚硬四類，如表 8–1 所示，當水之硬度大於 150 mg/L as $CaCO_3$，就稱為硬水。硬水對生活用水及工業用水均造成一些問題，

在生活用水方面，硬水消耗較多的肥皂，易形成鍋垢，我國現行飲用水水質標準硬度限值為 150 mg/L as $CaCO_3$；而在工業用水方面，冷卻系統、熱交換器及鍋爐若使用硬水，很快就會形成絕熱的水垢而降低效率，另某些工廠如染整工廠亦不能使用硬水，以免造成干擾，降低產品品質。

　　硬度亦依陰離子之不同，可分為碳酸鹽硬度 (Carbonate Hardness, CH) 及非碳酸鹽硬度 (Noncarbonate Hardness, NCH)。CH 之陰離子為 HCO_3^- 及 CO_3^{2-}，又稱為暫時硬度 (Temporary Hardness)，可經由加熱去除水之暫時硬度，如下式：

$$Ca(HCO_3)_2 \xrightarrow{\triangle} CaCO_3\downarrow + CO_2\uparrow + H_2O \qquad [8\text{--}5]$$

$$Mg(HCO_3)_2 \xrightarrow{\triangle} MgCO_3\downarrow + CO_2\uparrow + H_2O \qquad [8\text{--}6]$$

NCH 之陰離子為 SO_4^{2-} 或 Cl^-，不能經由加熱去除其硬度，故此部分亦稱永久硬度 (Permanent Hardness)。

▼表 8–1　水質上依硬度之分類表

程　度	硬　度	
	meq/L	mg/L as $CaCO_3$
軟 (Soft)	< 1	< 50
中 (Moderately Hard)	1 ~ 3	50 ~ 150
硬 (Hard)	3 ~ 6	150 ~ 300
甚硬 (Very Hard)	> 6	> 300

資料來源：Tchobanoglous and Schroeder (1985).

8-1　硬度測定之重要性

　　水中硬度之高低，對工業用水之管理相當重要，這是因為大部分工廠均有冷卻水及鍋爐系統，若不予以注意控制硬度，除會降低機械效率，增加操作成本外，尚有造成鍋爐發生爆炸之危險，故工業用水中硬度之監控處理相當重要，而需經常測定硬度。

　　工業用水中有些行業對硬度要求較高，常需事先處理水源中之硬度，公共給水亦對硬度訂有標準，故在上述各種情況，均通常將硬度列為重要的測定項目之一。

8-2　硬度之測定原理

　　硬度的測定，主要有兩種方法，一種為計算法 (Hardness by Calculation)，另一種為 EDTA 滴定法 (EDTA Titrimetric Method)。

8-2-1　計算法

　　硬度既為水中多價陽離子所造成，如果我們已知水樣中各多價陽離子之含量，則可將其相加，即為該水樣之硬度。

　　在天然水中，Ca^{2+} 與 Mg^{2+} 為主要之多價陽離子並無疑問，雖然有時候 Sr^{2+} 亦存於某些硬水中，但若不計入誤差並不大，故一般計算法僅考慮 Ca^{2+} 與 Mg^{2+} 之計算。此外，大部分的污水，其主要之多價陽離子仍為 Ca^{2+} 與 Mg^{2+}，故除非在特殊的污水樣品，計算 Ca^{2+} 與 Mg^{2+} 得到的硬度是具有相當高的準確性的。因此，在 APHA 的標準法中，依據下式計算硬度：

$$\text{Hardness (mg/L as CaCO}_3) = 2.497 \times \text{Ca (mg/L)} + 4.118 \times \text{Mg (mg/L)}$$

$$[8\text{-}7]$$

8-2-2　EDTA 滴定法

乙烯二胺四乙酸 (Ethylenediaminetetraacetic Acid, EDTA) 及其鈉鹽之結構式如圖 8-1 所示，為一種有名的螯合劑，將其加入含多價陽離子之水溶液時，會形成安定之錯離子，如下式：

$$M^{2+} + EDTA \longrightarrow [M \cdot EDTA] \text{ complex} \tag{8-8}$$

因此，我們可利用 EDTA 溶液作為滴定液，依其滴定用量計算水樣之硬度。

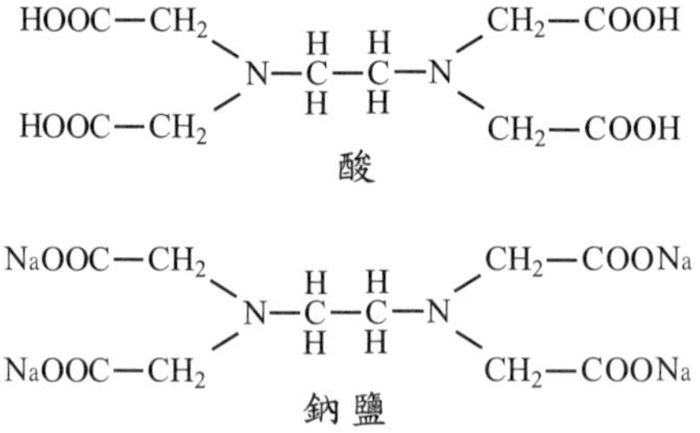

▲圖 8-1　EDTA 之結構式

以 EDTA 滴定法進行滴定反應時，需有適當的指示劑辨別滴定終點，一般係使用 Eriochrome Black T 或 Calmagite，這兩種指示劑於加入水樣時，會先與水中 Ca^{2+} 或 Mg^{2+} 結合成錯離子，水溶液即呈酒紅色，當 EDTA 滴定液加入，至所有水樣中之 Ca^{2+} 或 Mg^{2+} 均被螯合時，溶液就由酒紅色轉變為藍色，即可顯示滴定終點。

本方法之使用需注意兩點：第一，滴定終點在 pH 愈高時愈顯著，但 pH 太高，水樣中之 Ca^{2+} 會形成 $CaCO_3$ 沉澱，Mg^{2+} 亦會形成 $Mg(OH)_2$ 沉澱，反而造成大的誤差，故一般以緩衝液維持水樣之 pH 在 10.0 ± 0.1 進行反應。第二，在滴定終點需有少量 Mg^{2+} 之存在，為克服此問題，在緩衝液中需加入 EDTA 之鎂鹽，則可供應足夠之 Mg^{2+} 於滴定終點。

8–3　標準檢驗方法

　　水中硬度檢測方法，行政院環保署公告之標準方法為 EDTA 滴定法，方法代號 NIEA W208.50A，茲予以轉錄於第三篇中。

　　美國公共衛生協會 (APHA) 等所出版之第 20 版《水及廢水標準檢驗法》中列有兩種方法，其中 2340B 為計算法；而 2340C 為 EDTA 滴定法，類似前述環保署公告之方法；這兩種方法之原理均已說明於 8–2 節中。

習　題

一、某水樣之鈣離子濃度為 40.6 mg/L，試以 mg/L as $CaCO_3$ 為單位，計算鈣離子濃度為多少？

二、何謂暫時硬度？永久硬度？試比較其差異。

三、某水樣鈣離子濃度為 30.5 mg/L，鎂離子濃度為 21.6 mg/L，試以計算法求其硬度。

四、以 EDTA 滴定法測硬度時，系統中 pH 值應如何控制？其原理為何？

五、工業用水之硬度何以受到重視？

第 9 章　導電度

　　導電度 (Electrical Conductivity, E.C.) 是量測水樣導電能力之強弱，為將電流通過 1 cm^2 斷面積，長 1 cm 之液柱時電阻 (Resistance) 之倒數，單位為 $\mho/\text{cm}$ 或 mho/cm，導電度較小時以其之 10^{-6} 表示，記為 $\mu\mho/\text{cm}$ 或 μ mho/cm，或以其 10^{-3} 表示，記為 $\text{m}\mho/\text{cm}$ 或 mmho/cm。導電度之大小與水中解離之離子含量之多寡以及溫度有關。一般物質在水中解離產生電流，陽離子跑向陰極，陰離子跑向陽極，大多數之無機酸、鹼以及鹽類均是很好之導電體，但是某些有機分子如蔗糖及苯 (Benzene) 在水中不易解離，導電度相當小。導電度之測定，可用標準導電度溶液先行調整導電度計再測定，有些導電度計可測定導電度之範圍很小，或者即使很廣，其靈敏度很差，只適用於海水或半鹹水，有些又只適用於淡水，因此宜備有至少兩部導電度計，一部測定鹹水，一部測定淡水。

　　標準導電度溶液乃取適量氯化鉀於 150°C，加熱乾燥 2 個小時，於玻璃乾燥器內放冷後，取 0.744 g 氯化鉀，用蒸餾水稀釋至 1 L，則此溶液於 25°C 時之導電度為 1412 μmho/cm。

　　新鮮的蒸餾水其導電度約在 0.5 ～ 2 μmho/cm，經過一段時間後會增加，增加原因為空氣中之二氧化碳或氨 (Ammonia) 等跑進去之緣故，美國之飲用水其導電度在 50 到 1 500 μmho/cm 之間，臺灣之湖沼水為 100 ～ 400 μmho/cm 左右，工廠廢水導電度一般較高，往往超過 10 000 μmho/cm。

9–1　導電度測定之重要性

　　由於導電度之測定相當簡便，導電度計亦方便攜帶至現場使用，在環境監測上，水之導電度常被用來評估水體是否遭受污染的指標，用途相當廣泛。尤其因為海水及淡水之導電度差距非常大，在海岸地區監測是否有海水入侵現象時，E.C. 更屬不可或缺之指標之一。

　　灌溉水品質之等級，導電度為重要的評估標準之一，依美國鹽性研究所之分級，將水之導電度分為六級，自 C–1 至 C–6，灌溉水之 E.C. 可由 $0 \sim 250 \mu$ mho/cm 的 C–1 級至 $> 6\,000 \mu$mho/cm 的 C–6 級，鹽分愈高愈不適於灌溉，臺灣省灌溉水水質標準亦有 E.C. 小於 750μmho/cm 之限值，亦即在 C–2 級以內者，才符合灌溉用水水質標準。

9–2　導電度之測定原理

　　電解質溶解在水中，會解離成陽離子和陰離子，當電流欲通過此溶液時，可藉著陰陽離子的運動，而使電子能在正負極間流通，溶液即可導電。以氯化鈉的水溶液為例，其反應為：

$$NaCl \longrightarrow Na^+ + Cl^- \qquad\qquad [9\text{--}1]$$

當電池的正負極和此溶液接觸，則氯離子向正極運動，鈉離子向負極運動，如下列兩個反應：

$$2Cl^- \longrightarrow Cl_2 + 2e^- \qquad\qquad [9\text{--}2]$$

$$Na^+ + e^- \longrightarrow Na \qquad\qquad [9\text{--}3]$$

就這樣使電子在正負極間傳遞，造成電流的迴路。

　　溶液導電的情形，和溶液中離子的濃度和兩極間距離有關。而測定溶液中導電度的儀器，即稱為導電度計，它包括一個特殊設計的電極和一個惠斯登 (Wheatstone) 電橋。導電度計的電極中有兩片白金，相隔 1 至 5 公分，當其浸在欲測定的溶液中，即可利用惠斯登電橋量出兩白金片間的電阻，進而算出溶液的比電導（單位長度之電導，mho/cm）。為便利由量測電阻計算溶液之電導，將溶液的比電導和量出的電阻 R 之乘積，定義為電極常數 K，則：

$$K = kR \hspace{4cm} [9\text{--}4]$$

式中之 k 為比電導，其單位為 mho/cm，亦即一般所稱的導電度。我們可利用已知比電導的標準溶液，測量其電阻，就可求出電極常數。如此，當未知溶液之電阻測得時，即可很容易算出比導電度了。

　　導電度的高低與溫度有關，當溫度增加 1°C 時，比導電度會增加 1.9%，故測定時應校正溫度的偏差，並以 25°C 之校正值表示之。溫度校正公式如下：

$$K_{25} = \frac{K_{\mathrm{m}}}{1 + 0.0191(t - 25)} \hspace{3cm} [9\text{--}5]$$

式中 K_{25} 為換算成 25°C 時之導電度，K_{m} 為在 t°C 時測得之導電度，二者之單位均為 μmho/cm。

9–3　標準檢驗方法

　　水中導電度的測定方法，行政院環保署公告之標準方法為導電度計法，代號 NIEA W203.51B，茲予以轉錄於第三篇中。

　　美國公共衛生協會等出版之第 20 版《水及廢水標準檢驗法》在導電度之測定亦僅公告導電度計法，方法代號 2510B，其內容與上述環保署公告方法類似。

習　題

一、當溫度增高，水之導電度會產生什麼變化？某水樣在 20°C 為 586 μmho/cm，試問其 25°C 之導電度？

二、導電度在灌溉水品質上有何重要性？

三、何謂電極常數？比電導？

四、以導電度計量測水樣之比電導，其原理試說明之。

五、計算下列三個水樣之測值為 25°C 時，以 μmho/cm 為單位之測值：

　　⑴ 21°C 6.213 mmho/cm；

　　⑵ 27°C 436 μmho/cm；

　　⑶ 22°C 0.026 mho/cm。

第 10 章　鹼　度

　　水的鹼度 (Alkalinity)，為其對酸中和能力的一種量度。天然水之鹼度，主要是由於弱酸的鹽類所造成的，有時弱鹼或強鹼物質亦會增加水之鹼度。考其原因，天然水中有弱酸的鹽類主要是由於碳酸根系統 (Carbonate System) 之影響。構成碳酸根系統的化合物包括氣態二氧化碳，$CO_{2(g)}$；液態或溶解的二氧化碳，$CO_{2(aq)}$；碳酸，H_2CO_3；碳酸氫根，HCO_3^-；碳酸根，CO_3^{2-}；以及含碳酸根的固體。水中含有的二氧化碳可由大氣而來，也可由水中有機物的生物氧化所產生，當其與土壤中之碳酸鈣礦物反應，則如下式所示：

$$CO_2 + CaCO_3 + H_2O \longrightarrow Ca(HCO_3)_2 \qquad\qquad [10–1]$$

可生成大量碳酸氫鹽，成為天然水中鹼度物質的主要形式。

　　天然水除了碳酸氫鹽外，尚有其他弱酸鹽類存在，諸如硼酸、矽酸、磷酸等鹽類，但其含量通常很少，有些有機酸，例如腐植酸，由於不易為生物所氧化，亦會形成鹽類，增加水中的鹼度。在受污染或缺氧的水中，會有弱酸鹽產生，例如：醋酸、丙酸、氫硫酸等，連同氨與氫氧化物等，均會影響水之鹼度，使其增高。

　　由上述可知，會造成水中鹼度的物質相當多，但一般的水係以碳酸氫鹽、碳酸鹽及氫氧化物三種為主。雖然某些受污染的水，可能含其餘會造成高鹼度的物質，但在實務工作上難以確認，故常予以忽略。上述三種造成水中鹼度的物質均具有緩衝能力，可防止 pH 值因酸的加入而急劇改變，因此，我們亦把鹼度視為水之緩衝能力之度量。在廢水處理上，是重要的參數。

10-1　鹼度測定之重要性

　　水中鹼度的數據，在環境工程上應用很廣。基本上，鹼度測定的結果，可作為估計廢水與污泥的緩衝能力之用。在原水與廢水的化學混凝處理程序中，由於混凝劑與水中成分反應形成氫氧化物之沉澱，會放出 H^+，水中存在的鹼度，若較 H^+ 為多，可使混凝反應有效率且完全；反之，則使該反應受抑制。此外，用沉澱法軟化水質時，鹼度亦為一重要之考慮因素，用以計算所需的石灰或蘇打灰用量。

　　工業用水如冷卻水塔、鍋爐等之用水，常需進行腐蝕控制 (Corrosion Control)，水中鹼度的高低是相當重要的因素，故常為評估水質腐蝕性質時必須測定的項目之一。

10-2　鹼度之測定原理

　　從水質分析的角度，將水樣用強酸滴定，到一定的 pH 值時，所需要強酸之當量數即為鹼度。滴定終點所選擇的 pH 值有二，即 pH 8.3 及 pH 4.5，在滴定的第一階段，選擇 pH = 8.3 為終點，此終點為碳酸根轉變為碳酸氫根的當量點，其反應式如下：

$$CO_3^{2-} + H^+ \longrightarrow HCO_3^- \qquad\qquad\qquad [10\text{-}2]$$

而滴定的第二階段，選擇 pH = 4.5 為終點，此終點則為碳酸氫根轉變為碳酸的當量點，其反應式如下：

$$HCO_3^- + H^+ \longrightarrow H_2CO_3 \qquad\qquad\qquad [10\text{-}3]$$

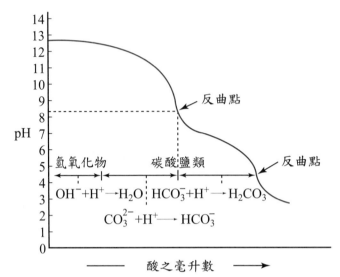

▲圖 10-1　以強酸滴定氫氧化物─碳酸鹽類溶液之滴定曲線
資料來源: Sawyer & McCarty, 1978.

　　如圖 10-1 所示,以強酸滴定氫氧化物─碳酸鹽類溶液,當 pH 值降到 8.3 時,所有氫氧化物均被中和且碳酸根均轉變成碳酸氫根,此時滴定曲線呈現第一個反曲點,在水質分析上,以酚酞 (Phenolphthalein) 為指示劑,則其由粉紅色變為無色;當強酸繼續加入,pH 值降到 4.5 時,碳酸氫根均轉變為碳酸,此時滴定曲線上出現第二個反曲點,一般在水質分析上,以甲基橙 (Methyl Orange) 為指示劑,溶液由黃色變為橙紅色。習慣上,將水樣滴定至酚酞終點的鹼度,稱為酚酞鹼度 (Phenolphthalein Alkalinity) 或 P 鹼度;而將水樣滴定至甲基橙終點的鹼度,稱為甲基橙鹼度 (Methyl Orange Alkalinity) 或 MO 鹼度,由於 MO 鹼度已涵蓋 OH^-、CO_3^{2-} 及 HCO_3^- 反應所需的酸,故亦稱總鹼度 (Total Alkalinity) 或 T 鹼度。

　　假設水中之鹼度完全由 OH^-、CO_3^{2-} 及 HCO_3^- 而來,則由 P 鹼度及 MO 鹼度的資料,可進一步計算 OH^-、CO_3^{2-} 及 HCO_3^- 等的鹼度,這可由下列兩種方法來達成:

1. 由鹼度測定資料來計算:

　　假設水中之 OH^- 與 HCO_3^- 不同時存在,則 P 鹼度 (P) 及總鹼度 (T) 之測定結果與 OH^-、CO_3^{2-} 及 HCO_3^- 鹼度之關係如表 10-1 所示,我們可由 P = 0 或 P = T,

或 P 與 1/2T 間的關係方便地算出各種鹼度。

▼表 10-1　　各類鹼度之關係表

滴定結果	OH^- 鹼度 (as $CaCO_3$)	CO_3^{2-} 鹼度 (as $CaCO_3$)	HCO_3^- 鹼度 (as $CaCO_3$)
P = 0	O	O	T
P < 1/2T	O	2P	T – 2P
P = 1/2T	O	2P	O
P > 1/2T	2P – T	2(T – P)	O
P = T	T	O	O

註: P 表示酚酞鹼度 (P 鹼度); T 表示總鹼度 (T 鹼度)。
資料來源: APHA-AWWA-WEF, 1992.

2.由鹼度與 pH 值的測定值計算:

首先，OH^- 鹼度可由 pH 值及水的解離常數求出:

$$[OH^-] = \frac{K_w}{[H^+]} \tag{10-4}$$

由於 $[OH^-] = 1\,M$ 時，相當於 $50\,000$ mg/L as $CaCO_3$ 的鹼度，故:

$$[OH^-] \text{ 鹼度} = 50\,000 \times 10^{(pH-pK_w)} \tag{10-5}$$

若能考慮溫度之影響，使用較正確的 pK_w 則誤差可減少。由 [10-5] 式所算出的 OH^- 濃度 (mg/L as $CaCO_3$)，可再利用下列二式計算 CO_3^{2-} 及 HCO_3^- 的鹼度:

$$CO_3^{2-} = 2P - 2[OH^-] \tag{10-6}$$

$$HCO_3^- = T - 2P + [OH^-] \tag{10-7}$$

10-3　標準檢驗方法

　　水中鹼度之測定方法，行政院環保署公告之標準方法為滴定法，方法代號 NIEA W449.00B，茲予以轉錄於第三篇中。美國公共衛生協會等出版之第 20 版《水及廢水標準檢驗法》在鹼度之測定僅公告滴定法 (Titration Method)，其方法代號 2320B。

―――――― 習　題 ――――――

一、水中鹼度之來源為何？那些物質最常見？

二、天然水中鹼度物質的主要形式為何？試述其成因。

三、鹼度測定何以選擇 pH 8.3 及 4.5 為滴定終點？

四、某水樣之總鹼度為 100 mg/L as $CaCO_3$, pH 值為 7.3, 計算其 HCO_3^- 鹼度為多少？

五、25°C 時，某水樣之 pH 值為 9, P 鹼度為 48 mg/L as $CaCO_3$，計算其 CO_3^{2-} 鹼度為多少？

第 11 章　固體物

　　除了純水之外，一般天然水體之水或廢水均含有固形物 (Solid Matter)。在水質名詞中，總固體物 (Total Solids, T.S.) 是指將水樣蒸發後，其殘留物質在某一溫度之下乾燥所得者。總固體物包括兩部分，若將水樣先經一個過濾設備，則留存在過濾設備上之固形物，經一定溫度乾燥所得之部分稱為總懸浮固體物 (Total Suspended Solids, T.S.S.)，而其濾液經一定溫度乾燥所得之部分稱為總溶解固體物 (Total Dissolved Solids, T.D.S.)。過濾器形式、濾紙孔隙大小、孔隙率、面積及厚度均會影響過濾的結果，不僅如此，水樣物理性質、固形物之粒徑大小及總量等亦左右過濾結果，因此，一般將濾紙孔隙大小定為 2.0 μm，水樣留存在此孔隙大小濾紙之固形物經特定條件測出之部分稱為懸浮固體物 (Suspended Solids, S.S.)，經此濾紙之濾液，於特定條件測出之固形物稱為溶解固體物 (Dissolved Solids, D.S.)。

　　水中固形物可再細分為溶解性有機物、顆粒狀有機物、溶解性無機物及顆粒狀無機物。其中溶解性無機物若為重碳酸鹽，則於蒸發過程會轉變為碳酸鹽及 CO_2，其典型反應如下：

$$Ca(HCO_3)_2 \xrightarrow{\text{蒸發}} CaCO_3 + H_2O\uparrow + CO_2\uparrow \qquad [11\text{--}1]$$
$$\text{（溶液）} \qquad\qquad \text{（殘留物）} \quad \text{（氣體）} \quad \text{（氣體）}$$

無機物一般在較高溫度如 500°C 亦不分解，但有機物則較不安定。因此，如將水中固形物在 500°C 的高溫燃燒，則許多有機物即揮發逸失，所逸失之重量稱為揮發性固體物 (Volatile Solids, V.S.)。

　　在飲用水中，大多數為可溶解性之固形物，其中以無機物為主，有機物佔極少量。但污泥則為其中之固形物大多數為顆粒狀者，溶解性者極少，事實上，污泥為聚集之沉澱性固體物 (Settleable Solids)，即可於一定時間內自懸浮液體中經重力作用而沉降之固形物。

11-1　固體物測定之重要性

　　水中懸浮固體物含量的測定，在污水分析上相當重要，在事業放流水排放標準中，對各行業之放流水中懸浮固體物含量，均有詳細的規定，這是因為在污染程度之研判上，它具有指標的作用。而在一般污水處理單元設計上，污水中 S.S. 亦為移除之重點，故 S.S. 測定可用於評估處理方法之效率。

　　水中溶解固體物含量，是飲用水水質標準中之重要項目之一，在飲用水水質標準中，訂有 250 mg/L 之限值，故在飲用水之處理程序中為考慮之指標之一。此外，沉降性固體物之測定為污泥性質之重要項目，對污泥之處理方法有重要的參考價值。

11-2　固體物測定之基本原理

　　固形物含量為水樣之重要物理性質，於測定時自需遵循標準方法，在標準方法中對於固形物乾燥時採用的溫度有明確的規定，在水中總固體物及懸浮固體物之檢驗時，採用 103～105°C 的乾燥溫度至恆重，在此溫度之下，水中所有固體物均會喪失其大部分水分，且有機物並不會分解，但機械性的包裹水 (Mechanically Occuded Water) 大部分未被去除。因此，針對總溶解固體物的測定，有採用 180°C 為乾燥溫度之標準方法，則可去除大部分之機械性包裹水。

　　揮發性固體物及固定性固體物 (Fixed Solid, F.S.) 的乾燥或稱燃燒 (Ignition) 溫度係採用 500±50°C，在此溫度下，揮發性有機物可揮發成 CO_2 及 H_2O，但無機物的分解量極少，少數例子如下式：

$$MgCO_3 \longrightarrow MgO + CO_2\uparrow \tag{11-2}$$

若採用溫度過高，則會發生一般有機物熱解 (Pyrolysis) 及無機鹽類分解之現象，造成極大誤差。以固形物中最主要的無機鹽 $CaCO_3$ 為例，在 825°C 會分解；碳水化合物則在 600°C 即會發生熱解現象。

在固形物測定最常見產生誤差的步驟為樣品處理的部分，在水樣採取、分裝及吸取的過程，若未經適當地混合均勻，其產生的誤差往往相當嚴重，值得特別重視。

11-3　標準檢驗方法

水中總固體、總溶解固體及總懸浮固體檢驗法，行政院環境保護署公告之標準方法為重量法，在 103 ～ 105°C 乾燥，本方法代號為 NIEA W210.56A，茲予以轉錄於第三篇中。而美國公共衛生協會等所出版之第 20 版《水及廢水標準檢驗法》則在固形物測定方面提出了六種標準法，分別為：1. 方法 2540B，在 103 ～ 105°C 乾燥測總固體物；2. 方法 2540C，在 180°C 乾燥測總溶解固體物；3. 方法 2540D，在 103 ～ 105°C 乾燥測總懸浮固體物；4. 方法 2540E，在 550°C 燃燒固定性及揮發性固體物；5. 方法 2540F，測沉降性固體物；6. 方法 2540G，測定固態及半固態樣品中總固體物、固定性固體物及揮發性固體物。除沉降性固體物之測定係採用體積為基礎外，其他五種方法均以重量法為基礎，測定基本原理同前述各節。

習　題

一、水中固形物有那些種類? 在 500°C 之高溫蒸發，對固形物有何影響?

二、何謂懸浮固體物 (S.S.)? 溶解固體物 (D.S.)? 與總固體物 (T.S.) 之關係為何?

三、試說明標準方法檢驗水中 T.S. 及 S.S. 採用 103 ～ 105°C 溫度乾燥之原因。

四、水樣進行固形物測定應如何注意樣品之處理?

五、解釋下列名詞:

　　(1)揮發性固體物 (V.S.);

　　(2)沉降性固體物 (Settleable Solids);

　　(3)熱解 (Pyrolysis);

　　(4)固定性固體物 (Fixed Solid)。

第 12 章 氫離子濃度指數

　　1887 年瑞典科學家阿瑞尼士 (Arrhenius) 提出游離理論，認為水溶液中會產生氫離子 (H^+) 者為酸，而會產生氫氧離子 (OH^-) 者為鹼。依其理論，強酸與強鹼在水溶液中之解離度相當大，弱酸與弱鹼的解離度則相當小。當水分子解離時，會生成部分的氫離子及氫氧離子，其反應式如下：

$$H_2O_{(\ell)} \rightleftharpoons H^+_{(aq)} + OH^-_{(aq)} \qquad\qquad [12\text{--}1]$$

當達到平衡時，其平衡常數 K 可以下式表示：

$$K = \frac{[H^+][OH^-]}{[H_2O]} \qquad\qquad [12\text{--}2]$$

由於水分子的解離度很小，所以上式中 $[H_2O]$ 的濃度變化很小，可視為常數。在 25°C 時水之比重為 0.997，故可計算 $[H_2O]$ 濃度如下：

$$997 \text{ g/L} \times \frac{1 \text{ mole}}{18 \text{ g}} = 55.4 \text{ mole/L} \qquad\qquad [12\text{--}3]$$

將此值代入式 [12–2] 中，則：

$$K \times 55.4 = [H^+][OH^-] \qquad\qquad [12\text{--}4]$$

設 K 與 55.4 乘積為 K_w，稱之為水的離子積 (Ion Product) 或解離常數 (Ionization Constant)，可得：

$$K_w = [H^+][OH^-] \qquad\qquad [12\text{--}5]$$

室溫 (25°C) 時，測得純水之 $[H^+] = [OH^-] = 1.0 \times 10^{-7} M$，故：

$$[H^+][OH^-] = 10^{-7} \times 10^{-7} = 1.0 \times 10^{-14} \tag{12-6}$$

　　當加酸於水中時，由於 H^+ 之解離，H^+ 濃度大增，為了維持 K_w 為定值，OH^- 濃度就減少；相反地，加鹼於水中時，則 OH^- 濃度大增，H^+ 濃度即減少。如此，不管水中 H^+ 及 OH^- 濃度如何變化，其 H^+ 和 OH^- 濃度的乘積恆為常數，室溫時為 1.0×10^{-14}。

　　為了避免使用冗長的指數來表示氫離子的濃度，1909 年瑞典化學家 Sorenson 氏建議以負對數值來取代 molar 濃度，日後廣被採用，即所謂的 pH 值或稱酸標值之由來，有時則逕稱「氫離子濃度指數」，以下式表示之：

$$pH = -\log [H^+] \tag{12-7}$$

或

$$pH = \log \frac{1}{[H^+]} \tag{12-8}$$

同法可用 $pOH = -\log [OH^-]$, $pK_w = -\log K_w$ 等。pH 值的範圍，一般在 0 到 14 之間，純水為中性，其 pH 值為 7.0，當溶液為酸性時，$[H^+] > 10^{-7} M$，則其 pH 值將小於 7，即 pH 值越小酸性越強，反之，溶液為鹼性時，$[H^+] < 10^{-7} M$，pH 值大於 7，即 pH 值越大鹼性越強。

　　天然水之 pH 值受碳酸根系統 (Carbonate System) 影響很大，以降雨為例，由於雨水吸收空氣中之二氧化碳，形成碳酸，使其在正常情形下 pH 值常低至 5.65 左右，若再受工業污染物之影響，則可能成為酸雨 (Acid Rain)，pH 值甚至可低至 2.0。

12-1　pH 值測定之重要性

大部分的水生生物，均對水環境中 pH 值範圍相當敏感，因此，基於維護生態平衡的考量，事業放流水之排放，均須控制其 pH 值，以防止對水生生物造成衝擊。

在環境工程上，不論是給水或污水之處理，pH 值的控制均相當重要，這是因為 pH 值的高低，對於沉澱、化學混凝、消毒、氧化還原、水質軟化……等處理程序均有影響。此外，在利用微生物法處理廢水時，pH 值必須控制在對有用的微生物有利的範圍以內。

12-2　pH 值之測定原理

12-2-1　pH 指示劑

有某些天然的或人工合成的有機化合物會在一定的 pH 值範圍內呈現顏色的變化。一般而言，這些化合物為弱酸或弱鹼，當其由中性變到離子形態時，會改變其顏色，常見的酸鹼指示劑列如表 12-1 所示，為避免影響待測溶液之酸鹼度，滴加指示劑時不可超量，通常每 150 mL 待測液僅可加入二滴指示劑。

▼表 12-1　常見的酸鹼指示劑

指示劑	酸性時 顏　色	pH 變色 範　圍	鹼性時 顏　色
甲基紫 (Methyl Violet)	黃	0 ～ 2	紫
瑞香草酚藍 (Thymol Blue)	粉紅	1.2 ～ 2.8	黃
溴酚藍 (Bromophenol Blue)	黃	3.0 ～ 4.7	紫
甲基橙 (Methyl Orange)	橙紅	3.1 ～ 4.4	黃
溴甲酚綠 (Bromocresol Green)	黃	4.0 ～ 5.6	藍
溴甲酚紫 (Bromocresol Purple)	黃	5.2 ～ 6.8	紫
石蕊 (Litmus)	紅	4.7 ～ 8.2	藍
酚酞 (Phenolphthalein)	無色	8.3 ～ 10.0	粉紅
瑞香草酚酞 (Thymolphthalein)	無色	9.3 ～ 10.5	藍
茜素黃 (Alizarin Yellow G)	無色	10.1 ～ 12.1	黃
三硝基苯 (Trinitrobenzene)	無色	12.0 ～ 14.3	橙

12-2-2　玻璃電極

　　pH 值的量測，可以利用儀器 pH 計來完成，pH 計的基本構造，就是一個微量電位計，附有對氫離子有高選擇性的電極，一般採用玻璃電極。普通 pH 計玻璃電極的構造如圖 12-1 所示，電極底部為特殊玻璃的薄壁，內有參考電極，內參考電極通常用汞／甘汞或銀／氯化銀電極。通常，儀器可經校正後，直接讀出 pH 值。

　　標準溶液是使用 pH 計時，不可或缺的附屬物，它是由一些化性安定的試劑配製而成的，如 0.05 M 的鄰苯二甲酸氫鉀 (Potassium Hydrogen Phthalate) 在 25°C 時，pH 為 4.004；0.025 M 的磷酸二氫鉀 (Potassium Dihydrogen Phosphate) 與 0.025 M 的磷酸一氫二鈉 (Disodium Hydrogen Phosphate) 混合液在 25°C 時，pH 為 6.863；0.025 M 的碳酸氫鈉 (Sodium Bicarbonate) 與 0.025 M 的碳酸鈉 (Sodium Carbonate) 混合液在 25°C 時，pH 為 10.014；都是常用的 pH 值標準溶液，為 pH 計校正時所必備。

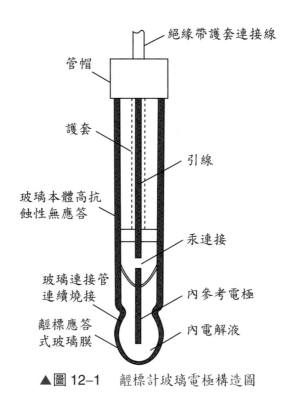

絕緣帶護套連接線

管帽

護套

引線

玻璃本體高抗
蝕性無應答

汞連接

玻璃連接管
連續燒接

內參考電極

氫標應答
式玻璃膜

內電解液

▲圖 12-1　氫標計玻璃電極構造圖

12-3　標準檢驗方法

　　水中 pH 值之測定法，行政院環保署公告之標準方法為電極法，方法代號為 NIEA W424.50A，茲予以轉錄於第三篇中。美國公共衛生協會等所出版之第 20 版《水及廢水標準檢驗法》亦僅公告電極法，其方法代號為 $4500-H^+B$，本分析方法主要內容與前述環保署公告者類似，但對量測原理及標準溶液之製備方面，均有較詳細之說明。

──────習　題──────

一、某水樣之 pH 值為 6.0，則其 [H⁺] = ? [OH⁻] = ?

二、試述 pH 計所用玻璃電極之基本構造。

三、測定 pH 值時，標準緩衝溶液有何用處? 如何配製?

四、pH 值測定在環境工程上有何重要性?

第13章 溶 氧

　　自然界的水，由於與大氣接觸，或多或少溶解氧氣，這些氧氣稱為水中之溶氧 (Dissolved Oxygen, DO)。水體中溶氧濃度經常受系統中生物、物理及化學程序之影響，隨之改變。由於所有生物，均仰賴氧氣的維持代謝程序，並產生能量來生長與再生細胞，水中溶氧濃度對水生物相當重要。

　　氧在水中溶解度不大，在 20°C 及 1 大氣壓時約 30 mL/L。溶解度隨溫度及大氣中氧之分壓而改變，遵循亨利 (Henry) 定律，如下式所示：

$$[O_2] = K_H \times P_{O_2} \hspace{6cm} [13\text{--}1]$$

式中 $[O_2]$ 為水溶液中氧氣之平衡濃度，P_{O_2} 為氧氣之分壓，K_H 則為亨利常數，其值隨溫度而異，當溫度高時，K_H 值較低，溫度低時，K_H 值較高。因此，在夏季時溫度偏高，水中溶氧值偏低，在冬季時，水中之溶氧值就會偏高。有些魚類只能生長在水中溶氧較高之高冷山區，當改變環境至溫熱之平地，就會因缺乏溶氧而死亡。

　　水中鹽分含量亦會影響氧之溶解度，一般鹽分愈高，則溶氧量愈低。以 20°C 之純水為例，其飽和溶氧量為 9.07 mg/L，但 20°C 之海水，飽和溶氧量只有 7.33 mg/L。

13–1　溶氧測定之重要性

在各種不同水體，溶氧含量常是水質優劣之重要指標。以河川為例，溶氧含量在未受污染區段通常很高，甚至可達飽和溶氧量，但在遭受有機物污染時，水中微生物繁殖，會消耗氧氣，溶氧值即降低，嚴重時甚至接近 0 mg/L，溶氧在 2.0 ～ 3.0 mg/L 之河川水，屬戊類水質，甚至不適於灌溉用水之用途。在評估河川水質污染情形時，溶氧測定可謂是不可或缺之工作。

在廢水處理程序中，往往需利用好氧性微生物來分解廢水中之有機污染質，這時水中溶氧的控制就顯得很重要，為了維持適量的氧氣，不致因太多而浪費，太少而處理效果不佳，經常性的溶氧測定是無可避免的。

工業用水中，蒸氣鍋爐之用水是相當講究水中溶氧之去除的，因氧氣會使得高溫下之鍋爐鋼管發生腐蝕的問題，故加入除氧劑以祛除溶氧，此時溶氧之測定有其必要，管理人員可由溶氧之數據控制除氧劑的用量，以達最佳之操作。

13–2　溶氧之測定原理

水中溶氧的測定有兩類方法，一類為滴定定量法，通常在實驗室進行；一類為電極法，通常在現場直接以溶氧儀測定讀取。滴定定量法一般較準確，但在採樣時，進行溶氧測定的水樣，應小心收集，以免在收集過程中，空氣中的氧氣有機會進入樣品中，造成誤差。適合溶氧測定的水樣採樣器如圖 13–1 所示，水樣從溶氧瓶（或稱 BOD 瓶）之底部進入，將瓶中之空氣驅離，直到水樣溢流時，由採樣器中取出，塞上玻璃塞，形成水封 (Water Seal)。由於希望水樣中之生物不進行活動，造成溶氧之改變，也為了避免水樣中之溶氧受物理或化學作用之影響產生變化，通常可在取樣後，立刻加入溶氧測定中適用的試劑，使其安定，並貯藏於暗處，儘速送到實驗室分析，目前規定之最佳保存期限為加試劑保存之後 8 小時，即應進行滴定分析。

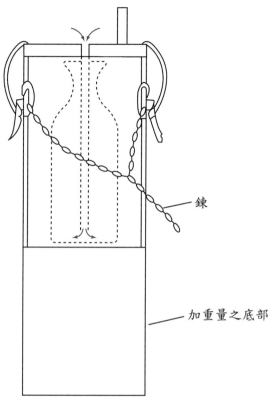

錬

加重量之底部

▲圖 13-1　溶氧測定用之水樣採樣器

　　以滴定定量法來測定溶氧，是以 Winkler 法為基礎的定量方法，其各步驟之基本原理說明如下：首先，在水樣中，先加入硫酸亞錳 (MnSO₄)、碘化鉀 (KI) 及氫氧化鈉 (NaOH)，在強鹼的環境下，亞錳離子為水樣中之溶氧氧化成較高氧化態的二氧化錳（MnO₂），MnO₂ 為一種棕色的沉澱物，反應式如下式：

$$Mn^{2+} + 2OH^- + \frac{1}{2}O_2 \longrightarrow MnO_2 + H_2O \qquad\qquad [13\text{-}2]$$

上述反應是在水樣中有溶氧存在時發生，若水樣中缺少氧分子，則亞錳離子會與氫氧離子形成白色的氫氧化錳 [Mn(OH)₂] 沉澱：

$$Mn^{2+} + 2OH^- \longrightarrow Mn(OH)_2\downarrow \qquad\qquad [13\text{-}3]$$

其次，硫酸溶液加入樣品中以溶解 MnO_2，並使溶液中之碘離子 (I^-) 氧化形成碘分子 (I_2)，其反應式如下：

$$MnO_2 + 2I^- + 4H^+ \longrightarrow Mn^{2+} + I_2 + 2H_2O \qquad [13-4]$$

式中 I_2 之量係與原來水樣中溶氧之量成正比。I_2 可由標準硫代硫酸鈉 ($Na_2S_2O_3$) 溶液滴定來計算，此時通常使用澱粉指示劑判斷滴定終點，只要 I_2 存在，溶液呈藍色，當所有的 I_2 被滴定還原，則溶液呈無色，其反應式如下：

$$\underset{(Blue)}{I_2 + Starch - I_2} + 2Na_2S_2O_3 \cdot 5H_2O \longrightarrow Na_2S_4O_6 + 2NaI + 10H_2O + \underset{(Colorless)}{Starch}$$

$$[13-5]$$

滴定完成後，即可計算水樣中溶氧之濃度。

上述未經改良的 Winkler 法，會受到水樣中其他物質的干擾。干擾物概分為氧化劑與還原劑兩類，氧化劑諸如 NO_2^- 與 Fe^{3+} 等，可將 I^- 氧化為 I_2，造成溶氧值結果偏高；還原劑諸如 Fe^{2+}、SO_3^{2-}、S^{2-} 及多硫酸鹽 (Polythionates) 等，可將 I_2 還原成 I^-，造成溶氧值結果偏低。因此，未改良的 Winkler 法僅適用於干擾物少的乾淨水樣。目前標準法使用碘定量之疊氮化物修正法，係基於 NO_2^- 為常見的干擾物，在 Winkler 法中，進行下列反應：

$$2NO_2^- + 2I^- + 4H^+ \longrightarrow I_2 + N_2O_2 + 2H_2O \qquad [13-6]$$

$$N_2O_2 + \frac{1}{2}O_2 + H_2O \longrightarrow 2NO_2 + 2H^+ \qquad [13-7]$$

當澱粉指示劑產生的藍色消失時，NO_2^- 會與多餘的 I^- 作用生成 I_2，於是藍色再度復現。為改善 NO_2^- 的干擾，疊氮化物修正法中使用疊氮化鈉 (Sodium Azide, NaN_3) 予以處理，水樣中加有鹼性碘化物——疊氮化物試劑時，當硫酸加入，則進行以下反應：

$$NaN_3 + H^+ \longrightarrow HN_3 + Na^+ \qquad [13-8]$$

$$HN_3 + NO_2^- + H^+ \longrightarrow N_2 + N_2O + H_2O \qquad [13-9]$$

如此，即可消除 NO_2^- 之干擾，得到較精確之溶氧分析數據。此外，若水樣中含鐵離子時，可於加濃硫酸酸化水樣前加入氟化鉀 (KF) 溶液，則進行以下反應：

$$Fe^{3+} + 3F^- \longrightarrow FeF_3 \qquad\qquad [13\text{--}10]$$

上式中之 FeF_3 具低游離性，如此可解決 Fe^{3+} 之干擾問題。

　　雖然滴定定量法在溶氧測定方面較準確，水樣中干擾物問題亦多能解決，但此方法並不適於田間測定或現場連續監測溶氧值，因此，薄膜電極法 (Membrane Electrode Method) 有其發展空間。本方法係使用溶氧電極，水樣中溶氧愈高，則在電極中產生之擴散電流 (Diffusion Current) 愈高，此電流可容易地轉變為溶氧濃度單位，而由聯接儀器中之微安培計讀出。溶氧電極的校正有依空氣或依標準液兩種，可視溶氧儀說明書內容進行。採用薄膜電極法除了可以避免水樣收集及保存之誤差外，對於受污染水、高色度水及特殊廢水之測定均可能較碘滴定定量法適當。

13–3　標準檢驗方法

　　水中溶氧的測定，行政院環保署公告之標準方法為疊氮化物修正法，方法代號 NIEA W421.54C；以及碘定量法，方法代號為 NIEA W422.51C；茲予以轉錄於第三篇中。另美國公共衛生協會等出版之第 20 版《水及廢水標準檢驗法》，除碘定量法 (Iodometric Methods，方法代號 4500–OB) 外，尚有疊氮化物修正法 (Azide Modification，方法代號 4500–OC)、高錳酸鹽改良法 (Permanganate Modification，方法代號 4500–OD)、鉀礬凝聚改良法 (Alum Flocculation Modification，方法代號 4500–OE) 及硫酸銅—氨基磺酸凝聚改良法 (Copper Sulfate-Sulfamic and Floccula-tion Modification，方法代號 4500–OF) 之公告；而在電極法方法則有薄膜電極法之提出，其方法代號為 4500–OG，在進行現場測定或高度污染廢水溶氧測定時，可逕行採用。

―――― 習　題

一、試述水中溶氧與氣溫之關係，及其在水環境中之意義。

二、測定水中溶氧在環境工程中有何用處？

三、試述溶氧之採樣有那些要點？

四、下列藥品在水中溶氧分析有何功能？

　　(1) $MnSO_4$；

　　(2) $Na_2S_2O_3$；

　　(3) Starch；

　　(4) KI；

　　(5) NaN_3。

五、試述未改良之 Winkler 法測定水中溶氧有何缺點？如何消除？

六、試比較電極法與滴定法測定水中溶氧之優劣。

第 14 章　氯　鹽

氯離子 (Cl⁻) 是水及廢水中主要的陰離子之一，它在不同的水體中有不同的濃度範圍。一般在山區及河川上游的地表水中，氯鹽 (Chloride) 之含量甚低，但河川下游或靠海的地下水中，有時含量很高，這可能與部分礦物溶出及農工廢水中氯鹽之進入有關，另一個原因是海水中氯鹽含量極高，平均為 19 000 mg/L，沿海地區的地下水，會與海水達到流體靜力平衡，過度抽取地下水，會破壞此種平衡，而使海水易於入侵，地下水中之氯鹽含量就急劇增高，這種情況，在臺灣的嘉南、高屏及宜蘭地區，已有許多報告提出。

人類的排泄物，特別是尿，所含氯鹽頗多，因此，生活污水中含有相當量的氯鹽。此外，許多工業廢水，亦含有大量之氯鹽。這是人為污染比較重要的兩個來源。

水中氯鹽含量較高時，水會帶有鹹味，尤其當主要陽離子為鈉離子時，氯鹽達 250 mg/L 即有鹹味，然而，若主要陽離子為鈣與鎂離子時，即使氯鹽含量高達 1 000 mg/L 亦不覺得有鹹味。氯鹽含量高的水對金屬管線及結構有害，也不適於灌溉之用。

14-1　氯鹽測定之重要性

由於氯鹽為水及廢水之主要陰離子之一，在一般環境監測工作上，為瞭解主要水質結構，均將氯鹽列為測定項目。

目前我國飲用水及灌溉用水之水質標準中，均對氯鹽濃度定有限值 250 mg/L。

氯鹽之來源有限，測定容易，有不易被吸附及不分解之性質，故常作為水質污染源追蹤之指標，以往有許多文獻亦以氯鹽為追蹤劑 (Tracer)，研究環境中之污染物傳輸現象。

14-2　氯鹽之測定原理

氯鹽之測定有五種方法，分別為銀量滴定法 (Argentometric Method)、硝酸汞法 (Mercuric Nitrate Method)、電位滴定法 (Potentiometric Method)、自動化鐵氰化物法 (Automated Ferricyanide Method)、及離子層析儀法 (Ion Chromatography Method)。

1. 銀量滴定法

銀量滴定法適合使用於較潔淨的水樣，以 0.15 至 10 mg/L 之濃度範圍為佳。本方法係使用硝酸銀來滴定水樣中的氯離子，其反應式如下：

$$Ag^+ + Cl^- \rightleftharpoons AgCl\downarrow \quad (K_{sp} = 3 \times 10^{-10}) \qquad\qquad [14-1]$$

反應生成之 AgCl 白色沉澱在滴定終點時判定不易，因此需藉用別的指示劑以便判定。一般使用之指示劑為鉻酸鉀 (K_2CrO_4)，當反應式 [14-1] 進行時，Cl^- 漸減，而 Ag^+ 隨滴定液之添加而漸增，若系統中已加入 K_2CrO_4 指示劑，則會進行下列反應：

$$2Ag^+ + CrO_4^{2-} \rightleftharpoons Ag_2CrO_4\downarrow \quad (K_{sp} = 5 \times 10^{-12}) \qquad\qquad [14-2]$$

生成了 Ag_2CrO_4 之紅褐色沉澱，此沉澱物就很容易辨認，指示滴定終點已經到達了。

本方法之使用，pH 值應維持 7 到 8，係因在較高 pH 值時，Ag^+ 會形成 AgOH 沉澱，造成誤差；而在較低 pH 值時，CrO_4^{2-} 會轉成 $Cr_2O_7^{2-}$，影響滴定終點之判定。

2. 硝酸汞法

硝酸汞法比起銀量滴定法，有終點較易判別及干擾較少兩項優點。本方法滴定終點時，因形成藍紫色複合物，相當容易辨識；而干擾較少是因為滴定係在 pH = 2.5 左右進行。以硝酸汞滴定水樣中之氯離子，其反應式如下：

$$Hg^{2+} + 2Cl^- \rightleftharpoons HgCl_2 \ (K = 2.6 \times 10^{-15}) \tag{14-3}$$

反應達終點時，Cl^- 之濃度趨於零，Hg^{2+} 之濃度則隨硝酸汞之加入而增加，此時可使用二苯卡巴腙 (Diphenylcarbazone) 指示劑來指示 Hg^{2+} 之過量存在，這是因為二苯卡巴腙可與 Hg^{2+} 形成藍紫色之複合物，相當容易偵測出來。在指示劑中，通常加入溴酚藍 (Bromophenol Blue) 或氰醇二甲苯 (Xylene Cyanol FF) 作為 pH 指示劑，並可改進終點之判定。

3.電位滴定法

水中氯鹽濃度以電位滴定法來偵測時，一般採用一個玻璃電極及一個銀／氯化銀電極的系統，$AgNO_3$ 為滴定液，以少量的滴定液持續滴定水樣，水樣中之 Cl^- 濃度因沉澱反應而降低，電位讀數因而改變，在滴定終點時會有一個電動勢（以 mV 為單位）較大的改變，計算所使用之 $AgNO_3$ 量，即可求得水樣中之氯鹽濃度。

本方法之干擾物主要是 I^- 及 Br^- 等鹵化物離子，有機物、硫化物、亞硫酸鹽、三價鐵、氰化物等，污水樣品通常需作前處理。

4.自動化鐵氰化物法

本方法係將硫氰化汞 [Mercuric Thiocyanate, $Hg(SCN)_2$] 溶液加入水樣中，則水樣中之氯離子與汞離子反應，形成溶解性的氯化汞化合物，則硫氰化汞中的 SCN^- 離子釋出，此時加入硝酸鐵 [$Fe(NO_3)_3$] 溶液，Fe^{3+} 即與 SCN^- 形成硫氰化鐵，呈現紅色的顏色，其強度則與水中氯離子濃度成正比。

利用上述原理，某些廠商將其各部分操作統合於自動分析儀 (Autoanalyzer) 中，操作便利，但儀器價格較昂貴。

5.離子層析儀法

本方法是一種儀器分析法，並非只為分析水中氯鹽而設計，而可同時偵測水中許多的陰離子，如 Cl^-、Br^-、F^-、SO_4^{2-}、NO_2^-、NO_3^- 及 PO_4^{3-} 等，將地表水、地下水、廢水或飲用水水樣濾除大於 $0.2 \ \mu m$ 之顆粒後，即可使用離子層析儀，很快

地同時測定上列陰離子。

離子層析儀中有一系列的離子交換樹脂管，利用各陰離子與樹脂間親和力之不同加以分離，然後以強酸再生溶液淋洗，藉著各陰離子之酸性形態具導電性及遲滯時間 (Retention Time) 之不同，可由其圖譜加以分辨及定量。

14-3　標準檢驗方法

水中氯鹽檢測方法，行政院環保署公告之標準方法為硝酸銀滴定法，方法代號 NIEA W407.51C，以及硝酸汞滴定法，方法代號 NIEA W406.51C，均予以轉錄於第三篇中。

美國公共衛生協會 (APHA) 等所出版之第 20 版《水及廢水標準檢驗法》中共列有五種方法，其中 4500–Cl^-B 為銀量滴定法，類似前述環保署公告之硝酸銀滴定法；4500–Cl^-C 為硝酸汞法，類似前述環保署公告之硝酸汞滴定法；4500–Cl^-D 為電位滴定法；4500–Cl^-E 為自動化鐵氰化物法；4500–Cl^-F 為離子層析儀法；上述五種方法之原理均已說明於 14–2 節中。

───── 習　題 ─────

一、某地下水樣品氯鹽含量高，試述其可能原因。

二、試說明銀量滴定法之分析原理。

三、何以銀量滴定法進行時，水溶液應保持中性，而硝酸汞滴定法進行時，水溶液卻需保持酸性？

四、硝酸汞滴定法如何判別其滴定終點？

五、從原理而言，水中氯鹽之檢驗可分那五種方法？並簡述各種方法基本原理。

第 15 章　硫酸鹽

在天然水中，硫酸根離子 (Sulfate, SO_4^{2-}) 為最重要的陰離子之一。其含量可由每升幾個至數千毫克，在硫化礦物氧化時進入天然水之情況普遍。當其含量過高時，對某些用水標的會造成不良影響。以工業用水為例，SO_4^{2-} 之濃度過高，則會在鍋爐及熱交換器上形成水垢，阻礙這些設備傳熱效率。灌溉用水中，SO_4^{2-} 濃度過高時使土壤酸化為害作物。而在飲用水中，SO_4^{2-} 之濃度太高，則會危及人體健康。

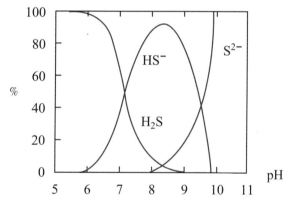

▲圖 15–1　pH 值對 H_2S 平衡系統之影響（10^{-3} M 溶液，32 mg H_2S/L）
資料來源: Sawyer & McCarty, 1978.

在缺乏氧氣及硝酸鹽的環境中，硫酸鹽可作為氧的供給者，亦即電子接受者，以供厭氧細菌進行生化氧化，而 SO_4^{2-} 本身則被還原成 S^{2-}，依系統中不同之 pH，S^{2-}, HS^- 及 H_2S 分別成為優勢之化學形態，如圖 15–1 所示，當 pH 在 8 左右，最優勢的形態為 HS^-，pH 值在 8 以上，則漸漸轉為以 S^{2-} 為主，pH 值在 8 以下，則 S^{2-} 不存在，漸漸由 HS^- 為主，轉為以 H_2S 為主，由於 H_2S 有臭味，故在缺乏氧氣的環境中，SO_4^{2-} 會間接引起臭味，且在酸性情況下愈形嚴重。其反應示意式如下：

$$SO_4^{2-} + 有機物 \xrightarrow{\text{厭氧菌}} S^{2-} + H_2O + CO_2 \qquad\qquad [15\text{--}1]$$

$$S^{2-} + 2H^+ \rightleftharpoons H_2S \qquad\qquad [15\text{--}2]$$

硫化氫氣體不僅產生臭味，亦具有相當強的腐蝕性。

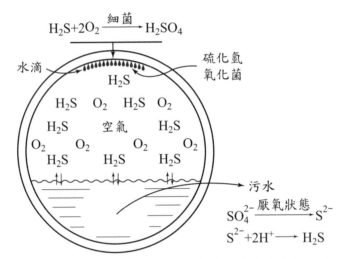

▲圖 15-2　下水道中 H_2S 的形成及其產生之皇冠型腐蝕
資料來源: Sawyer & McCarty, 1978.

　　如圖 15-2 所示，在下水道的管路中，若氧的供應不足，廢水中 SO_4^{2-} 即發生還原反應產生 H_2S，當 H_2S 逸出至管路之氣相中時，又發生下列氧化反應：

$$H_2S + 2O_2 \xrightarrow{\text{細菌}} H_2SO_4 \qquad\qquad [15\text{--}3]$$

這個氧化反應通常發生在管頂，由於 H_2SO_4 為強酸，會腐蝕混凝土，下水道管頂因此產生所謂的「皇冠型」腐蝕。

15–1　硫酸鹽測定之重要性

　　原水來進行 SO_4^{2-} 的分析可瞭解其是否適合公共用水、工業用水及灌溉用水之用途。在河川溶氧不足的情況下，SO_4^{2-} 會還原成 H_2S，與 NH_3 及 CH_4 等氣體同時放出，發生臭味，降低環境品質，此外，地下水或地表水中，SO_4^{2-} 均為最重要的陰離子之一，可瞭解水質之化學結構，因此，水中 SO_4^{2-} 之測定廣用於環境品質監測。

　　廢水與污泥在厭氧消化反應發生時，SO_4^{2-} 會還原產生 H_2S，造成臭味及腐蝕的困擾，這種現象為環境工程師所需注意的。硫酸鹽測定資料因此可供廢水與污泥處理程序中，工程師決定處理流程、處理設備及設計尺寸大小之參考依據。

15–2　硫酸鹽之測定原理

　　硫酸鹽的測定大致可分為離子層析儀法、重量分析法及濁度分析法等三類。離子層析儀法是比較新穎精密的方法，利用強鹼性陰離子交換樹脂分離水樣中之陰離子，使陰離子在酸性形態下以電導度偵測判別之，由於需使用價格高昂的儀器設備，在許多實驗室受到限制，而不若重量分析法及濁度分析法普遍。以測定範圍而言，離子層析儀法可低至 0.1 mg/L，重量法適合硫酸鹽濃度大於 10 mg/L 之水樣，濁度分析法則適合於 1 mg/L 至 40 mg/L 之間。

　　不論重量分析法或濁度分析法，其基本原理均為在酸性情況下，水樣中之 SO_4^{2-}，與金屬鋇離子反應形成硫酸鋇沉澱，如下式所示：

$$Ba^{2+} + SO_4^{2-} \longrightarrow BaSO_4\downarrow \quad (K_{sp} = 1.3 \times 10^{-10}) \qquad [15\text{–}4]$$

由於硫酸鋇之溶解度積相當低，這個反應相當容易完成。鋇離子的來源，一般使用 $BaCl_2$，為確保反應使 SO_4^{2-} 能完全沉澱出來，可加入過量的 $BaCl_2$。系統保持

酸性，係避免 $BaCO_3$ 沉澱的發生，消耗鋇離子造成誤差。

　　重量分析法係將沉澱的 $BaSO_4$ 過濾出來後，以烘箱烘乾稱重，由 $BaSO_4$ 重量來計算水樣中硫酸鹽的濃度，本法的精確度佳，但有耗時的缺點。濁度分析法係利用緩衝溶液，使 [15–4] 式所沉澱出的 $BaSO_4$ 均勻分散在溶液中，此 $BaSO_4$ 懸浮液以分光光度計測其吸光度，而與標準液所求得之檢量線比較，以確認水樣中硫酸鹽的濃度，本方法測定迅速，且較適合一般水樣之濃度範圍，故使用最為廣泛。

15–3　水質標準檢驗方法

　　水中硫酸鹽檢驗法，行政院環保署公告之標準方法為濁度法，本方法代號為 NIEA W430.51C，茲予以轉錄於第三篇中。美國公共衛生協會 (APHA) 等所出版之第 20 版《水及廢水標準檢驗法》中則共列有五種方法，其中 4500–SO_4^{2-}B 為離子層析儀法，但已保留停用；4500–SO_4^{2-}C 為重量分析法，係將 $BaSO_4$ 沉澱過濾後以 800°C 燃燒 1 小時後乾燥稱重；4500–SO_4^{2-}D 亦為重量分析法，但係將 $BaSO_4$ 沉澱過濾出後以 103°C 至 105°C 乾燥後稱重；4500–SO_4^{2-}E 為濁度法，類似前述之環保署公告方法；4500–SO_4^{2-}F 及 4500–SO_4^{2-}G 為自動比色法，需配合連續自動分析儀操作，為新進發展的方法。

------ 習　題 ------

一、在下水道中發生的皇冠型腐蝕，試繪圖說明之。

二、下列藥品在水中硫酸鹽分析有何功能？
　　(1)緩衝溶液；　(2) $BaCl_2$；　(3)硫酸鈉。

三、在厭氧環境中，水中硫酸鹽會有什麼變化？

四、試述 pH 值對 H_2S 平衡系統之影響。

五、試比較水中硫酸鹽分析之重量分析法與濁度法。

第 16 章　氮

對所有生物而言，氮 (Nitrogen, N) 是最重要的元素之一。動物一般無法利用大氣中的氮氣 (N_2) 或無機態氮來製造所需要的蛋白質，而必須攝食植物或其他動物來供應之。植物則可利用無機態氮來製造蛋白質，如下列式子所示：

$$NH_4^+ \text{ or } NO_3^- + CO_2 + \text{Green Plants} + \text{Sunlight} \longrightarrow \text{Protein} \qquad [16\text{--}1]$$

鑑於氮對植物營養的重要性且經常缺乏，我們對作物施肥首重氮的補充，氮乃居肥料三要素（氮、磷、鉀）之首。然而，氮供給量太多也對植物生長會造成不利影響。在環境污染上，氮污染亦日漸受到重視，包括造成水體優養化 (Eutrophication)、生態平衡及衛生上的問題等。

　　氮在生物界中的變化相當複雜。一般將氮化合物分為無機態與有機態兩大類。無機態氮以七種不同氧化態存在著：

$$\underset{-3}{NH_3}; \quad \underset{0}{N_2}; \quad \underset{+1}{N_2O}; \quad \underset{+2}{NO}; \quad \underset{+3}{N_2O_3} \, (\underset{+3}{NO_2^-}); \quad \underset{+4}{NO_2}; \quad \underset{+5}{N_2O_5} \, (\underset{+5}{NO_3^-})$$

這些形態中以 $-3, 0, +3, +5$ 四種氧化態在生物界中最為重要。有機態氮則大都以 -3 價存在。它們互相轉變的現象可以圖 16–1 來表示。NH_4^+（或 NH_3）經硝化作用 (Nitrification) 氧化成 NO_2^-，然後 NO_3^-，NO_3^- 可經硝酸還原作用 (Nitrate Reduction) 還原變成 NO_2^- 後再還原成 NH_4^+，也可經脫氮作用 (Denitrification) 成為氮氣，而氮氣又可經固氮作用 (Nitrogen Fixation) 形成 NH_4^+，上述反應都是由微生物催化進行的氧化還原反應。而有機氮經氨化作用 (Ammonification or Deamination) 成為 NH_4^+，或 NH_4^+ 經生物同化作用 (Amination or Biosynthesis) 轉變成為有機氮則為非氧化還原反應，但仍需藉助微生物催化進行。

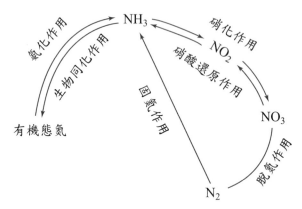

▲圖 16–1　自然界中氮素化學形態之轉變

　　環境中氮化合物存在的形態，主要不外乎前述的有機態氮、氨態氮 (Amonia Nitrogen, $NH_3–N$)、亞硝酸態氮 (Nitrite, $NO_2^-–N$) 及硝酸態氮 (Nitrate, $NO_3^-–N$)。有機態氮如動物糞尿中，含有大量尿素 (Urea)，尿素易受尿素分解酵素 (Urease) 分解而成為氨態氮，如下式：

$$CO(NH_2)_2 + 2H_2O \xrightarrow{\text{Urease}} (NH_4)_2CO_3 \qquad [16–2]$$

動植物體內的蛋白質亦會在動植物死亡後，受細菌的作用生成氨態氮，如下式所示：

$$Protein \ (Organic \ Nitrogen) + Bacteria \longrightarrow NH_3 \qquad [16–3]$$

這些氨態氮進入環境後，在好氧條件下，亞硝酸菌群 (Nitrosomonas Group) 會將其轉變成亞硝酸鹽，然後又可再為硝酸菌群 (Nitrobacter Group) 氧化成硝酸鹽，如下列兩個反應式：

$$2NH_3 + 3O_2 \xrightarrow{\text{Nitrosomonas}} 2NO_2^- + 2H^+ + 2H_2O \qquad [16–4]$$

$$2NO_2^- + O_2 \xrightarrow{\text{Nitrobacter}} 2NO_3^- \qquad [16–5]$$

水體中 $NH_3–N$ 與 $NO_3^-–N$ 是無機態氮存在的主要形態，$NO_2^-–N$ 較少見且濃度通常甚低。典型的污染水，其中氮化合物的化學形態與受污染的時間有關，初期主

要為有機態氮及 NH_3–N，隨著曝露於空氣中時間的增加，而慢慢氧化以 NO_3^-–N 形態出現，圖 16–2 可顯示其消長現象。

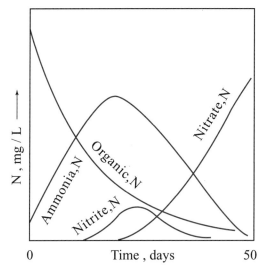

▲圖 16–2　受污染水體在好氧狀態下氮素形態的變化
資料來源: Sawyer & McCarty, 1978.

16–1　氮素測定之重要性

在自然水體中，氮素測定的結果是判定水質良窳之重要依據。以臺灣現行之水體水質標準及河川污染指數 (River Pollution Index, RPI) 為例，氨態氮濃度均為重要之水質參數之一。原水中氨氮濃度偏高時，自來水廠即需增加加氯消毒之量，且指示原水可能受到污染。在各國的飲用水水質標準中，一般均訂有氨氮、硝酸態氮、亞硝酸態氮之限值，認為氨氮及亞硝酸態氮為「影響適飲性物質」，而硝酸態氮則屬於「可能影響健康之物質」。由於硝酸態氮含量過高的飲用水，已有造成嬰兒罹患「藍嬰症」(Methemoglobinemia) 之病例，飲用水中硝酸態氮的測定相當受重視。

氮素為微生物生長最重要的元素之一，因此，在廢污水生物處理程序中，氮素的控制為一重要的課題，須經常予以測定，以決定是否需補充氮源。氮含量高的廢污水，如養豬場廢水，若排入環境水體中，易促進藻類及水生植物的生長繁殖，使水體優養化，故排放水中的氮素含量測定，亦頗受重視。

16-2　氮素之測定原理

環境工程上最常測定的氮素形態，有氨態氮、亞硝酸態氮、硝酸態氮及有機態氮四種，茲分別討論其測定原理。

16-2-1　氨態氮

氨態氮的測定方法不少，但一般選擇方法時需先考慮濃度及是否有干擾物質存在兩大因素。當水樣 NH_3–N 濃度低且干擾物少時，可選用直接比色法，如直接納氏法 (Direct Nesslerization Method)、直接酚鹽添加法 (Direct Phenate Addition Method) 分析；而當水樣濃度高或含有干擾物時，則前處理蒸餾的步驟成為必要的步驟，然後才可進行比色程序。由於直接納氏法使用的納氏劑含有汞，故「標準方法」已將本方法作廢，本書亦不予以討論。

1.直接酚鹽添加法

飲用水及天然潔淨的地表水可使用直接酚鹽添加法測定氨態氮。將加過酸的水樣先以氫氧化鈉處理，調整其 pH 值至 7 以上，並過濾樣品以避免干擾，則水樣中之銨離子會容易變成氨分子，如下式：

$$NH_4^+ \rightleftharpoons NH_3 + H^+ \tag{16-6}$$

如此，則易與酚鹽試劑反應。

　　酚鹽添加法又稱為靛酚法 (Indophenol Method)，本法反應中有三個主要試劑：次氯酸鹽 (Hypochlorite)、酚 (Phenol) 及亞硝醯鐵氰化鈉 (Sodium Nitroprusside)，其中，次氯酸鹽作為氧化劑，將氨分子 (NH_3) 氧化成 NH_2Cl，酚則為呈色劑，在催化劑亞硝醯鐵氰化鈉溶液之催化下，形成深藍色的靛酚 (Indophenol)，若 pH 值下降，則靛酚會轉變成黃色。上述呈色原理以下列三個反應式表示之：

$$NH_3 + OCl^- \longrightarrow NH_2Cl + OH^- \qquad\qquad [16\text{--}7]$$

$$[16\text{--}8]$$

Blue

Yellow

$$[16\text{--}9]$$

　　水樣中若氨氮濃度高，則所形成之靛酚顏色深，我們可以用分光光度計於波長 640 nm 處進行比色定量，即可計算水樣中氨氮之濃度。值得注意的，氧化劑次氯酸鈉通常並不穩定，此溶液放置幾天後即會分解形成氯酸鹽 (ClO_3^-) 及氧 (O_2)，反應式如下：

$$2OCl^- \longrightarrow ClO_2^- + Cl^- \qquad k_{Cl} \quad (\text{Slow}) \qquad\qquad [16\text{--}10]$$

$$OCl^- + ClO_2^- \longrightarrow ClO_3^- + Cl^- \quad k_f \quad (\text{Fast}) \qquad\qquad [16\text{--}11]$$

$$2OCl^- \longrightarrow O_2 + 2Cl^- \qquad k_{OX} \quad (\text{Very Slow}) \qquad\qquad [16\text{--}12]$$

這樣就會失去氧化劑功能，故標準法中建議實驗人員於使用前配製。此外，添加的試劑中如有檸檬酸鹽 (Citrate)，則是為了防止在鹼性時，水樣中鈣、鎂離子易生成沉澱，造成干擾。

2.蒸餾法:

　　除了上述潔淨的水樣外，一般水樣均需採用蒸餾法來作前處理，蒸餾可將水樣中之 NH_3 自其他干擾物質中分離，以吸收劑吸收 NH_3 後，吸收液用酚鹽添加法或滴定法量測之。

　　水中 NH_4^+ 與 NH_3 之平衡已如反應式 [16–6] 所示，在 pH 值偏高時，平衡向右，NH_3 分子形態趨於優勢，如果再將水樣加熱，則 NH_3 易成為氣體與水蒸氣一同逸出，如下式:

$$NH_4^+ \xrightarrow{\triangle} NH_3\uparrow + H^+ \qquad\qquad [16\text{–}13]$$

將逸出的蒸氣冷凝，並以吸收液吸收，則水樣中原含有的 NH_4^+ 或 NH_3 即轉移至吸收液中，而達到與水樣中其他干擾物分離的目的。

　　一般的水質分析方法最常用的吸收液為硼酸溶液 (Solution of Boric Acid)，這是因為硼酸為良好的緩衝劑，容易與 NH_3 結合產生 NH_4^+ 與硼酸根離子，如下式:

$$NH_3 + H_3BO_3 \longrightarrow NH_4^+ + H_2BO_3^- \qquad\qquad [16\text{–}14]$$

當進入硼酸吸收液中的 NH_3 愈多，則吸收液的 pH 值愈高。至於吸收液中 NH_4^+ 的定量，常用的兩種方法為酚鹽添加法及滴定法，因此，我們可將以蒸餾作前處理，水中氨氮完整的分析方法稱為蒸餾—酚鹽添加法及蒸餾—滴定法，並詳述如下:

(1)蒸餾—酚鹽添加法:

　　本方法蒸餾及酚鹽試劑比色之原理已分別陳述，水樣蒸餾後之硼酸吸收液可加入酚鹽試劑，使其中之 NH_4^+ 及 NH_3 在試劑之鹼性環境下依反應式 [16–7] 至 [16–9] 之原理呈色，以分光光度計讀取吸光度，並由檢量線求得原水樣中之氨氮含量。

(2)蒸餾—滴定法:

　　本方法蒸餾之原理已陳述，水樣蒸餾後之硼酸吸收液，由於吸收了 NH_3，使吸收液之 pH 值升高，且生成硼酸根離子 ($H_2BO_3^-$)，如反應式 [16–14] 所示。因此，

我們可用強酸如 H_2SO_4 來作反滴定 (Back Titration)，其反應如下式：

$$H_2BO_3^- + H^+ \longrightarrow H_3BO_3 \tag{16-15}$$

酸的作用，係與溶液中的硼酸根離子結合，同時使吸收液逐漸回復原來的 pH 值，當硼酸溶液恢復原來的 pH 值時，所加入的強酸當量相當於 NH_3 之當量，亦相當於水樣中氨氮之當量。

16-2-2　亞硝酸態氮

在天然水甚或一般廢污水中，亞硝酸態氮之濃度範圍通常小於 1 mg/L，地下水中其濃度絕大部分低於 0.1 mg/L，因此，實驗室分析方法亦需具高靈敏度才有實用價值。雖然離子層析法 (Ion Chromatographic Method) 亦可用於分析 NO_2^-，但其所需儀器設備較昂貴，且在一般分析條件下靈敏度不足，需增加樣品注射量，故最常用的方法為比色法 (Colorimetric Method)。

比色法之分析原理係利用水中之亞硝酸鹽在 pH 2.0 至 2.5 之條件下，與磺胺 (Sulfanilamide) 起偶氮化反應 (Diazotation) 而形成偶氮化合物，如下式所示：

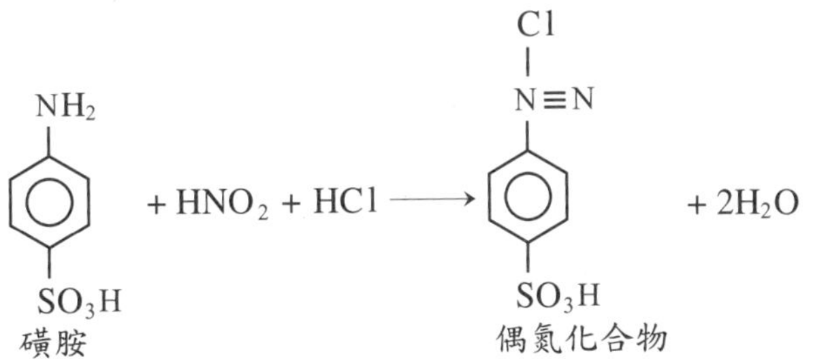

由上式所產生的偶氮化合物進一步與 N–1–萘基乙烯二胺二鹽酸鹽〔N-(1-Naph-thyl)-Ethylenediamine Dihydrochloride〕偶合，形成紫紅色的偶氮化合物，其反應如下式所示：

此反應所產生之化合物可以利用分光光度計在波長 543 nm 處測其吸光度而定量之。本方法適用於飲用水、地表水、地下水、污水中亞硝酸態氮之檢驗，其適用範圍為 10 至 1 000 μg NO$_2^-$-N/L，較高濃度時，可將水樣稀釋後測定之，而需測定較低濃度時，則可使用較長光徑，如 10 cm 之樣品槽。

16-2-3　硝酸態氮

水中硝酸態氮之定量分析是困難的，其原因有三： 1.過程相當繁複， 2.樣品中干擾物存在之機率高， 3.不同的分析方法各有其限制範圍。基於上述原因，新的方法仍在研發中，而有些較早期常用的方法，如馬錢子鹼比色法 (Brucine Colorimetric Method)，已不復列舉於最新版（20 版）的《水及廢水標準檢驗法》中。

分析水中硝酸鹽氮濃度最簡便的方法是紫外線分光光度計篩選法 (Ultraviolet Spectrophotometric Screening Method)，適用於有機物含量低的水樣，其餘 APHA 公告的標準方法有自動肼鹽還原法 (Automated Hydrazine Reduction Method)、硝酸鹽電極法 (Nitrate Electrode Method)、鎘還原法 (Cadmium Reduction Method)、自動鎘還原法 (Automated Cadmium Reduction Method)。

1. 紫外線分光光度計篩選法：

當水中有機物含量低時，對 NO_3^- 在波長 220 nm 的紫外線吸收不會造成嚴重干擾，就可適用本方法。一般未受污染的天然水及飲用水可合乎此條件，檢量線線性範圍達 11 mg N/L。

硝酸鹽及溶解性有機質均可吸收 220 nm 處的紫外線，但硝酸鹽不吸收 275 nm 波長的紫外線，有機質則仍會吸收，雖然隨著有機質種類的不同，其吸收 220 nm 及 275 nm 波長光線之強度亦不同，但一般而言，可估計有機質在 220 nm 之吸收度為其在 275 nm 吸收度的兩倍。因此，水樣中 220 nm 處的吸光度 (A_{220}) 扣除兩倍的 275 nm 處吸光度 (A_{275})，即可估算水中硝酸鹽氮的濃度，但當兩倍的 A_{275} 大於 A_{220} 之 10% 時，本方法就不適用於分析硝酸鹽氮。

2. 硝酸鹽電極法：

硝酸鹽電極法是測定上相當迅速的方法，利用一薄膜電極連接於離子計 (Ion Meter) 或較精密的 pH 計上，可測定硝酸根離子的濃度，其適用範圍為 10^{-5} 至 10^{-1} M，亦即 0.14 至 1 400 mg NO_3^-–N/L。

水樣中若氯離子與 NO_3^-–N 之重量比大於 10 或重碳酸鹽與 NO_3^-–N 之重量比大於 5 時，就會對 NO_3^-–N 之測定造成干擾，為本方法最大缺點，因 Cl^- 與 HCO_3^- 離子均常見於水樣中。其他如 NO_2^-, CN^-, S^{2-}, Br^-, I^-, ClO_3^- 及 ClO_4^- 等離子亦可能對 NO_3^-–N 之測定造成干擾，所幸一般水樣上述離子含量低，通常不造成重要的影響。此外，pH 值不安定以及溶液中離子強度的變化亦會造成不正常的反應值。為克服上列缺點，在量測時應加入緩衝液，其中含 Ag_2SO_4 可去除 Cl^-, Br^-, I^-, S^{2-} 及 CN^- 之干擾，含磺酸 (Sulfamic Acid) 則可去除 NO_2^- 之干擾，又緩衝液之 pH 值維持 3 則可消除 HCO_3^- 之干擾，並可維持 pH 值及離子強度之穩定，另緩衝液中含 $Al_2(SO_4)_3$ 可與有機酸形成複合物，免除其干擾 NO_3^- 之測定。

3. 鎘還原法及自動鎘還原法：

鎘還原法是一個相當靈敏的方法，特別在水樣中 NO_3^- 濃度低於 0.1 mg N/L

時，其他方法大多靈敏度不足，本方法即可考慮，其適用範圍在 0.01 至 1.0 mg N/L 之間。

　　將水樣中的 NO_3^-，以鎘 (Cd) 還原為 NO_2^-，然後利用 16–2–2 節中所述之亞硝酸態氮分析原理，即可測定所生成偶氮化合物之吸光度，由其值求得 NO_2^- 之濃度，再換算為 NO_3^- 之濃度。標準法中鎘還原的步驟，係利用一銅鎘團粒所填充之管柱來進行的，如圖 16–3 所示，當水樣中的 NO_3^- 在通過此管柱後，即被鎘還原成 NO_2^-，然後進行定量。由於水樣可能原含有 NO_2^-，故若只要得到 NO_3^-–N 之濃度，應另直接測 NO_2^-–N 之濃度，予以扣除之。

　　自動鎘還原法之分析原理與鎘還原法相同，但係使用一連續流之分析儀器，稱為自動分析儀 (Autoanalyzer)，其操作快速，在樣品量多時很有效率，唯設備費用高昂。

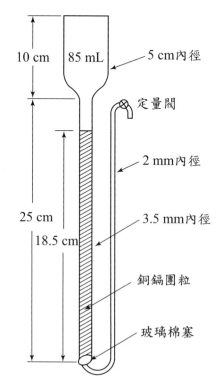

▲圖 16–3　銅鎘團粒填充管柱

資料來源：APHA – AWWA – WEF, 1992.

16-2-4　有機態氮

　　有機態氮從化學結構上來看，是指那些與有機化合物結合，具有氧化數為 −3 之氮素，諸如蛋白質、核酸、尿素以及許多合成之有機化合物均屬之。從分析的角度，不易直接定量，但可與氨態氮共同分析，稱為凱氏氮 (Kjeldahl Nitrogen)，由凱氏氮扣除氨態氮之值，即為有機態氮。水中有機態含量範圍差異很大，如天然湖泊水中的有機態氮含量一般低於 1 mg/L，而在許多污水中可高於 20 mg/L。

　　進行水樣中有機態氮之分析，主要有兩種方法，一種是巨量凱氏氮法 (Macro-Kjeldahl Method)，一種是半微量凱氏氮法 (Semi-Micro-Kjeldahl Method)，其原理相同，前者適用於濃度範圍大之水樣，唯水樣濃度低時需大的水樣體積；而後者僅適用於濃度較高的水樣，其樣品取用量以凱氏氮含量範圍自 0.2 至 2 mg 為原則。

　　將水樣加入硫酸、硫酸鉀 (K_2SO_4) 及硫酸汞 ($HgSO_4$) 催化劑，予以加熱消化，則有機氮及氨態氮均轉變為硫酸銨 [$(NH_4)_2SO_4$]，消化完成後，水樣調節為鹼性，則 NH_3 經由蒸餾逸出，以硼酸或硫酸加以吸收，最後以標準礦質酸滴定或用比色法定量氨之濃度，即可換算得知水樣中之凱氏氮濃度。

　　有機態氮的濃度，可在凱氏氮濃度及氨態氮濃度得到之後，依下式計算之：

$$有機態氮濃度 = 凱氏氮濃度 - 氨態氮濃度 \qquad [16\text{-}18]$$

此外，如要得到總氮 (Total Nitrogen) 濃度，則可由下列計算式得到：

$$總氮 = 有機態氮 + 氨氮 + 亞硝酸鹽氮 + 硝酸鹽氮 \qquad [16\text{-}19]$$

或

$$總氮 = 凱氏氮 + 亞硝酸鹽氮 + 硝酸鹽氮 \qquad [16\text{-}20]$$

在進行上列運算時，應留意單位一致外，各種氮素之濃度均需換算為以「氮」為計量單位。舉例來說，若某方法測出 NH_3 之濃度為 20.0 mg/L，則應依下列方法計算為 $NH_3 - N$ 之濃度為 16.5 mg/L：

$$20.0 \text{ mg } NH_3/L \times \frac{14}{17} = 16.5 \text{ mg N/L}$$

16-3　標準檢驗方法

水中氨氮檢測方法，行政院環保署公告之標準方法為靛酚比色法，方法代號 NIEA W448.50B（93 年 10 月 3 日起停止適用納氏比色法，方法代號 NIEA W416.50A）；水中亞硝酸鹽氮檢測方法，環保署公告之標準方法為分光光度計法，方法代號 NIEA W418.510A；水中硝酸鹽檢驗法，環保署公告之標準方法亦為分光光度計法，方法代號 NIEA W419.50A（雖然馬錢子鹼比色法亦屬環保署公告方法，但 APHA 早就刪除不用，故不予轉錄）；均予以轉錄於第三篇中。至於水中有機態氮之檢驗，環保署之公告方法為靛酚比色法，方法代號為 W420.52B，其原理與第10-2-4 節所述之巨量凱氏氮法相同。

美國公共衛生協會 (APHA) 等所出版之第 20 版《水及廢水標準檢驗法》中，氨氮之分析共有六種方法，亞硝酸氮之分析有一種方法，硝酸鹽氮之分析有六種方法，有機態氮之分析則有三種方法，茲予以表列如表 16-1 所示，氨氮分析中的酚鹽法 (Phenate Method) 及滴定法，亞硝酸氮分析中的比色法，硝酸氮分析中的紫外線分光光度計篩選法、硝酸鹽電極法、鎘還原法等及自動鎘還原法等之原理，均已於 16-2 節中予以說明。

▼表 16-1　APHA 提出之氮素分析方法

項　目	方　法	方法代號
氨氮	酚鹽法 (Phenate Method)	4500–NH$_3$F
	滴定法 (Titrimetric Method)	4500–NH$_3$C
	氨電極法 (Ammonia-Selective Electrode Method)	4500–NH$_3$D
	標準添加——氨電極法 (Ammonia-Sekective Electrode Method Using Known Addition)	4500–NH$_3$E
	自動酚鹽法 (Autometic Phenate Method)	4500–NH$_3$G
	流動注入分析法 (Flow Injection Analysis)	4500–NH$_3$H
亞硝酸氮	比色法 (Colorimetric Method)	4500–NO$_2^-$B
硝酸鹽	紫外線分光光度計篩選法 (Ultraviolet Spectrophotometric Screening Method)	4500–NO$_3^-$B
	硝酸鹽電極法 (Nitrate Electrode Method)	4500–NO$_3^-$D
	鎘還原法 (Cadmium Reduction Method)	4500–NO$_3^-$E
	自動鎘還原法 (Automated Cadmium Reduction Method)	4500–NO$_3^-$F
	自動肼鹽還原法 (Automated Hydrazine Reduction Method)	4500–NO$_3^-$H
	鎘還原流動注入法 (Cadmium Reduction Flow Injection Method)	4500–NO$_3^-$I
有機態氮	巨量凱氏氮法 (Macro-Kjeldahl Method)	4500–NorgB
	半微量凱氏氮法 (Semi-Micro-Kjeldahl Method)	4500–NorgC
	平板消化及流動注入分析法 (Block Digestion and Flow Injection Analysis)	4500–NorgD

習　題

一、繪圖說明自然界中氮素化學形態之變化。

二、某水樣之 NO$_3$–N 20 mg/L, Org–N 5 mg/L, NH$_3$ 30 mg/L, NO$_2$–N 300 μg/L,
　　則總氮濃度為多少？

三、試述氨氮分析直接酚鹽添加法中，有那三種藥品扮演最重要的角色？試以反
　　應式說明之。

四、試述氨氮分析蒸餾—滴定法之基本原理。

五、硝酸鹽分析使用紫外線分光光度計篩選法有何限制？

六、水樣中之有機態氮如何測得？如要得知全氮，應測定那些項目？

七、試述 NO$_3$–N 分析方法中，鎘還原法之分析原理。

第 17 章　磷

　　天然水中之磷 (Phosphorus) 幾乎全部以磷酸鹽 (Phosphate) 的型式存在，磷酸鹽又可分為正磷酸鹽 (Orthophosphate)、縮合磷酸鹽 (Condensed Phosphate) 及有機磷酸鹽 (Organic Phosphate) 三類，前兩類亦稱為無機磷酸鹽，在環境工程上較常見的無機磷酸鹽化合物如表 17-1 所示，縮合磷酸鹽又稱聚磷酸鹽 (Polyphosphate)，在水溶液中會逐漸水解，成為正磷酸鹽。

▼表 17-1　環境工程上較常見的無機磷酸鹽化合物

化合物名稱	化學式
正磷酸鹽	
磷酸三鈉	Na_3PO_4
磷酸氫二鈉	Na_2HPO_4
磷酸二氫鈉	NaH_2PO_4
磷酸氫二銨	$(NH_4)_2HPO_4$
縮合磷酸鹽	
六偏磷酸鈉	$Na_3(PO_3)_6$
三聚磷酸鈉	$Na_5P_3O_{10}$
焦磷酸鈉	$Na_4P_2O_7$

　　水中磷酸鹽之存在型式，常和其來源有密切相關。正磷酸鹽化合物常被使用作為農地之磷肥，故經由降雨之逕流會將其帶到地面水中。縮合磷酸鹽則大量使用於各類之清潔劑中，少部分使用於水質處理系統，如鍋爐、冷卻水塔等，均有很多機會進入地表水中。有機磷酸鹽基本上是由生物程序所形成的，污水中之有機磷化合物常來自人體排泄物、食物殘渣、水生生物等。

　　天然潔淨的水體中，藻類及其他水生生物繁殖不易，當水體由於日久的沖積或人為的污染，有機物和植物養分大量增加，導致藻類的大量生長，水體優養化，水質漸趨劣化，在藻類本身死亡的過程中，會消耗大量溶氧，使水體處於厭氧狀

態而發生臭味。在優養現象發生的過程中，水中氮與磷的濃度極為重要，限制其濃度，即可控制藻類之生長，亦即控制優養現象，在生長條件下，無機磷化合物的臨界濃度為 0.005 mg/L 左右，高於此濃度，水體中之藻類即可繁殖。

17-1　磷酸鹽測定之重要性

　　水中磷酸鹽濃度的測定在環境品質監測工作中相當重要。當水體中之磷酸鹽濃度偏高，則水體有優養化之虞，這在作為公共給水用途的湖泊及水庫特別需要留意。

　　磷酸鹽化合物，廣泛地用於鍋爐水及冷卻水塔循環水水垢抑制劑中，監測其濃度，可供判斷水垢抑制劑之用量是否足夠，而採取必要之調整措施，以防水垢之形成，降低傳熱效率。

　　以生物處理法處理廢水時，微生物需攝取磷來維生，並合成新細胞組織，故處理系統中之磷含量是否能供微生物所需是重要的課題。在許多工業廢水中，其含磷量並不足以供給微生物最適的生長，故往往要加些無機磷酸鹽化合物至處理系統中，因此，在廢水生物處理程序中，磷酸鹽含量之測定是基本的工作之一。

17-2　磷酸鹽之測定原理

　　水中磷之形態有三種，即正磷酸鹽、縮合磷酸鹽及有機磷酸鹽，合稱總磷，其中溶解性的無機磷酸鹽可直接比色測定；縮合磷酸鹽可以將水樣以硫酸水解後比色測定，然後扣除正磷酸鹽而計算出其濃度；有機磷酸鹽則可將水樣先行消化後比色測得總磷，然後扣除前述之無機磷酸鹽計算之。其關係如下式：

　　　　無機磷酸鹽 – 正磷酸鹽 = 縮合磷酸鹽　　　　　　　　　　　　[17-1]

　　　　總磷 – 無機磷酸鹽 = 有機磷酸鹽　　　　　　　　　　　　　　[17-2]

　　環境工程師最常需要瞭解水中總磷及正磷酸鹽之濃度。總磷之測定主要有兩個程序：(1)將水中各種形態之磷轉換為溶解態正磷酸鹽；(2)比色定量溶解態正磷酸鹽之濃度。為完成第一個程序，需破壞水中之有機物，可採用過氯酸 (Perchloric Acid)、硫酸—硝酸 (Sulfuric Acid-Nitric Acid) 及過硫酸鹽 (Persulfate) 等三種氧化劑，其中過氯酸為最強的氧化劑，但也最危險，並不宜輕易使用。經過氧化劑的氧化，縮合磷酸鹽及有機磷酸鹽均會轉變成溶解性的正磷酸鹽，就可以進行第二個程序——比色定量。測定正磷酸鹽有三種比色法，大致的原理相同，只是最後呈色時所用的試劑不同，分別為釩鉬酸鹽試劑 (Vanadate-Molybdate Reagent)、維生素丙 (Ascorbic Acid) 及氯化亞錫 (Stannous Chloride)。比色程序首先為正磷酸鹽與鉬酸銨〔Ammonium Molybdate, $(NH_4)_2MoO_4$〕在酸性情況下結合而形成磷鉬酸銨〔Ammonium Phosphomolybdate, $(NH_4)_3PO_4 \cdot 12MoO_3$〕的複合物，其反應如下：

$$PO_4^{3-} + 12(NH_4)_2 MoO_4 + 24H^+ \longrightarrow (NH_4)_3PO_4 \cdot 12MoO_3 + 21NH_4^+ + 12H_2O$$

$$[17\text{--}3]$$

經由式 [17–3] 反應所形成的磷鉬酸銨為黃色，量多時可形成沉澱物，而以重量法定量，但一般於磷酸鹽濃度低於 30 mg/L 的情形下，係為黃色膠體溶液，必須採用其他試劑進行呈色反應。

　　當釩鉬酸鹽試劑加入時，試劑中之釩會與磷鉬酸銨形成釩鉬磷酸 (Vanado-molybdophosphoric Acid) 的複合物，為相當強的黃色，故可分析正磷酸鹽至很低的濃度。維生素丙及氯化亞錫試劑均為還原劑，此二試劑會將磷鉬酸銨中所含的鉬還原為鉬藍 (Molybdenum Blue)，如下式所示：

$$(NH_4)_3PO_4 \cdot 12MoO_3 + Sn^{2+} \longrightarrow (Molybdenum\ Blue) + Sn^{4+} \qquad [17\text{--}4]$$

此與正磷酸鹽含量成正比，但過量的鉬酸銨則不會被還原，因此不會干擾呈色反應，鉬藍複合物溶液可以分光光度計測其吸光度定量之。

17–3　標準檢驗方法

　　水中磷檢驗方法,行政院環保署公告之標準方法為分光光度計／維生素丙法,方法代號 NIEA W427.52B,將其轉錄於第三篇中。

　　美國公共衛生協會 (APHA) 等所出版之第 20 版《水及廢水標準檢驗法》中共列有七種方法,其中 4500–PC 為釩鉬磷酸比色法,原理已說明於 17–2 節中;4500–PD 為氧化亞錫法 (Stannous Chloride Method) 原理,亦已說明於 17–2 節中;4500–PE 為維生素丙法 (Ascorbic Acid Method),類似前述環保署公告之維生素丙比色法原理,亦已說明於 17–2 節中;4500–PF 為自動維生素丙還原法 (Automated Ascorbic Acid Reduction Method),使用自動分析儀系統,其反應原理同維生素丙比色法;4500–PG 為流動注入分析法 (Flow Injection Analysis),分析正磷酸鹽,其原理同維生素丙比色法;4500–PH 為手動式消化程序配合流動注入分析法 (Manual Digestion and Flow Injection Analysis),可分析總磷,其原理同維生素丙比色法;4500–PI 係線上紫外線／過硫酸鹽消化及流動注入分析法 (In-Line UV/Persulfate Digestion and Flow Injection Analysis),用於分析總磷,消化程序中有紫外線能量的介入,其餘反應原理均與 17–2 節中所述相同。

習　題

一、湖泊或水庫中磷的濃度有何重要意義?

二、水中總磷包括那些形態?水質分析測定總磷之主要程序為何?

三、試述維生素丙法測定總磷之基本原理。

四、比較測定正磷酸鹽三種比色法之原理。

五、廢水中磷之濃度對廢水處理程序有何重要意義?

第 18 章　生化需氧量

　　生化需氧量 (Biochemical Oxygen Demand, BOD) 係指水中有機物質在某一特定的時間及溫度下，由於微生物的生物化學作用所耗用的氧量。BOD 的大小可表示生物可分解有機物的多少，用以指示水中有機物污染的程度。

　　在自然條件下，許多在水中的有機物是會分解的，分解的程序以微生物進行氧化作用為主，完全的分解可使有機物氧化成 CO_2 與水。BOD 之測定基於此原理是一種生物分析，應提供微生物在實驗進行期間良好的環境條件進行生物化學作用，這些環境條件諸如：無有毒物質、存在細菌生長的營養成分如氮、磷、鈣、鎂、鐵及微量元素等。在某些狀況之下，水樣不含適量之微生物，則需予以植種 (Seeding)，這在高溫、pH 過高或過低、經過消毒之水樣常發生。

　　由於有機物完全生物氧化所需的時間相當長，一般需 20 日以上，在分析上有其缺點，標準檢驗法中乃規定 5 天的培養時間，在這段培養時間內，水樣中易為生物氧化的有機物已有 70 ～ 80% 完成反應，大致可符合實務上的需求，故廣受採用。此外，生物氧化速率亦與培養之溫度息息相關，溫度較高則一般氧化速率較快，溫度較低則速率慢，標準檢驗法中是採用 20°C 為培養箱之溫度。

18-1　BOD 測定之重要性

　　BOD 是測定生物性可氧化有機物的唯一方法，在環境科學或工程上具有廣泛用途。由於 BOD 可指示水中有機物污染的程度，故舉凡水體之水質標準分類、放流水標準擬定、河川污染程度評估、環保稽查處分……等等法令或工作，均以 BOD 測定結果為重要依據。

　　污水處理工程上，BOD 資料之應用亦相當需要，諸如污染負荷之計算、設計

處理單元、污水處理效率之評估等，均經常依據 BOD 測定數據來執行。因此，BOD 之測定，在環境科學或工程的領域中，是無可避免的工作。

18-2　BOD 之測定原理

依據 BOD 之定義及前述說明，BOD 的測定原理相當容易理解，將水樣在 20°C 之培養箱培養 5 天，測定培養前及 5 天後溶氧的消耗量，即可求得 BOD。不過，在進行這些操作之時，仍有許多要點需予注意，才能獲得理想之結果。

有些水樣在未予以處理時，並不適合微生物之生存，此時即應於測定前加以前處理。pH 值太高或太低之水樣可加入酸或鹼予以中和，使 pH 值在 6.5 ～ 7.5 之間。具有餘氯之水樣應加以去氯並植種，去氯程序可靜置水樣或加入適量之亞硝酸鈉溶液。含有毒性物質之水樣，需特殊之處理以去除毒物。含有過飽和溶氧之水樣，可調整溫度至 20°C，並通入空氣或充分搖動驅離過飽和之溶氧。

水樣有機物含量高時，BOD 測定通常不宜用直接方法，需要予以稀釋，稀釋倍數之選擇是不容易的，有些數據可供選擇之重要參考，如 COD 數據，但若不可得，一般可視水樣來源決定之，污染嚴重之工業廢水可取 0.0 ～ 1.0% 之水樣予以稀釋，一般原廢水可取 1 ～ 5% 之水樣予以稀釋，生物處理後排放水可取 5 ～ 25% 之水樣予以稀釋，污染的河水則取 25 ～ 100% 之水樣稀釋。表 18-1 列出估計水樣 BOD 範圍時，分析時應採用多少百分比之水樣進行稀釋，例如某水樣估計其 BOD 為 500 mg/L，則由表中可查出宜使用 1.0% 或 0.5% 之水樣進行稀釋後測定。

▼ 表 18-1　　估計 BOD 範圍與應採用之水樣百分比

估計 BOD 範圍	水樣百分比 (%)
20 000 ～ 70 000	0.01
10 000 ～ 35 000	0.02
4 000 ～ 14 000	0.05
2 000 ～ 7 000	0.1
1 000 ～ 3 500	0.2
400 ～ 1 400	0.5
200 ～ 700	1.0
100 ～ 350	2.0
40 ～ 140	5.0
20 ～ 70	10.0
10 ～ 35	20.0
4 ～ 14	50.0
0 ～ 7	100.0

　　稀釋水的品質亦值得加以討論，在蒸餾水中加入磷酸鹽緩衝溶液、硫酸鎂溶液、氯化鈣溶液及氯化鎂溶液所合成之稀釋水，可提供微生物代謝生長所需的元素，諸如鈣、鎂、鈉、鉀、鐵、硫、磷等，並可保持水樣之 pH 值不致變化過劇。最後，稀釋水在使用前必須打氣，使水中之溶氧飽和。

　　水樣之植種一般係在不含適量之微生物時才進行，這類水樣宜進行前處理，消除其抑制微生物生存之因素。家庭廢水，尤其來自下水道系統者相當適合作為植種目的，可在每升稀釋水中加入 2 mL 之家庭廢水，經植種之稀釋水，其 BOD 值略高於一般稀釋水，但水樣 BOD 測定之計算可經由運算消除可能造成的誤差。

　　用稀釋法測定水樣之 BOD，一般最好製備二至四種稀釋度，對樣品性質愈不清楚者，稀釋度應愈多，以避免稀釋倍數不當造成整個測定的失敗。而採用那個稀釋倍數計算出之 BOD 值較為可靠有時會造成困擾，其原則為：稀釋之水樣，經培養 5 天後，剩餘之溶氧量在 1 mg/L 以上，且溶氧減少量高於 2 mg/L 時，可靠性最大。因此，BOD 的計算應選擇之稀釋倍數為溶氧消耗量合於上述原則者。此外，一般而言，水樣在培養期間氧消耗最多的可接受樣品，在統計上為最佳。

18–3　標準檢驗方法

水中生化需氧量檢驗法，行政院環保署公告之標準方法，代號為 NIEA W510.54B，茲予以轉錄於第三篇中。

美國公共衛生協會等出版之第 20 版《水及廢水標準檢驗法》，在 BOD 之測定公告了三種方法，其中 5 天 BOD 測定法 (5-day BOD Test)，方法代號 5210B，其內容與上述環保署公告方法類似；5210C 為最終 BOD 測定法 (Ultimate BOD Test)，係延伸 5 天 BOD 測定法以測定水樣最終 BOD 的方法，故原理類似 18–2 節所述內容；5210D 為呼吸計法 (Respirometric Method)，是使水樣在恆溫及攪拌條件下，直接測定微生物消耗水樣中氧氣量，而推求 BOD 值。

習　題

一、BOD 測定時，微生物之生長環境應有何考量？

二、某水樣之 BOD 估計為 5 000 mg/L，則應至少包含那兩個稀釋倍數？

三、試述 BOD 分析完成後，如何決定採用那個稀釋倍數之數據計算 BOD 值？

四、某工廠放流水稀釋 100 倍進行 BOD 值測定，$DO_0 = 8.6$ mg/L, $DO_5 = 3.2$ mg/L，計算其 BOD 值。

五、何謂 BOD？BOD 測定有何重要性？

第 19 章　化學需氧量

化學需氧量 (Chemical Oxygen Demand, COD) 係指水中有機物質在酸性及高溫條件下，經由強氧化劑將其氧化成 CO_2 與 H_2O，所用的氧量。與 BOD 類似，COD 值的大小可表示水中有機物的多少，用以指示水中有機物污染的程度。

在測定 COD 的過程中，水中之有機物不論其是否屬微生物可氧化者，均會氧化成 CO_2 與 H_2O。例如葡萄糖屬微生物易氧化之有機化合物，而木質素就相當不易被微生物氧化，但兩者在 COD 的測定過程，均會被完全氧化。因此，一般而言，COD 值較 BOD 值高，其間之關係隨水樣性質不同而有所不同，有些研究針對某些性質廢水求得 COD 與 BOD 之相關式，則可由 COD 值估算測定耗時的 BOD 值。

COD 測定中所用的氧化劑，如重鉻酸鉀 ($K_2Cr_2O_7$)、高錳酸鉀 ($KMnO_4$)、碘酸鉀 (KIO_3)、硫酸鈰 〔Ceric Sulfate, $Ce(SO_4)_2$〕等均曾被廣泛研究有效，但目前僅重鉻酸鉀及高錳酸鉀較常被使用，尤其前者最常見。採用不同的氧化劑，COD 的測定數據就不同，在作比較不同來源的數據時，應注意是否採用相同氧化劑所測定之 COD 值。

19-1　COD 測定之重要性

在顯示水中有機污染物含量方面，總有機碳 (Total Organic Carbon, TOC)、BOD 及 COD 三項水質參數最常被使用，由於 TOC 測定儀器設備價格高昂，BOD 及 COD 兩項指標較廣受採用。COD 測定約 3 小時即可在一般實驗室完成，而 BOD 量測則需耗時 5 天，因此，需要迅速得到水質資料以供分析研判時，COD 測定尤具實用價值。此外，當同時測得 BOD 與 COD 數據後，可研判水樣中是否有毒性或抗生物分解有機物之存在。

　　與 BOD 數據類似，COD 數據廣泛用於水體水質分類調查評估及各事業放流水稽查處分等事務中，尤其在污染取締工作上，因常具有時效性，COD 之測定相當廣泛。在污水處理工程上，COD 值常被用於取代 BOD 值，應用於諸如污染負荷之計算、設計各處理單元尺寸、污水處理效率之評估等，尤以例行性管理維護工作為然。

19-2　COD 之測定原理

　　COD 測定之基本原理係基於在酸性情況下，幾乎所有水中有機物均會在強氧化劑之作用下氧化成 CO_2 與 H_2O。重鉻酸鉀迴流法是最廣泛使用之標準檢驗方法，本方法各步驟之基本原理說明如下：首先，水樣先以硫酸試劑酸化，本試劑中除硫酸外並加有催化劑硫酸銀（Ag_2SO_4），然後加入過量之已知濃度重鉻酸鉀溶液，進行迴流加熱程序，這個程序將使水樣中之有機物氧化成 CO_2 及 H_2O，而其中重鉻酸鹽則還原成三價鉻離子，未平衡之一般反應式如下：

$$有機質 + Cr_2O_7^{2-} + H^+ \longrightarrow 2Cr^{3+} + CO_2 + H_2O \qquad [19\text{--}1]$$

過量之重鉻酸鹽則使用硫酸亞鐵銨溶液來進行反滴定，終點之顯示利用菲羅啉 (Ferroin) 指示劑，反應式如下：

$$6Fe^{2+} + Cr_2O_7^{2-} + 14H^+ \longrightarrow 6Fe^{3+} + 2Cr^{3+} + 7H_2O \qquad [19\text{--}2]$$

當滴定液硫酸亞鐵銨中的亞鐵離子 (Fe^{2+}) 完成 [19–2] 式的反應之後，再滴入的 Fe^{2+} 會與菲羅啉反應（反應式可參閱本書之 [23–2] 式），產生橘紅色化合物，即知已達到滴定終點。而由加入水樣中 $K_2Cr_2O_7$ 之當量扣除硫酸亞鐵銨溶液消耗當量可計算出使水樣中有機物氧化過程消耗之 $K_2Cr_2O_7$ 當量，再換算 COD 值。

　　由於試劑及使用器材中含有少量之有機物，試劑空白之同時測定是需要的步驟。此外，水樣中之無機鹵離子在本方法之測定過程中會造成干擾，以 Cl^- 為例，

會發生下列反應:

$$6Cl^- + Cr_2O_7^{2-} + 14H^+ \longrightarrow 3Cl_2 + 2Cr^{3+} + 7H_2O \qquad [19\text{--}3]$$

如此則消耗了 $K_2Cr_2O_7$,造成誤差。因此,為消除干擾,可於加入硫酸試劑前,加入硫酸汞 (Mercuric Sulfate, $HgSO_4$),則有下列反應出現:

$$Hg^{2+} + 2Cl^- \longrightarrow HgCl_2 \qquad [19\text{--}4]$$

Hg^{2+} 與 Cl^- 結合,形成低游離性的 $HgCl_2$ 沉澱。但當鹵離子濃度過高時(大於 $2\,000\ mg/L$),這種去除干擾物的方法並不適用。

　　如 [19–3] 式所示,如果鹵離子的濃度過高,會消耗大量 $K_2Cr_2O_7$,以致於測出的結果不可信,故應進行水樣中鹵離子去除的前處理。以氯離子為例,首先,將濃硫酸加入含高氯離子的水樣中,則:

$$H^+ + Cl^- \xrightarrow{\ \triangle\ } HCl_{(g)}\uparrow \qquad [19\text{--}5]$$

水樣中的 Cl^- 形成 HCl 後逸散出來,此時,再利用 $Ca\,(OH)_2$ 作為吸收劑,如圖 19–1 所示,則進行下列反應:

$$2HCl + Ca(OH)_2 \longrightarrow CaCl_2 + 2H_2O \qquad [19\text{--}6]$$

吸收劑 $Ca(OH)_2$ 最後轉變成 $CaCl_2$,此時,水樣中的 Cl^- 就大幅減少了。而經過這樣的前處理,含高鹵離子濃度的水樣就轉變成一般的水樣,而可循原來的方法進行水中化學需氧量的分析。

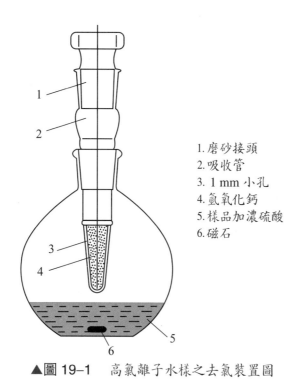

1. 磨砂接頭
2. 吸收管
3. 1 mm 小孔
4. 氫氧化鈣
5. 樣品加濃硫酸
6. 磁石

▲圖 19-1　高氯離子水樣之去氯裝置圖

19-3　標準檢驗方法

　　水中化學需氧量之測定，行政院環境保護署公告之標準方法有三個：⑴重鉻酸鉀迴流法，方法代號為 NIEA W515.53A；⑵密閉迴流滴定法，方法代號為 NIEA W517.50B；⑶含高濃度鹵離子水中 COD 檢測方法─重鉻酸鉀迴流法，方法代號 NIEA W516.52A；茲予以轉錄於第三篇中。而美國公共衛生協會等所出版之第 20 版《水及廢水標準檢驗法》則稱上述重鉻酸鉀迴流法為開放式迴流法 (Open Reflux Method)，代號 5220B，適合用於較廣範圍之 COD 值測定。此外，對於水中 COD 值大於 50 mg/L 之樣品，另提出密閉式迴流法 (Closed Reflux Method)，其檢驗原理與開放式迴流法相同，唯加熱迴流程序採密閉式試管，故可節省水樣、試劑之消耗，當完成加熱消化後，可使用滴定法或比色法定量過剩 $K_2Cr_2O_7$ 之量，

因此，密閉式迴流法又分為 5220C 的密閉迴流滴定法 (Closed Reflux, Titrimetric Method) 及 5220D 的密閉迴流比色法 (Closed Reflux, Colorimetric Method) 兩種，這兩種方法之加熱裝置及試劑組均已商品化，可直接加入水樣後進行操作，有簡便及廢棄物少之優點。

──────── 習　題 ────────

一、比較 BOD 與 COD 測定之意義、時效與應用。

二、甲水樣 BOD 值 20 mg/L（低），COD 值 200 mg/L（高）；乙水樣則 BOD 值 180 mg/L，COD 值亦為 200 mg/L，相當接近，試評析其意義。

三、試列出反應式說明重鉻酸鉀迴流法之原理。

四、水中氯離子對 COD 測定有何影響？如何解決？

五、COD 測定中所用之氧化劑有那些？目前各國使用情形如何？

六、計算鄰苯二甲酸氫鉀 (Potassium Acid Phthalate, KHP) 0.6375 g 溶於 500 mL 蒸餾水中，其理論 COD 值為多少？

第 20 章　總有機碳

　　天然水中之有機物含量低，但是受養豬廢水、家庭廢水、工業廢水、垃圾滲漏水等之污染後，水中有機物含量即會大量增加。水中有機物可依其親、疏水性及酸、鹼性，分成腐植酸 (Humic Acid)、黃酸 (Fulvic Acid)、親水性酸 (Hydrophilic Acid) 及中性親水性物質 (Hydrophilic Neutral) 等四大類。前兩者屬疏水性大分子有機物，親水性酸大部分帶有較強羥基和羧基之聚電解質酸，而中性親水性物質則包括碳水化合物、羧酸、氨基酸、碳氫化合物等較小分子化合物。各類有機物在消毒程序時，原水在含大量有機物情況下，即與氯氣接觸，有生成致癌性氯化有機物之可能。

　　水與廢水中之有機物，其碳素係以不同的氧化狀態存在，某些碳素可被生物利用氧化，我們可以生化需氧量 (Biochemical Oxygen Demand, BOD) 來加以量化，而一般有更多的碳素可用化學氧化劑加以氧化，形成 CO_2，我們則可以用化學需氧量 (Chemical Oxygen Demand, COD) 加以量化。然而，仍有部分碳素無法以生物或化學方法加以量測。

　　總有機碳 (Total Organic Carbon, TOC) 是比起 COD 或 BOD 較為方便且直接的碳素表現方法，它是指與有機物結合之碳素。理論上重覆量測大量基質成分相似樣品之 TOC、BOD 及 COD 可求出它們相關之實驗式，我們就可以測定其中一項而來估算其他項目之值。不過，一般並不認為 TOC 可取代 BOD 或 COD 之測定。

　　水中的碳素除了 TOC 外，尚有無機碳 (Inorganic Carbon, IC) 的部分，IC 包括碳酸鹽、氫碳酸鹽、溶解之 CO_2 等，TOC 與 IC 總稱「總碳」(Total Carbon, TC)，許多分析儀器可同時測定 TOC 及 IC。事實上，TOC 尚可再分為溶解性的有機碳 (Dissolved Organic Carbon, DOC) 及非溶解性的有機碳 (Nondissolved Organic Carbon, NDOC)。溶解性的有機碳之測定，可將水樣經過 0.45 μm 之濾紙，濾液測其有機碳，而留存在濾紙上之顆粒性有機碳素即為 NDOC 之部分，一般由 TOC 與

DOC 值相減求得。

20-1 總有機碳測定之意義

總有機碳之數據，直接顯示水樣中有機物所含碳素之量，這是顯示水中有機物含量多寡相當簡便有效的方法，故廣泛用於環境調查分析與監測工作上。

有機物的種類繁多，且大多定量步驟相當複雜，因此，在進行某些有機物處理效率之研究時，往往以總有機碳之分析結果替代個別有機化合物之分析結果。

有機物含量低的天然水，TOC 之數據通常較準確，不若 BOD 與 COD 之分析數據誤差較大。在水樣中鹽分或氯鹽含量偏高時，BOD 及 COD 之分析均有困難，但 TOC 之分析則不受影響，其數據亦相對較為可靠。

20-2 總有機碳之測定原理

總有機碳之測定有三種方法，分別為高溫燃燒法 (High-Temperature Combustion Method)、過硫酸鹽（或稱過氧焦硫酸鹽）紫外線氧化或過硫酸鹽加熱氧化法 (Persulfate-Ultraviolet or Heated-Persulfate Oxidation Method) 及濕式氧化法 (Wet-Oxidation Method)。

1.高溫燃燒法

本方法適用於大範圍濃度的水樣，將水樣均質化並稀釋至適當濃度後，注入儀器之反應槽中，反應槽加熱後維持約 900°C，並放置催化劑如氧化鈷、鉑系金屬或鉻酸鋇以加速反應，在此條件下，水樣中的有機物被氧化成 CO_2，然後以非分散性紅外線偵測器或電量滴定器予以偵測定量。

在高溫反應槽中不僅有機物被氧化，無機碳亦會被氧化成 CO_2，故通常需將水樣注入另一個分離的反應槽，槽中置有磷酸被覆之石英玻璃球，在酸性條件下，

無機碳轉變為 CO_2 並加以定量，則可經由總碳扣除無機碳而得到總有機碳。

2. 過硫酸鹽紫外線氧化或過硫酸鹽加熱氧化法

本方法適用於分析水中低濃度之有機碳，快速且精確度高。在紫外光照射或 95 ～ 100°C 含酸溶液的消化反應器中，水樣中的有機碳經由過硫酸鹽氧化為 CO_2，所產生的 CO_2 可採用非分散性紅外線偵測器定量之，或將其還原為甲烷 (Methane)，以 FID (Flame Ionization Detector) 偵檢器定量之，或依化學滴定法定量之。

3. 濕式氧化法

本方法亦適用於分析水中低濃度之總有機碳，但不適合於定量揮發性的有機成分。水樣首先加以酸化，以 N_2 吹送去除無機碳，然後以過硫化物氧化水樣中之有機碳，其溫度調整為 116°C 至 130°C，所產生的 CO_2 以非分散性紅外線光譜儀予以量測。

20-3 標準檢驗方法

水中總有機碳含量之檢驗法，行政院環保署公告之標準方法主要有燃燒／紅外線測定法（方法代號 NIEA W530.51C）、過氧焦硫酸鹽紫外光氧化／紅外線測定法（方法代號 NIEA W531.51C）及過氧焦硫酸鹽加熱氧化／紅外線測定法（方法代號 NIEA W532.51C）等，茲將上述環保署標準法轉錄於第三篇中。美國公共衛生協會等所出版之第 20 版《水及廢水標準檢驗法》中，總有機碳之分析共有三種方法，即高溫燃燒法、過硫酸鹽紫外線氧化或過硫酸鹽加熱氧化法及濕式氧化法，方法代號依序為 5310B、5310C 及 5310D，其分析原理則如 20-2 節所述。

―――――習　題

一、分別說明 BOD，COD 及 TOC 之意義，其關係如何？

二、水中有機物可分為那幾類？各有何特點？

三、試述高溫氧化法分析 TOC 之原理。

四、試繪簡圖表示無機碳 (IC)，總有機碳 (TOC)，總碳 (TC)，溶解性有機碳 (DOC) 及非溶解性有機碳 (NDOC) 之關係。

五、比較三種總有機碳測定方法之適用範圍及基本反應程序。

第21章 油 脂

　　油 (Oil) 是指低分子量至較高分子量的碳氫化合物，一般是液態的，如汽油、潤滑油、重油、沙拉油、花生油⋯⋯等；脂 (Grease) 則是指高分子量的碳氫化合物及動物和植物甘油脂，一般是固態的，如蠟、脂肪酸⋯⋯等。從水質的角度，油脂係泛指可用特定溶劑自水樣中萃取的各種有機化合物。水中油脂的分析，一般常用之溶劑為三氟三氯乙烷 (Trichlorotrifluoroethane, $C_2F_3Cl_3$)，烴類、醚、油、脂肪、蠟與高分子量脂肪酸等，均可溶於此種溶劑。近年來，由於氟氯碳化合物會破壞臭氧層，引起人們的注意，部分方法已改用 20% MTBE (Methyl-*tert*-Butyl Ether) 與 80% 正己烷 (*n*-Hexane) 混合溶劑來取代三氟三氯乙烷，其萃取效果與三氟三氯乙烷差不多。正己烷對油脂之溶解力亦佳，可單獨作為萃取用溶劑，唯三氟三氯乙烷之最大容許暴露量甚高，比正己烷安全。此外，氯仿 (Chloroform)、乙醚 (Diethyl Ether)與其他溶劑曾被使用過，但均各有缺點，如氯仿對醣類溶解力差，故漸不受採用。

　　受污染水體中之油脂來源主要來自家庭污水及工業廢水。油、脂肪、蠟與脂肪酸均為家庭污水中的主要油脂物質，其產生過程諸如洗衣、烹調、清洗地板⋯⋯等日常生活各種行為均無可避免地會把油脂帶入廢水中，導致家庭污水中之油脂含量偏高。工業廢水中之油脂含量依工業類別及工廠製程而不同，某些工業如石化業、油脂業、食品業、屠宰業⋯⋯等，其廢水中往往含可觀之油脂濃度，若不予以移除，常會引起其他廢水處理程序的困擾。

　　廢水中油脂含量過高時，會干擾好氧或厭氧生物處理程序，導致處理效率降低。當含高濃度油脂的廢水排入自然水體後，由於會導致水面上有一層油膜，使氧氣無法自空氣中溶解進入水中，而造成水質劣化。在污泥消化槽，油脂會分離並浮在液面，形成浮渣層，這是因其不溶於水且比重通常較小之故，浮渣層形成之後，將造成污泥處理之困難。

21-1　油脂測定之重要性

在環境監測方面，許多法規定有水中油脂含量的標準，如工廠放流水水質標準即有此規定，故油脂測定成為例行環境監測工作之一。

在廢水處理，各處理程序前後廢水中油脂含量之變化，為評估處理效率及謀求改善之重要指標之一。如廢水沉降前後油脂的測定，可評估各級沉降槽的效率。

油脂的測定，亦廣泛應用於污泥處置。測定污泥消化作用前後樣品中的油脂含量，即可瞭解厭氧消化過程中油脂分解之量。當污泥消化設備，產生浮渣問題時，油脂測定可提供有價值的資料。

21-2　油脂之測定原理

水中油脂之測定，主要有兩類方法，一類為萃取重量法 (Partition-Gravimetric Method)，另一類為萃取紅外線法 (Partition-Infrared Method)。

不論使用那一類方法，在分析開始時，通常先將水樣之 pH 值以鹽酸或硫酸降低至小於 2.0，此酸化步驟的目的，是為了讓水樣中的脂肪酸被釋放出來，因脂肪酸主要是以鈣、鎂的皂鹽沉澱物形態存在，故在水溶液中為不溶性，酸化之後其反應如下：

$$Ca(C_{17}H_{35}COO)_2 + 2H^+ \longrightarrow 2C_{17}H_{35}COOH + Ca^{2+} \qquad [21-1]$$

如此，脂肪酸就可溶解出來，而易於定量了。

1.萃取重量法

萃取重量法的基本原理係將水樣中之油脂萃取至溶劑相中，然後將溶劑蒸發

後稱重，其與空瓶重之差即為油脂含量。

　　水樣中油脂萃取的方法通常有液—液萃取法及索氏 (Soxhlet) 萃取法兩種。液—液萃取法係使用分液漏斗為萃取器材，操作簡便，但有水樣發生乳化時不易分離之缺點。而索氏萃取法則使用索氏萃取器為萃取器材，利用間斷的萃取方式，以防止水分進入萃取液中，耗時長達 4 小時以上為其缺點。

　　萃取重量法使用的溶劑一般有三種：三氟三氯乙烷、20% MTBE 及 80% 正己烷混合溶劑、正己烷。三種溶劑之優缺點已說明於本章概論中，$C_2F_3Cl_3$ 之沸點為 47°C，MTBE 之沸點為 55°C 至 56°C，而正己烷之沸點為 69°C，三種溶劑之使用均不可接觸塑膠管線，且溶劑均可回收再利用。

　　萃取重量法之適用範圍為 1 ～ 1 000 mg/L，並不適合於低濃度油脂之測定，亦有揮發性物質無法測定之缺點。

2. 萃取紅外線法

　　萃取紅外線法的基本原理係將水樣中之油脂以分液漏斗萃取至 $C_2F_3Cl_3$ 溶劑相中，經脫水乾燥後，將萃取液由紅外線光譜儀測定 C—H 鏈之透光度或吸收度，其吸收波數 (Wave Number) 為 2 930 cm^{-1}，然後利用檢量線即可得知萃取液中油脂之濃度。而檢量線係以一參考油品 (Reference Oil) 在不同濃度下所製備而成。

　　由於紅外線光譜儀係偵測 C—H 鏈結之吸收，故不含 C—H 鏈結之溶劑才適合採用，文獻上除了 $C_2F_3Cl_3$ 外，CCl_4 也是可以考慮的溶劑。本方法較適於測定水中油脂濃度偏低的樣品，可測至 0.2 mg/L 左右。

21-3　標準檢驗方法

　　水中油脂檢驗方法,行政院環境保護署公告之標準方法為索氏萃取重量法(方法代號 NIEA W505.51C) 及萃取重量法（方法代號 NIEA W506.21B），兩種方法基本上皆屬萃取重量法，皆使用正己烷為萃取溶劑，唯前者係使用索氏萃取器來進行水中油脂之萃取，後者則係使用液—液萃取方式。茲予以轉錄於第三篇中。

　　美國公共衛生協會等所出版之 20 版《水及廢水標準檢驗法》中則共列有三種方法，其中 5520B 為萃取重量法，類似 NIEA W506.21B，但溶劑為 $C_2F_3Cl_3$ 或 20% MTBE 及 80% 正己烷混合溶劑；5520C 為萃取紅外線法；5520D 則為索氏萃取法 (Soxhlet Extraction Method)，類似 NIEA W505.51C，係以索氏萃取器來進行水中油脂之萃取程序，溶劑亦為 $C_2F_3Cl_3$ 或 20% MTBE 及 80% 正己烷混合溶劑。此外，方法 5520E 為污泥樣品萃取法 (Extraction Method for Sludge Samples)，係索氏萃取法的修正法，適用於污泥或類似物質中油脂含量之分析；而方法 5520F 則為碳氫化合物 (Hydrocarbons) 測定法，可以與前述幾種方法連結，用於碳氫化合物含量之量測，其原理係利用極性 (Polarity) 不同，使用矽膠管柱將總油脂中的碳氫化合物分離出來，進一步定量之。

習　題

一、自水樣中萃取油脂之常用溶劑有那些？優缺點各為何？

二、試比較液—液萃取法與索氏萃取法之優缺點。

三、試說明萃取紅外線法分析水中油脂之基本原理。

四、以萃取重量法分析水中油脂之主要缺點為何？

第 22 章　陰離子界面活性劑

　　清潔劑 (Detergents) 泛指各種具清潔污物功能之物質，在日常生活方面，如清洗衣服、碗盤時被廣泛使用。清潔劑中具有能使油與水的界面消除之成分，稱為界面活性劑 (Surfactants)，其分子基本上具有兩端，一端為疏水性基團 (Hydrophobic Group)，易溶於油，另一端則為親水性基團 (Hydrophilic Group)，易溶於水，這種分子結構，使其在油水交界面造成起泡 (Foaming)、乳化 (Emulsification) 及顆粒懸浮等作用。界面活性劑的疏水性基團一般係碳氫長鏈分子，碳數在 10 ～ 20 個之間，親水性基團則可分為兩類，一類為離子性，再細分為陽離子及陰離子，另一類為非離子性。在美國，離子性的界面活性劑佔生產量之三分之二，其中陰離子界面活性劑產量又約為陽離子界活性劑之 10 倍以上，故陰離子界面活性劑可說是最重要的界面活性劑，廣泛使用於清潔劑中。市售清潔劑約含 20 ～ 30% 界面活性劑，另 70 ～ 80% 的添加劑，如硫酸鈉、三聚磷酸鈉 (Sodium Tripolyphosphate)、焦磷酸鈉 (Sodium Pyrophosphate)、矽酸鈉 (Sodium Silicate) 等，以加強其活性。

　　陰離子界面活性劑一般均為鈉鹽，在水中溶解後呈陰離子，常見的為硫酸鹽 (Sulfate) 與磺酸鹽 (Sulfonate) 之陰離子，如早期商業化的硫酸鹽界面活性劑：月桂硫酸鈉，分子式如下：

$$C_{12}H_{25}-O-SO_3Na$$

即為硫酸鹽型。磺酸鹽型的陰離子界面活性劑相當常用，如洗衣粉中，以往使用烷基苯磺酸鹽 (Alkylbenzene Sulfonates, ABS)，結構式如下：

其中碳鏈原子數平均為 12 個，且具有支鏈，由於在環境中分解不易，現多改用直鏈式烷基苯磺酸鹽 (Linear Alkyl Sulfonats, LAS)，結構式如下：

其在環境中分解就容易得多。

22-1　陰離子界面活性劑測定之意義

在天然水中，界面活性劑之含量應在 0.1 mg/L 以下，但家庭污水之污泥，每克污泥（乾重）即吸附陰離子界面活性劑 1 至 20 mg，而普通家庭污水，亦可測出 1 ~ 20 mg/L 之陰離子界面活性劑。

除了家庭污水外，工業廢水中亦常可測出相當可觀的陰離子界面活性劑，這通常是因其生產流程中有清洗程序，必須使用界面活性劑，但有時也因製程中之其他程序所需。

22-2　陰離子界面活性劑之測定原理

　　甲烯藍 (Methylene Blue) 是一種陽離子型的染料，在水溶液中游離為陽離子，當存在可與其反應形成離子對的物質時，即可進入一個與水不互溶之有機溶劑相呈現藍色，其顏色強度遵循比耳定律。上述可與甲烯藍反應之物質稱為「甲烯藍活性物質」(Methylene Blue Active Substances, MBAS)。陰離子界面活性劑是最顯著的 MBAS 之一，將其與甲烯藍反應所生成藍色的鹽或離子對，以氯仿萃取後，氯仿層即可用分光光度計於波長 652 nm 處，測吸光度定量之。

　　值得注意的，水樣中除了陰離子界面活性劑外，亦有其他物質屬 MBAS，如有機硫酸鹽、磺酸鹽、磷酸鹽、羥酸鹽、酚類及無機氰酸鹽、硫氰酸鹽、氯鹽等，均可能造成干擾。

22-3　標準檢驗方法

　　水中陰離子界面活性劑之測定，行政院環境保護署公告之標準方法為甲烯藍比色法，本方法代號為 NIEA W525.50A，茲予以轉錄於第三篇中。美國公共衛生協會等所出版之第 20 版《水及廢水標準檢驗法》亦僅列出以陰離子界面活性劑作為甲烯藍活性物質 (Anionic Surfactants as MBAS) 分析法，原理均如前述，其方法代號為 5540C。

習 題

一、界面活性劑分子之基本結構為何？依離子性如何區分？

二、ABS 與 LAS 之基本結構各為何？何以 ABS 漸由 LAS 所取代？

三、試述甲烯藍比色法測定水中陰離子界面活性劑之基本原理。

四、解釋名詞：

　　(1)甲烯藍活性物質；

　　(2)清潔劑；

　　(3)界面活性劑；

　　(4)乳化。

第 23 章　鐵及錳

鐵及錳均為岩石及土壤的成分之一，特別是鐵，它是一個存量豐富之元素，因此，鐵的含量往往高於錳。一般而言，水中不常發現鐵之含量超過 10 mg/L 或錳之含量超過 2 mg/L。

鐵之氧化數以 +2 及 +3 為主，而錳則包括 +2, +3, +4, +6 或 +7，當水中有溶氧存在時，Fe (III) 及 Mn (IV) 是唯一比較穩定的氧化態，由於此二種化學形式具很強的不溶解性，顯示水中有溶氧時，Fe 與 Mn 含量將極低。在湖泊或水庫底部，厭氧狀態將可溶性低的 Fe (III) 轉變成較易溶解的 Fe (II)，Mn (IV) 則轉變成較易溶解的 Mn (II)。

當水源中含 Fe 時，將造成下列問題：

(1)導致水中有金屬的味道。

(2)紙、纖維或皮革等工業產品將產生顏色。

(3)家庭用品如玻璃、碗盤等將被沾染顏色。

(4)衣服可能染上黃色或棕黃色。

(5)鐵的沉澱會阻塞管路並促使鐵細菌之繁殖生長，造成「紅水」問題。

(6)在低流量時，鐵細菌將引起味道及臭味問題。

錳的問題相當類似鐵，可能造成之問題如下：

(1)在高濃度時，Mn 將產生味道的問題。

(2)類似 Fe、Mn 亦將使工業產品產生顏色。

(3)家庭用品將沾染棕色或黑色。

(4)衣物可能變灰暗或顯得髒。

環境工程上，最常用以去除鐵及錳的方法為曝氣，然後沉澱、過濾。曝氣程序可去除 CO_2 並提高 pH 值，且引入氧氣氧化二價鐵及二價錳，使成三價鐵及四價錳，雖然有很多種類的曝氣設備，但最常用者為焦炭盤 (Coke Tray)。另有研究

指出，有機鐵及錳以氧、氯或高錳酸鉀氧化之去除率低，故應用明礬混凝，然後再進行沉澱及過濾的程序。

23-1　水中鐵及錳測定之意義

　　自然界之水，以地下水含鐵錳量較多，地面水相對較少，此係由於水中鐵錳大部分來自地層之故。由於地下水是主要的水資源，且常作為飲用水及工業用水之用，為免造成使用上之困擾，鐵錳之測定成為環境工程上重要的分析項目，其數據可作為工程師決定是否需加以處理及處理方式之依據。

　　在給水工程上，鐵與錳之去除是重要的課題，其去除效率之評估，須依照例行性的鐵與錳測定數據進行。此外，鐵管與鋼管的腐蝕現象，會使管線中的水成為「紅水」，鐵含量的測定，可供瞭解腐蝕程度，以謀求方法解決之用。

23-2　鐵及錳之測定原理

　　水中鐵與錳的含量測定，依鐵錳之存在型態可分為(1)溶解性鐵、錳；(2)全量之鐵、錳。溶解性鐵、錳係指溶解於水樣中的鐵錳部分，全量則尚包括水樣中吸附或吸收於固體顆粒上之鐵、錳。溶解性鐵錳之測定，應於採樣時現場以 $0.45\ \mu m$ 之濾膜將水樣過濾，水樣經消化分解有機物質後，進行分析。全量之鐵錳測定，可將水樣直接經消化分解有機物質程序後進行分析。

　　此外，基於研究或某些測定目的，鐵的分析有測定二價鐵 (Fe^{2+}) 及三價鐵 (Fe^{3+}) 之必要性。此時，宜選擇適當的水樣處理程序及方法進行之，可參見 23-2-1 節的內容。

　　測定水中鐵與錳的方法有三種：(1)原子吸收光譜法 (Atomic Absorption Spectrometric Method)；(2)感應耦合電漿—原子發射光譜法 (Inductively Coupled Plasma-Atomic Emission Spectrometric Method)；(3)比色法 (Colorimetric Method)。前兩

種方法為一般金屬元素分析共通的方法，其原理將於第 24 章中詳述，故本節只討論比色法部分。

23-2-1　鐵之比色法測定

比較鐵之三種測定法中，在靈敏度及偵測極限方面均相當類似，顯示比色法可勝任環境分析的要求。二氮雜菲 (Phenanthroline, $C_{12}H_8N_2$) 比色法為測定水中鐵含量最常使用的方法，二氮雜菲試劑亦稱為菲羅啉 (Ferroin) 試劑，它在 pH 2.9 至 3.5 間容易與 Fe^{2+} 作用生成橘紅色的複合物，其顏色強度遵循比耳定律 (Beer's Law)，故可由分光光度計加以定量。

由於二氮雜菲僅能與二價鐵反應，故水樣若能於採樣時即刻加入強酸（2 mL conc HCl/100 mL 樣品），並即進行呈色反應，並比色之，則可測得水樣中 Fe^{2+} 之量。而若要測定總鐵含量，則需將 Fe^{3+} 還原為 Fe^{2+}，一般以 Hydroxylamine (NH_2OH) 為還原劑，反應如下式：

$$4Fe^{3+} + 2NH_2OH \longrightarrow 4Fe^{2+} + N_2O + H_2O + 4H^+ \qquad [23\text{--}1]$$

當水樣中之 Fe^{3+} 全部轉變成 Fe^{2+} 後，3 莫耳的 1, 10- 二氮雜菲即可與 1 莫耳的 Fe^{2+} 反應，生成橘紅色的複合物，如下式：

1,10–Phenanthroline　　　　　Orange-Red Complex

$$[23\text{--}2]$$

若使用 5 cm 光徑之比色槽，本方法可測鐵含量至 10 $\mu g/L$。若欲測定溶解性鐵的含量，則可將水樣先經過 0.45 μm 薄膜濾紙，以濾液進行測定，則測出者即為溶解性鐵含量。本方法之干擾物質有強氧化劑、氰鹽、亞硝酸鹽、磷酸鹽（聚磷酸鹽較正磷酸鹽干擾大）、鉻、鋅、銅、鈷、鎳、鉍、鎘、汞及鉬等。

23-2-2 錳之比色法測定

過硫酸鹽法 (Persulfate Method) 為測定水中錳含量最常使用的方法，水中低氧化態的錳可利用過硫酸鹽氧化成過錳酸鹽，此反應需用 Ag^+ 為催化劑，反應式如下：

$$2Mn^{2+} + 5S_2O_8^{2-} + 8H_2O \xrightarrow{Ag^+} 2MnO_4^- + 10SO_4^{2-} + 16H^+ \qquad [23\text{-}3]$$

在過量過硫酸鹽存在以及不含有機質之情況下，MnO_4^- 的顏色，至少可持續 24 hr 安定呈色。

水樣中若存在 Cl^- 時，會還原過硫酸鹽，造成干擾，故可事先加入 Hg^{2+}（如 $HgSO_4$），則可形成 $HgCl_2$ 沉澱，以免除 Cl^- 之干擾。使用 5 cm 光徑之比色槽，本方法之偵測極限可達 42 μg/L。

23-3 標準檢驗方法

水中鐵含量之測定，行政院環境保護署公告了以原子吸收光譜儀法為基礎的四種方法：⑴水中溶解性鐵、錳檢測方法──火焰式原子吸收光譜法，方法代號 NIEA W305.51A；⑵水中銀、鎘、鉻、銅、鐵、錳、鎳、鉛及鋅檢測方法──火焰式原子吸收光譜法，方法代號 NIEA W306.51A；⑶水中金屬檢測方法──石墨爐式原子吸收光譜法，方法代號 NIEA W303.51A；⑷海水中鎘、鉻、銅、鐵、鎳、鉛及鋅檢測方法──APDC 螯合 MIBK 萃取原子吸收光譜法，方法代號 NIEA W309.21A。此外，另有水中金屬及微量元素檢測方法──感應耦合電漿－原子發射光譜法，方法代號 NIEA W311.50B，則為以原子發射光譜儀法為基礎的方法。在這五種方法中，第一種方法測定溶解態鐵，茲將其轉錄於第三篇中，其餘方法則測定全量，由於與其他元素並列，將於第 24 章再予轉錄。

　　美國公共衛生協會等所出版之第 20 版《水及廢水標準檢驗法》中，共列有三種方法測定水中之鐵含量，其中 3111B 及 3111C 為原子吸收光譜法，類似行政院環保署公告之方法 NIEA W306.51A 及 NIEA W309.21A；3120 為感應耦合電漿－原子發射光譜法；3500–Fe B 則為二氮雜菲比色法，其原理已於前節述及。此外，低濃度的鐵，亦公告方法 3113B，為石墨爐電熱式法，類似行政院環保署公告之NIEA W303.51A。

　　水中錳含量之測定，行政院環保署亦公告了以原子吸收光譜儀法為基礎的三種方法，測定溶解性錳的方法代號 NIEA W305.51A，茲將其轉錄於第三篇中；測定水中錳全量的火焰式原子吸收光譜法，代號 NIEA W306.51A；以及石墨爐式原子吸收光譜法，代號 NIEA W303.51A 亦將於第 24 章予以轉錄。

　　美國公共衛生協會等所出版之第 20 版《水及廢水標準檢驗法》中，共列有三種方法測定水中之錳含量，其 3111B 及 3111C 為原子吸收光譜法，類似行政院環保署公告之方法 NIEA W306.50A 及 NIEA W309.21A；3120 為感應耦合電漿－原子發射光譜法；3500–Mn B 則為過硫酸鹽比色法，其原理已於前節述及。此外，低濃度的錳，亦公告方法 3113B，為石墨爐電熱式法，類似行政院環保署公告之NIEA W303.51A。

習　題

一、鐵及錳在天然水中存在之氧化態為何？

二、水中之鐵含量過高，會造成什麼問題？

三、試說明鐵之比色法測定原理。

四、試說明錳之比色法測定原理。

五、鐵錳之比色測定，下列藥品各有何用途？

　　(1) NH_2OH；(2) Phenanthroline $(C_{12}H_8N_2)$；(3) $AgNO_3$；(4) $HgSO_4$。

第 24 章 重金屬與微量元素

重金屬係指密度大，且絕大部分在週期表中屬於過渡元素 (Transition Element) 之重金屬化合物及其離子，如鎘 (Cadmium, Cd)、銅 (Copper, Cu)、鋅 (Zinc, Zn) ……等元素；而微量元素是指在環境中含量甚低，但往往對植物及生物體正常生長卻是不可缺少之元素，如鈷 (Cobalt, Co)、硼 (Boron, B)、鉬 (Molybdenum, Mo) ……等元素。水中之重金屬及微量元素若含量太高，則通常往往會對水體中生物造成危害，或經由食物鏈中之生物累積 (Bioaccumulation) 現象，而對人體或高等動植物產生毒害，因此，許多水體用水或標的用水均定有管制標準，以飲用水為例，表 24-1 列出現階段我國飲用水及飲用水水源中重金屬與微量元素之水質標準，共有 12 項，除砷外，飲用水水質標準與飲用水水源水質標準一致。

▼表 24-1　我國飲用水中重金屬與微量元素項目水質標準之比較

單位：mg/L

水質項目	飲用水水質標準	飲用水水源水質標準
砷	0.01	0.01
鉛	0.05	0.05
硒	0.01	0.01
鉻	0.05	0.05
鎘	0.005	0.005
鋇	2.0	2.0
銻	0.01	0.01
鎳	0.1	0.1
汞	0.002	0.002
銀	0.05	0.05
銅	1.0	1.0
鋅	5.0	5.0

▼表 24–2　排放重金屬與微量元素污染質之工業類別

污染物	工業類別
鉻 (Cr)	電鍍、鞣革、染料、化學工業、鋁極、冷卻水防蝕
銅 (Cu)	鍍銅、金屬浸洗、銅礦、通信器材、金屬冶煉
鋅 (Zn)	電鍍、橡膠黏膠絲、農業殺蟲劑、煉鋅
鉛 (Pb)	電池製造、塗料、鉛礦、汽油、油漆
鎘 (Cd)	煉鋅、鋅礦、電鍍、礦石
鎳 (Ni)	金屬冶煉、電鍍、油漆
銀 (Ag)	電鍍、照相
砷 (As)	採礦、製革、塗料、藥品、玻璃、染料、羊毛浸洗、農藥
汞 (Hg)	鹼氯工廠（水銀電槽）、紙業、製藥、塑膠工廠 (PVC)、溫度計、纖維、農藥

　　水中重金屬與微量元素偏高之原因除特殊之天然環境所導致外，工業污染為其主因，排放各類污染物質之工業類別列如表 24–2 所示，電鍍、製革、化工、染色、電池、農藥等工業為重要之污染源。而雖然可能出現在水樣中之重金屬與微量元素之種類相當多，考量其流佈廣泛情形及毒性較高者，在環境工程中主要分析項目包括：鎘、鉻、銅、鋅、鎳、鉛、砷及汞八項。此八項重金屬之一般用途以及進入水體之途徑依序說明如下：

1.鎘

　　鎘及其化合物廣被用於電鍍、油漆顏料及塑膠工業中，另如電池、照相材料亦常使用。以塑膠工業為例，在塑膠加工過程中，必須加入安定劑，以抑制光和熱所引起的分解作用，特別是聚氯乙烯 (PVC) 為主料的軟性塑膠加工業尤為重要，塑膠安定劑的組成即為硬脂酸鎘及硬脂酸鉛。據近年統計，臺灣地區進口之鎘大多用於硬脂酸鎘之製造，少部分用於金屬鍍鎘及其他用途，而在桃園縣造成「鎘米」事件的高銀及基力化工廠都是塑膠安定劑的製造廠，其工廠之廢水係先排放進入排水渠道後，而由農民引灌農田，造成土壤及稻米的大量累積。

2.鉻

　　鉻及其化合物在工業上之主要用途為合金、防蝕、耐火材料、催化劑等。另鉻酸鹽 (Chromate) 用於油漆，並可製成實驗室用之酸洗液。各類型廢水排放入水

體後，鉻主要以鉻酸鹽形式存在，會引起人體鉻酸鹽中毒、皮膚粗糙、肝臟受損、致癌等。

3. 銅

銅在工業上之主要用途為製造銅線、合金等。硫酸銅 $(CuSO_4)$ 為相當有效的殺菌劑及殺藻劑，常被用於果樹及其他農作物之生產，而得以進入土壤、農田排水中，亦有機會經由施入水體控制藻類生長而殘留於水體中，當其濃度偏高，如大於 1.0 mg/L 時，會使魚類中毒。

4. 鋅

鋅之最重要用途為鐵金屬外皮之鍍鋅，亦常用於油墨、化粧品、油漆、橡膠等，上述工業廢水或廢棄物、污泥等，未經適當處理，均有可能污染水體，所幸其毒性不高。

5. 鎳

鎳在工業上最大的用途為鋼及合金之生產，也用於油漆原料、化粧品、機械零件、電池及電接點等，這些工業產生的廢水或廢棄物污泥等，皆為水體中鎳污染之來源。

6. 鉛

鉛在工業上主要用途為汽車蓄電池、汽油抗震劑四甲基鉛及四乙基鉛。蓄電池製造業之廢水或廢棄物如處理不當，會污染水體，使鉛之含量偏高；而汽油中添加之鉛化合物，將於燃燒時形成含鉛之粒狀污染物逸散至空氣中，最後掉落至地表或被雨水帶下，而造成水體中鉛含量之增加。

7. 砷

砷在工業上主要用途為玻璃器皿、陶瓷製造、製革、染色、農藥及化學製品等。砷元素在水中一般以 AsO_4^{3-} 及 AsO_3^{3-} 等陰離子形態存在，長期飲用含砷量高

的井水，被疑與烏腳病之發生有關。水中砷之來源，除由地質而來，工業廢水或廢棄物、農藥為其主要污染源。

8.汞

汞廣泛地用於汞齊、科學儀器、電池、農藥、燈管等工業中，在鹼氯工業（生產氯氣及苛性鈉）以電解法進行生產時，係以汞為陰極，而在塑膠的生產中，汞也被用為觸媒。水體中汞之來源，主要為上述工業產生之廢水或廢棄物之不當排放。

24-1　重金屬與微量元素測定之重要性

在環境監測方面，水中重金屬與微量元素之含量多寡是相當重要的資料，故許多法規均定有標準，如事業放流水水質標準、水體水質標準、飲用水水質標準、灌溉用水水質標準等，部分有毒的重金屬如鎘、鉻、汞、鉛等尤被列為例行檢驗項目之一。

給水及污水工程中，重金屬與微量元素之去除亦為重要的程序之一，為評估其處理效率,淨水廠及污水處理廠常需進行水樣中重金屬與微量元素含量之測定。

24-2　重金屬與微量元素之測定原理

測定重金屬與微量元素的方法主要有三種：(1)原子吸收光譜法 (Atomic Absorption Spectrometric Method)，(2)感應耦合電漿－原子發射光譜法 (Inductively Coupled Plasma-Atomic Emission Spectrometric Method, ICP-AES)，(3)比色法 (Colorimetric Method)。

1.原子吸收光譜法

原子吸收光譜法為測定重金屬與微量元素最常被使用的方法，其應用範圍相

當廣，在週期表上，有七十餘種元素可經由本方法來測定，尤以金屬元素為然。

　　原子吸收光譜儀法分析水樣，水樣應先行適當之前處理，這是由於水樣中一般含有粒狀物及有機質。若要測定水中溶解性之重金屬與微量元素，可將水樣以 0.45 μm 之薄膜濾紙過濾，然後經消化分解有機質後，以原子吸收光譜儀分析；而若要測定水樣中全部之重金屬或微量元素，則可將水樣直接經消化分解以破壞有機質後，逕以儀器分析。有些水樣無色透明、無臭且其濁度小於 1 NTU，亦可不經前處理直接分析之。為便於保存，水樣應於採樣後加入純硝酸使其 pH 值小於 2。

　　原子吸收光譜儀之基本結構示意圖如圖 24-1 所示，特定元素波長之光線自陰極射線燈管(A)射出後，經過火焰(B)，此時被吸入之樣品因火焰高溫而原子化，而能吸收特定波長之光線，光線經光柵(C)分光後，於偵檢器上(D)被轉換為電流並放大，然後由數據處理系統讀出(E)。水樣中特定元素含量之多寡，可直接影響吸收光度，而反應在分析結果上，且在一定濃度範圍內，遵循比耳定律 (Beer's Law)。

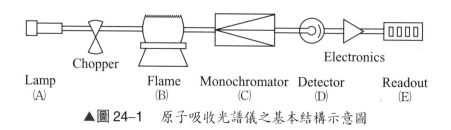

▲圖 24-1　原子吸收光譜儀之基本結構示意圖

　　依據上述原理，水中重金屬與微量元素，大都可利用原子吸收光譜儀予以分析。火焰式原子吸收 (Flame AA) 光譜儀法是快速且精密的分析方法，大多數元素如前述之鎘、鉻、銅、鋅、鎳、鉛在濃度 mg/L 的範圍下可以使用，但若要分析微量金屬至 $\mu g/L$，甚至更低的濃度，則必須使用更高靈敏度的分析技術。

　　對原子吸收光譜法而言，目前最常被採用的高靈敏度分析技術就是使用石墨爐電熱式原子吸收光譜儀，摒棄火焰加熱的部分，置入一支石墨管，將微量的樣品注入管中，再將石墨管升溫，直至樣品分解成自由原子，並產生原子吸收，由於自由原子在光徑中停留的時間較長，故具較佳靈敏度。

有一些元素在稍微加熱下，其分子結構即斷鍵而形成原子狀態，易於揮發，甚至在室溫下即無法存在穩定的基態，汞 (Hg) 即是一個明顯的例子。因此，水樣中之汞可藉強還原劑，如 $SnCl_2$ 或 $NaBH_4$ 在密閉容器中反應還原成自由汞原子，如下式：

$$Hg^{2+} + 2BH_4^- \longrightarrow Hg\uparrow + H_2\uparrow + B_2H_6 \qquad\qquad [24\text{--}1]$$

若在溶液中通入氮氣，汞原子即可流至原子吸收光譜儀中光線通過之吸收槽中，而測得其吸收值，稱為低溫汞蒸氣法。本方法靈敏度甚高，在 50 mL 的水樣中，可測得 0.02 μg/L 的汞。

砷 (As) 的分析則常採用氫化合物產生技術 (Hydride Generation)，水樣首先和還原劑 $NaBH_4$ 反應，產生具揮發性的氫化物，如下式：

$$2As^{3+} + 6BH_4^- \longrightarrow 2AsH_3\uparrow + 3B_2H_6 \qquad\qquad [24\text{--}2]$$

此氫化物 (AsH_3) 並非自由原子，故必須加熱樣品槽，使其分解成自由原子，方可吸收光線，進行分析。使用氫化物產生技術，可以很容易的測到 μg/L 以下，這與汞蒸氣技術是相當類似的。

2.感應耦合電漿─原子發射光譜法 (ICP-AES)

ICP-AES 具極高之激發溫度，幾乎所有元素都可被激發，產生數條至數百條光譜線，可供選擇使用。由於具快速分析多元素的能力，再加上線性範圍廣、靈敏度佳，故已慢慢成為一個廣受重視的環境分析技術。

3.比色法

水中重金屬與微量元素之分析亦有部分相當靈敏的比色法可供利用，本方法之原理大抵為在適當的 pH 下，某些元素可與特定的顯色劑結合，所形成的化合物具有吸收某些波長光線的能力，且在一定濃度範圍內遵循比耳定律，故可利用分光光度計予以定量。

24-3 標準檢驗方法

　　水中重金屬與微量元素之檢驗測定，行政院環境保護署公告了數種方法，以原子吸收光譜法為基礎的有六個：⑴水中銀、鎘、鉻、銅、鐵、錳、鎳、鉛及鋅檢測方法——火焰式原子吸收光譜法，方法代號 NIEA W306.51A；⑵水中汞檢測方法——冷蒸氣原子吸收光譜法，方法代號 NIEA W330.51A；⑶海水中鎘、鉻、銅、鐵、鎳、鉛、鋅檢測方法——APDC 螯合 MIBK 萃取原子吸收光譜法，方法代號 NIEA W309.21A；⑷水中六價鉻檢測方法——APDC 螯合 MIBK 萃取原子吸收光譜法，方法代號 NIEA W321.50A；⑸水中硒檢測方法——硒化氫原子吸收光譜法，方法代號 NIEA W340.50A；⑹水中金屬檢測方法——石墨爐式原子吸收光譜法，方法代號 NIEA W303.51A。以比色法為基礎的則有三個：⑴水中六價鉻檢測方法——比色法，方法代號 NIEA W320.51A；⑵水中硼檢測方法——薑黃素比色法，方法代號 NIEA W404.51A；⑶水中亞砷酸鹽、砷酸鹽及總無機砷檢測方法——二乙基二硫代氨基甲酸銀比色法，方法代號 NIEA W310.51A。而感應耦合電漿－原子發射光譜法亦公告了一個：水中金屬及微量元素檢測方法——感應耦合電漿原子發射光譜法，方法代號 NIEA W311.51B。上述已公告之十種方法皆予以轉錄於第三篇中。

　　美國公共衛生協會等所出版之第 20 版《水及廢水標準檢驗法》中則依不同元素分列其分析方法，每個元素列出的方法大都均包括原子吸收光譜法、感應耦合電漿－原子發射光譜法、石墨爐電熱式原子吸收光譜法及比色法，相當完整，其原理大致於前節中皆有述及。

習　題

一、繪圖說明原子吸收光譜儀之構造。

二、何謂氫化合物產生技術 (Hydride Generation)? 如何應用於 As 之分析?

三、ICP-AES 方法之主要優點為何?

四、石墨爐加熱式原子吸收光譜儀之靈敏度何以較一般原子吸收光譜儀高? 試說明之。

五、水體中鎘、鉻、鉛、汞之污染來源各為何?

六、試述低溫汞蒸氣法之分析原理。

第 25 章　總菌落數

在自然界裡，只要有水的地方就有細菌存在。細菌屬於原核細胞之微生物，大部分細菌係大小在 0.5 ～ 3 μm 左右的單細胞。細菌依其形狀不同，可分為球菌 (Coccus)、桿菌 (Bacillus) 及螺旋菌 (Spirillum) 等三種；依氧氣需求程度不同，可分為好氧菌 (Aerobes)、兼性厭氧菌 (Facultative Anaerobes)、厭氧菌 (Anaerobes) 及微好氧菌 (Microaerophiles) 等四種；依營養要求性之不同，則可分為自營菌 (Autotrophic Bacteria) 及異營菌 (Heterotrophic Bacteria)，前者僅須無機物就可生存，後者則需依賴有機物為碳源，而氮源為無機或有機氮化合物皆可；此外，依革蘭氏染色性之不同，可將細菌分為革蘭氏陽性菌 (Gram-Positive Bacteria) 與革蘭氏陰性菌 (Gram-Negative Bacteria)。

細菌在合適的條件下，大部分可以分裂法來進行增殖，由分裂出新細胞開始，至其長成再分裂，稱為一個「世代」，其所需花費的時間則稱為世代時間 (Generation Time)，於一定的培養條件下，各菌種皆有其世代時間，如表 25–1 所示，在適宜條件下，大腸菌 (Escherichia Coli) 與枯草菌 (Bacillus Subtilis) 之世代時間約各為 20 與 25 分鐘左右。由於細菌的世代時間大都不長，我們可將含菌的水樣經過適當的稀釋之後，取其一定量培養於適當的培養基上，經一段時間後，依培養基上的菌落 (Colony) 數來推算水樣中之總菌落數，稱生菌數。

▼表 25-1　主要微生物之世代時間

微生物名	溫度 (°C)	世代時間（分）
細菌 (Bacteria)		
Beneckea Natriegens	37	10
Escherichia Coli	40	20
Bacillus Subtilis	40	25
Clostridium Botulinum	37	35
Lactobacillus Acidophilus	40	65
Anacystis Nidulans	41	120
Rhodospirillum Rubrum	25	300
Anabaena Cylindrica	25	635
Mycobacterium Tuberculosis	37	720
藻類 (Algae)		
Scenedesmus Quadricauda	25	355
Chlorella Pyrenoidosa	25	465
Asterionella Formosa	20	575
Euglena Gracilis	25	655
Skeletonema Costatum	18	785
Ceratium Tripos	20	4 970
原生動物 (Protozoa)		
Tetrahymena Geleii	24	190
Paramecium Caudatum	26	625
Leishmania Donovani	26	660
Acanthamoeba Castellanii	30	690
Giardia Lamblia	37	1 080
真菌 (Fungi)		
Saccharomyces Cerevisiae	30	120
Schizosaccharomyces Pombe	30	240
Monilinia Fructicola	25	1 800

　　細菌體之成分與一般動植物類似，除了含有大量的水分（約 80%）之外，尚含有醣類、脂肪、蛋白質等有機物成分，以及磷、鉀、鈣、硫、氯等無機成分。為了獲得能源及合成菌體成分，細菌必須不斷地自外界攝取營養成分，這些營養成分包括氮源、碳源、無機鹽及微量元素，因此，在細菌的培養基應能供給上述成分才是良好的培養基，在一般潔淨的水中，並無法供應上述營養成分，細菌之生長繁殖因而受阻，但在污染的水體中，往往提供細菌良好的營養成分，促使細菌大量繁殖，這也是污染的水體中總菌落數通常偏高的基本原因。

水中總菌落數的表示單位以 CFU/mL 最為通用，CFU 為 Colony Forming Unit 之縮寫，指菌落單位。若測定之培養皿中無菌落生長，則總菌落數以小於 1 (< 1) 表示，若菌落太多造成計數困難時，則以「菌落太多無法計數」(TNTC; Too Numerous to Count) 表示。

25-1　水中總菌落數測定之意義

水中總菌落數可呈現水質中異營細菌生長概況，由於水中必須供給有機化合物、氮素、磷、硫等成分，異營細菌才能成長，故一般污染程度愈高的水，其總菌落數愈多。因此，水體水質之環境監測工作上，有測定水中總菌落數之必要。另飲用水、公共給水、工業用水等之例行性水質分析中亦常將總菌落數列為重要項目之一。

目前我國飲用水水質標準中定有總菌落數 100 CFU/mL 的限值，與日本相同。歐美國家則在飲用水方面管制大腸菌類、糞便大腸菌類及致病性微生物，而略去總菌落數之管制。

污水處理廠在放流之前，常有消毒之步驟以防止致病性病菌污染自然水體，消毒程序之效果評估，亦常以總菌落數之測定結果予以計算。

25-2　總菌落數之測定原理

水中總菌落數之測定，其基本原理係水中之好氧及兼性厭氧異營菌會在適當的培養基上生長，並形成菌落，經由計數，即可得到總菌落數之數據。由於所形成菌落的多寡，與不同菌落間之交互作用、培養程序與條件、培養基種類等有關，為使分析結果能通用，一般常用的方法與培養基已漸趨一致，常見的方法有三種，即塗抹法 (Spread Plate Method)、混合稀釋法 (Pour Plate Method) 及濾膜法 (Membrane Filter Method)；培養基較常用的則有四種。

塗抹法係將不同稀釋度之待測水樣，塗抹於已凝固之培養基上，經適當的培養後觀測其菌落生長情形。混合稀釋法則將不同稀釋度之待測水樣，與未凝結之培養基混搖均勻後，使培養基靜置凝固，經適當的培養後計數菌落之生長情形。濾膜法是將適量水樣經由經消毒之直徑 47 mm, 0.45 μm 濾紙過濾，然後將濾紙放在培養基上，經適當的培養後計數菌落生長情形。以上三種方法，以混合稀釋法最常用，塗抹法次之，濾膜法較少被使用。

總菌落數測定常用的五種培養基如下：

1.胰化蛋白腖葡萄糖培養基 (Tryptone Glucose Extract Agar, TGE)

此培養基可應用於塗抹法及混合稀釋法，為傳統常用的培養基，營養成分高於後述之 PCA 培養基。其組成為：

葡萄糖 (Glucose)	1.0 g
胰化蛋白腖 (Tryptone)	5.0 g
牛肉抽出物 (Beef Extract)	3.0 g
洋菜 (Agar)	15.0 g
蒸餾水	1 L

2.培養皿計數培養基 (Plate Count Agar, PCA)：

此培養基應用於塗抹法及混合稀釋法，為傳統常用的培養基，其計數之結果一般低於後述之 R2A 及 NWRI 培養基。其組成為：

葡萄糖 (Glucose)	1.0 g
胰化蛋白腖 (Tryptone)	5.0 g
酵母抽出液 (Yeast Extract)	2.5 g
洋菜 (Agar)	15.0 g
試劑水	1 L

3. m–HPC 培養基 (m–HPC Agar)：

培養基為具高營養成分之培養基，僅於濾膜法時使用。其組成為：

蛋白腖 (Peptone)	20.0 g
白明膠 (Gelatin)	25.0 g
甘油 (Glycerol)	10.0 mL
洋菜 (Agar)	15.0 g
試劑水	1 L

4. R2A 培養基 (R2A Agar)：

此培養基可應用於塗抹法、混合稀釋法及濾膜法，為含低營養成分之培養基。其組成為：

酵母抽出液 (Yeast Extract)	0.5 g
聚蛋白腖 (Polypeptone)	0.5 g
酪蛋白胺基酸 (Casamino Acids)	0.5 g
葡萄糖 (Glucose)	0.5 g
可溶性澱粉 (Soluble Starch)	0.5 g
磷酸一氫二鉀 (K_2HPO_4)	0.3 g
硫酸鎂 ($MgSO_4 \cdot 7H_2O$)	0.05 g
丙酮酸鈉 (Sodium Pyruvate)	0.3 g
洋菜 (Agar)	15.0 g
試劑水	1 L

5. NWRI 培養基 (NWRI Agar)：

此培養基亦可應用於塗抹法、混合稀釋法及濾膜法。與上述四種培養基比較，它可以產生較多的菌落數。其組成為：

蛋白腖 (Peptone)	3.0 g
可溶性酪蛋白 (Soluble Casein)	0.5 g
磷酸一氫二鉀 (K_2HPO_4)	0.2 g
硫酸鎂 ($MgSO_4$)	0.05 g
氯化鐵 ($FeCl_3$)	0.001 g
洋菜 (Agar)	15.0 g
試劑水	1 L

25-3　標準檢驗方法

　　水中總菌落數之測定，行政院環境保護署公告了兩個方法，一為塗抹法，方法代號 NIEA E203.53B；一為混合稀釋法，方法代號 NIEA E204.52B；茲予以轉錄於第三篇中。美國公共衛生協會等所出版之第 20 版《水及廢水標準檢驗法》中則共列有三種方法，其中 9215B 為混合稀釋法；9215C 為塗抹法；9215D 則為膜濾法。前兩個方法類似行政院環保署公告之方法，而三種方法之原理則已於前節述及。

習　題

一、何以一般潔淨水體中，細菌無法大量繁殖？

二、解釋名詞：

　　(1)異營菌；(2)世代時間；(3)革蘭氏陽性菌；(4)兼性厭氧菌；(5) CFU/mL。

三、水中總菌落數之測定方法有那些？並分別說明之。

四、試述總菌落數測定常用五種培養基之特性。

第 26 章　大腸菌類

　　大腸菌為細菌的一種，其學名為 Escherichia Coli，其中 Escherichia 為屬名，Coli 則為種名。在水質指標上，較常用「大腸菌類」一詞，大腸菌類是指能使乳醣 (Lactose) 醱酵，並產生氣體和酸、格蘭姆染色陰性、無芽胞、以濾膜法培養會產生金屬光澤之深色菌落者。大腸菌類在人體排泄物中經常大量存在，且常與消化系統之致病菌共存，其生存力比一般致病菌如傷寒、霍亂、痢疾等強，但比一般細菌弱，故如水中無大腸菌類，可認為無致病菌存在，而有大腸菌類並不表示一定會有致病菌。大腸菌類常棲於人畜之腸管中，當大腸菌類到了腸道以外組織時，有可能會侵入到血液中造成膿毒病，此外大腸桿菌亦會引起腹瀉等症狀。

　　由於大腸菌類具有下列特性：

⑴易偵測及辨別。

⑵致病菌存在時亦存在。

⑶存在之量比致病菌多，有比例關係。

⑷不會出現在未受污染水中，且具有致病菌之特徵。

　　因此，水體中之細菌性標準常以大腸菌類密度作為污染程度之指標。

　　常見的大腸菌類分析結果有兩種表示法，依分析方法不同，一種係以 CFU/100 mL 為單位，一種則以 MPN/100 mL 為單位。以 CFU 為單位之情況已於 25–1 節中述及，而 MPN 為 Most Probable Number 之縮寫，譯為最大可能數，它是基於統計上 Poisson 分佈而定出。

26-1　大腸菌類測定之重要性

水中大腸菌類密度之分析結果，可呈現水質中大腸菌類細菌生長概況，當大腸菌類密度高時，不僅顯示水中有機化合物、氮素、磷、硫、微量元素等成分供給充分，亦顯示水中致病性之病原菌含量可能很高，對人體產生危害之機會大，因此，水體水質之環境監測工作上，經常必須測定水中之大腸菌類密度，另如飲用水、公共給水、各事業放流水等之例行性水質分析，大腸菌類亦為重要分析項目之一。

目前我國飲用水、飲用水水源及各類水體水質標準皆訂有大腸菌類之管制標準，如表 26-1 所示，飲用水水質之標準較嚴格，與日本及歐美國家的標準相似。

▼表 26-1　我國各類水質標準中大腸菌類之管制標準

水質標準名稱	管制標準 (MPN/100 mL)	管制標準 (CFU/100 mL)
飲用水水質標準	≤ 6.0	≤ 6.0
飲用水水源水質標準①	≤ 20 000（具備消毒單元者） ≤ 50（未具備消毒單元者）	≤ 20 000（具備消毒單元者） ≤ 50（未具備消毒單元者）
飲用水水源水質標準②	≤ 6	≤ 6
飲用水水源水質標準③	≤ 50	≤ 50
甲類水體水質標準	–	< 50
乙類水體水質標準	–	< 5 000
丙類水體水質標準	–	< 10 000

①作為自來水及簡易自來水之飲用水水源者
②作為盛裝水水源及公私場所供公眾飲用之連續供水固定設備水源者
③作為社區自設公共給水、包裝水之水源者

污水處理廠在處理污水之最後程序，通常為消毒，這是為了防止致病性細菌污染自然水體，進而危害人體健康，而消毒程序之效果評估，最常運用大腸菌類之測定結果進行之。

26-2　大腸菌類之測定原理

水中大腸菌類之測定，主要有兩種方法，一種為多管醱酵法 (Multiple-Tube Fermentation Technique)，另一種為濾膜法 (Membrane Filter Technique)，其原理分別討論之。

1. 多管醱酵法

多管醱酵法之基本原理，係基於大腸菌類的細菌，會在適當的液體培養基中，經由對乳醣醱酵，產生氣體和酸，而其培養條件，應為 35°C 下，48 小時之內可完成。

在標準檢驗方法中所使用之培養基為硫酸月桂酸胰化蛋白腖 (Lauryl Tryptose Broth) 培養基，其主要成分有胰化蛋白腖 (Tryptose)、乳醣、K_2HPO_4、KH_2PO_4、NaCl、硫酸月桂酸鈉 (Sodium Lauryl Sulfate) 等。當接種不同稀釋度待測水樣至放有培養基之試管後，將其置於 35±1°C 下之培養箱中培養，24 小時後即可初步觀察有無大量細菌繁殖情形、氣體逸出情形及酸生成情形，若無上述情形，則應繼續培養至 48±3 h，再予以觀察記錄。

當實驗完成，本方法係以 MPN 來表示分析結果，此時係先算出有正反應之試管組數，然後即可利用 MPN 指數表來查出符合實驗結果之數字，然後乘以稀釋倍數而得。

2. 濾膜法

濾膜法之基本原理，為大腸菌類細菌在含乳醣之 Endotype 培養基中，於 35°C 下，24 小時內即可發展出帶金屬光澤之紅色菌落，而一般而言，缺少金屬光澤之所有紅色、粉紅色、藍色、白色或無色菌落，均非大腸菌類的菌落。

在標準檢驗法中所使用的培養基有兩種：LES Endo Agar 及 M−Endo Medium，其主要成分大致相同，含酵母抽出液、Casitone 或 Trypticase、Thiopeptone 或

Thiotone、Tryptose、乳醣、K_2HPO_4、KH_2PO_4、NaCl、Sodium Lauryl Sulfate、Na_2SO_3、洋菜等，但兩種培養基則成分比例不同。當培養基置入培養皿冷卻後凝固備用，水樣通過已消毒之濾膜，則可將濾膜置於培養皿上培養，於 $35 \pm 1°C$ 之培養箱中經過 24 小時後，即可觀察大腸菌菌落之數目，以菌落計數器計算之。

　　濾膜法較多管醱酵法精確，且在水樣較純淨時，如飲用水水樣，則可使用大量體積之水樣來作，增加方法之靈敏度，故廣受採用。

26-3　標準檢驗方法

　　水中大腸菌類之標準測定方法，行政院環境保護署公告了水中大腸桿菌群檢測方法——多管醱酵法，方法代號 NIEA E201.52B，以及濾膜法，方法代號 NIEA E202.52B，茲轉錄於第三篇中。美國公共衛生協會等出版之第 20 版《水及廢水標準檢驗法》在大腸菌類之測定法主要有兩個，一為多管醱酵法，其方法代號 9221B；另一為濾膜法，其方法代號 9222B。

習　題

一、何謂大腸菌類？

二、何以水中大腸菌類密度被作為污染程度之指標？

三、試說明多管醱酵法及濾膜法之基本原理。

四、試比較多管醱酵法及濾膜法之⑴培養條件；⑵靈敏度；⑶菌落判別法；⑷表示單位。

第 **2** 篇

水質分析實驗

第 27 章　基本技術

實驗 1　玻璃器皿之洗滌與乾燥

一、目　的

㈠實習水質分析實驗常用玻璃器皿之洗滌方法。

㈡認識洗滌液之配製方法。

㈢熟習洗滌後玻璃器皿之乾燥及保存方法。

二、相關知識

　　水質分析工作需使用很多的玻璃器皿，若未予清洗潔淨，則在玻璃器皿表面上附著之雜質污物，將導致嚴重的實驗誤差。

　　玻璃器皿上所附著之污物，大約可分為油污及其他沉澱性污物，其洗滌方法，油污可使用中性或鹼性清潔劑為主之洗滌液清洗之，若能配合刷洗更佳；其他沉澱性污物則常無法以合成清潔劑清洗而得到滿意的結果，故可以酸性清洗劑為洗滌液浸泡後，再予以沖洗。有些玻璃器皿如刻度吸管、量液瓶不易刷洗，則常逕以酸性清洗劑浸泡除污。

三、設備與實驗器材

㈠烘箱。

㈡乾燥架或曬架、吸管架。

㈢毛刷（燒杯刷及試管刷）。

㈣玻璃器皿：燒杯、燒瓶、錐形瓶、刻度吸管、量液瓶、採樣瓶、滴管。

㈤化學藥品：中性合成清潔劑、鹼性合成清潔劑、酸性清洗劑。

四、實驗步驟

㈠洗滌液的配製：中性及鹼性洗滌液可依商品之說明，取適量之中性及鹼性合成清潔劑稀釋後使用。

㈡燒杯、燒瓶、錐形瓶、採樣瓶等以適當大小之毛刷沾上中性或鹼性合成清潔劑先將玻璃器皿之外部刷乾淨，次洗刷內部後，再以清水充分沖洗，最後以少量的蒸餾水分數次洗淨，洗淨後之玻璃器皿置乾燥架或曬架，使水滴乾，或直接置入烘箱中 (104±1°C) 烘乾。

㈢刻度吸管、量液瓶及滴管先以清水沖洗管腔，然後浸入酸性清洗液中浸泡數小時（或隔夜）後取出，經清水充分沖洗，最後以少量之蒸餾水分數次洗淨，洗淨後之各玻璃器皿置於吸管架或曬架上使水滴乾。

實驗結果

　　將教師指定之玻璃器皿，充分洗淨乾燥後，繳送教師評分。

問題與討論

㈠何以刻度吸管、量液瓶不可加熱乾燥？指出那些玻璃器皿可以烘乾乾燥？

㈡何不以蒸餾水一次洗淨？分次有何效果？

實驗 2　品管圖之製作

一、目　的

㈠實習水質分析實驗室常用品管圖之製作方法，並瞭解其應用。

㈡熟習差異百分率、標準偏差及回收率之計算。

㈢學習使用工程用計算機統計水質分析數據。

二、相關知識

　　品質管制圖（或簡稱品管圖）是一個品質保證計畫中不可或缺的工具。基本上，當一個統計控制下的測定過程偏離了統計上的控制時，利用品質管制圖可以顯示出來，吾人即可透過分析品管圖之意義，謀求改進對策，而達成品質管制的目的。

　　重覆樣品 (Replicate Sample) 係指將原樣分成兩個或多個分離之相同樣品，依照標準方法分析之，可得知樣品重覆分析之結果間相符的程度，而據以評估分析方法之精密度。一般每 10 個或 20 個樣品即進行二重覆分析，故由兩次數據，可求知其範圍 (Range)。重覆樣品品管圖可作為精密度之管制圖。

　　查核樣品 (Check Sample) 係將適當濃度的欲分析物標準品（不同於校正標準品）添加於試劑水或與樣品相似的基質中配成。其添加濃度，宜接近法規管制之濃度，或者，添加量應大約 5 倍於定量極限值。同批次同質樣品，應至少有一查核樣品分析。查核樣品品管圖可作為準確度之管制圖。

三、設備與實驗器材

㈠工程用計算機。

㈡方格紙。

四、實驗步驟

㈠重覆樣品品管圖

1. 依據教師提供之重覆分析（二十組以上）數據，以計算機求取相對差異百分率平均值 ($\overline{RPD\%}$)，及標準偏差 (Standard Deviation, SD)。

2. 以日期或樣品序 (Sample Series) 為橫軸，差異百分率為縱軸繪於方格紙上。

3. 平行於橫軸分別以實線、虛線、實線繪 $\overline{RPD\%}$, $\overline{RPD\%}$ + 2SD, $\overline{RPD\%}$ + 3SD 三條線。

4. 將教師提供之實驗室重覆分析數據，先計算 RPD% 後，依日期或樣品序，依序標識於圖上。

5. 討論各樣品數據是否合乎標準？若不合，建議如何處理？

㈡查核樣品品管圖

1. 依據教師提供之查核樣品分析數據（二十組以上），以計算機求取查核樣品回收率平均值 ($\overline{R\%}$) 及標準偏差。

2. 以日期或樣品序為橫軸，回收率為縱軸，繪於方格紙上。

3. 平行於橫軸分別繪 $\overline{R\%}$, $\overline{R\%}$ + 2SD, $\overline{R\%}$ + 3SD, $\overline{R\%}$ – 2SD，及 $\overline{R\%}$ – 3SD 五條線，其中 $\overline{R\%}$ ± 2SD 以虛線表示。

4. 將教師提供之實驗室查核分析數據，先計算回收率 ($R\%$) 後，依日期或樣品序依序標識於圖上。

5. 討論各樣品數據是否合乎標準？若不合，建議如何處理？

數據記錄

組 別	1	2	3	4	5	6	7	8	9	10
RPD (%)										
R (%)										
組 別	11	12	13	14	15	16	17	18	19	20
RPD (%)										
R (%)										

$\overline{\text{RPD}}$ (%):　　　SD:　　　　　　；$\overline{R}$ (%):　　　SD:

實驗結果

㈠繪製重覆樣品品管圖，並標識教師提供之數據所統計之 RPD% 於品管圖上。

㈡繪製查核樣品品管圖，並標識教師提供之數據所計算之回收率於品管圖上。

問題與討論

㈠討論重覆樣品品管圖上，各數據是否有發生失控? 如有，建議應如何處理?

㈡討論查核樣品品管圖上，各數據是否有發生失控? 如有，建議應如何處理?

實驗 3　採樣保存與現場測定

一、目　的

㈠實習水質採樣的方法。

㈡學習水質樣品保存劑之添加程序。

㈢熟習現場水溫及 pH 值測定工作。

二、相關知識

　　水體中之物質成分隨著時空環境不同而變化，水樣需具代表性，其分析才具有意義，因此，需作事前之準備與規劃，而在採取之後，亦需防止其品質之改變，予以適當保存。另採樣之時，常同時進行現場測定，如水溫及 pH 值之測定，以符合標準方法之要求。

　　典型的採樣工作大致可分為準備階段、現場工作階段、保存及運送階段等。在準備階段通常須依據水質檢驗項目及品保要求準備採樣用器具，如採樣器、採樣瓶、儀器、藥品及其他用具，並校正好現場使用之儀器及事先清洗好採樣瓶及採樣器具。在現場工作階段則著重現場量測、水樣採取、注意品保用樣品採取及填寫採樣記錄表。在保存及運送階段需依水樣檢驗項目進行適當的試劑添加保存，並將其置於 4°C 冰箱中冷藏，然後儘速送回實驗室進行檢驗工作，由上述說明，可知採樣工作的細節相當多，有賴縝密的規劃，才能井然有序。

三、設備與實驗器材

㈠採樣器：手搖式採水器。

㈡採樣瓶：1 L PE 瓶或玻璃瓶，200 mL PE 瓶。

㈢pH 計及溫度計。

㈣採樣用具：簽字筆、標籤、水桶、1 L 塑膠燒杯、手提冰箱、冰塊、採樣記錄表、500 mL 洗瓶（裝蒸餾水）、pH 試紙。

㈤保存劑：硝酸。

四、實驗步驟

假設要採取工廠放流水道中之水樣測定水溫、pH 值、導電度、濁度、懸浮固體、氯化物、硫酸鹽及金屬 Cd、Ca、Mg、Na，則依下列步驟進行之：

㈠準備階段

1. pH 計校正。

2. 採樣器及採樣瓶洗淨。

3. 採樣用具之準備（如三、㈣及㈤所列用具）。

㈡現場工作階段

1. 依地形、流速、時間等狀況以手搖式採水器採取代表性之水樣。

2. 以 1 L 塑膠燒杯盛取水樣，量測水溫（讀取水溫時，溫度計勿離開水樣）。

3. 量測 pH 值（依儀器說明書進行）。

4. 水樣裝瓶（1 L，及 200 mL）。

5. 填寫水質採樣記錄表。

㈢保存及運送階段

1. 打開 200 mL PE 採樣瓶，加入硝酸使 pH < 2（以 pH 試紙測試），本瓶水樣供金屬 Cd、Ca、Mg、Na 等項目測定之用。

2. 將 1 L 樣品置於 4°C 冰箱中。

3. 儘速送回實驗室。

數據記錄

水質採樣記錄表

採樣日期：　年　月　日　　　　　　　　採（送）人員：

委 託 機 構 名 稱								
聯　　　絡　　　人						電 話		
工 廠 （場） 名 稱						業 別		
採 樣 工 廠 地 址						氣 候		
採 樣 位 置								
採 樣 時 間								
分 析 項 目								
採 樣 體 積								
採 樣 瓶 材 質								
保 存 試 劑 添 加								
保 存 方 法								
樣 品 編 號								
備　　　　　　　註（現 場 測 試 項 目）								

會同採樣人員：　　　　　　　　　　　　　　收樣員：

實驗結果

將採樣記錄表及樣品繳送教師評分。

問題與討論

㈠繪圖描述採樣地點現場狀況，討論所採水樣之代表性。

第 28 章　物理性質分析

實驗 4　水中濁度檢驗

一、目　的

㈠實習水中濁度之標準檢驗方法，並瞭解其分析原理。

㈡學習水中濁度檢驗用試劑之配製。

㈢熟習濁度計之操作。

二、相關知識

㈠原　理

由光源發生的光照射水樣，水樣中會造成濁度的物質即會散射光線，散射光可由光電管偵測出，並讀出其強度，而一般濁度計之散射光強度是在入射光的垂直方向測得。

利用上述原理所設計之濁度計，係在特定條件下，比較水樣和標準參考濁度懸浮液對特定光源散射光的強度，以測定水樣的濁度。散射光強度愈大者，其濁度亦愈大。

㈡適用範圍

本方法適用於飲用水、表面水、含鹽分水及廢（污）水之濁度測定，其適用濁度之範圍為 0 至 40 濁度單位（Nephelometric Turbidity Unit，簡稱 NTU）。當樣品之濁度大於 40 NTU 時，應稀釋後再進行濁度之測定。

㈢干　擾

1.水樣中漂浮碎屑 (Debris) 和快速沉降的粗粒沉積物會使濁度值偏低。

2.微小的氣泡會使濁度值偏高。

3.水樣中因含溶解性物質而產生顏色時，該溶解性物質會吸收光而使濁度值降低。

4.若裝樣品之玻璃試管不乾淨或振動時，所得的結果將不準確。

三、設備與實驗器材

㈠濁度計：並附樣品試管。

㈡玻璃器皿：100 mL 量液瓶。

㈢化學藥品：硫酸肼 (Hydrazine Sulfate, $N_2H_6SO_4$)，環六亞甲基四胺〔Hexa-methylenetetramine, $(CH_2)_6N_4$〕。

四、試劑預配

Formazin 儲備濁度懸浮液：

1.溶液 I：溶解 1.00 g 硫酸肼於無濁度水中，在量瓶中稀釋至 100 mL。

注意：硫酸肼係致癌劑，應小心使用，避免吸入、攝取及皮膚接觸。

2.溶液 II：溶解 10.00 g 環六亞甲基四胺於無濁度水中，在量瓶中稀釋至 100 mL。

取 5.0 mL 溶液 I 及 5.0 mL 溶液 II，放入 100 mL 量瓶內，混合後，於 $25 \pm 3°C$ 靜置 24 小時，然後定容至 100 mL，混合均勻，此儲備濁度懸浮液之濁度為 400 NTU。此儲備濁度懸浮液必須每月配製。

五、實驗步驟

㈠水樣準備：準備下列水樣供實驗之用：(1)蒸餾水，(2)自來水，(3)池塘水，(4)已知濁度之水樣（自標準儲備溶液配製），(5)未知濁度之水樣（教師提供）。

㈡濁度計校正：依照製造商提供之儀器操作手冊之說明校正儀器。

㈢濁度小於 40 NTU 時：搖動水樣使固態顆粒均勻分散，待氣泡消失後將水樣倒入樣品試管中，直接從濁度計之刻度（或讀數計）讀取 NTU 值或從合適的檢量線中求得濁度值。

㈣濁度大於 40 NTU 時：以無濁度水稀釋水樣至濁度小於 40 NTU。由稀釋液測得之濁度乘以稀釋倍數即得原始水樣的濁度。

㈤水樣(4)及(5)各測定三次。

數據記錄

水樣編號	1	2	3	4 (1)	4 (2)	4 (3)	5 (1)	5 (2)	5 (3)
濁度 (NTU) [①]									

①濁度 $(NTU) = \dfrac{A \times (B + C)}{C}$

    A: 水樣稀釋液之濁度 (NTU)
    B: 稀釋時使用無濁度水之體積 (mL)
    C: 水樣體積 (mL)

結果整理

㈠已知濃度水樣三次之平均值及標準偏差。並計算誤差。

㈡未知濃度水樣三次平均值及標準偏差。並以教師提供之理論值計算誤差。

問題與討論

㈠由本實驗所得數據，蒸餾水、自來水及池塘水濁度測定結果是否合理？原因何在？

㈡本實驗取用水樣倒入樣品試管之前，有何注意事項？為什麼？

實驗 5　水中色度檢驗

一、目　的

㈠實習水中色度之標準檢驗方法，並瞭解其分析原理。

㈡學習水中色度檢驗用試劑之配製。

㈢熟習離心機或華特氏抽氣過濾裝置之操作。

二、相關知識

㈠原　理

一個色度單位，係指 1 mg 鉑以氯鉑酸根離子 (Chloroplatinate Ion) 形態存在於 1 L 水溶液中時所產生之色度。

將水樣和一系列不同色度之鉑鈷標準溶液以視覺比色法測定水樣之色度。一般而言，這種標準溶液可符合自然水之色調。

㈡適用範圍

本方法適用於飲用水及因天然物質存在而產生顏色之水樣，但不適用於含高色度之工業廢水。

㈢干　擾

水樣之色度常因 pH 值變化而改變，檢驗水樣色度時須同時測定 pH 值，並於報告中註明。

三、設備與實驗器材

㈠納氏管 (Nessler Tube)：長型、容量可裝 50 mL 且有等高刻度，12 支標準液用，

另每組 2 支供實驗之用。

㈡ pH 計。

㈢離心機或華特氏抽氣過濾裝置，過濾坩堝之平均孔徑為 40 μm。

㈣玻璃器皿： 150 mL 燒杯。

㈤化學藥品：氯鉑酸鉀 (K_2PtCl_6)、氯化亞鈷 ($CoCl_2 \cdot 6H_2O$)、濃鹽酸。

四、試劑預配

㈠標準儲備溶液：溶解 0.1246 g K_2PtCl_6 和 0.10 g $CoCl_2 \cdot 6H_2O$ 於含 10 mL 濃鹽酸之蒸餾水中，再以蒸餾水稀釋至 100 mL。此溶液之色度為 500 單位。

㈡標準溶液：取標準儲備溶液 0.5、1.0、1.5、2.0、2.5、3.0、3.5、4.0、4.5、5.0、6.0 和 7.0 mL，分別置於納氏管中，以蒸餾水定容至 50 mL，配成一系列色度分別為 5、10、15、20、25、30、35、40、45、50、60 和 70 單位之標準溶液。此標準溶液會吸收氨而導致色度的增加，因此不用時，應密封妥善保存，以避免蒸發及被污染。

五、實驗步驟

㈠水樣準備：準備下列水樣供實驗之用：⑴蒸餾水，⑵池塘水，⑶已知色度 40 之水樣（自標準儲備溶液配製），⑷未知濃度之水樣（教師提供）。

㈡測定各水樣之 pH 值。

㈢外觀色之測定：取 50 mL 水樣於納氏管中或取適量水樣並稀釋至 50 mL，與一系列標準溶液進行比色。比色時納氏管底下放置一反射面（如平面鏡片），該反射面放置之角度恰使光線反射後向上通過液體柱，觀察時肉眼由納氏管上方垂直往下直視。

㈣真色之測定：檢驗水樣之真色時，應先以下述之離心法或過濾法除去濁度後，再依步驟㈢進行檢驗。

　1.離心法：取適量水樣置於離心管中，啟動離心機直至水樣澄清為止。所需時間

視水樣性質、轉動速率及離心半徑而定，一般而言，離心時間不超過一個小時。比較離心後之水樣與蒸餾水，以觀察濁度是否已去除。

2. 過濾法：添加 0.1 g 助濾劑於 10 mL 之水樣中，充分混合後即將其倒入過濾坩堝過濾，使形成濾膜，並將濾液導入廢液收集瓶內。另取 0.040 g 助濾劑加入 100 mL 之水樣中，將過濾抽氣一直開著，再將混合液倒入過濾裝置，俟濾液轉澄清之後，再旋轉三路開關將濾液導至乾淨濾液收集瓶內，收集 50 mL 以上之濾液備用。

㈤未知濃度之水樣應測定三次。

數據記錄

水樣編號	1	2	3	4 (1)	4 (2)	4 (3)
pH 值						
外觀色色度						
真色色度						

結果整理

㈠已知濃度水樣之誤差。

㈡未知濃度水樣三次平均值及標準偏差。並以教師提供之理論值計算誤差。

問題與討論

㈠池溏水之色度是否高於蒸餾水? 其原因為何?

㈡各水樣外觀色色度是否高於其真色色度? 討論您的實驗結果是否合理?

實驗 6　水中硬度檢驗

一、目　的

㈠實習水中硬度之標準檢驗方法（EDTA 滴定法），並瞭解其分析原理。

㈡學習水中硬度分析用試劑之配製。

㈢熟習滴定之操作技術。

二、相關知識

㈠原　理

　　在含有鈣和鎂離子且 pH 值維持在 10.0 ± 0.1 的水溶液中，加入指示劑 Erio-chrome Black T 或 Calmagite 後，水溶液即呈酒紅色。若以乙烯二胺四乙酸 (Ethylenediamine Tetraacetic Acid, EDTA) 之鈉鹽溶液為滴定溶液再加入水溶液中，則進行下列反應：

$$M^{2+} + EDTA \longrightarrow [M \cdot EDTA]\ complex \qquad\qquad [28\text{--}1]$$

　　上述反應中之 M^{2+} 指鈣或鎂等二價陽離子。當水樣中所有的鈣和鎂都被錯合時，溶液由酒紅色轉為藍色，即為滴定終點。

㈡適用範圍

　　本方法適用於各種水樣中硬度之檢驗，但若其他金屬，如重金屬之濃度很高時，會造成干擾。

㈢干　擾

　　1.有些金屬離子會使滴定終點褪色、不明顯或消耗 EDTA，而造成干擾。

2. 懸浮或膠體有機物質也會干擾滴定終點。

3. pH 值過高時，可能造成 $CaCO_3$ 或 $Mg(OH)_2$ 沉澱和滴定終點難確認。

三、設備與實驗器材

㈠天平：靈敏度 0.1 mg。

㈡pH 計。

㈢玻璃器皿：250 mL 錐形瓶，滴定裝置。

㈣化學藥品：氯化銨 (NH_4Cl)、氫氧化銨 (NH_4OH)、EDTA 鎂鹽 (EDTA – Mg) 或 EDTA 二鈉鹽、硫酸鎂 ($MgSO_4 \cdot 7H_2O$) 及氯化鎂 ($MgCl_2 \cdot 6H_2O$)、指示劑 Eriochrome Black T、三乙醇胺 (Triethanolamine) 或 2–甲氧基甲醇 (2-Methoxymethanol)、EDTA 二鈉鹽、碳酸鈣 ($CaCO_3$)。

四、試劑預配

㈠緩衝溶液 I：溶解 16.9 g 氯化銨於 143 mL 濃氫氧化銨中，加入 1.25 g EDTA 之鎂鹽，以蒸餾水稀釋至 250 mL。

㈡緩衝溶液 II：如無 EDTA 之鎂鹽，可溶解 1.179 g 含二個結晶水之 EDTA 二鈉鹽和 0.780 g 硫酸鎂 ($MgSO_4 \cdot 7H_2O$) 或 0.644 g 氯化鎂 ($MgCl_2 \cdot 6H_2O$) 於 50 mL 蒸餾水中，將此溶液加入含 16.9 g 氯化銨和 143 mL 濃氫氧化銨之溶液內，混合後以蒸餾水稀釋至 250 mL。

㈢指示劑 Eriochrome Black T：溶解 0.5 g Eriochrome Black T 於 100 g 三乙醇胺 (Triethanolamine) 或 2–甲氧基甲醇 (2-Methoxymethanol) 中，每 50 mL 被滴定溶液中加入 2 滴此指示劑。

㈣EDTA 滴定溶液，0.01 M：取 3.723 g 分析試藥級含二個結晶水之 EDTA 二鈉鹽溶於試劑水中，稀釋至 1 000 mL。

㈤標準鈣溶液：秤 1.000 g 一級標準品 (Primary Standard) 之無水碳酸鈣粉末於 500 mL 錐形瓶中，慢慢加入 1 + 1 鹽酸至所有碳酸鈣溶解。加入 200 mL 蒸餾

水，煮沸數分鐘以驅除二氧化碳，冷卻後加入幾滴甲基紅指示劑，以 3 M 氫氧化銨或 1＋1 鹽酸調整至中間橙色。移入 1 L 量瓶中，以蒸餾水沖洗並稀釋至刻度，即得 1 mL 相當於含有 1.00 mg 碳酸鈣之標準鈣溶液。

五、實驗步驟

㈠ EDTA 滴定溶液之標定

1. 取 25 mL 標準鈣溶液，置於 250 mL 錐形瓶內。

2. 加入 1～2 mL 緩衝溶液，使溶液之 pH 值為 10.0±0.1，並於 5 分鐘內依下述步驟完成滴定。

3. 加入 1～2 滴指示劑溶液或適量乾燥粉末狀指示劑。

4. 慢慢加入 EDTA 滴定溶液，且一面攪拌，直至最後的淡紅色消失，當加入最後幾滴時，每滴的間隔時間約為 3 至 5 秒，正常的情況下，滴定終點時溶液呈藍色。

5. 記錄 EDTA 滴定溶液之耗用體積。

6. 本實驗進行兩次。

㈡不同濃度水樣之定量

1. 分別取⑴地下水 50 mL，⑵自來水樣品 50 mL，⑶標準鈣溶液 20 mL＋試劑水 30 mL，⑷未知濃度水樣 50 mL。

2. 加入 1～2 mL 緩衝溶液，使溶液之 pH 值為 10.0±0.1，並於 5 分鐘內依下述步驟完成滴定。

3. 加入 1～2 滴指示劑溶液或適量乾燥粉末狀指示劑。

4. 慢慢加入 EDTA 滴定溶液，且一面攪拌，直至最後的淡紅色消失，當加入最後幾滴時，每滴的間隔時間約為 3 至 5 秒，正常的情況下，滴定終點時溶液色呈藍色。

5. 以試劑水作空白試驗。

6. 水樣⑷分析三次。

數據記錄

㈠ EDTA 滴定溶液標定之體積:

　　1.＿＿＿＿＿mL, 2.＿＿＿＿＿mL, 3.平均值:＿＿＿＿＿mL (X)。

㈡水樣硬度之定量

實驗瓶號	1	2	3	4 (1)	4 (2)	4 (3)
EDTA 滴定溶液耗用量 (mL), A						
水樣之硬度① (mg/L CaCO₃)						

①硬度 (mg/L CaCO₃) = $\dfrac{(A-B) \times X \times 40}{\text{水樣 mL 數}}$

　　B: 空白試驗所耗用 EDTA 滴定溶液之體積 (mL)

結果整理

㈠回收率計算,由水樣⑶之分析結果,與理論值計算回收率。

㈡未知濃度水樣請教師提供理論值,計算回收率,並求得三次分析之平均值及標準偏差。

㈢水樣⑴,⑵全班各組數據分別計算平均值及標準偏差。

問題與討論

㈠試比較地下水及自來水樣品硬度之檢測結果,並討論其差異之原因。

㈡本實驗使用一級標準品之步驟為何? 並請說明其必要性。

實驗 7　水中導電度檢驗

一、目　的

㈠實習水中導電度之標準檢驗方法，並瞭解其分析原理。

㈡學習標準導電度溶液之配製及使用。

㈢熟習導電度計之操作。

二、相關知識

㈠原　理

　　導電度為將電流通過 $1\ cm^2$ 截面積，長 $1\ cm$ 之液柱時電阻 (Resistance) 之倒數，單位為℧/cm (mho/cm)，導電度較小時以其 10^{-3} 或 10^{-6} 表示，記為 m℧/cm (mmho/cm) 或 μ℧/cm (μmho/cm)，天然水通常使用 μmho/cm 為單位。導電度之測定需用標準導電度溶液先行校正導電度計後，再測定水樣之導電度。

㈡適用範圍：本方法適用於水及廢污水中導電度之測定。

㈢干　擾

　1.電極上附著不潔物時，會造成測定時之誤差，故電極表面需經常保持乾淨，使用前需用標準之氯化鉀溶液校正之。

　2.當溫度改變攝氏一度時，比導電度會偏差 1.9%，溫度愈高時，導電度之讀值愈高。因此測定時，最好使用水浴維持在 $25 \pm 0.5°C$，否則需校正溫度偏差，並以 $25°C$ 之校正值表示之。

三、設備與實驗器材

㈠導電度計：包括導電電極。

㈡溫度計。

㈢玻璃器皿：100 mL 燒杯。

㈣化學藥品：氯化鉀 (KCl)。

四、試劑預配

標準氯化鉀溶液，0.01 N：溶解 0.7456 g 標準級氯化鉀（105°C，烘乾 2 小時）於試劑水中，稀釋至 1 L。

五、實驗步驟

㈠水樣準備：準備下列水樣供實驗之用：⑴蒸餾水，⑵自來水，⑶已知導電度值水樣（標準氯化鉀溶液），⑷未知導電度值之水樣（教師提供）。

㈡以標準 KCl 溶液校正導電度計，若導電度計附有溫度測定及補償裝置者，依儀器操作手冊進行調整。否則，依表 28–1 調整不同溫度時之導電度值。

▼表 28–1　0.01 N KCl 標準液於不同溫度下之導電度值

°C	μmho/cm
21	1 304
22	1 331
23	1 358
24	1 385
25	1 412
26	1 439
27	1 466
28	1 493

㈢測定水樣時，電極先用充分之去離子蒸餾水樣淋洗，然後用水樣淋洗後，再測其導電度。

㈣以同樣步驟測定其他各水樣之導電度。未知濃度之水樣重覆測定三次。

數據記錄

水樣編號	1	2	3	4 (1)	4 (2)	4 (3)
水溫						
室溫時導電度讀值						
25℃ 導電度						

結果整理

㈠計算已知導電度值水樣之誤差。

㈡未知導電度值之水樣三次測值之平均及標準偏差，並以教師提供之理論值計算誤差。

問題與討論

㈠本實驗蒸餾水及自來水水樣之導電度測值，是否合理? 請討論說明。

㈡各水樣在室溫及 25℃ 導電度值之差異是否合理?

實驗 8　水中鹼度檢驗

一、目　的

㈠實習水中鹼度之標準檢驗方法，並瞭解其分析原理。

㈡學習水中鹼度檢驗用試劑之配製。

㈢熟習滴定之操作技術。

二、相關知識

㈠原　理

　　將水樣用強酸滴定，到一定的 pH 值，所需要強酸當量數即為鹼度。滴定終點所選擇的 pH 值有二，即 pH 8.3 及 4.5。pH 8.3 為水中碳酸根 (CO_3^{2-}) 轉變為碳酸氫根 (HCO_3^-) 的當量點，其反應式如下：

$$CO_3^{2-} + H^+ \longrightarrow HCO_3^- \qquad\qquad [28\text{--}2]$$

而 pH 4.5 則為 HCO_3^- 轉變為碳酸之當量點，其反應式如下：

$$HCO_3^- + H^+ \longrightarrow H_2CO_3 \qquad\qquad [28\text{--}3]$$

pH 滴定至 8.3 時，可以酚酞為指示劑，水樣由粉紅色變為無色，此鹼度稱為酚酞鹼度或 P 鹼度；將水樣滴定至 pH 4.5 的鹼度，可以甲基橙為指示劑，水樣由黃色變為橙紅色，此鹼度稱為甲基橙鹼度或 MO 鹼度，亦可稱總鹼度或 T 鹼度。

㈡適用範圍

　　本方法適用於水及廢污水中鹼度之檢驗，濃度範圍 10 ～ 500 mg/L $CaCO_3$。

㈢干　擾

有機酸、硼酸鹽、磷酸鹽、矽酸鹽或其他鹼類。

三、設備與實驗器材

㈠滴定裝置。

㈡電磁加熱攪拌器。

㈢玻璃器皿：125 mL 錐形瓶、1 L 量液瓶。

㈣化學藥品：酚酞 (Phenolphthalein)、甲基橙 (Methyl Orange)、硫酸、酒精 (Alcohol)、碳酸鈉 (Na_2CO_3)。

四、試劑預配

㈠酚酞指示劑溶液：取 0.5 g 酚酞加 50% 酒精 100 mL。

㈡甲基橙指示劑溶液：取 0.05 g 甲基橙加 100 mL 蒸餾水溶解，用褐色瓶，儲存在陰暗的地方。

㈢碳酸鈉溶液，0.1 N：取 Na_2CO_3 5.2997 g 加入試劑水溶解至 1 L。

㈣硫酸溶液，0.1 N：取濃硫酸 3 mL ($d = 1.84$) 用蒸餾水稀釋至 1 L。

五、實驗步驟

㈠0.1 N H_2SO_4 溶液的標定：取 Na_2CO_3 溶液 10 mL 放在錐形瓶內，加甲基橙指示劑溶液 2 滴，用 0.1 N H_2SO_4 溶液滴定，液體由黃變微橙色時停止滴定，加熱至沸騰 2 分鐘驅除 CO_2，然後液體恢復成黃色時再繼續滴定至呈橙色為止。取此 0.1 N H_2SO_4 溶液稀釋 50 倍，使成約 0.02 N H_2SO_4 溶液。

㈡準備下列水樣供實驗之用：⑴蒸餾水，⑵池塘水，⑶已知濃度之水樣（自 0.1 N 碳酸鈉溶液配製），⑷未知濃度之水樣（由教師提供）。

㈢取水樣 50 mL 於 125 mL 錐形瓶，加酚酞指示劑 4 滴，以 0.02 N H$_2$SO$_4$ 溶液滴定，直到粉紅色消失為止。

㈣水樣加甲基橙指示劑溶液 2 滴，然後以 0.02 N H$_2$SO$_4$ 溶液滴定，直到顏色由黃變橙紅為止。

㈤水樣(3)依㈢、㈣步驟分析兩次；水樣(4)則分析三次。

數據記錄

0.1 N H$_2$SO$_4$ 溶液標定之體積：＿＿＿＿mL，故其濃度為＿＿＿＿N。

換算因子（f，為標定濃度除以 0.1）為＿＿＿＿。

0.02 N H$_2$SO$_4$ 溶液之濃度則為＿＿＿＿N。

水樣編號	1	2	3 (1)	3 (2)	4 (1)	4 (2)	4 (3)
H$_2$SO$_4$ 滴定溶液耗用量 (mL)，a_1							
水樣之 P 鹼度①，P							
H$_2$SO$_4$ 滴定溶液耗用量 (mL)，a_2							
水樣之 T 鹼度②，T							

① $P = 0.02 \times \dfrac{1\,000}{50} \times a_1 \times f \times 50.05$ (mg/L as CaCO$_3$)

② $T = 0.02 \times \dfrac{1\,000}{50} \times a_2 \times f \times 50.05$ (mg/L as CaCO$_3$)

結果整理

㈠回收率計算：由水樣(3)兩次之分析結果，先求平均值，與理論值計算回收率。

㈡未知濃度水樣請教師提供理論值，計算回收率，並求得三次分析之平均值及標準偏差。

問題與討論

㈠蒸餾水之鹼度值來源為何？請說明。

㈡池溏水樣之鹼度值是否高於蒸餾水樣？原因為何？

㈢本實驗何以硫酸溶液需予以標定？

實驗 9　水中總固體及懸浮固體檢驗

一、目　的

㈠實習水中總固體及懸浮固體之標準檢驗方法，並瞭解分析原理。

㈡學習抽氣過濾程序之操作。

㈢熟習烘箱、薄膜過濾器及分析天平等之操作技術。

二、相關知識

㈠原　理

將混合均勻之水樣置於已知重量蒸發皿，於烘箱內蒸乾後，在 103 ～ 105°C 乾燥至恆重，蒸發皿增加之重量為總固體重，包括溶解固體及懸浮固體。將混合均勻之水樣經玻璃纖維濾紙過濾後，濾紙再乾燥至恆重，濾紙所增加之重量為懸浮固體重。

㈡適用範圍

本方法適用於水及廢污水中總固體或懸浮固體之檢驗；總固體量濃度範圍為 10 ～ 20000 mg/L，懸浮固體量濃度範圍為 4 ～ 20000 mg/L。

㈢干　擾

1. 水樣中懸浮固體分佈不均勻，將影響檢驗結果；對於大型漂浮物或塊狀物，應預除之。

2. 水樣中油脂在乾燥時，可能因氧化增加重量。

3. 溶解固體含量高之水樣，對於懸浮固體之測定可能產生正干擾，可用蒸餾水沖洗濾紙上殘留之溶解固體以減少干擾。

三、設備與實驗器材

㈠蒸發皿: 磁製，直徑 9 公分，容量 100 mL。

㈡高溫爐: 能設定溫度 550±50°C 者。

㈢分析天平: 靈敏度 0.1 mg。

㈣烘箱: 自動溫度控制。

㈤抽氣過濾裝置: 薄膜過濾器。

㈥濾紙: 不含有機黏合劑之玻璃纖維濾紙（Millipore AP – 40、Gelman Type A/E 或同等品）。

㈦乾燥器。

㈧玻璃器皿: 150 mL 燒杯、50 mL 量液瓶。

㈨化學藥品: 高嶺土。

四、試劑預配

㈠總固體

1. 取清潔之蒸發皿，置於 550±50°C 高溫爐中 1 小時，取出移入乾燥器，冷卻至室溫後稱重備用。

2. 取 50 mL 下列各水樣: ⑴排水溝排水，⑵同⑴，⑶蒸餾水，⑷ 50 mL 蒸餾水+0.1 g 高嶺土，置於上述已稱重之蒸發皿，在烘箱內蒸乾。

3. 將蒸乾之蒸發皿置於 103 ～ 105°C 烘箱中至少 1 小時，取出移入乾燥器，冷卻至室溫，稱重。

4. 重覆以上乾燥、冷卻及稱重之步驟，直至前後兩次重量差小於 0.5 mg 為止。

㈡懸浮固體

1. 將濾紙置入薄膜過濾器（或古氏坩堝），連接抽氣裝置，連續以 20 mL 蒸餾水洗滌濾紙三次，俟洗液抽盡後，繼續保持抽氣狀態 3 分鐘，小心取下濾紙，置於鋁盤上以 103 ～ 105°C 烘箱乾燥 1 小時（若為古氏坩堝，則與濾紙一併

置於 103 ～ 105°C 烘箱乾燥 1 小時)，取出移入乾燥器，冷卻至室溫備用。使用前稱重之。

2. 製備 50 mL 下列各水樣：⑴排水溝排水，⑵同⑴，⑶蒸餾水，⑷蒸餾水+0.1 g 高嶺土。將薄膜過濾器裝置妥當，放上濾紙，然後倒入水樣，抽氣完成後，小心取下濾紙，置於鋁盤中，以 103 ～ 105°C 烘箱乾燥 1 小時，取出移入乾燥器，冷卻至室溫，稱重。

3. 重覆以上乾燥、冷卻及稱重之步驟，直至前後兩次重量差小於 0.5 mg 為止。

數據記錄

㈠總固體

水樣編號	1	2	3	4
蒸發皿編號				
蒸發皿重 (g)，B				
(蒸發皿＋水樣殘留物) 之重量 (g)，A				
水樣體積 (mL)，C				
總固體量① (mg/L)				

① 總固體量 $= \dfrac{(A - B) \times 10^6}{C}$

㈡懸浮固體

水樣編號	1	2	3	4
濾紙編號				
濾紙重 (g)，B				
（濾紙＋水樣殘留物）之重量 (g)，A				
水樣體積 (mL)，C				
懸浮固體量② (mg/L)				

②懸浮固體量 (mg/L) $= \dfrac{(A - B) \times 10^6}{C}$

結果整理

㈠比較水樣(1)，(2)之總固體及懸浮固體數據之相對差異百分率。

㈡水樣(3)之分析結果應用於其他樣品之校正。

㈢水樣(4)之分析結果與理論值相對誤差之計算。

問題與討論

㈠請計算各水樣溶解固體物之濃度，並依各水樣性質，說明結果是否合理？

㈡將蒸發皿或濾紙置乾燥器中冷卻，而不放在實驗枱上之原因為何？

㈢懸浮固體物測定時，使用之濾紙材質為何？原因何在？

第 29 章　非金屬無機成分之檢驗

實驗 10　水中溶氧檢驗

一、目　的

㈠實習水中溶氧之標準檢驗方法，並瞭解其分析原理。

㈡學習水中溶氧分析用試劑之配製。

㈢熟習水中溶氧分析樣品之採取要領。

㈣熟習滴定之操作技術。

二、相關知識

㈠原　理

　　水樣加入硫酸亞錳 ($MnSO_4$) 溶液及鹼性碘化物—疊氮化物液後，生成氫氧化亞錳沉澱，並與水中溶氧迅速作用生成較高價之錳氧化物，如下之反應式：

$$Mn^{2+} + 2OH^- + 0.5O_2 \longrightarrow MnO_2 + H_2O \qquad\qquad [29\text{--}1]$$

　　二氧化錳為一種棕色的沉澱物，然後酸化水樣使碘化鉀與二氧化錳反應，游離出與溶氧量相當量之碘，反應如下：

$$MnO_2 + 2I^- + 4H^+ \longrightarrow Mn^{2+} + I_2 + 2H_2O \qquad\qquad [29\text{--}2]$$

I_2 可由硫代硫酸鈉溶液滴定之,此時使用澱粉指示劑判斷滴定終點,反應式如下:

$$I_2 + Starch - I_2 + 2Na_2S_2O_3 \cdot 5H_2O \longrightarrow$$
(Blue)

$$Na_2S_4O_6 + 2NaI + 10H_2O + Starch \qquad [29\text{--}3]$$
(Colorless)

當滴定完成,即可求得溶氧量。

(二)適用範圍: 本方法適用於水及廢污水中溶氧之檢驗。

(三)干　擾

1. 某些氧化、還原劑與碘離子、碘反應形成干擾。大部分有機物質在酸性溶液中,被高價錳氧化物氧化,產生干擾。

2. 鐵離子之干擾可以氟化鉀排除之:亞鐵離子濃度大於 1 mg/L 時,產生干擾,可先以高價錳酸鉀氧化成鐵離子,再與氟化鉀反應排除干擾。

3. 大量懸浮固體形成干擾,可先以硫酸鋁鉀溶液處理以去除固體物質。

4. 活性污泥水樣之耗氧速率極大,可以硫酸銅─氨基磺酸溶液先行處理。

三、設備與實驗器材

(一) BOD 瓶: 容量 300 ± 3 mL,具有毛玻璃瓶塞。

(二)滴定裝置。

(三)玻璃器皿: 5 mL 刻度吸管,250 mL 錐形瓶,500 mL 錐形瓶,250 mL 量筒。

(四)化學藥品: 硫酸亞錳 ($MnSO_4 \cdot H_2O$)、氫氧化鈉 (NaOH) 或氫氧化鉀 (KOH)、碘化鈉 (NaI) 或碘化鉀 (KI)、疊氮化鈉 (NaN_3)、濃硫酸 (H_2SO_4)、可溶性澱粉 (Soluble Starch)、水楊酸 (Salicylic Acid) 或甲苯 (Toluene)、重鉻酸鉀 ($K_2Cr_2O_7$)、硫代硫酸鈉 ($Na_2S_2O_3 \cdot 5H_2O$)。

四、試劑預配

㈠硫酸亞錳溶液：溶解 480 g 硫酸亞錳（MnSO$_4$·4H$_2$O）或 400 g MnSO$_4$·2H$_2$O 或 360 g MnSO$_4$·H$_2$O 於蒸餾水，必要時過濾後稀釋至 1 L。

㈡鹼性碘化物—疊氮化物試劑：溶解 500 g 氫氧化鈉 (NaOH)〔或 700 g 氫氧化鉀 (KOH)〕及 135 g 碘化鈉 (NaI)〔或 150 g 碘化鉀 (KI)〕於蒸餾水，稀釋至 1 L；另溶解 10 g 疊氮化鈉 (NaN$_3$) 於 40 mL 蒸餾水，俟溶解後加入上述之 1 L 溶液中。

㈢澱粉指示劑：取 2 g 可溶性澱粉於燒杯，加入少量蒸餾水攪拌成乳狀液，將此乳狀液倒入於 100 mL 沸騰之蒸餾水中煮沸數分鐘後靜置一夜；加入 0.2 g 水楊酸 (Salicylic Acid) 或數滴甲苯 (Toluene) 保存之，使用時取其上澄液。

㈣重鉻酸鉀標準溶液：在 1 L 量瓶內，溶解 1.226 g 重鉻酸鉀 (K$_2$Cr$_2$O$_7$) 於蒸餾水，稀釋至刻度。

㈤硫代硫酸鈉滴定溶液：在 1 L 量瓶內，溶解 6.205 g 硫代硫酸鈉 (Na$_2$S$_2$O$_3$·5H$_2$O) 於經煮沸且已冷卻之蒸餾水，加入 0.4 g 氫氧化鈉 (NaOH)，稀釋至刻度，儲存於棕色玻璃瓶。

五、實驗步驟

㈠硫代硫酸鈉滴定溶液之標定

1. 在錐形瓶內溶解 2 g KI 於 100 ～ 150 mL 試劑水中。

2. 加入數滴濃硫酸及 20.0 mL 重鉻酸鉀標準溶液，靜置於暗處 5 分鐘後，稀釋至 400 mL，以硫代硫酸鈉滴定溶液滴定，在接近終點時加入澱粉指示劑。

3. 記錄硫代硫酸鈉滴定溶液之體積。

㈡不同濃度水樣之定量

1. 以 300 mL BOD 瓶取⑴自來水，⑵同⑴，⑶池塘水，⑷地下水，⑸經打氣 1 小時以上之自來水，均裝滿。

2. 各水樣加入 2 mL 硫酸亞錳溶液及 2 mL 鹼性碘化物—疊氮化物試劑，加試劑時滴管尖端須深入水面下。

3. 以量筒量取適量溶液（記錄其正確體積，V_1），小心加蓋勿遺留氣泡，顛倒搖動混合 BOD 瓶數次，俟沉澱物下沉，上澄液約 100 mL 以上時，打開瓶蓋，沿瓶頸加入 2 mL 濃硫酸加蓋，顛倒搖動使沉澱物完全溶解。

4. 取適量溶液置於錐形瓶，以 0.025 N 硫代硫酸鈉滴定溶液滴定至淡黃色，加入 1 ～ 2 mL 澱粉溶液，繼續滴定至藍色消失，記錄滴定液之體積。

數據記錄

㈠硫代硫酸鈉滴定溶液之濃度：＿＿＿＿＿ N。

㈡不同濃度水樣之定量

實驗瓶號	1	2	3	4	5
滴定用水樣體積 (mL)，V_1					
$Na_2S_2O_3$ 滴定溶液消耗之體積 (mL)，A					
水樣之溶氧量① (mg/L)					

①溶氧量 $= \dfrac{A \times N \times 8\,000}{V_1} \times \dfrac{300}{300-4}$

結果整理

㈠相對差異百分率之計算：由樣品⑴及⑵計算兩個重覆樣品相對差異百分率。

㈡說明各樣品溶氧量檢驗結果是否合理？

問題與討論

㈠如果硫代硫酸鈉溶液未予以標定，其影響為何？

㈡不同水樣在加入硫酸亞錳之後，你能從外觀預測那一個水樣之溶氧可能較高嗎？
　說明其原因。

實驗 11　水中氯鹽檢驗㈠

一、目　的

㈠實習水中氯鹽的標準檢驗方法（硝酸銀滴定法），並瞭解分析原理。

㈡學習氯鹽分析用試劑的配製。

㈢熟習滴定之操作。

二、相關知識

㈠原　理

含氯鹽之水樣在中性時，以硝酸銀溶液滴定，其反應式如下：

$$Ag^+ + Cl^- \longrightarrow AgCl\downarrow \qquad (K_{sp} = 3 \times 10^{-10}) \qquad \text{[29–4]}$$

在滴定終點時，多餘的硝酸銀與鉻酸鉀指示劑生成紅色的鉻酸銀沉澱，反應式
如下：

$$2Ag^+ + CrO_4^- \longrightarrow Ag_2CrO_4\downarrow \qquad (K_{sp} = 5 \times 10^{-12}) \qquad \text{[29–5]}$$

此紅色沉澱容易被判定滴定終點已經到達。

㈡適用範圍：本方法適用於飲用水及工業用水中氯鹽之檢驗，滴定用水樣氯離子含
量宜在 0.15 ～ 10 mg 之間。

㈢干　擾

1. 溴離子、碘離子、氰離子亦與硝酸銀起相同的反應，形成干擾。

2. 硫化物、硫代硫酸銀、亞硫酸銀等形成干擾，可以過氧化氫去除之。

3.磷酸根濃度大於 25 mg/L 或鐵離子濃度大於 10 mg/L，形成干擾。

三、設備與實驗器材

㈠ pH 計。

㈡玻璃器皿：25 mL 滴定管，100 mL 量液瓶，250 mL 錐形瓶。

㈢化學藥品：酚酞 (Phenolphthalein)、95% 乙醇、濃硝酸 (HNO_3)、氫氧化鈉 (NaOH)、鉻酸鉀 (K_2CrO_4)、氯化鈉 (NaCl)、硝酸銀 ($AgNO_3$)。

四、試劑預配

㈠酚酞指示液：溶解 0.5 g 酚酞於 50 mL 95% 乙醇，加入 50 mL 試劑水。

㈡硫酸溶液，0.5 M：將 30 mL 濃硫酸 ($d = 1.84$) 緩慢加入至 800 mL 試劑水中，稀釋至 1 L。

㈢氫氧化鈉溶液，1 N：溶解 40 g NaOH 於試劑水中，稀釋至 1 L。

㈣鉻酸鉀指示劑：溶解 5.0 g 鉻酸鉀 (K_2CrO_4) 於少量蒸餾水，加入硝酸銀溶液直至生成紅色之沉澱；靜置 12 小時，過濾，然後以蒸餾水稀釋至 100 mL。

㈤氯化鈉標準溶液，0.0141 N：在 1 L 量瓶內，溶解 0.8240 g 氯化鈉 (NaCl，140°C 乾燥隔夜) 於蒸餾水，稀釋至刻度；1.00 mL = 500 μg Cl。

㈥硝酸銀滴定溶液，0.0141 N：溶解 2.395 g $AgNO_3$ 於試劑水中，稀釋至 1 L，儲存於棕色玻璃瓶中。

五、實驗步驟

㈠硝酸銀滴定溶液之標定

1.取 20 mL 預配之硝酸銀滴定溶液，加入 1.0 mL 鉻酸鉀指示劑。

2.以 0.0141 N NaCl 溶液滴定至帶紅色之終點，記錄滴定液用量。

3.重覆一次，同時以 20 mL 試劑水作空白試驗。

㈡已知濃度水樣之定量

1. 取 NaCl 標準溶液 30.0 mL，稀釋至 100 mL，置錐形瓶中。

2. 加入 1.0 mL 鉻酸鉀指示劑，以硝酸銀滴定溶液至帶紅色之終點，記錄滴定液用量。

3. 重覆二次，同時以 100 mL 試劑水作空白試驗。

㈢未知濃度水樣之定量

1. 由教師處取得預先準備好足夠三次分析之水樣。

2. 取 100 mL 水樣或經適量試劑水稀釋至 100 mL。

3. 以硫酸或氫氧化鈉溶液、酚酞指示劑，調整水樣之 pH 值至 7 ～ 8。

4. 加入 1.0 mL 鉻酸鉀指示劑，以硝酸銀滴定溶液滴定至帶紅色之終點，記錄其用量。

5. 重覆二次，同時以 100 mL 試劑水作空白試驗。

數據記錄

㈠硝酸銀滴定溶液之標定

AgNO$_3$ 溶液用量 (mL)，V_1	20	20
NaCl 溶液用量 (mL)，V_2		
AgNO$_3$ 溶液濃度 (N)		

註: $N \cdot V_1 = 0.0141 \cdot V_2$

㈡已知濃度水樣之定量

標準液取用量 (mL)	30.0	30.0	30.0
水樣消耗之滴定液體積 (mL)，A			
空白消耗之滴定液體積 (mL)，B			
氯離子濃度 (mg/L)①			

①氯離子濃度 $(mg/L) = \dfrac{(A - B) \times N \times 35\,450}{\text{水樣體積 (mL)}}$

㈢未知濃度水樣之定量

水樣體積 (mL)			
$AgNO_3$ 滴定液用量 (mL)			
空白消耗之滴定液體積 (mL)			
氯鹽濃度 (mg/L)			

結果整理

㈠回收率計算，由已知濃度水樣之分析結果與理論值，計算回收率，並計算三次分析之平均值及標準偏差。

㈡未知濃度水樣請教師提供理論值，計算回收率，並求得三次分析之平均值及標準偏差。

問題與討論

㈠本實驗為何不以氯化銀 (AgCl) 沉澱發生時為滴定終點?

㈡試述本實驗中，調整水樣 pH 值的方法。

實驗 12　水中氯鹽檢驗(二)

一、目　的

㈠實習水中氯鹽的標準檢驗方法（硝酸汞滴定法），並瞭解其分析原理。

㈡學習氯鹽分析用試劑的配製。

㈢熟習滴定之操作。

二、相關知識

㈠原　理

含氯鹽之水樣經酸化後，在 pH 2.3 至 2.8 範圍內，以硝酸汞溶液滴定，其反應式如下：

$$Hg^{2+} + 2Cl^- \rightleftharpoons HgCl_2 \qquad\qquad [29\text{--}6]$$

反應達終點時，Cl^- 之濃度趨於零，當繼續滴定，則 Hg^{2+} 之濃度隨硝酸汞之加入而增加，此時可使用二苯卡巴腙 (Diphenylcarbazone) 指示劑來與 Hg^{2+} 形成藍紫色之複合物，而偵測出滴定終點已達到。

在指示劑中，通常再加入溴酚藍 (Bromophenol Blue) 或 Xylene Cyanol FF，以作為 pH 指示劑，並可有助於終點之判定。

㈡適用範圍

本方法適用於水及廢污水中氯鹽之檢驗，每 50 mL 滴定用水樣所含氯離子應小於 20 mg。

㈢干　擾

    1.溴離子及碘離子亦與硝酸汞溶液起相同的反應，形成干擾。

    2.鉻酸根離子、鐵離子或亞硫酸根離子之含量超過 10 mg/L 時，形成干擾。

三、設備與實驗器材

㈠微量滴定管: 5 mL，刻度至 0.01 mL，或以 25 mL 滴定管替代。

㈡玻璃器皿: 50 mL 量液瓶，125 mL 錐形瓶。

㈢化學藥品: 二苯卡巴腙 (Diphenylcarbazone)、溴酚藍 (Bromophenol Blue)、乙醇 (C$_2$H$_5$OH)、硝酸 (HNO$_3$)、氫氧化鈉 (NaOH)、氯化鈉 (NaCl)、硝酸汞 〔Hg(NO$_3$)$_2$·H$_2$O 或 Hg(NO$_3$)$_2$〕。

四、試劑預配

㈠硝酸溶液，0.1 M。

㈡NaOH 溶液，0.1 N: 溶解 4 g NaOH 於 1 L 試劑水。

㈢NaCl 標準溶液，0.0141 N: 在 1 L 量瓶內，溶解 0.8240 g 氯化鈉（NaCl，140°C 乾燥隔夜）於蒸餾水，稀釋至刻度; 1.00 mL = 500 μg Cl。

㈣硝酸汞滴定溶液，0.0141 N: 在 1 L 量瓶內，溶解 2.5 g 硝酸汞〔Hg(NO$_3$)$_2$·H$_2$O〕或 2.3 g 硝酸汞〔Hg(NO$_3$)$_2$〕，於含有 0.25 mL 濃硝酸 (HNO$_3$) 之 100 mL 蒸餾水，以蒸餾水稀釋至刻度; 以氯化鈉溶液標定之，貯存於棕色玻璃瓶。

㈤混合指示劑: 溶解 0.5 g 二苯卡巴腙及 0.05 g 溴酚藍於 75 mL 95% 乙醇，再以 95% 乙醇稀釋至 100 mL; 貯存於棕色玻璃瓶並冷藏保存之。

五、實驗步驟

㈠已知濃度水樣之定量

  1.取 NaCl 標準溶液 5.0 mL，稀釋至 50 mL，放錐形瓶中。

  2.加入 0.5 mL 混合指示劑；此時溶液應呈紫色；對酸性或鹼性水樣，在加入混合指示劑之前，應調整其 pH 值至 8 附近。

  3.逐滴加入 0.1 M 硝酸溶液，至溶液呈黃色。

  4.以硝酸汞滴定溶液滴定至藍紫色終點，記錄硝酸汞滴定液之用量。

  5.使用 50.0 mL 試劑水作空白試驗。

  6.重覆 1.～ 4.之步驟兩次。

㈡未知濃度水樣之定量

  1.由教師處取得預先準備好足夠三次分析之水樣。

  2.取 50 mL 或適量水樣稀釋至 50 mL，放錐形瓶中。

  3.依步驟㈠ 2.～ 4.操作，記錄硝酸汞滴定液之用量。

  4.重覆二次分析。同時以 50 mL 試劑水作空白試驗。

數據記錄

㈠已知濃度水樣之定量

標準液取用量 (mL)	5.0	5.0	5.0
空白消耗之滴定液體積 (mL)，B			
水樣消耗之滴定液體積 (mL)，A			
氯離子濃度① (mg/L)			

①氯離子濃度 $(mg/L) = \dfrac{(A-B) \times N \times 35\,450}{水樣體積}$

㈡未知濃度水樣之定量

水樣體積 (mL)			
硝酸汞滴定液用量 (mL)			
空白消耗之滴定液體積 (mL)			
氯鹽濃度 (mg/L)			

結果整理

㈠回收率計算，由已知濃度水樣之分析結果與理論值，計算回收率，並計算三次分析之平均值及標準偏差。

㈡未知濃度水樣請教師提供理論值，計算回收率，並求得三次分析之平均值及標準偏差。

問題與討論

㈠本實驗中，pH 值應控制在什麼範圍內供呈色反應? 實驗步驟中如何進行?

㈡硝酸汞滴定溶液之配製，何以 2.5 g 之 $Hg(NO_3)_2 \cdot H_2O$ 可以用 2.3 g 之 $Hg(NO_3)_2$ 取代?

實驗 13　水中硫酸鹽檢驗

一、目　的

㈠實習水中硫酸鹽的標準檢驗方法（濁度法）並瞭解其分析原理。

㈡學習有關硫酸鹽分析用試劑之配製。

㈢學習硫酸鹽分析檢量線之製備。

㈣熟習分光光度計之操作。

二、相關知識

㈠原　理

　　在含硫酸根之酸性溶液中，加入氯化鋇 ($BaCl_2$)，其反應如下式：

$$Ba^{2+} + SO_4^{2-} \longrightarrow BaSO_4\downarrow \qquad (K_{sp} = 1.3 \times 10^{-10}) \qquad [29\text{--}7]$$

　　由於 K_{sp} 甚低，此反應相當容易完成。利用緩衝溶液，使 $BaSO_4$ 均勻分散在溶液中，則可利用分光光度計測其吸光度定量之。

㈡適用範圍

　　本方法適用於水與廢污水中硫酸鹽之檢驗，其濃度範圍為 $1 \sim 40$ mg/L。

㈢干　擾

　1.顏色或懸浮物質產生干擾（某些懸浮物質可過濾除去），若其干擾不甚大時，可於加入氯化鋇以前，先行讀取水樣吸光度以校正干擾。

　2.矽濃度超過 500 mg/L 時，產生干擾。

　3.水樣若含有大量有機物，硫酸鋇沉澱效果不佳。

三、設備與實驗器材

㈠電磁攪拌器。

㈡馬錶或計時器。

㈢分光光度計：使用波長 420 nm。

㈣玻璃器皿：量液瓶 (100 mL)，錐形瓶 (250 mL)，吸管 (5 mL)。

㈤化學藥品：氯化鎂 ($MgCl_2 \cdot 6H_2O$)、醋酸鈉 ($CH_3COONa \cdot 3H_2O$)、硝酸鉀 (KNO_3)、醋酸 (99% CH_3COOH)、氯化鋇 ($BaCl_2$)、硫酸鈉 (Na_2SO_4)。

四、試劑預配

㈠硫酸鹽標準液：溶解 0.1479 g 無水 Na_2SO_4 於試劑水中，稀釋至 1 L；此溶液

$$1.00 \text{ mL} = 100 \ \mu g \text{ } SO_4$$

㈡緩衝溶液：溶解 30 g 氯化鎂 ($MgCl_2 \cdot 6H_2O$)、5 g 醋酸鈉 ($CH_3COONa \cdot 3H_2O$)、1.0 g 硝酸鉀 (KNO_3) 及 20 mL 醋酸 (99% CH_3COOH) 於約 500 mL 蒸餾水中，並稀釋至 1 L。

五、實驗步驟

㈠檢量線製備

1. 分別取 0.0, 5.0, 10.0, 20.0, 30.0 及 40.0 mL 硫酸鹽標準液，稀釋至 100 mL，置於 250 mL 之錐形瓶。

2. 加入 20 mL 緩衝溶液，以磁石攪拌混合之。

3. 加入一匙氯化鋇，於定速率下攪拌 1.0 分鐘。

4. 攪拌終了，立即以分光光度計測定吸光度，記錄 2.5±0.5 分鐘及 5±0.5 分鐘之吸光度。

(二)未知濃度水樣之定量

1. 由教師處取得預先準備好之水樣約 300 ～ 350 mL。

2. 取 100 mL 水樣置於 250 mL 錐形瓶中，加入 20.0 mL 緩衝溶液，以磁石攪拌混合之；若溶液混濁或有顏色時，在 420 nm 讀取「水樣空白吸光度」。

3. 加入一匙氯化鋇，於定速率下攪拌 1.0 分鐘。

4. 攪拌終了，立即以分光光度計測定吸光度，記錄 2.5±0.5 分鐘及 5±0.5 分鐘之吸光度，並視需要扣除「水樣空白吸光度」。

5. 取水樣重覆 2.、 3.、 4. 步驟兩次。

數據記錄

(一)檢量線製備

標準液取用量 (mL)		0.0	5.0	10.0	20.0	30.0	40.0
標準液濃度 (mg/L)							
吸　光　度	2.5 分						
	5.0 分						

(二)未知濃度水樣之定量

實驗次		1	2	3
吸　光　度	2.5 分			
	5.0 分			

結果整理

㈠檢量線製備: 於方格紙上以 5.0 分之吸光度對濃度作圖，並計算直線迴歸係數，及迴歸方程式。

㈡計算未知濃度水樣濃度，求三次測值之平均值及標準偏差。

問題與討論

㈠比較 2.5 分及 5.0 分測得吸光度之大小，試說明其原因。

㈡如果欲測水樣之吸光度超出檢量線範圍，則應如何處理?

實驗 14　水中氨氮檢驗㈠

一、目　的

㈠實習水中氨氮的標準檢驗方法（直接酚鹽添加法）並瞭解分析原理。

㈡學習有關氨氮分析用試劑的配製。

㈢學習氨氮分析檢量線的製備。

㈣熟習分光光度計之操作。

二、相關知識

㈠原　理

中性以上 (pH > 7) 的水樣在加入鹼性的氧化劑溶液時，水樣中之銨離子易轉變為氨分子，如下式：

$$NH_4^+ \rightleftharpoons NH_3 + H^+ \tag{29-8}$$

如此，氨分子則易與酚鹽試劑反應。

酚鹽添加法又稱為靛酚法 (Indophenol Method)，本法反應中有三個主要試劑：次氯酸鹽 (Hypochlorite)、酚 (Phenol) 及亞硝醯鐵氰化鈉 (Sodium Nitroprusside)，其中，次氯酸鹽作為氧化劑，將氨分子 (NH_3) 氧化成 NH_2Cl，酚則為呈色劑，在催化劑亞硝醯鐵氰化鈉溶液之催化下，形成深藍色的靛酚 (Indophenol)，若 pH 值下降，則靛酚會轉變成黃色。上述呈色原理以下列三個反應式表示之：

$$NH_3 + OCl^- \longrightarrow NH_2Cl + OH^- \tag{29-9}$$

$$O^- -\langle \bigcirc \rangle + NH_2Cl + 3OH^- \xrightarrow{\text{Fe(CN)}_3\text{ONO}^{4-}} O=\langle \bigcirc \rangle =NCl + 3H_2O$$

$$[29\text{--}10]$$

$$O=\langle \bigcirc \rangle -NCl + \langle \bigcirc \rangle -O^- \longrightarrow O=\langle \bigcirc \rangle =N-\langle \bigcirc \rangle -O^-$$

Blue

$$\updownarrow$$

$$O=\langle \bigcirc \rangle =N-\langle \bigcirc \rangle -OH \qquad [29\text{--}11]$$

Yellow

　　水樣中若氨氮濃度高，則所形成之靛酚顏色深，我們可以用分光光度計於波長 640 nm 處進行比色定量，即可計算水樣中氨氮之濃度。

㈡適用範圍

　　本方法適用於飲用水水質、飲用水水源水質及天然潔淨地表水中氨氮之檢驗，濃度範圍為 0.05 ～ 1.0 mg/L。

㈢干　擾

　1.樣品中若含有餘氯，會對樣品造成干擾。

　2.利用檸檬酸鹽 (Citrate) 可將鈣、鎂離子錯合，可除去此類離子在高 pH 值狀態下產生沉澱所造成的干擾。

　3.濁度會形成干擾，可藉由蒸餾或過濾去除之。

　4.如有硫化氫存在時，可以稀鹽酸酸化樣品使 pH 值至 3，然後再以劇烈曝氣，直至硫化合物臭味不被偵測到。

三、設備與實驗器材

㈠ pH 計。

㈡分光光度計：使用波長 640 nm。

㈢分析天平：可精秤至 0.1 mg。

㈣玻璃器皿：100 mL 及 1 L 量液瓶，125 mL 錐形瓶（附蓋）、25 mL 球型吸管、1 mL 及 5 mL 刻度吸管。

㈤化學藥品：液態酚（純度 ≥89%）、95%(V/V) 乙醇 (Ethyl Alcohol)、亞硝醯鐵氰化鈉 (Sodium Nitroprusside)、檸檬酸三鈉鹽 (Trisodium Citrate)、氫氧化鈉 (NaOH)、次氯酸鈉（Sodium Hypochlorite，約 5%，可購買市售溶液，於使用前適當稀釋）、氯化銨 (NH_4Cl)。

四、試劑預配

㈠酚溶液 (Phenol Solution)：取 11.1 mL 液態酚，以 95% 乙醇混合至 100 mL。每週製備。

　注意：由於酚為具毒性之揮發性有機物，應注意防護，且宜於毒氣櫃中操作。

㈡亞硝醯鐵氰化鈉溶液，0.5%：溶解 0.5 g 亞硝醯鐵氰化鈉於 100 mL 試劑水。貯存於棕色瓶，於一個月內使用。

㈢鹼性檸檬酸鹽溶液：溶解 20 g 檸檬酸三鈉鹽和 1 g 氫氧化鈉於試劑水中，稀釋至 100 mL。

㈣氨氮儲備溶液：溶解 3.819 無水氯化銨（預先於 100°C 乾燥）於試劑水中，稀釋至 1 L；此溶液 1.00 mL = 1.00 mg NH_3–N。

五、實驗步驟

㈠試劑配製

　1.氨氮標準中間溶液：以試劑水稀釋 10.0 mL 氨氮儲備溶液至 1 L；此溶液

$$1.00 \text{ mL} = 1.00 \text{ mg NH}_3\text{–N}$$

　2.氧化劑溶液：以 25 mL 次氯酸鈉溶液（約 5%）和 100 mL 鹼性檸檬酸鹽溶液
　　混合。

㈡檢量線製備

　1.分別取氨氮標準中間溶液 0.00, 1.00, 2.00, 3.00, 4.00, 5.00 mL 稀釋至 50.0 mL。

　2.取 25.0 mL 上述配製之序列濃度檢量線溶液，於 125 mL 附蓋錐形瓶中，依次
　　添加 1.0 mL 酚溶液、1.0 mL 亞硝醯鐵氰化鈉溶液及 2.50 mL 氧化劑溶液，混
　　勻使樣品呈色，靜置於室溫暗處下至少 1 小時。

　3.以分光光度計讀取波長 640 nm 之吸光度。

㈢未知濃度水樣之定量

　1.由教師處取得預先準備好之水樣約 100 ～ 150 mL。

　2.取 25.0 mL 水樣，依步驟㈡之 2.、 3.操作，記錄波長 640 nm 之吸光度。

　3.取水樣重覆分析兩次，並作成記錄。

數據記錄

㈠檢量線製備

標準液取用量 (mL)	0.0	1.0	2.0	3.0	4.0	5.0
標準液濃度 (mg/L)						
吸光度 (A_{640})						

㈡未知濃度水樣之定量

實驗次	1	2	3
吸光度 (A_{640})			

結果整理

㈠檢量線製備：於方格紙上以吸光度對濃度作圖，並求其直線迴歸方程式及相關係數。

㈡計算未知濃度水樣濃度，求三次測值之平均值及標準偏差。

問題與討論

㈠本實驗中，酚溶液扮演什麼角色？試以反應式說明之。

㈡本實驗之氧化劑溶液，可以預先於幾天配好備用嗎？為什麼？

實驗 15　水中氨氮檢驗㈡

一、目　的

㈠實習水中氨氮的標準檢驗方法（蒸餾—滴定法），並瞭解分析原理。

㈡學習氨氮分析用試劑的配製。

㈢熟習蒸餾及滴定之操作。

二、相關知識

㈠原　理

水樣中的 NH_4^+ 在 pH 值偏高時，易轉變為 NH_3 分子，若再將水樣加熱蒸餾，則 NH_3 易成為氣態逸出，如下式：

$$NH_4^+ \xrightarrow{\triangle} NH_3\uparrow + H^+ \qquad\qquad\qquad [29\text{-}12]$$

將逸出之 NH_3 以吸收液吸收，則水樣中原含有的 NH_4^+ 或 NH_3 即轉移至吸收液中，而達到與水樣中其他干擾物分離的目的。硼酸溶液為良好的緩衝劑，為最常用之吸收液，易與 NH_3 結合產生 NH_4^+ 與硼酸根離子，如下式：

$$NH_3 + H_3BO_3 \longrightarrow NH_4^+ + H_2BO_3^- \qquad\qquad [29\text{-}13]$$

當進入硼酸吸收液中的 NH_3 愈多，則吸收液的 pH 值愈高，則可用強酸（如 H_2SO_4）來作反滴定，其反應如下式：

$$H_2BO_3^- + H^+ \longrightarrow H_3BO_3 \qquad\qquad\qquad [29\text{-}14]$$

酸的作用，係與溶液中的硼酸根離子結合，同時使吸收液逐漸回復原來的 pH 值，此時，所加入的強酸當量相當於 NH_3 之當量，亦相當於水樣中氨氮之當量。

㈡適用範圍

本方法適用於水及廢污水中氨氮之檢驗。濃度範圍為 1.0～25.0 mg N/L。

㈢干　擾

1. 尿素及氰酸鹽在 pH 值為 9.5 時，水解物餾出產生干擾。

2. 鹼性化合物如聯氨 (Hydrazine) 及其揮發性胺類等，於蒸餾時隨氨餾出，產生干擾。

3. 餘氯存在時，與氨反應，須於採樣後立即以硫代硫酸鈉溶液去除之。

三、設備與實驗器材

㈠ pH 計。

㈡蒸餾裝置：硼矽玻璃製，蒸餾瓶 1 L。

㈢加熱裝置：如電熱包。

㈣玻璃器皿：25 mL 滴定管，1 L 燒杯，500 mL 錐形瓶。

㈤化學藥品：氫氧化鈉 (NaOH)、硼酸鈉 ($Na_2B_4O_7$)、硼酸 (H_3BO_3)、甲基紅 (Methyl Red)、甲烯藍 (Methylene Blue)、乙醇 (C_2H_5OH)、硫酸 (H_2SO_4)、碳酸鈉 (Na_2CO_3)、氯化銨 (NH_4Cl)。

四、試劑預配

㈠硼酸鹽緩衝溶液：取 88 mL 0.1 N NaOH 溶液，加至 500 mL 0.025 M 硼酸鈉溶液（$Na_2B_4O_7$ 5.0 g/L 或 $Na_2B_4O_7 \cdot 10H_2O$ 9.5 g/L），以試劑水稀釋至 1 L。

㈡混合指示劑：混合 2 體積之 0.2% 甲基紅乙醇溶液與 1 體積之 0.2% 甲烯藍乙醇溶液。本試劑可保存 30 天。

㈢硼酸吸收液：溶解 20 g 硼酸 (H_3BO_3) 於試劑水，稀釋至 1 L。

㈣氫氧化鈉溶液，6 N：溶解 240 g NaOH 於試劑水中，稀釋至 1 L。

㈤硫酸滴定溶液，0.02 *N*：稀釋 3 mL 濃硫酸至 1 L，此酸溶液約為 0.1 *N*，以 0.05 *N* 碳酸鈉標準液標定後，精取適量體積（約 200 mL）稀釋至 1 L；則

$$1.00 \text{ mL} = 280 \ \mu\text{g NH}_3\text{–N}$$

㈥氨氮儲備溶液：溶解 3.819 g 無水氯化銨於試劑水中，稀釋至 1 L；此溶液

$$1.00 \text{ mL} = 1.00 \text{ mg NH}_3\text{–N}$$

五、實驗步驟

㈠試劑配製

　　氨氮標準溶液：以試劑水稀釋 100 mL 之氨氮儲備溶液至 1 L。

$$1.00 \text{ mL} = 100 \ \mu\text{g NH}_3\text{–N}$$

㈡已知濃度水樣之定量

　1.取氨氮標準溶液 10.0 mL 及 50.0 mL 稀釋至 500 mL。

　2.以 6 *N* NaOH 液及 pH 計調整 pH = 9.5，移入蒸餾瓶中，加入 25 mL 硼酸鹽緩衝溶液及數粒沸石。

　3.以每分鐘 6 ～ 10 mL 速率加熱蒸餾，收集餾出液於內置 50 mL 硼酸吸收液之 500 mL 錐形瓶，保持餾出液滴出口之位置於吸收液面下 2 公分，收集餾出液 300 mL，以蒸餾水稀釋至 500 mL。

　4.加入 3 滴混合指示劑於上述吸收液。

　5.以 0.02 *N* H$_2$SO$_4$ 滴定溶液滴定至紫紅色終點，記錄硫酸用量。

㈢未知濃度水樣之定量

　1.由教師處取得預先準備好之水樣，約 100 mL，取 10.0 mL 及 50.0 mL 水樣稀釋至 500 mL。

　2.依步驟㈡ 2.～ 5.操作，記錄硫酸滴定溶液之用量。

數據記錄

㈠已知濃度水樣之定量

標準液取用量 (mL), V	10.0	50.0
硫酸滴定液用量 (mL), A		
氨氮濃度 (mg/L) ①		

①氨氮濃度 $(mg/L) = \dfrac{N \times A \times 14 \times 1\,000}{V}$

㈡未知濃度水樣之定量

水樣取用量 (mL)	10.0	50.0
硫酸滴定液用量 (mg/L)		
氨氮濃度 (mg/L)		

結果整理

㈠回收率計算：由已知濃度水樣之分析結果與理論值計算回收率。

㈡未知濃度水樣請教師提供理論值，計算回收率。

問題與討論

㈠本實驗之操作步驟 1，將水樣稀釋至 500 mL 之目的為何?

㈡本實驗之滴定步驟，溶液會發生什麼反應? 何以能定量氨氮濃度?

實驗 16　水中硝酸鹽氮檢驗

一、目　的

㈠實習水中硝酸鹽氮的檢驗方法（紫外線分光篩選法）並瞭解分析原理。

㈡學習試劑之配製。

㈢學習檢量線之製備。

㈣熟習紫外線／可見光分光光度計之操作。

二、相關知識

㈠原　理

水中之硝酸鹽及溶解性有機質均可吸收波長 220 nm 處之紫外線，但硝酸鹽不吸收 275 nm 處之紫外線，溶解性有機質則仍會吸收，一般可估計有機質在波長 220 nm 之吸收度 (A_{220}) 為其在 275 nm 吸收度 (A_{275}) 的兩倍，故可由下式估算：

$$A = A_{220} - 2A_{275} \qquad\qquad [29\text{--}15]$$

式中 A 為硝酸鹽氮之吸光度。但當 $2A_{275} > 0.1 \cdot A_{220}$ 時，本方法不宜採用。

㈡適用範圍

本方法適用於未受污染的天然水及飲用水。檢量線線性範圍為 0.1 ～ 11 mg N/L。

㈢干　擾

1. 溶解態之有機質、界面活性劑、NO_2^- 以及 Cr^{6+} 會干擾本方法之測定結果。

2. 某些在天然水中不常見的無機物，如 Chlorite 及 Chlorate 亦有干擾之可能。

3. 濁度偏高之水樣，應經 0.45 μm 濾膜過濾。

三、設備與實驗器材

㈠紫外線／可見光分光光度計：可測 220 nm 及 275 nm 之吸光度，樣品槽光徑至少有 1 cm 以上。

㈡抽氣過濾裝置。

㈢玻璃器皿：50 mL 量液瓶。

㈣化學藥品：硝酸鉀 (KNO_3)、氯仿 ($CHCl_3$)、鹽酸。

四、試劑預配

㈠硝酸鹽氮儲備溶液：溶解 0.7218 g 已烘乾 (105°C, 24 h) 之 KNO_3 於試劑水中，稀釋至 1 L，即得 1.00 mL = 100 μg 之 NO_3^-–N。保存時加入 2 mL $CHCl_3$/L，可保存至少六個月。

㈡鹽酸：1 N。

五、實驗步驟

㈠硝酸鹽氮中間溶液配製

取 NO_3–N 儲備溶液 100 mL，稀釋至 1 L，即得 1.00 mL = 10.0 μg 之 NO_3–N 溶液。

㈡檢量線製備

1. 分別取 NO_3–N 中間溶液 0, 1.0, 5.0, 10.0, 20.0 及 30.0 mL 稀釋至 50 mL，作為標準液。

2. 加入 1 mL 1 N 之鹽酸溶液，並充分混合之。

3. 使用 1 cm 樣品槽，以紫外光分光光度計在 220 nm 及 275 nm 處測其吸光度。

㈢未知濃度水樣之定量

1. 由教師處取得預先準備好之水樣，以孔徑 0.45 μm 之濾膜過濾水樣。

2. 取 50 mL 過濾水樣置於量液瓶中，加入 1 mL 鹽酸溶液，充分混合之。

3.使用 1 cm 樣品槽，以紫外光分光光度計在 220 nm 及 275 nm 處測其吸光度。

4.取水樣重覆 2.、 3.步驟兩次。

數據記錄

㈠檢量線製備

中間溶液取用量 (mL)		0.0	1.0	5.0	10.0	20.0	30.0
標準液濃度 (mg/L)							
吸光度	A_{220}						
	A_{275}						
	A						

㈡未知濃度水樣之定量

實驗次		1	2	3
吸光度	A_{220}			
	A_{275}			
	A			

結果整理

㈠檢量線製備：於方格紙上以吸光度 A 對濃度作圖，並求其直線迴歸方程式及相關係數。

㈡計算未知濃度水樣濃度，求三次測值之平均值及標準偏差。

問題與討論

㈠比較標準液與未知濃度水樣，在 275 nm 吸光度是否不同？推測其原因為何？

㈡某水樣之 A_{220} 為 0.81，A_{275} 為 0.10，利用本實驗之檢量線，其 NO_3-N 之濃度為多少？

實驗 17　水中亞硝酸鹽氮檢驗

一、目　的

㈠實習水中亞硝酸鹽氮的標準檢驗方法（分光光度計法），並瞭解檢驗原理。

㈡學習試劑之配製。

㈢學習檢量線之製備。

㈣熟習分光光度計之操作。

二、相關知識

㈠原　理

　　水中之亞硝酸鹽在 pH 2.0 至 2.5 之條件下，與磺胺 (Sulfanilamide) 起偶氮化反應 (Diazotization) 而形成偶氮化合物，如下式：

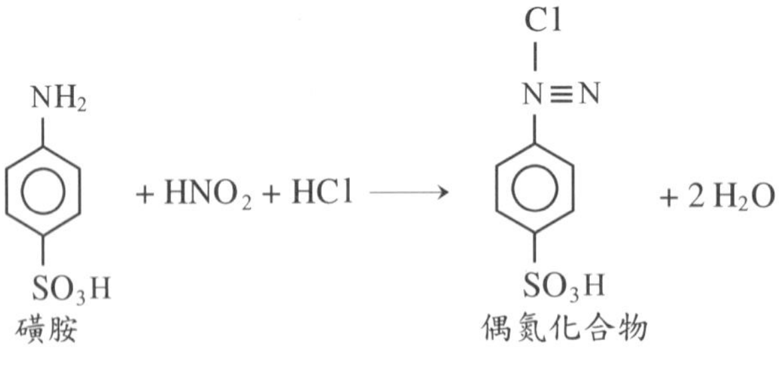

[29–16]

　　由上式所產生的偶氮化合物 (I) 進一步可與 N–1–萘基乙烯二胺二鹽酸鹽〔N-(1-Naphthyl)-Ethylenediamine Dihydrochloride〕偶合，形成紫紅色的偶氮化合物 (II)，其反應如下式：

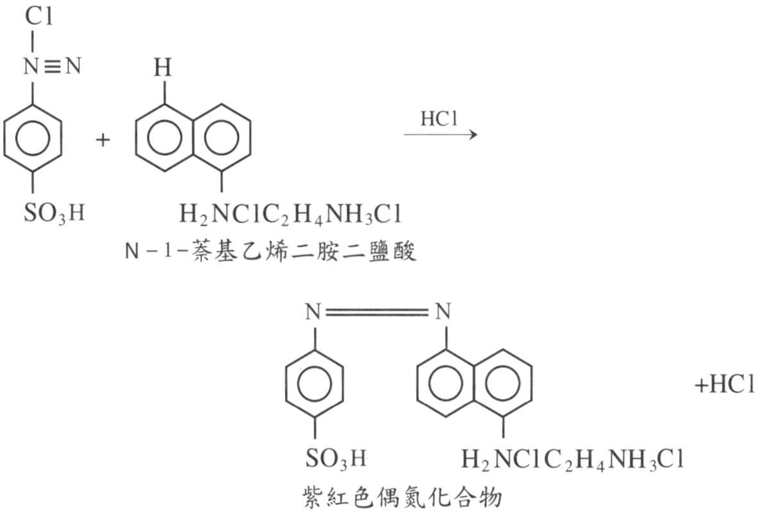

$$
\begin{array}{c}
\text{(結構式：對胺苯磺酸重氮鹽} + \text{N-1-萘基乙烯二胺二鹽酸)} \xrightarrow{\text{HCl}}
\end{array}
$$

N-1-萘基乙烯二胺二鹽酸

$$
\xrightarrow{\text{HCl}} \quad +\text{HCl} \quad [29\text{--}17]
$$

紫紅色偶氮化合物

偶氮化合物 (II) 可利用分光光度計在波長 543 nm 處測其吸光度而定量之。

㈡適用範圍

本方法適用於飲用水、地表水、海水、家庭廢水及工業廢水中亞硝酸鹽氮之檢驗，適用範圍為 10 至 100 $\mu g/L$ 之 NO_2–N。

㈢干　擾

1. 由於化學性質不相容，亞硝酸根、自由氯 (Free Chlorine) 及三氯化氮 (NCl_3) 不太可能同時存在。當加入呈色試劑時，三氯化氮的存在會產生誤導性的紅色。

2. Sb^{3+}、Au^{3+}、Bi^{3+}、Fe^{3+}、Pb^{2+}、Hg^{2+}、$PtCl^{2-}$ 及 VO^{2-} 在檢驗時會產生沉澱，而造成干擾。

3. 銅離子會催化偶氮鹽之分解，而降低測定值。

4. 有色離子會改變呈色系統，而造成干擾。

5. 懸浮固體應過濾去除之。

三、設備與實驗器材

㈠分光光度計：波長設在 543 nm 處，樣品槽光徑至少在 1 cm 以上。

㈡分析天平：可精秤至 0.1 mg。

㈢抽氣過濾裝置。

㈣濾膜：0.45 μm 孔徑。

四、試劑預配

㈠呈色試劑

於 800 mL 不含亞硝酸鹽之水中加入 100 mL 85% 磷酸及 10 g 磺胺，待其完全溶解後，加入 1 g N-1- 萘基乙烯二胺二鹽酸鹽，混合溶解後，以不含亞硝酸鹽之水稀釋至 1 L。

㈡亞硝酸鹽氮儲備溶液

溶解 1.232 g 亞硝酸鈉於適當不含亞硝酸鹽之水中，稀釋至 1 L，即得 1.00 mL = 250 μg 之亞硝酸鹽氮。保存時應另加 1 mL 氯仿。

五、實驗步驟

(一)標準亞硝酸鹽氮溶液配製

　1. NO_2–N 中間溶液：精取 NO_2–N 儲備溶液 1 mL，稀釋至 50 mL，即得 1.00 mL = 50 μg 之 NO_2–N 溶液。

　2. NO_2–N 標準溶液：精取 NO_2–N 中間溶液 1 mL，稀釋至 100 mL，即得 1.00 mL = 0.5 μg 之 NO_2–N 溶液。

(二)檢量線製備

　1. 分別取 NO_2–N 標準液 1.0, 2.0, 4.0, 6.0 及 8.0 mL 稀釋至 50 mL。

　2. 加入 2 mL 呈色試劑，並充分混合之。

　3. 在 10 分鐘至 2 小時之間，使用 1 cm 樣品槽，以光度計在波長 543 nm 處測其吸光度。

(三)未知濃度水樣之定量

　1. 由教師供給水樣 (pH 5.0 ～ 9.0)，以孔徑 0.45 μm 之濾膜過濾水樣。

　2. 取 50 mL 過濾水樣，加入 2 mL 呈色劑，充分混合之。

　3. 水樣在加入呈色劑後 10 分鐘至 2 小時之間，使用 1 cm 樣品槽，以分光光度計在波長 543 nm 處測其吸光度。

　4. 重覆 2. 及 3. 之步驟。

數據記錄

㈠檢量線製備

標準溶液取用量 (mL)	1.0	2.0	4.0	6.0	8.0
標準液濃度 (μg N/L)					
吸光度					

㈡未知濃度水樣之定量

實驗次	1	2	3
吸光度			

結果整理

㈠檢量線製備：於方格紙上以吸光度對濃度作圖，並求其直線迴歸方程式及相關係數。

㈡計算未知濃度水樣濃度，求三次測值之平均值及標準偏差。

問題與討論

㈠依反應原理，本實驗水樣如何符合所需之 pH 值範圍？

㈡呈色試劑中的磺胺有何功能？偶氮化合物 (I) 能予以定量嗎？其原因為何？

實驗 18　水中磷之檢驗

一、目　的

㈠實習水中正磷酸鹽之標準檢驗方法 (分光光度計 / 維生素丙法)，並瞭解檢驗之
原理。

㈡學習試劑之配製。

㈢學習檢量線之製備。

㈣熟習分光光度計之操作。

二、相關知識

㈠原　理

總磷之測定係將水樣以硫酸、過硫酸鹽消化處理，使其中之磷皆轉變成為正磷
酸鹽。

正磷酸鹽與鉬酸銨、酒石酸銻鉀作用生成磷鉬酸銨，如下式：

$$PO_4^{3-} + 12(NH_4)_2MoO_2 + 24H^+ \longrightarrow$$
$$(NH_4)_2PO_4 \cdot 12MoO_3 + 21NH_4^+ + 12H_2O \qquad [29\text{--}18]$$

磷鉬酸銨經維生素丙還原為藍色複合物鉬藍，以分光光度計測其吸光度定量之。

㈡適用範圍

本方法適用於地面水體、地下水、海域水質及廢水中磷之檢驗，濃度範圍 0.02 ～
0.50 mg/L。

㈢干　擾

　　1.高濃度之鐵離子、砷酸鹽 > 0.1 mg As/L 時，會產生干擾，但可以亞硫酸氫鈉
　　　排除干擾。

　　2.六價鉻、亞硝酸鹽、硫化物、矽酸鹽會產生干擾。

三、設備與實驗器材

㈠分光光度計：使用波長 650 或 880 nm。

㈡ pH 計。

㈢玻璃器皿：錐形瓶 (125 mL)，量液瓶 (50 mL)。

㈣化學藥品：酚酞、95% 乙醇、硫酸、過硫酸銨〔$(NH_4)_2S_2O_8$〕、氫氧化鈉、酒石
　　酸銻鉀〔$K(SbO)C_4H_4O_6 \cdot 0.5H_2O$〕、鉬酸銨〔$(NH_4)_6Mo_7O_{24} \cdot 4H_2O$〕、維生素丙
　　(Ascorbic Acid)、磷酸二氫鉀 (KH_2PO_4)。

四、試劑預配

㈠酚酞指示劑：溶解 0.5 g 酚酞於 50 mL 95% 乙醇 (C_2H_5OH) 或異丙醇 (Isopropyl
　　Alcohol) 再加入 50 mL 試劑水。

㈡硫酸溶液，5 *N*：將 70 mL 濃硫酸緩緩加入 300 mL 試劑水中，冷卻後稀釋至
　　500 mL。

㈢鉬酸銨溶液：溶解 20 g 鉬酸銨於 500 mL 試劑水，貯存於 PE 瓶，在 4°C 下冷藏。

㈣酒石酸銻鉀溶液：溶解 1.3715 g 酒石酸銻鉀於 400 mL 試劑水，稀釋至 500 mL，
　　貯存於玻璃栓蓋之棕色玻璃瓶，在 4°C 下冷藏。

㈤磷儲備溶液：溶解 0.2197 g 無水 KH_2PO_4 於試劑水中，稀釋至 1 L；
　　1.00 mL = 50.0 μg P。

五、實驗步驟

(一)試劑配製

1. 維生素丙溶液 0.1 M：溶解 1.76 g 維生素丙於 100 mL 試劑水中。

2. 混合試劑：依次混合 50 mL 5 N 硫酸溶液，5 mL 酒石酸銻鉀溶液，15 mL 鉬酸銨溶液及 30 mL 維生素丙溶液使成 100 mL 混合試劑，每種試劑加入後，均需均勻混合，且混合前所有試劑均需保持於室溫，若混合後產生濁度時，搖盪數分鐘使濁度消失，本試劑不穩定，使用前配製。

3. 磷標準液：以試劑水稀釋 1.0 mL 磷儲備溶液至 100 mL；1.00 mL = 0.50 μg P。

(二)檢量線製備

1. 分別取磷標準液 0.0, 5.0, 10.0, 30.0 及 50.0 mL 稀釋至 50 mL。

2. 加入 8 mL 混合試劑，混合均勻，在 10 ～ 30 分鐘內以分光光度計測其 880 nm 之吸光度。

(三)未知濃度水樣之定量

1. 由教師處取得預先準備好之水樣，約 200 mL。

2. 取 50 mL 水樣，置於 125 mL 錐形瓶中，加入 1 滴酚酞指示劑，如水樣呈紅色，滴加 5 N 硫酸溶液至顏色剛好消失。

3. 加入 8 mL 混合試劑，混合均勻，在 10 ～ 30 分鐘內以分光光度計測其 880 nm 之吸光度。

4. 取水樣重覆 2.、 3.步驟兩次。

數據記錄

㈠檢量線製備

標準液取用量 (mL)		0.0	5.0	10.0	30.0	50.0
標準液濃度 (mg/L)						
吸光度	A_{880}					

㈡未知濃度水樣之定量

實驗次		1	2	3
吸光度	A_{880}			

結果整理

㈠檢量線製備：於方格紙上以吸光度對濃度作圖，並求其直線迴歸方程式及相關係數。

㈡計算未知濃度水樣濃度，求三次測值之平均值及標準偏差。

問題與討論

㈠當加入混合試劑至水樣中，則發生了那些反應？

㈡磷儲備溶液之濃度為 50 mg/L，試由其配製方法解說之。

第 30 章　有機成分之檢驗

實驗 19　水中生化需氧量檢驗

一、目　的

㈠實習水中生化需氧量 (BOD) 之標準檢驗方法，並瞭解其分析原理。

㈡學習 BOD 分析用試劑之配製。

㈢熟習滴定之操作技術。

二、相關知識

㈠原　理

　　水樣在 20°C 之恆溫培養箱中培養 5 天，測定水中好氧性微生物在此期間氧化水中有機物質所消耗之溶氧量，即可求得生化需氧量。相關原理請參閱本書第一篇第 18 章。

㈡適用範圍

　　本方法適用於水及廢污水中生化需氧量之檢驗。

三、設備與實驗器材

㈠恆溫培養箱：溫度能設定 20±1°C 者，不得透光以防止藻類繁殖增加溶氧。

㈡BOD 瓶：容量 300±3 mL，具有毛玻璃瓶塞，為防止培養期間空氣之進入，以有水封為佳。

㈢化學藥品：磷酸二氫鉀 (KH_2PO_4)、磷酸氫二鉀 (K_2HPO_4)、磷酸氫二鈉 (Na_2HPO_4)、氯化銨 (NH_4Cl)、硫酸鎂 ($MgSO_4 \cdot 7H_2O$)、氯化鈣 ($CaCl_2$)、氯化鐵 ($FeCl_3 \cdot 6H_2O$)、葡萄糖 (Glucose)、麩胺酸 (Glutamic Acid)。

四、試劑預配

㈠磷酸鹽緩衝溶液：溶解 8.5 g 磷酸二氫鉀 (KH_2PO_4), 21.8 g 磷酸氫二鉀 (K_2HPO_4), 33.4 g 磷酸氫二鈉 (Na_2HPO_4) 及 1.7 g 氯化銨 (NH_4Cl) 於蒸餾水，稀釋至 1 L，儲存於棕色玻璃瓶，此溶液之 pH 值為 7.2。

㈡硫酸鎂溶液：溶解 22.5 g 硫酸鎂 ($MgSO_4 \cdot 7H_2O$) 於蒸餾水，稀釋至 1 L。

㈢氯化鈣溶液：溶解 27.5 g 氯化鈣 ($CaCl_2$) 於蒸餾水，稀釋至 1 L。

㈣氯化鐵溶液：溶解 0.25 g 氯化鐵 ($FeCl_3 \cdot 6H_2O$) 於蒸餾水，稀釋至 1 L。

㈤稀釋水配製：於每 1 L 蒸餾水，加入磷酸鹽緩衝溶液、硫酸鎂溶液、氯化鈣溶液及氯化鐵溶液各 1 mL 後，通入乾淨之空氣使溶氧飽和，裝於具有棉花塞之瓶內，保持於 20°C 左右。稀釋水之 BOD 值須小於 0.2 mg/L，方可適用。

五、實驗步驟

㈠BOD 標準溶液配製

葡萄糖─麩胺酸溶液：溶解 0.150 g 乾燥之葡萄糖及 0.150 g 麩胺酸於試劑水中，稀釋至 1 L；本溶液之 BOD 值為 200±37 mg/L。

㈡已知及未知濃度水樣之定量

1. 取 5 個 BOD 瓶，分別放⑴ 6 mL BOD 標準液，⑵ 3 mL BOD 標準液，⑶稀釋水，⑷ 10 mL 未知濃度水樣，⑸ 5 mL 未知濃度水樣，以稀釋水充滿 BOD 瓶，小心蓋上瓶蓋無氣泡遺留在瓶內。

2. 培養前溶氧之測定：依水中溶氧檢驗法測定。

3. 樣品置於 20°C 恆溫培養箱培養 5 天。

4. 培養後溶氧之測定：依水中溶氧檢驗法測定。

數據記錄

實驗瓶號	1	2	3	4	5
BOD 標準液或未知濃度水樣取用量 (mL)	6	3	0	10	5
培養前溶氧量，D_1 (mg/L)					
培養後溶氧量，D_2 (mg/L)					
生化需氧量① (mg BOD/L)					

① $BOD = \dfrac{D_1 - D_2}{P}$

$P = \dfrac{水樣體積}{稀釋後水樣體積}$

結果整理

㈠回收率計算：由已知濃度之水樣（編號 1 及 2）之分析結果與理論值計算回收率。

㈡未知濃度水樣（編號 4 及 5）請教師提供理論值，計算回收率。

問題與討論

㈠稀釋水之成分為何？何以不使用蒸餾水？

㈡本實驗使用 BOD 瓶，而不使用一般塑膠瓶或玻璃瓶之原因為何？

實驗 20　水中化學需氧量檢驗

一、目　的

㈠實習水中化學需氧量 (COD) 之標準檢驗方法（重鉻酸鉀迴流法），並瞭解其分析原理。

㈡學習 COD 分析用試劑之配製。

㈢熟習滴定之操作。

二、相關知識

㈠原　理

含有有機物之水樣，在酸性溶液中，會與重鉻酸鉀試劑進行以下反應：

$$有機物 + Cr_2O_7^{2-} + H^+ \longrightarrow 2Cr^{3+} + CO_2 + H_2O \qquad [30\text{--}1]$$

如在水樣中加入過量之重鉻酸鉀，則經上述反應後所剩餘之重鉻酸鉀，可以硫酸亞鐵銨滴定溶液定量之，其反應式如下：

$$6Fe^{2+} + Cr_2O_7^{2-} + 14H^+ \longrightarrow 6Fe^{3+} + 2Cr^{3+} + 7H_2O \qquad [30\text{--}2]$$

而由消耗之重鉻酸鉀量，即可求得水中可氧化之有機物之含量，以相當之耗氧量表示之。

水樣中若有無機鹵離子，則會在本方法之測定過程中與重鉻酸鉀反應，造成干擾，以 Cl^- 為例，會發生下列反應：

$$6Cl^- + Cr_2O_7^{2-} + 14H^+ \longrightarrow 3Cl_2 + 2Cr^{3+} + 7H_2O \qquad [30\text{--}3]$$

為了消除干擾，可加入硫酸汞，則有如下反應：

$$Hg^{2+} + 2Cl^- \longrightarrow HgCl_2 \qquad\qquad\qquad [30\text{--}4]$$

如此，可減低 Cl^- 之干擾，但當鹵離子濃度過高時（$> 2\,000$ mg/L），則此種去除干擾物的方法並不適用。

㈡適用範圍

本方法適用於水及廢污水中 COD 之檢驗，但 COD < 100 mg/L 時，數據較不可靠。

㈢干　擾

1. 鹵離子產生之干擾，可加入硫酸汞生成複鹽排除之，但鹵離子濃度大於 $2\,000$ mg/L 時，本方法不適用。

2. 亞硝酸鹽產生干擾，每 1 mg 亞硝酸態氮加入 10 mg 氨基磺酸以排除干擾。

3. 還原態之無機鹽類，如亞鐵離子、亞錳離子、硫化物等，被重鉻酸鉀完全氧化，形成干擾，可分別定量之以校正 COD 值。

4. 揮發性有機物可能因揮發而損失。

三、設備與實驗器材

㈠COD 迴流裝置：附 250 mL 之錐形瓶或圓形燒瓶及 30 cm 之球形冷凝管。

㈡滴定裝置。

㈢玻璃器皿：20 mL 或 10 mL 刻度吸管、燒杯。

㈣化學藥品：沸石、硫酸汞 ($HgSO_4$)、硫酸銀 (Ag_2SO_4)、濃硫酸 (H_2SO_4)、重鉻酸鉀 ($K_2Cr_2O_7$)、1, 10–二氮雜菲（1, 10-Phenanthroline Monohydrate）、硫酸亞鐵 ($FeSO_4 \cdot 7H_2O$)、硫酸亞鐵銨〔$Fe(NH_4)_2(SO_4)_2 \cdot 6H_2O$〕、鄰苯二甲酸氫鉀 (Potassium Acid Phthalate, KHP)。

四、試劑預配

㈠硫酸試劑：加 22 g 硫酸銀於 4 kg 濃硫酸中，靜置 1 ～ 2 天使硫酸銀完全溶解。

㈡重鉻酸鉀標準溶液，0.250 N：溶解 12.259 g 無水 $K_2Cr_2O_7$ 於試劑水中，稀釋至 1 L。

㈢菲羅啉 (Ferroin) 指示劑：溶解 1.48 g 1, 10–二氮雜菲及 0.70 g $FeSO_4·7H_2O$ 於試劑水中，稀釋至 100 mL。

㈣硫酸亞鐵銨滴定溶液，0.1 N：溶解 39 g 硫酸亞鐵銨於試劑水中，加入 20 mL 濃硫酸，冷卻後稀釋至 1 L。

五、實驗步驟

㈠試劑配製及標定

1. 硫酸亞鐵銨之標定：稀釋 10.0 mL 0.250 N 重鉻酸鉀標準溶液至約 100 mL，加入 30 mL 濃硫酸，冷卻至室溫，加入 2 ～ 3 滴菲羅啉指示劑，即以 0.1 N 硫酸亞鐵銨滴定溶液滴定，當溶液由藍綠色變為紅棕色時即為終點。

2. COD 標準溶液：溶解 0.4250 g 無水鄰苯二甲酸氫鉀於試劑水，稀釋至 1 L。本溶液之理論 COD 值為 500 mg O_2/L。

㈡已知及未知濃度水樣之定量

1. 取四個迴流燒瓶，分別放⑴ 20 mL COD 標準溶液，⑵ 5 mL COD 標準液 + 15 mL 試劑水，⑶ 20 mL 未知濃度水樣（由教師供給），⑷ 20 mL 試劑水。

2. 加入 0.4 g $HgSO_4$，數粒沸石，然後緩慢加入 2.0 mL 硫酸試劑，並同時輕搖混合使 $HgSO_4$ 溶解，為避免揮發性物質逸失，混合時需冷卻燒瓶內容物。

3. 加入 10.0 mL 0.250 N 重鉻酸鉀標準溶液，連接冷凝管，並通入冷卻水。

4. 由冷凝管頂端加入 28 mL 硫酸試劑，同時混合之，俟充分混勻後，加熱迴流 2 小時。

5. 冷卻後，以適量蒸餾水由冷凝管頂端沖洗冷凝管內壁，取出燒瓶，稀釋混合物至 140 mL，冷卻至室溫。

6. 加入 2 ～ 3 滴菲羅啉指示劑，以 0.1 N 硫酸亞鐵銨滴定溶液滴定至紅棕色之終點。

數據記錄

㈠硫酸亞鐵銨溶液之濃度：＿＿＿＿＿ N。

㈡水樣 COD 之定量

實驗瓶號	1	2	3	4
COD 標準液取用量 (mL)	20.0	5.0	0	0
硫酸亞鐵銨滴定溶液體積 (mL)				
化學需氧量① (mg COD/L)				

①化學需氧量 (mg COD/L) $= \dfrac{(A - B) \times N \times 8\,000}{\text{水樣體積 (mL)}}$

$A =$ 空白樣品消耗之硫酸亞鐵銨滴定溶液體積 (mL)
$B =$ 水樣消耗之硫酸亞鐵銨滴定溶液體積 (mL)
$N =$ 硫酸亞鐵銨滴定溶液之當量濃度

結果整理

㈠回收率計算：由已知濃度水樣（編號 1 及 2）之分析結果與理論值計算回收率。

㈡未知濃度之水樣（編號 3）請教師提供理論值，計算回收率。

問題與討論

㈠如果你配製的硫酸亞鐵銨溶液濃度是 $0.112\ N$，則在進行標定時，此溶液會滴入
　多少 mL?

㈡硫酸銀之價格昂貴，為什麼本實驗的硫酸試劑要加入此藥品?

㈢如果你在加熱迴流未達 2 小時前，水樣瓶中溶液呈綠色，則可能是什麼原因?
　如何處理?

實驗 21　水中總有機碳檢驗

一、目　的

㈠實習水中總有機碳之測定方法。

㈡熟習總有機碳樣品之採取及保存。

㈢瞭解總有機碳分析儀之基本原理與操作。

二、相關知識

　　水與廢水中之有機物，其碳素係以不同的氧化狀態存在，某些碳素可被生物利用氧化，我們可以生化需氧量 (Biochemical Oxygen Demand, BOD) 來加以量化，而一般有更多的碳素可用化學氧化劑加以氧化，形成 CO_2，我們則可以用化學需氧量 (Chemical Oxygen Demand, COD) 加以量化。然而，仍有部分碳素無法以生物或化學方法加以量測。

　　總有機碳 (Total Organic Carbon, TOC) 為比起 COD 或 BOD 較為方便且直接的碳素表現方法，它是指與有機物結合之碳素。我們可將樣品中的有機分子氧化切割為小的分子，加以定量，其方法包括加熱、加氧、紫外線照射、化學氧化劑添加等，使有機態碳轉化為二氧化碳分子，CO_2 分子再利用非分散性紅外線光譜儀測定或以化學滴定法量測，理論上重覆量測大量基質成分相似樣品之 TOC、BOD 及 COD 可求出它們相關之實驗式，我們就可以測定其中一項而來估算其他項目之值。不過，一般並不認為 TOC 可取代 BOD 或 COD 之測定。

　　水中的碳素除了 TOC 外，尚有無機碳 (Inorganic Carbon, IC) 的部分，IC 包括碳酸鹽、氫碳酸鹽、溶解之 CO_2 等，TOC 與 IC 總稱「總碳」(Total Carbon, TC)，許多分析儀器可同時測定 TOC 及 IC。事實上，TOC 尚可再分為溶解性的有機碳

(Dissolved Organic Carbon, DOC) 及非溶解性的有機碳 (Nondissolved Organic Carbon, NDOC)。溶解性的有機碳之測定，可將水樣經過 0.45 μm 之濾膜，濾液測其有機碳，而留存在濾膜上之顆粒性有機碳素即為 NDOC 之部分，一般由 TOC 與 DOC 值相減求得。

三、設備與實驗器材

㈠抽氣過濾設備：備有 0.45 μm 濾膜。

㈡總有機碳分析儀。

㈢玻璃器皿：玻璃樣品瓶 (40 mL)。

㈣化學藥品：葡萄糖 ($C_6H_{12}O_6$)、鄰苯二甲酸氫鉀 (Potassium Acid Phthalate, KHP)、濃鹽酸 (HCl)、pH 試紙。

四、試劑預配

㈠葡萄糖水溶液：取 0.9 g 葡萄糖，溶解後以試劑水稀釋為 1 L。

㈡ KHP 儲備液：取 2.154 g KHP，溶解後以試劑水稀釋為 1 L，其濃度為 1 000 mg/L。

五、實驗步驟

㈠取樣與保存

1. 以洗淨之 40 mL 玻璃樣品瓶盛取校園內之池塘水及溝渠中水樣各兩瓶。

2. 各水樣中滴入濃鹽酸 1 滴，以 pH 試紙測其 pH 值是否小於 2.0，若大於 2.0，則再加 1 滴 HCl，重覆此步驟使水樣之 pH < 2。

3. 置攜帶型冰箱，攜回實驗室分析。

㈡準備供試水樣：⑴試劑水，⑵ 25 mg/L KHP 標準液（由 KHP 儲備液配製），⑶池塘水，⑷經抽氣過濾之池塘水，⑸溝渠水，⑹經抽氣過濾之溝渠水，⑺葡萄糖水溶液。

㈢樣品分析（總有機碳分析儀之操作詳見儀器說明書）

　　1.以標準品校正總有機碳分析儀（由教師進行）。

　　2.分別取供試之 7 種水樣約 20 mL 置入 TOC 測定管中。

　　3.測定 TOC 值。

　　4.樣品⑵及⑺重覆測一次。

數據記錄

水樣編號	1	2⑴	2⑵	3	4	5	6	7⑴	7⑵
TOC 濃度 (mg/L)									

結果整理

㈠計算樣品⑵及⑺之測定值與理論值之誤差。

㈡討論各樣品間之差異性，是否 TOC 測值合理? 予以整理分析。

問題與討論

㈠COD 與 TOC 之測定，均使用 KHP 為標準品，你能計算本實驗 KHP 儲備液之理論 COD 值嗎?

㈡如果把水樣 7 經過 0.45 μm 濾膜過濾，其 TOC 測值會變大、變小或維持一樣? 為什麼?

實驗 22　水中油脂檢驗

一、目　的

㈠實習水中油脂檢驗之標準檢驗方法（索氏萃取重量法），並瞭解其分析原理。

㈡學習水中油脂檢驗用試劑之配製。

㈢熟習索氏 (Soxhlet) 萃取器之操作。

二、相關知識

㈠原　理

　　水樣中油類及固態或黏稠之脂類，用過濾法與水溶液分離後，以正己烷為溶劑，利用索氏萃取器萃取水樣中之油脂，將正己烷蒸發後之餘留物稱重，即得總油脂含量。

㈡適用範圍

　　本方法適用於水及廢水中油脂之檢驗，對於 103°C 以下揮發之物質無法測定，濃度範圍為 5 ～ 1000 mg/L。

三、設備與實驗器材

㈠布氏 (Buchner) 漏斗：內徑 12 cm。

㈡濾紙：Whatman 40 號或同等品，直徑 11 cm。

㈢真空抽氣機或其他抽氣設備。

㈣分析天平，靈敏度 0.1 mg。

㈤索氏萃取裝置。

㈥圓筒濾紙 (Extraction Thimble)。

㈦水浴: 能設定溫度 85°C。

㈧乾燥器。

㈨化學藥品: 鹽酸 (HCl)、硫酸 (H_2SO_4)、矽藻土（Diatomceous Silica，使用 Hyflo Super-Cel, Johns Manville Corp.，或同等品）、正己烷 (n-Hexane)。

四、試劑預配

矽藻土助濾劑懸浮液: 每公升蒸餾水加入 10 g 矽藻土，混合均勻。

五、實驗步驟

㈠準備水樣: 準備下列水樣各約 1 L 供實驗之用: ⑴蒸餾水，⑵餐廳或廚房排水，⑶未知濃度水樣（教師提供）；上述水樣以 1 + 1 鹽酸溶液或 1 + 1 硫酸溶液酸化水樣至 pH < 2。

㈡備妥一布氏漏斗，上覆濾紙，以蒸餾水充分潤濕並壓平後，抽氣將 100 mL 矽藻土助濾劑懸浮液過濾，再以 1 L 蒸餾水洗滌，保持抽氣狀態，直至全部濾完為止。

㈢將酸化之水樣抽氣過濾之。

㈣用鑷子將濾紙移至錶玻璃，並以浸過正己烷之小片濾紙擦拭採樣瓶內部與漏斗，以收集所有油脂膜及黏有油脂之固體，一併置於錶玻璃之濾紙上；將濾紙捲妥置於圓筒濾紙內，再以小片浸過正己烷之濾紙擦拭錶玻璃後併入圓筒濾紙內。

㈤將圓筒濾紙放在烘箱內以 103°C 烘 30 分鐘。

㈥稱取燒瓶之空重，將圓筒濾紙置入索氏萃取裝置，以正己烷按每小時 20 循環之速率萃取 4 小時。

㈦燒瓶內之溶劑，在 85°C 水浴上蒸餾（正己烷可回收使用）並乾燥之，最後以真空抽氣機抽氣 1 分鐘。

（本步驟亦可使用減壓濃縮裝置，於 40°C, 60 ～ 80 rpm 濃縮至乾。）

㈧將燒瓶置於乾燥器內冷卻 30 分鐘後稱重。（保留燒瓶及內容物以測定礦物油脂。）

數據記錄

水樣編號	1	2	3
燒瓶空重，A(g)			
燒瓶總重，B(g)			
油脂重，$B-A$(g)			
水樣體積，C (mL)			
總油脂量① (mg/L)			

①總油脂量 $= \dfrac{(B-A) \times 10^6}{C}$

結果整理

㈠水樣⑵及⑶若以水樣⑴為空白校正，計算其總油脂量。

㈡水樣⑶之實驗值與教師提供之理論值計算誤差。

問題與討論

㈠在索氏萃取的過程，水樣中的油脂成分有什麼變化?

㈡索氏萃取裝置你能繪圖予以說明其功能嗎? 本實驗中，索氏萃取之水浴溫度，能設定在 65°C 以下嗎? 為什麼?

實驗 23　水中陰離子界面活性劑檢驗

一、目　的

㈠實習水及廢水中陰離子界面活性劑之標準檢驗方法，並瞭解其分析原理。

㈡學習液－液萃取操作。

㈢熟習分光光度計之操作。

二、相關知識

　　甲烯藍 (Methylene-Blue) 為一種陽離子型染料，在水中游離為陽離子。而陰離子界面活性劑在水中游離為陰離子，可與甲烯藍陽離子形成藍色的鹽類或離子對，此反應快速靈敏，陰離子界面活性劑為很強的甲烯藍活性物質 (Methylene-Blue Active Substances, MBAS)。

　　陰離子界面活性劑與甲烯藍所形成的藍色鹽類或離子對，易溶於氯仿 (Chloroform, $CHCl_3$) 中，呈現穩定顏色，故可以氯仿加以萃取，然後以分光光度計 (652 nm) 定量之。

　　本方法稱為甲烯藍比色法。作為標準檢量線之化合物為普遍受使用的苯磺酸鹽陰離子界面活性劑：ABS 或 LAS，ABS 為烷基苯磺酸鹽，分子具支鏈，因不易分解，現較少被使用，LAS 則為直鏈式烷基苯磺酸鹽，目前使用量多。而由於水及廢水樣品中，可能存在其他的 MBAS，均可能與甲烯藍起反應，故分析結果之意義應予注意，並不能認定其即為陰離子界面活性劑之真正濃度。

三、設備與實驗器材

㈠分光光度計: 使用波長 652 nm。

㈡分析天平: 可精秤至 0.1 mg。

㈢玻璃器皿: 量液瓶 100 mL，分液漏斗 250 mL。

㈣化學藥品: 酚酞 (Phenolphthalein)、乙醇 (C_2H_5OH)、或異丙醇 (Isopropyl Alcohol)、NaOH、濃硫酸、氯仿、甲烯藍、磷酸二氫鈉 ($NaH_2PO_4 \cdot H_2O$)、硫酸鈉 (Na_2SO_4)、直鏈或支鏈式烷基苯磺酸鹽 (Linear Alkylbenzene Sulfonate 或 Alkylbenzene Sulfonate，LAS 或 ABS)。

四、試劑預配

㈠酚酞指示劑: 溶解 0.5 g 酚酞 (Phenolphthalein) 於 50 mL 95% 乙醇 (C_2H_5OH) 或異丙醇 (Isopropyl Alcohol)，加入 50 mL 蒸餾水。

㈡甲烯藍試劑: 溶解 0.10 g 甲烯藍 (Methylene Blue) 於 100 mL 蒸餾水，取上述溶液 30 mL 置於 1 L 之錐形瓶，加入 500 mL 蒸餾水、6.8 mL 濃硫酸及 50 g 磷酸二氫鈉 ($NaH_2PO_4 \cdot H_2O$)，混合溶解後，稀釋至 1 L。

㈢烷基苯磺酸鹽儲備溶液: 在 1 L 量瓶內，溶解 1.00 g 100% 活性之直鏈或支鏈式烷基苯磺酸鹽 (LAS 或 ABS) 於蒸餾水，稀釋至刻度; 1.00 mL = 1.00 mg LAS 或 ABS。

五、實驗步驟

㈠試劑準備

1. NaOH 溶液，1 N: 溶解 40 g 氫氧化鈉 (NaOH) 於蒸餾水，稀釋至 1 L。

2. 硫酸溶液，1 N: 緩慢將 28 mL 濃硫酸 (H_2SO_4) 加入於約 800 mL 蒸餾水，稀釋至 1 L。

3. 洗液：於 1 L 之錐形瓶中，加入 500 mL 蒸餾水、6.8 mL 濃硫酸及 50 g 磷酸二氫鈉 ($NaH_2PO_4 \cdot H_2O$)，混合溶解後，稀釋至 1 L。

4. 烷基苯磺酸鹽標準溶液：在 100 mL 量瓶內，以蒸餾水稀釋 1.0 mL 烷基苯磺酸鹽儲備溶液至刻度；1.0 mL = 10.0 μg LAS 或 ABS。

㈡檢量線製備

1. 分別精取 0.00, 1.00, 5.00, 10.0, 15.0, 20.0 mL 烷基苯磺酸鹽標準溶液，稀釋至 100 mL，置於分液漏斗。

2. 加入 10 mL 氯仿與 20 mL 甲烯藍試劑，搖盪 30 秒後靜置使溶液分層。

3. 收集氯仿層於另一分液漏斗，再分別以 10 mL 氯仿重覆萃取 3 次，合併氯仿層，棄去水層。

4. 加入 50 mL 洗液於氯仿層，搖盪 30 秒後靜置。

5. 收集氯仿層，以上置無水硫酸鈉之玻璃棉過濾於 100 mL 之量瓶。

6. 洗液層再以 10 mL 氯仿萃取 2 次，同上述步驟過濾於量瓶中，以氯仿稀釋至刻度。

7. 用氯仿調整分光光度計在 652 nm 之零點後，讀取吸光度。

㈢未知濃度水樣之定量

1. 由教師供給每組同學約 350 mL 已配製適當濃度之水樣。

2. 取 100 mL 水樣置分液漏斗中。

3. 加入數滴酚酞指示劑，滴加 1 N 氫氧化鈉溶液至水樣呈粉紅色時，再滴加 1 N 硫酸溶液至粉紅色剛消失止。

4. 依實驗步驟㈡ 2.～ 7. 各步驟操作，由檢量線求得陰離子界面活性劑含量。

5. 再重覆操作二次。

數據記錄

(一)檢量線製備記錄

標準液取用量 (mL)	0	1.00	5.00	10.0	15.0	20.0
標準品含量 (μg)						
吸光度						

(二)未知濃度水樣之定量

實驗次	1	2	3
吸光度			

結果整理

(一)檢量線製備：以吸光度對濃度作圖，求 LAS 或 ABS 含量 (μg)—吸光度之檢量線，迴歸方程式、迴歸係數。

(二)計算未知濃度水樣濃度，求三次測值之平均值及標準偏差。

$$\frac{\text{陰離子界面活性劑濃度}}{\text{(mg LAS 或 ABS/L)}} = \frac{\text{檢量線求得 LAS 或 ABS 含量 } (\mu g)}{\text{水樣體積 (mL)}} \qquad [30\text{--}5]$$

問題與討論

(一)本實驗中，如何避免氯仿層含有水份，不利於定量？

(二)當含 LAS 之水樣加入氯仿及甲烯藍試劑後，如何判斷那一層是水層？

第 31 章　金屬成分分析

實驗 24　水中溶解性鐵檢驗

一、目　的

㈠實習水及廢污水中溶解性鐵之標準檢驗法。

㈡熟習原子吸收光譜儀的操作。

㈢學習薄膜過濾器之操作。

二、相關知識

㈠原　理

　　將水樣以 0.45 μm 之薄膜濾紙過濾，經消化分解有機物質後，直接吸入火焰式
　　原子吸收光譜儀，於 248.3 nm 波長處測定吸光度定量之。

㈡適用範圍

　　本方法適用於水及廢污水中溶解性鐵之檢驗，其偵測範圍為 0.1 ～ 10 mg/L。

三、設備與實驗器材

㈠原子吸收光譜儀：附鐵燈管。

㈡電熱板或適當加熱裝置。

㈢濾紙：0.45 μm 之薄膜濾紙。

㈣抽氣裝置過濾。

㈤玻璃器皿：250 mL 燒杯、表玻璃、漏斗、100 mL 量瓶。

㈥化學藥品：濃硝酸 (HNO_3)、碳酸鈣 ($CaCO_3$)、鹽酸 (HCl)、鐵儲備液 (1000 mg/L)。

四、試劑預配

鈣溶液：溶解 0.630 g 無水碳酸鈣 ($CaCO_3$) 於 50 mL 1 + 5 鹽酸 (HCl) 溶液，視需要加熱使完全溶解，冷卻後以蒸餾水稀釋至 1 L。

五、實驗步驟

㈠水樣準備：準備下列水樣約 200 mL 供實驗之用，⑴試劑水，⑵地下水，⑶已知濃度水樣，⑷未知濃度水樣（教師提供）。

㈡原子吸收光譜儀開機暖機，記錄燈管名稱、電流、分析波長、陝隙寬度、燃料名稱、壓力、助燃氣名稱、壓力等。

㈢檢量線製備

以鐵儲備液配製 0.2、0.4、0.6、0.8、1.0 mg/L 等不同濃度之鐵標準液，每 100 mL 標準溶液再加入 25 mL 鈣溶液後測定吸光度。

㈣水樣測定

1. 水樣應於採樣現場以 0.45 μm 之薄膜濾紙過濾，並酸化至 pH < 2，如無沉澱生成，直接進行水樣之測定，如沉澱生成，則依下述步驟 2.～ 4. 消化處理之。

2. 取 100 mL 水樣或適量水樣於燒杯中，加入 5 mL 濃硝酸，置於電熱板上蒸發至近乾，注意加熱時勿沸騰。同時以去離子蒸餾水作空白試驗。

3. 冷卻後加入 5 mL 濃硝酸，以表玻璃覆蓋加熱迴流至近乾，並重覆此步驟至溶液呈無色或淡黃色。

4. 以少量蒸餾水淋洗表玻璃及燒杯內壁，加入 1 ～ 2 mL 濃硝酸，加熱使殘渣全部溶解，冷卻後過濾，移入 100 mL 量瓶，稀釋至刻度。

5. 每 100 mL 水樣中加入 25 mL 鈣溶液。

6. 吸入原子吸收光譜儀測定吸光度。

數據記錄

㈠實驗條件

中空陰極管名稱		燃料名稱	
燈管電流		燃料壓力	
分析波長		助燃氣名稱	
陝隙寬度		助燃氣壓力	

㈡標準液吸光度

標準液濃度	吸光度讀數					平均值
	1	2	3	4	5	

㈢樣品吸光度

樣品編號	吸光度讀數			平均值	標準偏差
	1	2	3		
1					
2					
3					
4					

結果整理

㈠檢量線製作：以吸光度對標準液濃度作圖繪於方格紙上。寫出迴歸方程式及相關係數。

㈡已知濃度水樣分析值與理論值誤差計算。

㈢未知濃度水樣分析值與教師提供理論值之計算其誤差。

問題與討論

㈠實驗中加入鈣溶液之目的為何？請說明。

㈡本實驗中，使用鐵之儲備液配製不同濃度標準液以製備檢量線，其稀釋過程如何避免誤差？

實驗 25　水中鎘之檢驗

一、目　的

㈠實習水及廢污水中微量重金屬鎘之分析。

㈡熟習原子吸收光譜儀的操作。

㈢方法偵測極限之決定。

二、相關知識

　　水樣經消化分解以破壞有機物質，將鎘溶出後，直接被吸入原子吸收光譜儀，在原子化火焰中生成金屬原子，使用鎘元素之中空陰極射線燈管，其波長為 228.8 nm，測定其吸光度，則可由檢量線求得水樣中 Cd 之濃度。

　　方法偵測極限 (Method Detection Limit, MDL) 用來表現一個最小的測定值，但高於干擾 (Noise)，且在統計上可信界限內。可由加入待測成分至試劑水中，重覆分析 7 次，其濃度求標準偏差 (Standard Deviation, SD)，則由下式：

$$MDL = 3.14 \times SD \hspace{3cm} [31\text{--}1]$$

即可計算 MDL。至於加入待測成分至試劑水後之濃度，則以接近預估之 MDL 之濃度為佳，一般可在 2 ～ 5 倍之 MDL 範圍。本實驗 Cd 之 MDL 因儀器不同而有所不同，估計 Cd 約為 0.008 mg/L。

三、儀器設備與試劑

㈠電熱板或適當加熱裝置。

㈡原子吸收光譜儀：包括備有 Cd 之燈管。

㈢鎘儲備溶液： 1.00 mL＝1.00 mg Cd。

㈣濃硝酸。

四、實驗步驟

㈠水樣準備：準備下列水樣約 200 mL 供實驗之用，⑴試劑水，⑵地下水，⑶已知濃度水樣，⑷未知濃度水樣（教師提供）。

㈡原子吸收光譜儀開機暖機，記錄燈管名稱、電流、分析波長、陝隙寬度、燃料名稱、壓力、助燃氣名稱、壓力等。

㈢水樣前處理

1. 取 100 mL 水樣或適量水樣於錐形瓶中，加入 5 mL 濃硝酸，置於電熱板上蒸發至近乾，注意加熱時勿沸騰。

2. 冷卻後加入 5 mL 濃硝酸，以表玻璃覆蓋，加熱迴流至近乾，並重覆此步驟，至溶液呈無色或淡黃色。

3. 以少量蒸餾水淋洗表玻璃及錐形瓶內壁，加入 1 ～ 2 mL 濃硝酸，加熱使殘渣全部溶解，冷卻後過濾，移入 100 mL 量瓶，稀釋至刻度。

4. 同時以蒸餾水作空白試驗。

㈣檢量線製備

1. 以每升含 1.5 mL 濃硝酸之蒸餾水稀釋鎘儲備液，配製成下列濃度之標準液：0.01、0.05、0.20、0.50、1.00 mg/L。

2. 測定 Cd 各標準液之吸光度 5 次。

㈤樣品測定

1. 吸入經前處理之水樣，測定其吸光度 3 次。

2. 由檢量線求得金屬濃度。

㈥方法偵測極限決定

配製 0.02 mg/L 之 Cd 標準液，吸入原子吸收光譜儀中，測定其吸光度 7 次，記錄其濃度。

數據記錄

(一)實驗條件

中空陰極管名稱		燃料名稱	
燈管電流		燃料壓力	
分析波長		助燃氣名稱	
陝隙寬度		助燃氣壓力	

(二)標準液吸光度

標準液濃度	吸光度讀數					平均值
	1	2	3	4	5	

(三)樣品吸光度

樣品編號	吸光度讀數			平均值	標準偏差
	1	2	3		
1					
2					
3					
4					

㈣方法偵測極限

分析次	吸光度	分析次	吸光度	分析次	吸光度
1		4		7	
2		5			
3		6			

結果整理

㈠檢量線製作：以吸光度對標準液濃度作圖繪於方格紙上。

　　迴歸線方程式：

　　相關係數 (r)：

㈡水樣濃度計算

$$\frac{Cd\ 濃度}{(mg/L)} = \frac{檢量線求得濃度}{(mg/L)} \times \frac{100\ (mL)}{前處理之水樣體積\ (mL)} \qquad [31\text{--}2]$$

㈢方法偵測極限計算

　　檢量線求得濃度：(1)_____　　(2)_____　　(3)_____

　　　　　　　　　　(4)_____　　(5)_____　　(6)_____

　　　　　　　　　　(7)_____

　　求其 S.D.：

　　MDL $= 3.14 \times$ S.D. $=$

問題與討論

㈠水樣前處理之目的為何？試說明之。

㈡在 MDL 的計算過程，何以需將吸光度先以檢量線換算為濃度？

實驗 26　水中銅之檢驗

一、目　的

㈠實習水及廢水中微量重金屬銅之分析。

㈡熟習原子吸收光譜儀的操作。

㈢方法偵測極限之決定。

二、相關知識

水樣經消化分解以破壞有機物質，將銅溶出後，直接被吸入原子吸收光譜儀，在原子化火焰中生成金屬原子，使用銅元素之中空陰極射線燈管，其波長為 228.8 nm，測定其吸光度，則可由檢量線求得水樣中 Cu 之濃度。

方法偵測極限 (Method Detection Limit, MDL) 用來表現一個最小的測定值，但高於干擾 (Noise)，且在統計上可信界限內。可由加入待測成分至試劑水中，重覆分析 7 次，其濃度求標準偏差 (Standard Deviation, SD)，則由下式：

$$MDL = 3.14 \times SD \qquad\qquad [31\text{--}3]$$

即可計算 MDL。至於加入待測成分至試劑水後之濃度，則以接近預估之 MDL 之濃度為佳，一般可在 2 ～ 5 倍之 MDL 範圍。本實驗 Cu MDL 因儀器不同而有所不同，估計 Cu 約為 0.007 mg/L。

三、儀器設備與試劑

㈠電熱板或適當加熱裝置。

㈡原子吸收光譜儀: 包括備有 Cu 燈管。

㈢銅儲備溶液: 1.00 mL = 1.00 mg Cu。

㈣濃硝酸。

四、實驗步驟

㈠水樣準備: 準備下列水樣約 200 mL 供實驗之用, ⑴試劑水, ⑵地下水, ⑶已知濃度水樣, ⑷未知濃度水樣 (教師提供)。

㈡原子吸收光譜儀開機暖機, 記錄燈管名稱、電流、分析波長、陝隙寬度、燃料名稱、壓力、助燃氣名稱、壓力等。

㈢水樣前處理

　1.取 100 mL 水樣或適量水樣於錐形瓶中, 加入 5 mL 濃硝酸, 置於電熱板上蒸發至近乾, 注意加熱時勿沸騰。

　2.冷卻後加入 5 mL 濃硝酸, 以表玻璃覆蓋, 加熱迴流至近乾, 並重覆此步驟, 至溶液呈無色或淡黃色。

　3.以少量蒸餾水淋洗表玻璃及錐形瓶內壁, 加入 1 ～ 2 mL 濃硝酸, 加熱使殘渣全部溶解, 冷卻後過濾, 移入 100 mL 量瓶, 稀釋至刻度。

　4.同時以蒸餾水作空白試驗。

㈣檢量線製備

　1.以每升含 1.5 mL 濃硝酸之蒸餾水稀釋銅儲備液, 配製成下列濃度之標準液: 0.01、0.05、0.20、0.50、1.00 mg/L。

　2.測定 Cu 各標準液之吸光度 5 次。

㈤樣品測定

　1.吸入經前處理之水樣, 測定其吸光度 3 次。

　2.由檢量線求得金屬濃度。

㈥方法偵測極限決定

　配製 0.02 mg/L 之 Cu 標準液, 吸入原子吸收光譜儀中, 測定其吸光度 7 次, 記錄其濃度。

數據記錄

(一)實驗條件

中空陰極管名稱		燃料名稱	
燈管電流		燃料壓力	
分析波長		助燃氣名稱	
陝隙寬度		助燃氣壓力	

(二)標準液吸光度

標準液濃度	吸光度讀數					平均值
	1	2	3	4	5	

(三)樣品吸光度

樣品編號	吸光度讀數			平均值	標準偏差
	1	2	3		
1					
2					
3					
4					

㈣方法偵測極限

分析次	吸光度	分析次	吸光度	分析次	吸光度
1		4		7	
2		5			
3		6			

結果整理

㈠檢量線製作：以吸光度對標準液濃度作圖繪於方格紙上。

　　迴歸線方程式：

　　相關係數 (r)：

㈡水樣濃度計算

$$\frac{Cu\ 濃度}{(\text{mg/L})} = \frac{檢量線求得濃度}{(\text{mg/L})} \times \frac{100\ (\text{mL})}{前處理之水樣體積\ (\text{mL})} \qquad [31\text{--}4]$$

㈢方法偵測極限計算

　　檢量線求得濃度：(1)_____ (2)_____ (3)_____

　　　　　　　　　　(4)_____ (5)_____ (6)_____

　　　　　　　　　　(7)_____

　　求其 S.D.：

　　MDL $= 3.14 \times$ S.D. $=$

問題與討論

㈠水樣前處理之目的為何？試說明之。

㈡在 MDL 的計算過程，何以需將吸光度先以檢量線換算為濃度？

第 **3** 篇

相關重要水質檢測

方法彙編

水中濁度檢測方法[❶] ——濁度計法

中華民國九十二年十一月二十八日

(92) 環署檢字第 0920086449 號

NIEA W219.51C

一、方法概要

在特定條件下，比較水樣和標準參考濁度懸浮液對特定光源散射光的強度，以測定水樣的濁度。散射光強度愈大者，其濁度亦愈大。

二、適用範圍

本方法適用於飲用水水質、飲用水水源水質之濁度測定，濁度單位為 Nephelometric Turbidity Unit，簡稱 NTU。

三、干　擾

㈠水樣中漂浮碎屑 (Debris) 和快速沉降的粗粒沉積物會使濁度值偏低。

㈡微小的氣泡會使濁度值偏高。

㈢水樣中因含溶解性物質而產生顏色時，該溶解性物質會吸收光而使濁度值降低。

㈣若裝樣品之玻璃試管不乾淨或振動時，所得的結果將不準確。

四、設備及材料

㈠濁度計

　1.包含照射樣品的光源和一個或數個光電偵測器及一個讀數計，能顯示出與入射光呈 90 度角之散射光強度。濁度計之設計應使在無濁度存在時，只有極少的迷光 (Stray Light) 為偵測器所接收，並於短時間溫機後無明顯的偏移現象。

　2.濁度計至少應可測定 0 至 40 NTU 之範圍，若水樣的濁度低於 1 NTU 時，此濁度計之解析度應可偵測濁度差異至 0.02 NTU 或更低。

---

❶　配合本書第 6 章。

3.樣品試管必須為乾淨、無色透明之玻璃管，當管壁有刻痕或磨損時，即應丟棄。光線通過的地方不可用手握持，惟可增加試管長度或裝一保護匣，使試管可以握持。使用過之試管可用肥皂水清洗，再以試劑水沖洗多次後，晾乾備用。不可使用刷子清洗試管。

4.設計相異之濁度計，即使以相同之濁度懸浮液校正，其濁度值亦可能有所差異。為減少此種差異，須遵循下述設計準則：

　(1)光源：使用鎢絲燈，操作色溫 (Color Temperature) 設在 2 200 至 3 000 K。

　(2)樣品試管中入射光及散射光通過之總距離不超過 10 cm。

　(3)偵測器接收散射光之位置以入射光之 90 度角為中心點，偏差不超過 ±30 度角。偵測器和濾光系統（若使用時）在 400 至 600 nm 之間應有光譜波峰之反應。

㈡抽氣過濾裝置及 0.45 μm 孔徑之濾膜。

五、試　劑

㈠試劑水：無濁度之蒸餾水。如果無法確定所使用之蒸餾水不含濁度時，可將蒸餾水通過 0.45 μm 孔徑之濾膜，先倒掉最初之 200 mL，使用濾後蒸餾水之濁度低於或等於未經過濾之蒸餾水。

㈡Formazin 儲備濁度懸浮液

1.溶液 I：溶解 1.00 g 硫酸肼 〔Hydrazine Sulfate, $(NH_2)_2 \cdot H_2SO_4$〕於試劑水中，在量瓶中稀釋至 100 mL。

　注意：硫酸肼係致癌劑，應小心使用，避免吸入、攝取及皮膚接觸。

2.溶液 II：溶解 10.00 g 環六亞甲基四胺〔Hexamethylenetetramine, $(CH_2)_6N_4$〕於試劑水中，在量瓶中稀釋至 100 mL。

3.取 5.0 mL 溶液 I 及 5.0 mL 溶液 II，放入適當體積之玻璃瓶內混合，於 25 ± 3°C 靜置 24 小時，此儲備濁度懸浮液之濁度為 4 000 NTU。此儲備濁度懸浮液必須每年配製。

㈢Formazin 標準濁度懸浮液：取 10.00 mL 儲備濁度懸浮液，以試劑水稀釋至 100 mL，此懸浮液之濁度定為 400 NTU，並視需要以試劑水稀釋標準濁度懸浮液至所需濁度。此等標準濁度懸浮液必須每月配製。亦可使用市售之合格標準濁度懸浮液。

六、採樣及保存

　　樣品應於採樣後儘速分析，否則樣品須置於暗處 4°C 冷藏，以減少微生物對懸浮物的分解作用，並於 48 小時內進行分析。

七、步　驟

㈠濁度計校正：使用前需先以適當之標準濁度懸浮液於各濁度範圍校正，或依照製造商提供之儀器操作手冊之說明校正儀器。若儀器已經過刻度校正時，則需使用適當的標準濁度懸浮液驗證其準確度。

㈡濁度測定：搖動水樣使固態顆粒均勻分散，待氣泡消失後，將水樣倒入樣品試管中，直接從濁度計讀取濁度值。

八、結果處理

㈠計算

$$濁度\ (NTU) = A$$

A：水樣之濁度 (NTU)

㈡水樣之濁度應記錄至下表所列之最近值。

濁度	(NTU)		最近值
0.0	…	1.0	0.05
1	…	10	0.1
10	…	40	1
40	…	100	5
100	…	400	10
400	…	1 000	50
	>	1 000	100

九、品質管制

㈠空白分析：每十個樣品或每批次樣品至少執行一次空白樣品分析。

㈡查核分析：每十個樣品或每批次樣品及最末一個樣品，至少執行一次查核分析。查核實驗之相對差異應在 15% 以內。

㈢重覆分析：每十個樣品或每批次樣品至少執行一次重覆分析，重覆實驗之相對差異應在 25% 以內。

十、精密度及準確度

　　某實驗室分別配製 100、30、8、2 NTU 之水樣進行五次分析，得到平均回收率分別為 98%、100%、102.5%、88%，標準偏差分別為 2.7、0.4、0.11、0.05，詳如下表：

配製值 NTU	分析平均值 NTU	平均回收率 (%)	標準偏差 NTU	精密度 (RSD)%	準確度 (X)%
100	98	98.0	2.7	2.8	95.2 ～ 100.8
30	30	100.0	0.4	1.3	98.7 ～ 101.3
8.0	8.2	102.5	0.11	1.3	101.2 ～ 103.8
2.0	1.8	88.0	0.05	2.8	85.2 ～ 90.8

十一、參考資料

　　APHA, American Water Works Association & Water Pollution Control Federation, *Standard Methods for the Examination of Water and Wastewater*, 20th ed., pp. 2–9 ～ 2–11, APHA, Washington, D.C., USA, 1998.

水中色度檢驗法[1] —— 鉑鈷視覺比色法

中華民國八十三年三月九日

(83) 環署檢字第 00540 號

NIEA W201.50T

一、方法概要

　　將水樣和一系列不同色度之鉑鈷標準溶液以視覺比色法測定水樣之色度。一個色度單位，係指 1 mg 鉑以氯鉑酸根離子 (Chloroplatinate Ion) 態存在於 1 L 水溶液中時所產生之色度。在某些特殊情況下，可改變鉑和鈷之比例，以接近水樣之色調。一般而言，本方法所述鉑和鈷之比例，可符合自然水之色調。

二、適用範圍

　　本方法適用於飲用水及因天然物質存在而產生顏色之水樣，但不適用於含高色度之工業廢水。

三、干　擾

㈠當水樣去除濁度後，所測得之色度稱為真色 (True Color)；若未除去濁度時，所測得之色度稱為外觀色 (Apparent Color)。水樣中即使含極低之濁度也會使外觀色顯著的高於真色。因此，測定真色前，必須先以離心法或過濾法除去濁度。

㈡因水樣之色度常因 pH 值變化而改變，檢驗水樣色度時須同時測定 pH 值，並於檢驗報告中註明。

---

[1]　配合本書第 7 章。

四、設　備

㈠納氏管 (Nessler Tubes)：長型、容量可裝
50 mL 且有等高刻度。

㈡ pH 計。

㈢離心機。

㈣過濾裝置：包括下列配備，如圖 A–1 所示。

　1.過濾燒瓶，容量為 250 mL，具有側管。

　2.華特氏坩堝座 (Walter Crucible Holder)。

　3.微孔金屬過濾坩堝，平均孔徑為 40 μm。

　4.抽氣裝置。

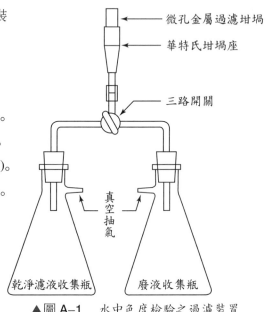

　　微孔金屬過濾坩堝
　　華特氏坩堝座
　　三路開關
　　真空抽氣
　　乾淨濾液收集瓶　　廢液收集瓶

▲圖 A–1　水中色度檢驗之過濾裝置

五、試　劑

㈠標準儲備溶液

　1.溶解 1.246 g 氯鉑酸鉀 (K_2PtCl_6) 和 1.00 g 晶狀的氯化亞鈷 ($CoCl_2 \cdot 6H_2O$) 於含 100 mL
濃鹽酸之蒸餾水中，再以蒸餾水稀釋至 1 L。此標準儲備溶液之色度為 500 單位。

　2.若無法購得可靠來源之氯鉑酸鉀時，可溶解 0.500 g 純鉑之金屬於王水，一面加熱
以幫助溶解，然後重覆加入濃鹽酸並蒸發以除去硝酸。加入 1.00 g 晶狀的氯化亞
鈷，依上述方法配成色度為 500 單位之標準儲備溶液。

㈡標準溶液

　　取標準儲備溶液 0.5、1.0、1.5、2.0、2.5、3.0、3.5、4.0、4.5、5.0、6.0 和 7.0 mL，
分別置於納氏管中，以蒸餾水定容至 50 mL，配成一系列色度分別為 5、10、15、20、
25、30、35、40、45、50、60 和 70 單位之標準溶液。此標準溶液會吸收氨而導致色
度的增加，因此不用時，應密封妥善保存，以避免蒸發及被污染。

㈢助濾劑 (Calcined Filter Aid)，如 Celite No. 505 或同級品。

六、採樣及保存

　　採集具代表性之樣品，置於清潔之玻璃或塑膠瓶中。水樣於採集後應盡可能在最短時間內完成檢驗，因為保存期間水樣中之生物或物理變化可能會影響色度。若無法即時進行檢驗，水樣應於暗處 4°C 冷藏，並於 48 小時內檢驗之。

七、步　驟

㈠依水中氫離子濃度指數測定法測定水樣之 pH 值。

㈡外觀之測定

　　取 50 mL 水樣於納氏管中或取適量水樣並稀釋至 50 mL，與一系列標準溶液進行比色。比色時納氏管底下放置一反射面（如平面鏡片），該反射面放置之角度恰使光線反射後向上通過液體柱，觀察時肉眼由納氏管上方垂直往下直視。若色度超過 70 單位時，以蒸餾水稀釋水樣，直至其色度落在該系列標準溶液之色度範圍內。

㈢真色之測定

　　檢驗水樣之真色時，應先以下述之離心法或過濾法除去濁度後，再依步驟㈡進行檢驗。

　1. 離心法：取適量水樣置於離心管中，啟動離心機直至水樣澄清為止。所需時間視水樣性質、轉動速率及離心半徑而定，一般而言，離心時間不超過一個小時。比較離心後之水樣與蒸餾水，以觀察濁度是否已去除。

　2. 過濾法：添加 0.1 g 助濾劑於 10 mL 之水樣中，充分混合後即將其倒入過濾坩堝過濾，使形成濾膜，並將濾液導入如圖 A–1 所示之廢液收集瓶內。另取 0.040 g 助濾劑加入 100 mL 之水樣中，將過濾抽氣一直開著，再將混合液倒入過濾裝置，俟濾液轉澄清之後，再旋轉三路開關將濾液導至乾淨濾液收集瓶內，收集 50 mL 以上之濾液備用。

八、結果處理

㈠用下列公式計算水樣之色度單位

$$色度單位 = \frac{A \times 50}{B}$$

A: 視覺比色後測得之色度單位
B: 取用之水樣體積 (mL)

㈡使用下表所列最小整數值記錄水樣之色度單位

色度單位	最小整數值
1 ～ 50	1
51 ～ 100	5
101 ～ 250	10
251 ～ 500	20

㈢檢驗報告中記錄水樣之 pH 和色度種類。

九、品質管制

略。

十、精密度及準確度

略。

十一、參考資料

㈠ APHA, American Water Works Association & Water Pollution Control Federation, *Standard Methods for the Examination of Water and Wastewater*, 17th ed., pp. 2–2 ～ 2–4, APHA, Washington, D.C., 1989.

㈡ U.S. EPA, Environmental Monitoring and Support Laboratory, *Methods for Chemical Analysis of Water and Wastes*, Method 110.2, Cincinnati, OH, 1983.

水中真色色度檢測方法❶ ——ADMI 法

中華民國八十六年十二月二十七日

(86) 環署檢字第 79159 號

NIEA W223.50B

一、方法概要

　　真色是指水樣去除濁度後之顏色。水樣利用分光光度計在 590 nm、540 nm、438 nm 三個波長測量透光率，由透光率計算三色激值 (Tristimulus Value) 及蒙氏轉換值 (Munsell Values)，最後利用亞當－尼克森色值公式 (Adams-Nickerson Chromatic Value Formula) 算出 DE 值。DE 值與標準品檢量線比對可求得樣品之真色色度值（ADMI 值，美國染料製造協會，American Dye Manufacturers Institute）。

二、適用範圍

　　本方法適用於具有顏色之水或廢水，其顏色特性可不同於鉑－鈷標準品之黃色色系。適用範圍為 25 至 250 色度單位❷，樣品高於 250 色度單位，以定量稀釋後測定。

三、干　擾

　　水樣中之濁度會造成測試干擾。

四、設　備

㈠分光光度計：波長能設定在 590 nm、540 nm、438 nm，並具有 1 公分及 5 公分光徑之樣品槽。

㈡抽氣過濾裝置。

㈢濾紙：孔徑 0.45 μm，可耐酸鹼之濾紙。

㈣天平：可精秤至 0.1 mg。

---

❶　配合本書第 7 章。

❷　一個色度單位係指 1 mg 鉑以氯鉑酸根離子 (Chloroplatinate Ion) 態存在於 1 L 水溶液中時所產生之色度。

五、試　劑

㈠試劑水：不含濁度之試劑水。

㈡色度標準儲備溶液

　　溶解 1.246 g 氯鉑酸鉀 (K_2PtCl_6) 和 1.00 g 晶狀的氯化亞鈷 ($CoCl_2 \cdot 6H_2O$) 於含 100 mL 濃鹽酸之試劑水中，再以試劑水稀釋至 1 L，此標準儲備溶液為 500 色度單位。

六、採樣與保存

　　使用清潔並經試劑水清洗過之塑膠瓶或玻璃瓶，在取樣前採樣瓶要用擬採集之水樣洗滌二至三次，再採集 100 mL 水樣。因生物之活性可能改變樣品顏色特性，故採樣後應盡可能在最短時間內分析；若無法即時分析，水樣應儲存於 4°C 暗處運送及保存，並於 48 小時內完成分析。

七、步　驟

㈠檢量線製備

　　取色度標準儲備溶液 10.0、20.0、30.0、40.0、50.0 mL 分別置於量瓶中，以試劑水定容至 100.0 mL，配成一系列色度標準溶液，分別為 50、100、150、200、250 色度單位。

㈡樣品利用 0.45 μm 濾紙過濾，去除濁度。

㈢標準溶液與樣品，皆以 590 nm、540 nm、438 nm 三個波長測透光率，在測定標準溶液與樣品之前，以試劑水設定三個波長的透光率為 T% = 100%。

㈣記錄每一個標準溶液及樣品在波長 590 nm、540 nm、438 nm 時之透光率。

八、計　算

㈠樣品及標準溶液的三色激值，以下列公式計算：

$$X = (T_3 \times 0.1899) + (T_1 \times 0.791)$$

$$Y = T_2$$

$$Z = T_3 \times 1.1835$$

其中 T_1 即由波長 590 nm 測得之透光率
　　 T_2 即由波長 540 nm 測得之透光率
　　 T_3 即由波長 438 nm 測得之透光率

樣品的三色激值以 X_s、Y_s、Z_s 表示

標準溶液的三色激值以 X_r、Y_r、Z_r 表示

試劑水的三色激值以 X_c、Y_c、Z_c 表示，$X_c = 98.09$、$Y_c = 100.0$、$Z_c = 118.35$

(二)先由附表之 xyz 欄位查出與三色激值 X 相近或相同之數值，再由 V_x 欄位查出相對應之蒙氏轉換值 V_x，並以內插法求出精確值。同理由附表之 xyz 欄位查出與三色激值 Y 相近或相同之數值，再由 V_y 欄位查出相對應之蒙氏轉換值 V_y，並以內插法求出精確值。由附表之 xyz 欄位查出與三色激值 Z 相近或相同之數值，再由 V_z 欄位查出相對應之蒙氏轉換值 V_z，並以內插法求出精確值。

樣品的蒙氏轉換值以 V_{xs}、V_{ys}、V_{zs} 表示

標準溶液的蒙氏轉換值以 V_{xr}、V_{yr}、V_{zr} 表示

試劑水的蒙氏轉換值以 V_{xc}、V_{yc}、V_{zc} 表示

(三)樣品及標準溶液的 DE 值，以下列公式計算：

$$DE = \left\{ (0.23\Delta V_y)^2 + [\Delta(V_x - V_y)]^2 + [0.4\Delta(V_y - V_z)]^2 \right\}^{\frac{1}{2}}$$

其中 $\Delta V_y = V_{yx} - V_{yc}$
$\Delta(V_x - V_y) = (V_{xs} - V_{ys}) - (V_{xc} - V_{yc})$
$\Delta(V_y - V_z) = (V_{ys} - V_{zs}) - (V_{yc} - V_{zc})$

(四)將標準溶液的 DE_n 值，依下式算出標準溶液校正因子 F_n：

$$F_n = \frac{APHA_n \times L}{DE_n}$$

其中 n 代表標準溶液 n
$APHA_n$ 為標準溶液 n 之色度值
L 為樣品槽的光徑值（公分）

(五)以標準溶液之 DE_n 值為 X 軸，校正因子 F_n 為 Y 軸繪製標準溶液曲線圖。

(六)利用標準溶液曲線圖及樣品 DE 值，求出樣品 F 值，再由下列公式求出樣品真色色度值（ADMI 值）：

$$ADMI\ 值 = \frac{F \times DE}{L}$$

L 為樣品槽的光徑值（公分）

九、品質管制

㈠每一批次或每十個樣品執行一個空白樣品。

㈡每一批次樣品至少分析一個查核樣品，若此樣品之實驗值與配製值相差 15% 以上，則樣品須重新分析。

㈢每十個樣品須做一個重覆樣品分析，此重覆樣品須經由相同之樣品儲存及分析過程得之。若重覆樣品之差異百分比大於 10%，則樣品須重新分析。

十、精密度及準確度

某單一實驗室的精密度及準確度：

精密度	樣品	分析次數	差異百分比 (%)	標準偏差 (%)
	墨綠色染料	20	0.18	0.24
準確度	查核樣品	分析次數	平均回收率 (%)	標準偏差 (%)
	150 色度單位	20	100.35	0.59

十一、參考資料

㈠ U.S. EPA, Environmental Monitoring and Support Laboratory, *Methods for Chemical Analysis of Water and Wastes*, Method 110.1,1983.

㈡ APHA, American Water Works Association & Water Pollution Control Federation, *Standard Methods for the Examination of Water and Wastewater*, 19th ed., Method 2120E, pp. 2–7 ～ 2–8, APHA, Washington, D.C., 1989.

㈢元智大學環境科技研究中心，《廢水中色度檢驗方法之建立》。EPA–83–11–3–09–02–07，行政院環境保護署環境檢驗所，1994。

水中硬度檢測方法[1] ——EDTA 滴定法

中華民國八十三年八月三日

(83) 環署檢字第 19171 號

NIEA W208.50A

一、方法概要

在含有鈣和鎂離子且 pH 值維持在 10.0 ± 0.1 的水溶液中，加入少量指示劑（如 Eriochrome Black T 或 Calmagite）後，水溶液即呈酒紅色。若以乙烯二胺四乙酸（Ethylenediaminetetraacetic Acid，簡稱 EDTA）之二鈉鹽溶液滴定水溶液，至所有的鈣和鎂都被螯合時，溶液由酒紅色轉為藍色，即為滴定終點。

二、適用範圍

本方法可適用於飲用水、地面水、地下水、家庭污水及放流水中硬度之檢測。但若水樣中重金屬之濃度高於下述表 A–1 所列之濃度值時，則本方法不適用。為避免使用過高量之 EDTA 滴定溶液，高濃度之水樣得稀釋後檢測之。

三、干　擾

㈠有些金屬離子會使滴定終點褪色、不明顯或消耗 EDTA，而造成干擾。若滴定前加入特定的抑制劑，將可減少此干擾。各種抑制劑所容許之干擾物質最大濃度如表 A–1 所示，若重金屬或多磷酸鹽的濃度低於表 A–1 所列之濃度值時，可選用抑制劑 I 或 II 作為抑制劑。

注意：氰化鈉（抑制劑 I）有劇毒性，非必要時應盡量以其他抑制劑替代。

---

[1]　配合本書第 8 章。

▼表 A–1　各種抑制劑所容許干擾物質之最大濃度①

干擾物質	干擾物質之最大容許濃度 (mg/L)	
	抑制劑 I ②	抑制劑 II ②
鋁	20	20
鋇	※③	※
鎘	※	20
鈷	20 以上	0.3
銅	30 以上	20
鐵	30 以上	5
鉛	※	20
錳 (Mn^{2+})	※	1
鎳	20 以上	0.3
鍶	※	※
鋅	※	200
多磷酸鹽		10

①以 25 mL 水樣稀釋至 50 mL 為例。
②詳見下述五、試劑(二)。
③視本項干擾物質為硬度之一部分。

(二)懸浮或膠體有機物質也會干擾滴定終點，可將 25 mL 或適量水樣在水蒸氣浴上蒸乾，然後在 550°C 之高溫爐中加熱至有機物質全部被氧化。將殘渣溶於 20 mL 1 M 鹽酸中，再以適當濃度之氫氧化鈉溶液中和至 pH 7，以蒸餾水稀釋至 50 mL，冷卻至室溫，再依七、(二)之步驟進行檢測。

(三)當 pH 值超過某一程度時，可能造成碳酸鈣或氫氧化鎂沉澱和滴定終點之漂移，使所得的結果偏低。本方法須將 pH 值控制在 10.0±0.1，須於加入緩衝溶液後 5 分鐘內完成滴定，以減少碳酸鈣沉澱之生成。

四、設　備

(一)高溫爐：可加熱至 550°C 以上者。

(二)天平：可精秤至 0.1 mg。

(三) pH 計：可準確至小數點一位。

(四)滴定管。

(五)錐形瓶：250、500 mL 或其他適當體積者。

五、試　劑

㈠緩衝溶液

1. 緩衝溶液 I: 溶解 16.9 g 氯化銨於 143 mL 濃氫氧化銨中，加入 1.25 g EDTA 之鎂鹽，以蒸餾水稀釋至 250 mL。

2. 緩衝溶液 II: 如無 EDTA 之鎂鹽，可溶解 1.179 g 含二個結晶水之 EDTA 二鈉鹽和 0.780 g 硫酸鎂 ($MgSO_3 \cdot 7H_2O$) 或 0.644 g 氯化鎂 ($MgCl_2 \cdot 6H_2O$) 於 50 mL 蒸餾水中，將此溶液加入含 16.9 g 氯化銨和 143 mL 濃氫氧化銨之溶液內，混合後以蒸餾水稀釋至 250 mL。

   緩衝溶液 I 和 II 應儲存於塑膠或硼矽玻璃容器內，蓋緊以防止氨氣之散失及二氧化碳之進入，保存期限為一個月。當加入 1 ～ 2 mL 緩衝溶液於水樣中仍無法使水樣在滴定終點之 pH 為 10.0±0.1 時，即應重新配製該緩衝溶液。

3. 緩衝溶液 III: 本緩衝溶液較緩衝溶液 I 無臭味且穩定，但因反應較慢，無法提供較佳之滴定終點。其配製方法係將 55 mL 濃鹽酸與 400 mL 蒸餾水混合後，在緩慢攪拌中，加入 300 mL 2–胺基乙醇 (2-Aminoethanol)，再加入 5.0 g EDTA 之鎂鹽，以蒸餾水稀釋至 1 L❷。

㈡抑制劑: 大多數之水樣不須使用抑制劑，若水樣中含干擾之離子時，則須加入適當之抑制劑，使滴定終點之顏色變化清楚而明顯。

1. 抑制劑 I: 以緩衝溶液或適當濃度之氫氧化鈉溶液調整酸性水樣至 pH 7，加入 0.250 g 粉末狀之氰化鈉，再加入足量緩衝溶液以調整 pH 至 10.0±0.1。

   注意: 氰化鈉有劇毒性，非必要時應盡量以其他抑制劑替代；使用時須特別小心，並避免加入酸性溶液以防劇毒性之氰化氫揮發出來。含氰化物之廢液應另外儲存處理。

2. 抑制劑 II: 溶解 5.0 g 含九個結晶水之硫化鈉 ($Na_2S \cdot 9H_2O$) 或 3.7 g 含五個結晶水之硫化鈉 ($Na_2S \cdot 5H_2O$) 於 100 mL 蒸餾水中。用橡皮塞塞緊以防止空氣進入，因為此抑制劑會被空氣氧化而變質。水樣中如有高濃度之重金屬存在時，會與此抑制劑形成硫化物沉澱，而使滴定終點模糊。

---

❷ 水樣中必須有鎂離子存在時，滴定終點之顏色變化才會清楚而明顯。為確保鎂離子之存在，緩衝溶液之配製均須添加少量 EDTA 之鎂鹽。

3. 1, 2-環己烷二胺基四乙酸之鎂鹽 (Magnesium Salt of 1, 2-Cyclohexanediaminetetra-acetic Acid，簡稱 MgCDTA)：每 100 mL 水樣加入 0.250 g MgCDTA，使其完全溶解後，才加入緩衝溶液。當干擾物質存在且其濃度會影響滴定終點，但不會明顯增加硬度之值時，可使用本抑制劑替代上述具有毒性或臭味之抑制劑。市面上配好之緩衝溶液與抑制劑之混合物亦可使用，惟此類混合物須能使水樣在滴定時維持 pH 於 10.0±0.1，並且得到明顯的滴定終點。

㈢指示劑：很多種指示劑溶液已被認同，如果分析者能證實它們可產生正確值時即可使用。一般而言，指示劑以使用少量而且可得到明顯之滴定終點為宜，其最佳濃度則由分析者自行決定。茲提供幾種指示劑供分析者參考❸：

1. Eriochrome Black T (分析級)：溶解 0.5 g Eriochrome Black T 於 100 g 三乙醇胺 (Triethanolamine) 或 2-甲氧基甲醇 (2-Methoxymethanol) 中，每 50 mL 被滴定溶液中加入 2 滴此指示劑。

　　注意：為減少誤差，指示劑宜於使用前配製。

2. Calmagite 〔1-(1-Hydroxy-4-Methyl-2-Phenylazo)-2-Naphthol-4-Sulfonic Acid〕：溶解 0.10 g Calmagite 於 100 mL 蒸餾水中，此水溶液呈穩定狀態，在滴定終點時，顏色的改變和 Erichrome Black T 一樣，且較靈敏些。每 50 mL 被滴定溶液加入 1 mL 此指示劑。

㈣EDTA 滴定溶液，0.01 M

1. 加入 3.723 g 分析試藥級含二個結晶水之 EDTA 二鈉鹽於少量蒸餾水中，再以蒸餾水稀釋至 1 L，並依七、㈡之步驟，以標準鈣溶液標定之。

2. EDTA 滴定溶液能自普通玻璃容器中萃取一些含有硬度之陽離子，因此應儲存於 PE 塑膠瓶或硼矽玻璃瓶內，並作定期性之再標定。

㈤標準鈣溶液：秤取 1.000 g 一級標準品之無水碳酸鈣粉末，放入 500 mL 錐形瓶中，緩緩加入 1+1 鹽酸溶液至所有碳酸鈣溶解。加入 200 mL 蒸餾水，煮沸數分鐘以驅除二氧化碳，冷卻後加入幾滴甲基紅指示劑，以 3 M 氯化銨或 1+1 鹽酸溶液調整至中間橙色。移入 1 L 量瓶中，以蒸餾水沖洗並稀釋至刻度，即得相當於 1 mL 含有 1.00 mg 碳酸鈣之標準鈣溶液。

㈥氫氧化鈉溶液，1 M (或其他適當濃度)。

---

❸ 為避免使用過量之指示劑，五、㈢ 1. 和 2. 之指示劑均可以乾燥粉末狀使用。市面上已有這些指示劑和惰性鹽類之乾燥混合物，亦可使用。

六、採樣及保存

　　取 500 mL 水樣，盛裝於玻璃或塑膠瓶中，添加硝酸使水樣之 pH 值小於 2.0，並於 7 天內完成分析。

七、步　驟

㈠污水、廢水及含有懸浮固體之水樣應以硝酸－硫酸消化法進行前處理，其步驟如下：

1. 水樣混合均勻後，取 25 mL 或適當體積於燒杯中。

2. 加入 5 mL 濃硝酸和一些沸石，於加熱板上加熱，緩慢沸騰，蒸發至 15 ～ 20 mL。

3. 加入 5 mL 濃硝酸和 10 mL 濃硫酸，於加熱板上蒸發至三氧化硫白色濃煙發生。

4. 如溶液未呈澄清，則加入 10 mL 濃硝酸，重覆蒸發至三氧化硫白煙發生。

5. 繼續加熱以去除所有硝酸（可以溶液呈澄清且無棕色煙發生判斷之）。在消化過程中，應注意勿使水樣完全蒸乾。

6. 冷卻後以蒸餾水稀釋至 50 mL，加熱至近乎沸騰，緩慢溶解可溶性鹽類，必要時以 0.45 μm 孔徑之濾膜（聚碳酸酯、醋酸纖維或同等級以上之材質）過濾之，最後定容至 50 mL，置於錐形瓶，依下述七、㈡ 2.～ 7.之步驟繼續進行分析。

㈡一般水樣測定

1. 取 25 mL 或適當體積水樣（EDTA 滴定溶液之用量不超過 15 mL 為宜）置於錐形瓶或其他適當容器內，以蒸餾水稀釋至 50 mL。

2. 經消化處理之水樣或稀釋後之水樣若為酸性時，應加入緩衝溶液或適當濃度之氫氧化鈉溶液，將水樣調整至約 pH 7.0。

3. 加入 1 ～ 2 mL 緩衝溶液，使溶液之 pH 為 10.0±0.1，並於 5 分鐘內依下述步驟完成滴定。

4. 加入 1 ～ 2 滴指示劑溶液或適量乾燥粉末狀指示劑。

5. 慢慢加入 EDTA 滴定溶液，並同時攪拌之，直至淡紅色消失。當加入最後幾滴時，每滴的間隔時間約為 3 至 5 秒，正常的情況下，滴定終點時溶液呈藍色。

6. 滴定時如無法得到明顯之滴定終點顏色變化，即表示溶液中有干擾物質或者指示劑已變質，此時需加入適當之抑制劑或重新配製指示劑。

7. 最好在日光或日光燈下滴定，因普通之白熱燈光會使藍色之滴定終點帶點紅色。

㈢低硬度水樣之滴定（低硬度水樣係指經離子交換器之流出水、其他軟水或低硬度之自然水，亦即硬度低於 5 mg/L 者）

　1. 取 100 至 1 000 mL 水樣，置於錐形瓶或其他容器。依比例加入較大量之緩衝溶液、抑制劑及指示劑。

　2. 使用一微量滴管慢慢加入 EDTA 滴定溶液滴定之。並同時以同體積之蒸餾水，進行空白試驗。

八、結果處理

$$硬度（以碳酸鈣表示，mg/L）= \frac{A \times B \times 1\,000}{V}$$

A: 水樣滴定時所用 EDTA 溶液體積扣除空白分析所用 EDTA 溶液體積 (mL)

B: 1.00 mL EDTA 滴定溶液所對應之碳酸鈣毫克數 =

$$\frac{碳酸鈣標準溶液濃度\,(mg/L) \times 滴定之碳酸鈣標準溶液體積\,(mL)}{滴定碳酸鈣標準溶液所使用之\,EDTA\,溶液體積\,(mL) \times 1\,000}$$

V: 水樣體積 (mL)

九、品質管制

㈠空白分析：每 10 個或每一批次樣品至少執行一個樣品空白分析，空白分析值應小於或等於方法偵測極限之三倍。

㈡重覆分析：每 10 個或每一批次樣品（當每批次樣品少於 10 個時）至少執行一個重覆分析，並求其差異值。差異值應在其管制圖表之可接受範圍。

㈢查核樣品分析：每 10 個樣品至少執行一個查核樣品分析，並求其回收率。回收率應在 85 ～ 115% 範圍內。

㈣添加標準品分析：每 10 個樣品至少執行一個樣品添加標準品之分析，並求其回收率。回收率應在 85 ～ 115% 範圍內。

十、精密度及準確度

㈠一種由每升含 180 mg 鈣、82 mg 鎂、3.1 mg 鉀、19.9 mg 鈉、241 mg 氯離子、0.25 mg 亞硝酸鹽氮、1.1 mg 硝酸鹽氮、259 mg 硫酸根離子和 42.5 mg 總鹼度（由碳酸氫鈉配製）所配製而成硬度為 610 mg/L 之合成水樣，經由 56 家美國實驗室以本方法進行檢驗，其相對標準偏差為 2.9%，相對誤差為 0.8%。

㈡國內單一實驗室分析硬度為 610 mg/L 之合成水樣，7 重覆分析之平均濃度為 606 mg/L，標準偏差為 2 mg/L，相對標準偏差為 0.4%，相對誤差為 1.0%；該實驗室分析自來水樣品，7 重覆分析之平均濃度為 37.4 mg/L，標準偏差為 0.5 mg/L，相對標準偏差為 1.4%，相對誤差為 2.7%。

㈢國內單一實驗室參加紐西蘭 Telarc 實驗室間盲樣比測之結果及該盲樣之有關資料如下表所示：

基　　質	Telarc 盲樣比測結果					國內單一實驗室分析結果 (mg/L)
	實驗室數目	平均值 (mg/L)	中間值 (mg/L)	標準偏差 (mg/L)	相對標準偏差 (%)	
地下水	33	63.8	63.6	2.6	4	63.2
地面水	35	52.0	51.3	2.9	6	51.3
肉類處理廠放流水	6	87.7	86.7	4.8	5	87.4
肉類處理廠放流水	6	73.8	73.2	3.4	5	74.5

資料來源：同本文之參考資料㈢。

十一、參考資料

㈠ APHA, American Water Works Association & Water Pollution Control Federation, *Standard Methods for the Examination of Water and Wastewater*, 18th ed., pp. 2–35 ～ 2–38, APHA, Washington, D.C., USA, 1992.

㈡ American Society for Testing and Materials, Standard Test Method for Hardness in Water, *Annual Book of ASTM Standards*, Vol. 11.01, pp. 170, 172, ASTM, Philadelphia, Pennsylvania, USA, 1989.

㈢ Telarc, Telarc Water Test 9 to 13 consolidated Summary, in: *Annual Report 1991/92*, Telarc, Auckland 5, New Zealand, 1992.

水中導電度測定方法[1] ——導電度計法

中華民國八十九年十一月二十三日

(89) 環署檢字第 70017 號

NIEA W203.51B

一、原　理

　　導電度 (Conductivity) 為將電流通過 1 cm^2 截面積，長 1 cm 之液柱時電阻 (Resistance) 之倒數，單位為 mho/cm，導電度較小時以其 10^{-3} 或 10^{-6} 表示，記為 mmho/cm 或 μmho/cm。導電度之測定需用標準導電度溶液先行校正導電度計後，再測定水樣之導電度。

二、適用範圍

　　本方法適用於水及廢污水中導電度之測定，測定範圍因導電度槽之電極常數值之大小而異，一般而言，電極常數和測定範圍之關係如表 A–2 所示。

▼表 A–2　電極常數與測定範圍之關係

電極常數 (cm^{-1})	測定範圍 (μmho/cm)
0.01	20 以下
0.1	1 ～ 200
1	10 ～ 2 000
10	100 ～ 20 000
50	1 000 ～ 200 000

三、干　擾

㈠電極上附著不潔物時，會造成測定時之誤差，故電極表面需經常保持乾淨[2]，使用前

---

[1]　配合本書第 9 章。

[2]　請參照導電度計操作手冊，經常清洗電極。

需用標準之氯化鉀溶液校正之。

㈡當溫度改變 1°C 時，導電度會偏差 1.9%，因此測定時，最好使用水浴維持在 25 ± 0.5°C，否則需校正溫度偏差，並以 25°C 之校正值表示之❸。

四、設　備

㈠導電度計：包括導電電極（白金電極或其他金屬製造之電極，至少具有 1.0 之電極常數者）❹、鹽橋（使用範圍在 1 ～ 1 000 μmho/cm 或更大者）或溫度測定及補償裝置。

㈡溫度計：可讀至 0.1°C 者❺。

㈢水浴：有恆溫裝置及耐腐蝕者。

五、採樣與保存

　　本方法可使用於現場或實驗室測定，若採樣後無法在 24 小時內測定完成，則需立即以 0.45 μm 之濾膜過濾後，4°C 冷藏並避免與空氣接觸。過濾時，濾膜及過濾器應先使用大量蒸餾水及水樣淋洗。

六、試　劑

㈠去離子蒸餾水：其導電度必須小於 1 μmho/cm 者。

㈡標準氯化鉀溶液，0.01 N：溶解 0.7456 g 標準級氯化鉀（105°C 烘乾 2 小時）於去離子蒸餾水中，並於 25°C 時，稀釋至 1 L。

七、步　驟

㈠將標準氯化鉀溶液及待測定之水樣置於室溫或水浴中保持恆溫，此時水溫應在 25 ± 0.5°C，否則依表 A–3 調整電極之導電度值。

▼表 A–3　　0.01 N 之標準氯化鉀溶液於不同溫度下之導電度值

°C	21	22	23	24	25	26	27	28
μmho/cm	1 304	1 331	1 358	1 385	1 412	1 439	1 466	1 493

---

❸ 若導電度計附有溫度測定及補償裝置者，請依操作手冊操作，不必另行校正溫度偏差。

❹ 市售之導電度計依各種廠牌型式不同，而有不同之測定範圍，應選購適合測定各水樣者。

❺ 若導電度計附有溫度測定補償裝置者，本設備可省略。

㈡測定水樣時，電極先用充分之去離子蒸餾水淋洗，然後用水樣淋洗後，再測其導電度。

㈢以同樣步驟測定其他各水樣之導電度。

㈣水樣多時，應於測定過程中，以標準氯化鉀溶液校正之。

八、結果處理

若無溫度測定補償裝置者，則需以下式計算：

$$k = \frac{(k_m)}{1 + 0.0191\ (t - 25)}$$

其中：$k=$ 換算成 25°C 時之導電度 μmho/cm

$k_m=$ 在 t°C 時測得之導電度

九、品質管制

略。

十、精密度及準確度

略。

十一、參考資料

㈠ APHA, *Standard Methods for the Examination of Water and Wastewater*, 20th ed., pp. 2–46 ～ 2–47, 1998.

㈡日本規格協會，《JIS 手冊》，公害關係篇，K0102，頁 2111 ～ 2115，1998。

㈢ U.S. EPA, *Methods for Chemical Analysis of Water and Wastes*, Method 120.1, EPA–600／4–79–020, Revised March 1983.

水中鹼度檢測方法❶ —— 滴定法

中華民國九十二年十一月二十四日

(92) 環署檢字第 0920085112 號

NIEA W449.00B

一、方法概要

　　水之鹼度是其對酸緩衝能力 (Buffer Capacity) 的一種度量。將水樣以校正過之適當 pH 計或自動操作之滴定裝置，並使用特定之 pH 顏色指示劑，在室溫下以標準酸滴定樣品到某特定的 pH 終點時，所需要標準酸之當量數即為鹼度❷。

二、適用範圍

　　本方法適用於地面水體 (不包括海水)、地下水、放流水及廢 (污) 水中鹼度之檢驗。

三、干　擾

㈠皂類、油性物質、懸浮固體或沉澱物質，會包覆電極，而造成電極反應遲鈍。可延長加入滴定劑之間隔時間，使電極達到平衡或經常清洗電極。

㈡如果樣品含有自由餘氯，則加入 0.05 mL（約 1 滴）0.1 M 硫代硫酸鈉溶液，或以紫外光線照射破壞之。

---

❶　配合本書第 10 章。

❷　滴定終點所選擇的 pH 值有二，即 pH 值 8.3 及 4.5。

　　在滴定的第一階段以酚酞 (Phenolphthalein) 或間甲酚紫 (Metacresol Purple) 為指示劑，選擇 pH 值 8.3 為終點，此時碳酸根 (CO_3^{2-}) 轉為碳酸氫根 (HCO_3^-) 的當量點，習慣稱為酚酞鹼度 (Phenolphthalein Alkalinity) 或 P 鹼度。

　　而第二階段滴定以溴甲酚綠指示劑 (Bromcresol Green Indicator) 或溴甲酚綠－甲基紅混合指示劑 (Mixed Bromcresol Green-Methyl Red Indicator)，滴定至 pH 值 4.5 終點，此時碳酸氫根 (HCO_3^-) 轉變為碳酸 (H_2CO_3) 的當量點，此時以相當於鹼度濃度為一升含有碳酸鈣 ($CaCO_3$) 毫克數，計算出之鹼度稱為總鹼度 (Total Alkalinity) 或 T 鹼度。

四、設備及材料

㈠電位滴定計 (Potentiometric Titrator)：使用玻璃電極可讀至 0.05 pH 單位之 pH 計或其他電子式自動 pH 滴定裝置。依原廠或供應商所提供的指引，執行校正及量測。特別注意溫度補償及電極之維護。如果未附溫度自動補償者，則滴定溫度須控制在 $25 \pm 5°C$。

㈡滴定用容器：大小及型式應依據所使用電極及樣品量之大小，保持樣品以上的空間愈小愈好，但其空間須允許滴定操作及電極感測部分可全部浸入。對於傳統的電極，可使用不具倒嘴之 200 mL 高型 Berzelius 燒杯。燒杯需以具三孔之瓶塞栓塞，供插入二支電極及滴管用。如為使用小型組合式的玻璃電極，則需使用 125 mL 或 250 mL 附二孔瓶塞之三角錐瓶。

㈢電磁攪拌器。

㈣移液管或經定期校正之自動移液管。

㈤定量瓶。

㈥滴定管：50、25、10 mL 或使用自動滴定裝置。

㈦聚乙烯瓶：1 L。

㈧分析天平：可精秤至 0.1 mg。

五、試　劑

㈠試劑水：不含二氧化碳的去離子蒸餾水（經煮沸 15 分鐘且已冷卻至室溫），其最終之 pH 值應 ≥ 6.0 且其導電度應在 2 μmhos/cm 以下。用以製備空白樣品、儲備或標準溶液、標定及所有稀釋之用水。

㈡碳酸鈉溶液 (Na_2CO_3)，約 0.05 N：乾燥 3 至 5 g 一級標準品碳酸鈉（於 $250°C$ 4 小時；再於乾燥器中冷卻）。取上述無水碳酸鈉 2.5 ± 0.2 g（精確至 mg），置入 1 L 量瓶，以試劑水加至標線，溶解並混合。保存期限不可超過一星期。

㈢標準硫酸或鹽酸溶液，0.1 N：稀釋 2.8 mL 濃硫酸或 8.3 mL 濃鹽酸至 1 L。

標準酸標定方法：

取 40.00 mL 碳酸鈉溶液，置於燒杯內，加約 60 mL 試劑水，再以電位滴定計滴定至 pH 值為 5。取出電極，清洗電極，並收集清洗液於同一燒杯內，覆蓋錶玻璃緩緩的煮沸 3 至 5 分鐘，冷卻至室溫，清洗錶玻璃於燒杯內，以配製之標準酸溶液滴定至 pH 轉折點時，即為滴定終點。

計算標準酸之當量濃度：

$$當量，N = \frac{A \times B}{53.00 \times C}$$

A：配製碳酸鈉溶液 (0.05 *N*) 時，1 L 量瓶中碳酸鈉的重量 (g)

B：使用碳酸鈉溶液之體積 (mL)

C：滴定時使用標準酸溶液之體積 (mL)
　　爾後計算時使用所測得之當量濃度或將濃度調整至 0.1000 *N*
　　(1 mL 0.1000 *N* 溶液 =5.00 mg CaCO$_3$)

㈣標準硫酸或鹽酸溶液，0.02 *N*：以試劑水稀釋 200.0 mL 0.1000 *N* 標準酸溶液至 1 L。
以 15.0 mL 0.05 *N* 碳酸鈉溶液，用電位滴定計來標定。標定步驟遵循前述㈢的步驟；
1 mL = 1.00 mg CaCO$_3$。

㈤第一階段 pH 8.3 指示劑溶液

1.酚酞溶液：溶解 0.5 g 酚酞 (Phenolphthalein) 於 50 mL 95% 乙醇或異丙醇，加入
50 mL 試劑水。

2.間甲酚紫指示劑溶液 (*meta*-cresol Purple Indicator Solution)：溶解 100 mg 間甲酚紫
於 100 mL 試劑水中。

㈥第二階段 pH 4.5 指示劑溶液

1.溴甲苯酚綠指示劑溶液 (Bromcresol Green Indicator Solution)：溶解 100 mg 溴甲酚
綠鈉鹽 (Bromcresol Green Sodium Salt)，於 100 mL 試劑水中。

2.溴甲酚綠—甲基紅混合指示劑溶液 (Mixed Bromcresol Green-Methyl Red Indicator
Solution)：可使用水溶液或酒精溶液。

溶解 100 mg 溴甲酚綠鈉鹽 (Bromcresol Green Sodium Salt) 及 20 mg 甲基紅鈉鹽
(Methyl Red Sodium Salt) 於 100 mL 試劑水或 95% 乙醇或異丙醇。

▼表 A–4　指示劑顏色變化參考表

指示劑	pH 變化範圍	顏　色　變　化
酚酞	8.2～9.8	無 ⇌ 粉紅
間甲酚紫	7.6～9.2	黃 ⇌ 紫
溴甲酚綠	3.8～5.4	黃 ⇌ 藍
溴甲酚綠—甲基紅	5.1	紅 ⇌ 藍

㈦硫代硫酸鈉 (Na$_2$S$_2$O$_3$·5H$_2$O) 溶液，0.1 *N*：溶解 25 g 硫代硫酸鈉，再以試劑水稀釋至 1 L。

㈧鹼度查核標準溶液：稱取試藥級無水碳酸鈣 0.10 g，置入 1 L 量瓶，以試劑水加至標線，溶解並混合，1 mL = 0.10 mg $CaCO_3$。亦可依比例自行配製其他適當濃度標準溶液，或使用具保存期限及濃度證明文件之市售標準溶液。

六、採樣及保存

樣品採集於 PE 或硼矽玻璃瓶，水樣應完全裝滿瓶子，然後鎖緊瓶蓋，宜儲存於約 4°C 之低溫。當曝露於空氣中，樣品可能會產生微生物作用，失去或得到 CO_2 或其他氣體，故樣品之分析應盡可能在一日內完成，絕不可超過 48 小時。若有生物性作用影響的疑慮時，應在 6 小時內分析。同時應避免樣品攪動、搖動及在空氣中曝露過久。

七、步　驟

㈠樣品鹼度測定

1.準備樣品及 pH 計或電位滴定計等自動滴定裝置，並選擇適當的樣品量及適當的當量濃度標準硫酸或鹽酸溶液❸。

　⑴如使用之 pH 計等未附溫度自動補償者，則滴定溫度須予控制，應先將樣品回溫至室溫。

　⑵使用一吸管將 50.0（100.0 或其他適量）mL 的樣品吸取至三角錐瓶（吸管尖端靠近瓶底再排出樣品）。因樣品中鹼度的範圍可能很大，一般可先做預試驗滴定，以決定適當的樣品量大小❹ 及適當的標準酸（硫酸或鹽酸）當量濃度（0.02 N 或 0.1 N）滴定液。

2.測量樣品 pH 值

　⑴以試劑水清洗 pH 計的電極及滴定用容器，丟棄清洗液。

❸　在廢水中鹼度範圍很大，故樣品取量的大小及使用的滴定酸當量濃度常無法固定。建議先做預備試驗滴定，以決定適當樣品量大小及標準酸滴定液的當量。

　　a. 當使用樣品有效體積小至允許陡峭的終點，由使用一有效大量體積滴定液（20 mL 或更多滴定量，使用 50 mL 的滴定管）可以得相對的精確體積量。

　　b. 對於樣品的鹼度值小於 1 000 mg $CaCO_3$/L，選擇一體積小於 50 mg $CaCO_3$ 當量鹼度及 0.02 N 標準硫酸或鹽酸滴定液。

　　c. 對於鹼度大於約 1 000 mg $CaCO_3$/L，使用一份含有鹼度當量小於 250 mg $CaCO_3$/L 及 0.1 N 標準硫酸或鹽酸滴定液。

❹　不可使用過濾、稀釋、濃縮或其他方式而改變樣品，以避免干擾。

⑵以試劑水潤洗電極，再以柔軟面紙輕輕拭乾後置入水樣中，每次更換水樣均應先將電極淋洗乾淨並拭乾。

⑶加數滴第一階段 pH 8.3 指示劑溶液。

⑷加入適當當量的標準酸（硫酸或鹽酸）溶液，以 0.5 mL 或更少的增加量，使 pH 改變量在小於 0.2 pH 單位的增加量。在每一添加後，以磁性攪拌器緩和攪拌完全混合，避免濺起，滴定至預先選擇之 pH 固定讀值（pH 值為 8.3），使顏色由此粉紅色變為無色，並呈持久性無色之特性當量終點。

⑸記錄 pH 值 8.3 時之標準酸滴定量，A_1 (mL)。

⑹加數滴第二階段 pH 4.5 指示劑溶液。

⑺再繼續加入標準酸滴定溶液及測量 pH 值，直至 pH 4.5 以下，顏色明顯變化之特定終點，記錄 pH 值 4.5 之標準酸滴定量，A_2(mL)。

㈡低鹼度樣品的電位滴定計滴定

鹼度低於 20 mg/L 樣品，最好以電位計法測定（可避免在終點時由 CO_2 所造成的假終點判斷）。取 100 至 200 mL 樣品於適當容器內，並使用 10 mL 滴定管盛裝 0.02 N 標準酸小心滴定之。在 pH 值 4.3 至 4.7 範圍內，停止滴定，然後記錄所用標準酸滴定液的體積 B (mL) 及精確的 pH 值。續再小心添加滴定液，使 pH 值確實減少 0.3 pH 單位，然後再記錄標準酸滴定液所滴定之體積量 C (mL)。❺

八、結果處理

㈠電位滴定至終點 pH

$$鹼度滴定至 pH\ 4.5（或 pH\ 8.3）(mg\ CaCO_3/L) = \frac{A_2(\ 或\ A_1) \times N \times 50\,000}{V}$$

或

$$鹼度 (mg\ CaCO_3/L) = \frac{A \times t \times 1\,000}{V}$$

A: 使用標準酸的體積 (mL)
　　（A_1: 達到 pH 8.3 時，所使用標準酸的體積；A_2: 達到 pH 4.5 時，所使用標準酸的體積）
N: 標準酸的當量濃度
t: 標準酸滴定濃度 (mg CaCO_3/L)
V: 樣品體積 (mL)

---

❺　廢液分類處理原則——本檢驗廢液依一般無機廢液處理。

㈡低鹼度樣品的電位滴定計滴定

$$總鹼度\ (mg\ CaCO_3/L) = \frac{(2B - C) \times N \times 50\,000}{V}$$

B: 第一次記錄 pH 值之滴定液體積 (mL)
C: 使達到比第一次記錄 pH 值時，再降低 pH 0.3 單位之所有滴定液體積 (mL)
N: 標準酸的當量濃度
V: 樣品體積 (mL)

九、品質管制

㈠在檢測每個樣品時，電極應以試劑水完全洗淨。

㈡空白分析：每批次或每十個樣品至少應執行一個空白樣品分析。

㈢查核樣品分析：每批次或每十個樣品至少應執行一個查核樣品分析，並求其回收率。

十、精密度及準確度

單一實驗室針對鹼度參考樣品之精密度與準確度檢測結果，見表 A–5。

▼表 A–5　單一實驗室針對鹼度參考樣品之檢測結果

配製值 (mg/L)	測值平均值 (mg/L)	精密度 (RSD)%	準確度 (X)%	分析次數 (n)
15.2	14.9	9.43	97.6 ± 9.2	7
33.0	33.6	0.45	101.9 ± 0.5	3
48.5	49.6	3.14	102.4 ± 3.2	12
60.2	61.4	2.71	102.5 ± 2.8	9
91.8	92.9	3.17	101.2 ± 3.2	6

十一、參考資料

APHA, American Water Works Association & Water Pollution Control Federation, *Standard Methods for the Examination of Water and Wastewater*, 20th ed., Method 2320B, pp. 2–26 ～ 2–29, APHA, Washington, D.C., USA, 1998.

水中總溶解固體及懸浮固體檢測方法[1]
——103～105°C 乾燥

中華民國九十二年十月三日

(92) 環署檢字第 0920072114 號

NIEA W210.56A

一、方法概要

將攪拌均勻之水樣置於已知重量之蒸發皿中蒸乾，移入 103～105°C 之烘箱續烘至恆重，所增加之重量即為總固體重。另將攪拌均勻之水樣以一已知重量之玻璃纖維濾片過濾，濾片移入 103～105°C 烘箱中乾燥至恆重，其所增加之重量即為懸浮固體重。將總固體重減去總懸浮固體重，或將水樣先經玻璃纖維濾片過濾後，其濾液再依總固體檢測步驟進行，即得總溶解固體重。

二、適用範圍

本方法適用於飲用水水質、飲用水水源水質、地面水體、地下水、放流水、廢（污）水及海域水質中之總固體、總懸浮固體及總溶解固體含量之測定。

三、干　擾

㈠水樣中若含大量鈣、鎂、氯化物及／或硫酸鹽，易受潮解，故需要較長之乾燥時間、適當的乾燥保存方法及快速的稱重。

㈡水樣中大漂浮物、塊狀物等均應事先除去；若有浮油或浮脂，應事先以攪拌機打散再取樣。

㈢若蒸發皿上有大量之固體，可能會形成吸水硬塊，所以本法限制所取樣品中固體之含量應低於 200 mg。

㈣由於濾片之阻塞會使過濾時間拖長，導致膠體粒子之吸附而使懸浮固體數據偏高。

㈤測定懸浮固體時，若水樣含有大量之溶解固體，需以足量之水沖洗濾片，以除去附著於其上之溶解固體。

---

[1]　配合本書第 11 章。

㈥減少開啟乾燥器之次數，以避免濕氣進入。

㈦含油脂量過高的樣品，因很難乾燥至恆重，會影響分析結果之準確度。

四、設備及材料

㈠蒸發皿：100 mL，材料可為下列三種之一。

1. 陶磁，90 mm 直徑。
2. 白金或不和水樣產生反應的金屬材質。
3. 高矽含量玻璃。

㈡水浴。

㈢乾燥器。

㈣乾燥箱：能控溫在 103 ～ 105°C。

㈤分析天平：能精稱至 0.1 mg。

㈥鐵弗龍被覆之磁攪棒。

㈦寬口之吸量管。

㈧玻璃纖維濾片：Whatman Grade 934AH; Gelman Type A/E; Millipore Type AP–40; E–D Scientific Specialties Grade 161 或同級品。

㈨過濾裝置：下列三種形式之一。

1. 薄膜式過濾漏斗。
2. 古式坩堝：25 mL 或 40 mL。
3. 附 40 ～ 60 μm 孔徑濾板之過濾器。

㈩抽氣裝置。

(十一)圓盤：鋁或不銹鋼材質。

五、試　劑

試劑水：去離子蒸餾水。

六、採樣及保存

採樣時須使用抗酸性之玻璃瓶或塑膠瓶，以免懸浮固體吸附於其器壁上，分析前均應保存於 4°C 之暗處，以避免固體被微生物分解。採樣後儘速檢測，最長保存期限為七天。

七、步　驟

㈠總固體

1. 蒸發皿之準備，將洗淨之蒸發皿置於 103 ～ 105°C 乾燥烘箱中一小時，移入乾燥器內冷卻備用。使用前才稱重。

2. 先將樣品充分混合後，以吸量管移取固體含量約在 2.5 ～ 200 mg 間之水樣量於已稱重之蒸發皿中，並在水浴或烘箱中蒸乾，蒸乾過程須調溫低於沸點 2°C 以避免水樣突沸。樣品移取過程中須以磁棒攪勻。如有必要可在樣品乾燥後續加入定量之水樣以避免固體含量過少而影響結果。將蒸發皿移入 103 ～105°C 乾燥烘箱內一小時後，再將之移入乾燥器內，冷卻後稱重。重覆上述烘乾、冷卻及稱重步驟直到恆重為止（前後兩次之重量差須小於前重之 4% 並在 0.5 mg 範圍內）。在稱重乾燥樣品時，小心因空氣暴露及樣品分解所導致之重量改變。

㈡懸浮固體

1. 準備玻璃纖維濾片：將濾片皺面朝上鋪於過濾裝置上，打開抽氣裝置，連續各以 20 mL 試劑水沖洗三次，繼續抽氣至除去所有之水分。將濾片取下置於圓盤上，移入乾燥烘箱中以 103 ～ 105°C 烘乾一小時，再將之取出移入乾燥器中冷卻，待其恆重後加以稱重。重覆上述烘乾、冷卻、乾燥、稱重之步驟，直至前後兩次重量差在 0.5 mg 之內並小於前重之 4%。將含濾片之圓盤保存於乾燥器內備用。

2. 濾片及樣品量之選擇：樣品量以能獲得 2.5 mg 至 200 mg 間之固體重為宜，如固體含量太低則可增加樣品體積至 1 公升為止。若過濾時間超過十分鐘，則需加大濾片之尺寸或減少樣品之體積。

3. 樣品分析：將已稱重之濾片裝於過濾裝置上，以少量的試劑水將濾片定位。先以磁棒攪拌水樣，邊攪拌，邊吸取定量之樣品通過過濾裝置，分別以至少 20 mL 試劑水沖洗濾片三次，待洗液流盡後繼續抽氣三分鐘。將濾片取下移入圓盤中，放入乾燥烘箱以 103 ～ 105°C 烘乾至少一小時後，將之移入乾燥器中冷卻後稱重。重覆前述烘乾、冷卻及稱重步驟，至前後兩次重量差在 0.5 mg 之內並小於前重之 4%。

八、結果處理

㈠總固體量 $(\mathrm{mg/L}) = \dfrac{(A - B) \times 1\,000}{V}$

　　A: 總固體及蒸發皿之重 (g)
　　B: 蒸發皿之重 (g)
　　V: 樣品體積 (L)

㈡總懸浮固體量 $(\mathrm{mg/L}) = \dfrac{(C - D) \times 1\,000}{V}$

　　C: 懸浮固體及濾片重 (g)
　　D: 濾片重 (g)
　　V: 樣品體積 (L)

㈢總溶解固體 $(\mathrm{mg/L}) = $ 總固體 $(\mathrm{mg/L}) - $ 總懸浮固體量 $(\mathrm{mg/L})$

　　或

總溶解固體 $(\mathrm{mg/L}) = \dfrac{(E - B) \times 1\,000}{V}$

　　E: 總溶解固體量及蒸發皿之重 (g)
　　B: 蒸發皿之重 (g)
　　C: 樣品體積 (L)

九、品質管制

㈠空白分析：每十個樣品或每批次樣品至少執行一次空白樣品分析，空白分析值應符合各實驗室自訂之品管規定。

㈡重覆分析：每個樣品必須執行重覆分析，重覆分析之相對差異百分比應在 10% 以內。

十、精密度與準確度

國內某單一實驗室對一品管樣品[❷]進行二十次重覆分析，所得結果如下所示：

測試項目	樣品濃度 (mg/L)	回收濃度 (mg/L)	回收率±標準偏差 (%)	精密度 (RSD)%	準確度 (X)%
T.S.	200.0	199.0	99.5±0.3	0.2	99.3 ～ 99.7
S.S.	100.0	96.0	96.0±0.6	0.6	95.4 ～ 96.6
D.S.	100.0	103.0	103.0±0.5	0.5	102.5 ～ 103.5

十一、參考文獻

㈠ APHA, American Water Works Association & Water Pollution Control Federation, *Standard Methods for the Examination of Water and Wastewater*, 20th ed., Method 2540, B, D, pp. 2–55 ～ 2–58, APHA, Washington, D.C., USA, 1998.

㈡ Environmental Monitoring System Laboratory Office of Research and Development, U.S. Environmental Protection Agency Storet No. 00530 Method: 160.2, Revision 2.0, 1993.

---

❷ 品管樣品係溶解 0.2000 g 之高嶺土及 0.2000 g 之氯化鈉於試劑水後，稀釋至 2 L。

水中氫離子濃度指數測定法[❶] ── 電極法

中華民國八十三年三月九日

(83) 環署檢字第 00540 號

NIEA W424.50A

一、原　理

　　利用玻璃電極及參考電極，測定水樣中氫離子之氧化電位，可決定氫離子活性，而以氫離子濃度指數 (pH) 表示之，於 25°C 理想條件下，氫離子活性改變 10 倍，即改變一個 pH 單位，電位變化為 59.16 mV。

二、適用範圍

　　本方法適用於水及廢污水中 pH 值之測定。

三、干　擾

㈠ pH 值在 10 以上時，高濃度之鈉離子造成測定誤差，可改用特殊低鈉誤差電極 (Low Sodium Error Electrode) 以減少誤差。

㈡溫度對 pH 測定之影響有二：

　1. pH 計之電位輸出隨溫度而改變，可由溫度補償裝置校正之。

　2.水樣之離子平衡隨溫度而變化，故在測定時應同時記錄水溫。

四、設　備

㈠ pH 計：附有溫度補償裝置。

㈡玻璃電極。

㈢參考電極：使用甘汞電極或銀─氯化銀電極。

㈣電磁攪拌器。

---

❶　配合本書第 12 章。

五、試　劑

㈠蒸餾水：去離子蒸餾水，或將電導度小於 2 $\mu \mho$/cm 之蒸餾水煮沸冷卻後使用；加一滴飽和氯化鉀 (KCl) 溶液於 50 mL 蒸餾水中，所得溶液之 pH 值應在 6.0 ～ 7.0 間。

㈡參考緩衝溶液：校正 pH 計用，使用市售品或依下法配製，保存期限 4 星期。

　1.苯二甲酸鹽緩衝溶液：在 1 L 量瓶內，溶解 10.12 g 無水苯二甲酸氫鉀 ($KHC_8H_4O_4$) 於蒸餾水，稀釋至刻度，儲存於聚乙烯瓶；在 25°C 時 pH ＝ 4.01。

　2.磷酸鹽緩衝溶液：在 1 L 量瓶內，溶解 3.388 g 無水磷酸二氫鉀 (KH_2PO_4) 及 5.533 g 無水磷酸氫二鈉 (Na_2HPO_4) 於蒸餾水，稀釋至刻度，儲存於聚乙烯瓶；在 25°C 時 pH ＝ 6.68。

　3.碳酸鹽緩衝溶液：在 1 L 量瓶內，溶解 2.092 g 無水碳酸氫鈉 ($NaHCO_3$) 及 2.640 g 無水碳酸鈉 (Na_2CO_3) 於蒸餾水，稀釋至刻度，儲存於聚乙烯瓶，在 25°C 時 pH ＝ 10.01。

六、步　驟

㈠選擇二種參考緩衝溶液（兩者之 pH 值差為 3 左右，且範圍能涵蓋水樣之 pH 者）以校正 pH 計。

㈡各取適量之緩衝溶液及水樣於清淨小燒杯中，保持同一溫度。

㈢將電極移出以蒸餾水淋洗，再以柔軟面紙輕輕拭乾，置於第一種緩衝溶液，以磁石攪拌，俟穩定後校正儀器；再以同法用第二種緩衝溶液校正儀器。

㈣將電極沖洗拭乾後置入水樣中，（每次更換水樣均應先將電極淋洗乾淨並拭乾）以磁石攪拌，俟穩定後讀取 pH 值並記錄溫度。

七、參考資料

APHA, *Standard Methods for the Examination of Water and Wastewater*, 15th ed., pp. 402 ～ 409, 1981.

水中溶氧檢測方法㈠[1] ——碘定量法

中華民國八十八年七月二十八日

(88) 環署檢字第 25627 號

NIEA W422.51C

一、方法概要

水樣採集於具有玻璃瓶塞的瓶子內，加入硫酸亞錳溶液及鹼性碘化物後生成氫氧化亞錳，此時水中溶氧快速地將等價量且散佈於水中的氫氧化亞錳，氧化成更高價的錳氧化物而產生沉澱。當水樣加入濃硫酸，進一步變為酸性且有碘離子存在時，氧化的錳離子會回復為二價的狀態，同時釋放出與溶氧等價量的碘分子。此時可以用硫代硫酸鈉標準溶液滴定碘分子，求得溶氧量。

二、適用範圍

本方法適用於放流水、廢污水及地面水中溶氧的測定。

三、干　擾

當樣品中有氧化或還原物質存在時。特定的氧化試劑會將碘離子氧化為碘分子（正干擾），而部分還原試劑則會將碘分子還原為碘離子（負干擾）。當氧化的錳離子沉澱物被酸化時，大部分的有機物質會同時產生部分氧化，而引起負誤差。

四、設　備

㈠凱末爾型 (Kemmerer) 或同等級採樣器或如附圖 A–2 之採樣器。

㈡BOD 瓶：容量 250 或 300 mL，具有磨砂口玻璃瓶蓋者。

㈢量瓶：100 mL、1 L。

㈣移液管：1.0 mL。

㈤燒杯、錐形瓶。

---

[1]　配合本書第 13 章。

㈥滴定裝置：滴定管刻度至 0.05 mL。

㈦溫度計。

㈧磁石、磁攪拌器。

㈨天平：可精秤至 0.1 mg。

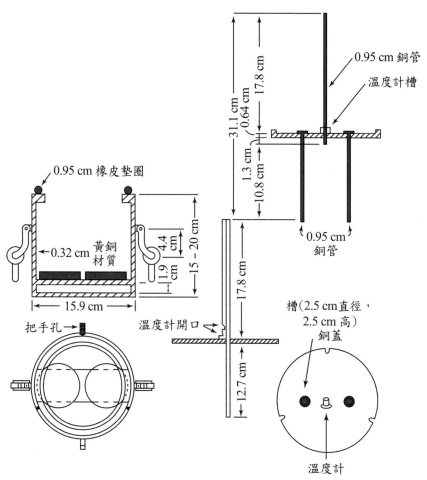

▲圖 A–2　DO 及 BOD 採樣器

五、試　劑

㈠試劑水：一般蒸餾水。

㈡濃硫酸：分析級。

㈢疊氮化鈉溶液：溶解 2 g 疊氮化鈉於 100 mL 試劑水。

㈣硫酸亞錳溶液：溶解 480 g 硫酸亞錳 (MnSO$_4$·2H$_2$O) 或 400 g MnSO$_4$·2H$_2$O 或 364 g MnSO$_4$·H$_2$O 於試劑水，過濾後定容至 1 L。此硫酸亞錳溶液若加入已酸化之碘化鉀之溶液及澱粉指示劑，不應產生顏色。

㈤鹼性碘化物溶液：溶解 500 g 氫氧化鈉（或 700 g 氫氧化鉀）與 135 g 碘化鈉（或 150 g 碘化鉀）於試劑水中，並定容至 1 L。鈉鹽與鉀鹽可以互相替換使用。此溶液在稀釋並酸化後若加入澱粉指示劑，不應產生顏色。

㈥澱粉指示劑：取 2 g 試藥級可溶性澱粉於燒杯，加入少量試劑水攪拌成乳狀液後倒入於 100 mL 沸騰之試劑水中，煮沸數分鐘後靜置一夜，加入 0.2 g 水楊酸 (Salicylic Acid) 保存之。

㈦硫代硫酸鈉滴定溶液，約 0.025 M：溶解 6.205 g 硫代硫酸鈉 (Na$_2$S$_2$O$_3$·5H$_2$O) 於試劑水中，加入 1.5 mL 6 N 氫氧化鈉溶液（或 0.4 g 固體氫氧化鈉），並以試劑水定容至 1 L，儲存於棕色瓶。使用前用碘酸氫鉀溶液標定。

硫代硫酸鈉溶液之標定：

在錐形瓶內溶解約 2 g 不含碘酸鹽之碘化鉀於 100 至 150 mL 試劑水，加入 1 mL 6 N 硫酸或數滴濃硫酸及 20.00 mL 碘酸氫鉀標準溶液，以試劑水稀釋至約 200 mL，隨即以硫代硫酸鈉滴定溶液滴定所釋出的碘，在接近滴定終點（即呈淡黃色）時，加入澱粉指示劑，繼續滴定至藍色消失[❷]。

---

❷　$(IO_3^-)_2 + 10I^- + 12H^+ \rightarrow 6I_2 + 6H_2O$

　　$6I_2 + 12S_2O_3^{2-} \rightarrow 12I^- + 6S_4O_6^{2-}$

　　1 mmole $(IO_3^-)_2$ = 12 mmole $S_2O_3^{2-}$

　　硫代硫酸鈉莫耳濃度 $(M) = \dfrac{12 \times M_4 V_4}{V_3}$

　　M_4 =碘酸氫鉀標準液濃度 (M)

　　V_4 =碘酸氫鉀標準液所加入的體積 (mL)

　　V_3 =硫代硫酸鈉滴定溶液所消耗之總體積 (mL)

㈧碘酸氫鉀標準溶液，0.0021 *M*：溶解 812.4 mg 分析級碘酸氫鉀〔KH(IO$_3$)$_2$〕於試劑水中，定容至 1 L。

六、採樣與保存

㈠要非常小心地採集樣品，採樣的方法應依據樣品來源決定。勿使樣品一直接觸空氣或是被攪動，兩者都會使它的氣體含量改變。在採集任何深度的溪水、湖水、蓄池水和採集鍋爐水時，均需要使用適當的採樣方法以避免壓力和溫度的改變。

㈡在採集表面水時，可以使用附有玻璃磨砂口尖頭瓶塞的 300 mL 窄口 BOD 瓶收集水樣，並避免帶入或溶解大氣中的氧。

㈢採集具有壓力的管線水樣，可以使用玻璃管或橡皮管連接水龍頭，另一端延伸至瓶底，讓水樣溢流瓶子體積的二或三倍，然後蓋上瓶塞，如此可以避免氣泡留在瓶內。

㈣圖 A–2 為適合採集溪水、池水或適當深度的蓄池水之採樣器。當採集水深超過兩公尺之水樣時，可以使用凱末爾型 (Kemmerer Type) 或同等級採樣器。水樣經由連接採樣器底端的管子流到 BOD 瓶的瓶底，使水樣溢流（大約十秒），同時應防止攪動和形成氣泡。

㈤記錄採樣時的水溫至 0.1°C 或更精確。

㈥所有樣品應於採樣後立即依七、步驟㈠至步驟㈢測定溶氧。若樣品無法立即測定時，於採樣後應添加 0.7 mL 濃硫酸和 1 mL 疊氮化鈉溶液（溶解 2 g 疊氮化鈉於 100 mL 試劑水）於 BOD 瓶內，BOD 瓶在溫度為 10°C 至 20°C，以水封方式保存，可以保存四至八小時。

七、步　驟

㈠在 BOD 瓶中加入 2 mL 硫酸亞錳溶液後，加入 3 mL 鹼性碘化物溶液。小心加蓋勿遺留氣泡，上下倒置 BOD 瓶數次，使混合均勻。靜待沉澱物下沉（約半瓶的體積）。

㈡打開瓶蓋，加入 2 mL 濃硫酸，加蓋後上下倒置 BOD 瓶數次直到沉澱物完全溶解。

㈢由 BOD 瓶中取適量水樣（全量或 205 mL）置於錐形瓶內，以標定過之硫代硫酸鈉滴定溶液滴定至淡黃色，加入幾滴澱粉指示劑，繼續滴定至第一次藍色消失時，即為滴定終點。若超過滴定終點時，可用 0.0021 *M* 碘酸氫鉀溶液反滴定，或再加入一定體積水樣繼續滴定。

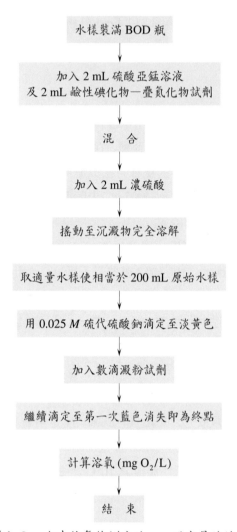

▲圖 A–3 水中溶氧檢測方法──碘定量法流程圖

八、計　算

㈠計算溶氧量之公式。

$$\text{溶氧量 (mg O}_2/\text{L)} = \frac{A \times N \times \frac{32}{4}}{\frac{V_1}{1\,000} \times \frac{V - V_2}{V}} = \frac{A \times N \times 8\,000}{V_1} \times \frac{V}{V - V_2} \text{❸}$$

$A=$ 水樣消耗之硫代硫酸鈉滴定溶液體積 (mL)

$N=$ 硫代硫酸鈉滴定溶液當量濃度 $(N)=$ 莫耳濃度 (M)

$V_1=$ 滴定用的水樣體積 (mL)

$V=$ BOD 瓶之量 (mL)

$V_2=$ 在六、採樣與保存㈥與七、步驟㈠所加入試劑的總體積 (mL)

㈡依據上述公式，若 $Na_2S_2O_3$ 的標定濃度為 0.025 M，取用 205 mL 滴定時：

$$1 \text{ mL } Na_2S_2O_3 = 1 \text{ mg 溶氧/L}$$

㈢若所得的結果欲以相對飽和程度之百分比表示時，可參考表 A–6 之資料。若採樣時的大氣壓力不是在海平面或水中含氯離子不同時，可依表 A–6 所列方程式校正之。

▼表 A–6　在 101.3 kPa (760 mmHg) 大氣壓，暴露在含飽和水分之空氣中，不同溫度 (°C) 及氯度時水中飽和溶氧度 (mg/L)

溫 度 (°C)	水中飽和溶氧度 (mg/L)					
	水中氯度 (Chlorinity)					
	0	5.0	10.0	15.0	20.0	25.0
0.0	14.621	13.728	12.888	12.097	11.355	10.657
1.0	14.216	13.356	12.545	11.783	11.066	10.392
2.0	13.829	13.000	12.218	11.483	10.790	10.139
3.0	13.460	12.660	11.906	11.195	10.526	9.897
4.0	13.107	12.335	11.607	10.920	10.273	9.664
5.0	12.770	12.024	11.320	10.656	10.031	9.441

---

❸　$2Mn(OH)_2 + O_2 \longrightarrow 2MnO_2 + 2H_2O$

$MnO_2 + 2I^- + 4H^+ \longrightarrow Mn^+ + I_2 + 2H_2O$

$2S_2O_3^{2-} + I_2 \longrightarrow S_4O_6^{2+} + 2I^-$

一莫耳氧分子消耗四莫耳硫代硫酸鈉

(續表 A-6)

			水中飽和溶氧度 (mg/L)		
6.0	12.447	11.727	11.046	10.404	9.799	9.228
7.0	12.139	11.442	10.783	10.162	9.576	9.023
8.0	11.843	11.169	10.531	9.930	9.362	8.826
9.0	11.559	10.907	10.290	9.707	9.156	8.636
10.0	11.288	10.656	10.058	9.493	8.959	8.454
11.0	11.027	10.415	9.835	9.287	8.769	8.279
12.0	10.777	10.183	9.621	9.089	8.586	8.111
13.0	10.537	9.961	9.416	8.899	8.411	7.949
14.0	10.306	9.747	9.218	8.716	8.242	7.792
15.0	10.084	9.541	9.027	8.540	8.079	7.642
16.0	9.870	9.344	8.844	8.370	7.922	7.496
17.0	9.665	8.153	8.667	8.207	7.770	7.356
18.0	9.467	8.969	8.497	8.049	7.624	7.221
19.0	9.276	8.792	8.333	7.896	7.483	7.090
20.0	9.092	8.621	8.174	7.749	7.346	6.964
21.0	8.915	8.456	8.021	7.607	7.214	6.842
22.0	8.743	8.297	7.873	7.470	7.087	6.723
23.0	8.578	8.143	7.730	7.337	6.963	6.609
24.0	8.418	7.994	7.591	7.208	6.844	6.498
25.0	8.263	7.850	7.457	7.083	6.728	6.390
26.0	8.113	7.711	7.327	6.962	6.615	6.285
27.0	7.968	7.575	7.201	6.845	6.506	6.184
28.0	7.827	7.444	7.079	6.731	6.400	6.085
29.0	7.691	7.317	6.961	6.621	6.297	5.990
30.0	7.559	7.194	6.845	6.513	6.197	5.896
31.0	7.430	7.093	6.733	6.409	6.100	5.806
32.0	7.305	6.957	6.624	6.307	6.005	5.717
33.0	7.183	6.843	6.518	6.208	5.912	5.631
34.0	7.065	6.732	6.415	6.111	5.822	5.546
35.0	6.950	6.624	6.314	6.017	5.734	5.464
36.0	6.837	6.519	6.215	5.925	5.648	5.384
37.0	6.727	6.416	6.119	5.835	5.564	5.305
38.0	6.620	6.316	6.025	5.747	5.481	5.228
39.0	6.515	6.217	5.932	5.660	5.400	5.152
40.0	6.412	6.121	5.842	5.576	5.321	5.078

(續表 A–6)

		水中飽和溶氧度 (mg/L)			
41.0	6.312	6.026	5.753	5.493	5.243	5.005
42.0	6.213	5.934	5.667	5.411	5.167	4.933
43.0	6.116	5.843	5.581	5.331	5.091	4.862
44.0	6.021	5.753	5.497	5.252	5.017	4.793
45.0	5.927	5.665	5.414	5.174	4.944	4.724
46.0	5.835	5.578	5.333	5.097	4.872	4.656
47.0	5.744	5.493	5.252	5.021	4.801	4.589
48.0	5.654	5.408	5.172	4.947	4.730	4.523
49.0	5.565	5.324	5.094	4.872	4.660	4.457
50.0	5.477	5.242	5.016	4.799	4.591	4.392

①此表以三位小數點表示，有助於內插法之使用。

②當大氣壓力不是 1 大氣壓時，可依以下方程式計算溶氧

$$C_p = C^* P\left[\frac{(1 - P_{wv}/P)(1 - \theta P)}{(1 - P_{wv})(1 - \theta)}\right]$$

C_p ＝當不是 1 大氣壓時的溶氧量 (mg/L)

C^* ＝在標準 1 大氣壓 (atm) 時的溶氧量 (mg/L)

P ＝不是 1 大氣壓時的氣壓 (atm)

P_{wv} ＝水蒸氣壓 (atm)，可由以下方程式求得

$$\ln P_{wv} = 11.8571 - \frac{3\,840.70}{T} - \frac{216\,961}{T^2}$$

T ＝凱氏溫度 (K)

$\theta = 0.000975 - (1.426 \times 10^{-5}t) = (6.436 \times 10^{-8}t^2)$

t ＝攝氏溫度 (°C)

例如：在 20°C, 0.700 atm 且氯度為 0 時之溶氧
$C_p = C^* P(0.990092) = 6.30$ mg/L

③氯度 (Chlorinity) 定義

氯度 = 鹽度/1.80655

在海水中，氯度約等於氯離子濃度（g/kg 溶液），在廢水中，須先測定導電度離子量以校正其溶氧效果，才能利用此表。

九、品質管制

每批樣品至少作一次重覆分析。

十、精密度及準確度

略。

十一、參考資料

㈠ APHA, American Water Works Association & Water Pollution Control Federation, *Standard Methods for the Examination of Water and Wastewater*, 19th ed., pp. 4–97 ～ 4–98, 1995.

㈡ Potter, E. C. & G. E. Everitt, Advances in Dissolved Oxygen Microanalysis, *J. Appl. Chem.*, 9：642, 1957.

㈢ Mancy, K. H. & T. Jaffe, *Analysis of Dissolved Oxygen in Natural and Waste Waters*, Publ. No. 99–WP–37, U.S. Public Health Serv., Washington. D. C., 1966.

㈣ Oulman, C. S. & E. R. Baumann, A Colorimetric Method for Determining Dissolved Oxygen, *Sewage Ind. Wastes*, 28：1641, 1956.

㈤ Alsterberg, G., Methods for the Determination of Elementary Oxygen Dissolved in Water in the Presence of Nitrite. *Biochem. Z.* 159：36., 1925.

㈥ Rideal, S. & G. G. Stewart, The Determination of Dissolved Oxygen in Wastes in the Presence of Nitrites and of Organic Matter, *Analyst*, 26：141, 1901.

㈦ Ruchhoft, C. C. & W. A. Moore, The Determination of Biochemical Oxygen Demand and Dissolved Oxygen of River Mud Suspensions, *Ind. Eng. Chem., Anal.*, ed., 12：711, 1940.

㈧ Placak, O. R. & C. C. Ruchhoft, Comparative Study of the Aide and Rideal-Stewart Modifications of the Winkler Method in the Determination of Biochemical Oxygen Demand, *Ind. Eng. Chem., Anal., ed*. 13：12, 1941.

㈨ Ruchhoft, C. C. & O. R. Placak, Determination of Dissolved Oxygen in Activated-Sludge Sewage Mixtures, *Sewage Works J*., 14：638, 1942.

水中溶氧檢測方法㈡[1] —— 疊氮化物修正法

中華民國八十六年五月二十六日

(86) 環署檢字 20712 號修正

NIEA W421.54C

一、方法概要

水樣中加入硫酸亞錳溶液及鹼性碘化物—疊氮化物溶液後，生成氫氧化亞錳沉澱，水中溶氧將氫氧化亞錳氧化成較高價之錳氧化物。將水樣酸化後碘離子與錳氧化物反應產生與溶氧同當量之碘，以硫代硫酸鈉滴定溶液中之碘，即可求得溶氧量。

二、適用範圍

本方法適用於放流水、廢污水溶氧之檢驗；本方法因可有效去除亞硝酸鹽之干擾，特別適用於生物處理過之放流水及 BOD 水樣（水樣中亞硝酸鹽氮可大於 50 μg/L，但亞鐵離子濃度少於 1 mg/L 時，不得有其他之氧化、還原物質存在）。

三、干　擾

㈠某些氧化劑與碘離子反應釋出碘，造成結果偏高；而某些還原劑與碘作用造成結果偏低。大部分有機物在酸性溶液中，將用掉部分錳氧化物所釋放出的碘，而造成結果偏低。

㈡於酸化水樣前加入 1 mL KF 溶液後立即滴定，可適用於含有 100 至 200 mg/L 鐵離子之水樣。

㈢水樣中若含有機懸浮固體或嚴重污染時，可能會有較大的誤差發生。

四、設　備

㈠BOD 瓶：容量 250 或 300 mL，具有磨砂口玻璃瓶蓋者。

㈡量瓶：100 mL，1 L。

㈢移液管：1.0 mL。

---

❶ 配合本書第 13 章。

㈣燒杯、錐形瓶。

㈤滴定裝置：滴定管刻度至 0.05 mL。

㈥溫度計。

㈦磁石、磁攪拌器。

㈧天平：可精秤至 0.1 mg。

五、試　劑

㈠試劑水：一般蒸餾水。

㈡濃硫酸：分析級，1 mL 相當於 3 mL 鹼性碘化物─疊氮化物試劑。

㈢硫酸亞錳溶液：溶解 480 g $MnSO_4 \cdot 4H_2O$ 或 400 g $MnSO_4 \cdot 2H_2O$ 或 364 g $MnSO_4 \cdot H_2O$ 於試劑水，過濾後定容至 1 L。此硫酸亞錳溶液若加入於已酸化之碘化鉀溶液及澱粉指示劑，不應產生顏色。

㈣鹼性碘化物─疊氮化物試劑：溶解 500 g 氫氧化鈉（或 700 g 氫氧化鉀）與 135 g 碘化鈉（或 150 g 碘化鉀）於試劑水中，並定容至 1 L；另外溶解 10 g 疊氮化鈉 (NaN_3) 於 40 mL 試劑水中，俟溶解後，加入上述的 1 L 溶液中。此溶液在稀釋並酸化後若加入澱粉指示劑，不應產生顏色。

㈤澱粉指示劑：取 2 g 試藥級可溶性澱粉於燒杯，加入少量試劑水攪拌成乳狀液後倒入於 100 mL 沸騰之試劑水中，煮沸數分鐘後靜置一夜；加入 0.2 g 水楊酸 (Salicylic Acid) 保存之，使用時取其上層澄清液。

㈥硫代硫酸鈉滴定溶液，約 0.025 M：溶解 6.205 g 硫代硫酸鈉 ($Na_2S_2O_3 \cdot 5H_2O$) 於試劑水中，加入 1.5 mL 6 N 氫氧化鈉溶液（或 0.4 g 固體氫氧化鈉），以試劑水定容至 1 L，儲存於棕色瓶。使用前用碘酸氫鉀溶液標定。

硫代硫酸鈉溶液之濃度標定：

在錐形瓶內溶解約 2 g 不含碘酸鹽之碘化鉀於 100 至 150 mL 試劑水，加入 1 mL 6 N 硫酸或數滴濃硫酸及 20.00 mL 碘酸氫鉀標準溶液，以試劑水稀釋至約 200 mL，隨即以硫代硫酸鈉溶液滴定所釋出的碘，在接近滴定終點（即呈淡黃色）時，加入澱粉指示劑，繼續滴定至藍色消失❷。

---

❷　$2IO_3^- + 10I^- + 12H^+ \longrightarrow 6I_2 + 6H_2O$

　　$6I_2 + 12S_2O_3^{2-} \longrightarrow 12I^- + 6S_4O_6^{2-}$

　　1 mmole $(IO_3^-)^2 = 12$ mmole $S_2O_3^{2-}$

㈦碘酸氫鉀標準溶液，0.0021 M：溶解 0.8124 g 分析級碘酸氫鉀〔$KH(IO_3)_2$〕於試劑水中，並定容至 1 L。

㈧氟化鉀溶液：溶解 40 g 氟化鉀 ($KF \cdot 2H_2O$) 於試劑水中，並定容至 100 mL。

六、採樣及保存

略。

七、步　驟

㈠在裝滿水樣之 BOD 瓶中，先加入 1.0 mL 硫酸亞錳溶液，再加入 1.0 mL 鹼性碘化物—疊氮化物試劑，加試劑時移液管尖端須深入水面下。

㈡小心加蓋，勿遺留氣泡，上下倒置 BOD 瓶數次，使其混合均勻。俟氫氧化錳沉澱物下沉（約有半瓶的體積）。打開瓶蓋沿瓶頸加入 1.0 mL 濃硫酸，加蓋後上下倒置 BOD 瓶數次直到沉澱物完全溶解。

㈢由 BOD 瓶中取適量水樣（全量或 201 mL），置於錐形瓶內，以 0.025 M 硫代硫酸鈉溶液滴定至淡黃色，加入幾滴澱粉指示劑，繼續滴定至第一次藍色消失時，即為滴定終點❸。若超過滴定終點時，可用 0.0021 M 碘酸氫鉀溶液反滴定。

八、計　算

㈠滴定用水樣體積已換算為 200 mL 原始水樣時：

$$1 \text{ mL } 0.025 \text{ } M \text{ } Na_2S_2O_3 = 1 \text{ mg 溶氧/L}❹$$

硫代硫酸鈉莫耳濃度 $(M) = \dfrac{12 \times M_4 V_4}{V_3}$

M_4 = 碘酸氫鉀標準液濃度 (M)

V_4 = 加入碘酸氫鉀標準液的體積 (mL)

V_3 = 消耗硫代硫酸鈉滴定溶液之總體積 (mL)

❸ 例如在裝滿含有 300 mL 樣品之 BOD 瓶中，加入 1 mL 硫酸亞錳與 1 mL 鹼性碘化物—疊氮化物試劑後，需取 X mL，使 X mL 相當於原水樣之 200 mL，即 $X=200 \times 300/(300-2)=201$。

❹ 由於亞硝酸鹽或微量的鐵鹽可能沒有完全被氟離子錯合住，將使溶液再次形成顏色。

㈡可以公式計算溶氧量：

$$\text{溶氧量 mg O}_2/\text{L} = \frac{A \times N \times \dfrac{32}{4}}{\dfrac{V_1}{1\,000} \times \dfrac{V - V_2}{V}} = \frac{A \times N \times 8\,000}{V_1} \times \frac{V}{V - V_2}$$

A＝水樣消耗之硫代硫酸鈉滴定溶液體積 (mL)
N＝硫代硫酸鈉滴定溶液當量濃度 (N)＝莫耳濃度 (M)
V_1＝滴定用的水樣體積 (mL)
V＝BOD 瓶之量 (mL)
V_2＝在步驟七、㈠所加入硫酸亞錳和鹼性碘化物試劑的總體積 (mL)

㈢若所得的結果欲以相對飽和程度表示時，可參考表 A–6 (p. 305) 之資料。若採樣時的大氣壓力不是在海平面或水中含氯離子不同時，可依表 A–6 (p. 305) 所列方程式校正之。

九、品質管制

每批樣品至少作一次重覆分析。

十、精密度及準確度

在試劑水中，測得溶氧的精密度以 ±1 SD 標準偏差表示為 ± 20 μg/L；在廢水及二級處理之放流水中為 ± 60 μg/L；在有大量干擾物存在的水體中，即使使用正確的修飾劑 ±1 SD 標準偏差有可能高達 ± 100 μg/L（資料來源：見參考資料）。

十一、參考資料

APHA, American Water Work Association & Water Pollution Control Federation, *Standard Methods for the Examination of Water and Wastewater*, 19th ed., pp. 4–98 ～ 4–100, APHA, Washington, D.C., USA., 1995.

水中氯鹽檢測方法㈠[1] ——硝酸銀滴定法

中華民國九十一年九月二十三日

(91) 環署檢字第 0910065071 號

NIEA W407.51C

一、方法概要

在中性溶液中，以硝酸銀溶液滴定水中的氯離子，形成氯化銀沉澱，在滴定終點時，多餘的硝酸銀與指示劑鉻酸鉀生成紅色的鉻酸銀沉澱。

二、適用範圍

本方法適用於飲用水水質、飲用水水源水質、地下水體及地面水體（除海水外）中氯鹽之檢驗，滴定用水樣氯離子含量為 0.15 ～ 10 mg。

三、干　擾

㈠溴離子、碘離子、氰離子亦與硝酸銀起相同的反應，形成干擾。

㈡硫化物、硫代硫酸銀、亞硫酸根等形成干擾，可以過氧化氫去除之。

㈢磷酸根濃度大於 25 mg/L 或鐵離子濃度大於 10 mg/L，形成干擾。

㈣水樣色深時會影響滴定終點的判讀。

四、設備及材料

滴定管，50 mL。

五、試　劑

㈠試劑水：一般蒸餾水。

㈡酚酞指示液：溶解 0.5 g 酚酞 (Phenolphthalein) 於 50 mL 95% 乙醇 (C_2H_5OH)，加入 50 mL 蒸餾水。

---

[1] 配合本書第 14 章。

㈢硫酸溶液，0.5 M。

㈣氫氧化鈉溶液，1 M。

㈤鉻酸鉀指示劑：溶解 5.0 g 鉻酸鉀 (K_2CrO_4) 於少量蒸餾水，加入硝酸銀溶液直至生成紅色之沉澱；靜置 12 小時，過濾，然後以蒸餾水稀釋至 100 mL。

㈥氯化鈉標準溶液，0.0141 N：在 1 L 量瓶內，溶解 0.8240 g 氯化鈉（NaCl，140°C 乾燥隔夜）於蒸餾水，稀釋至刻度；1.00 mL = 500 μg Cl^-。

㈦硝酸銀滴定溶液，0.0141 N：在 1 L 量瓶內，溶解 2.395 g 硝酸銀 ($AgNO_3$) 於蒸餾水，稀釋至刻度；依步驟㈥以 0.0141 N 氯化鈉溶液標定之，儲存於棕色玻璃瓶。

㈧去干擾之特殊試劑

　1.氫氧化鋁懸浮液：溶解 125 g 硫酸鉀鋁〔$AlK(SO_4)_2 \cdot 12H_2O$〕或硫酸鋁銨〔$AlNH_4(SO_4)_2 \cdot 12H_2O$〕於 1 L 蒸餾水，加熱至 60°C，緩慢加入 55 mL 濃氫氧化銨 (NH_4OH) 並攪拌之，靜置 1 小時後，逐次加入蒸餾水，充分攪拌，濾去上層澄清液直至濾液中不含氯離子；新配製之懸浮液體積約 1 L。

　2.過氧化氫 (H_2O_2)，30%。

六、採樣與保存

㈠採樣：使用清潔並經試劑水清洗過之塑膠瓶或玻璃瓶。在取樣前，採樣瓶可用擬採集之水樣洗滌二至三次。

㈡保存：樣品保存期限為 28 天。

七、步　驟

㈠取 100 mL 水樣或經適量水稀釋至 100 mL（水樣之氯離子含量為 0.15 ～ 10 mg）。

㈡如水樣顏色很深，加入 3 mL 氫氧化鋁懸浮液，混合後靜置，過濾之。如硫化物、亞硫酸根、硫代硫酸根存在時，加入 1 mL 過氧化氫溶液，攪拌 1 分鐘。

㈢以硫酸或氫氧化鈉溶液、酚酞指示劑，調整水樣之 pH 至 7 ～ 10。

㈣加入 1.0 mL 鉻酸鉀指示劑，以硝酸銀滴定溶液滴定至帶桃紅色之黃色終點。

㈤同時以 100 mL 蒸餾水作空白試驗。❷

---

❷　本檢測方法產生之廢液，依一般重金屬廢液處理原則處理。

八、結果處理

$$氯離子濃度\ (mg\ Cl^-/L) = \frac{(A-B) \times N \times 35\,450}{水樣體積\ (mL)}$$

A: 水樣消耗之硝酸銀滴定溶液體積 (mL)
B: 空白消耗之硝酸銀滴定溶液體積 (mL)
N: 硝酸銀滴定溶液之當量濃度

九、品質管制

㈠空白分析: 每十個或每批樣品（當該批樣品小於十個時）執行一次空白分析，空白分析值應小於方法偵測極限之兩倍。

㈡重覆分析: 每十個或每批樣品執行一次重覆分析，其差異百分比應在 15% 以內。

㈢查核樣品分析: 每十個或每批樣品執行一次查核樣品分析，其回收率應在 80～120% 範圍內。

㈣添加標準品分析: 每十個或每批樣品執行一次添加標準品分析，其回收率應在 80～120% 範圍內。

十、精密度及準確度

在四十一個實驗室中，對含 241 mg Cl^-/L 之合成樣品（108 mg Ca/L, 82 mg Mg/L, 3.1 mg K/L, 19.9 mg Na/L, 1.1 mg NO_3–N/L, 0.25 mg NO_2–N/L, 259 mg SO_4^{2-}/L，總鹼度 42.5 mg/L）以此方法分析之相對標準偏差為 4.2%，相對誤差為 1.7%。

十一、參考資料

APHA, American Water Works Association & Water Pollution Control Federation, *Standard Methods for the Examination of Water and Wastewater*, 20th ed., Method 4500–Cl^-, pp. 4–67～4–68, APHA, Washington, D.C., USA, 1998.

水中氯鹽檢測方法㈡[1] ——硝酸汞滴定法

中華民國九十一年九月二十三日

(91) 環署檢字第 0910065071 號

NIEA W406.51C

一、方法概要

水樣經酸化後，在 pH 2.3 至 2.8 範圍內，以硝酸汞溶液滴定，在混合指示劑二苯卡巴腙 (Diphenylcarbazone) 存在時，離子與硝酸汞生成不易解離之氯化汞，在滴定終點多餘之汞離子與二苯卡巴腙形成藍紫色複合物。

二、適用範圍

本方法適用於飲用水水質、飲用水水源水質、地下水體及地面水體（除海水外）中氯鹽之檢驗。

三、干　擾

㈠溴離子及碘離子亦與硝酸汞溶液起相同的反應，形成干擾。

㈡鉻酸根離子、鐵離子或亞硫酸根離子之含量超過 10 mg/L 時，形成干擾[2]。

四、設備及材料

微量滴定管：5 mL，刻度至 0.01 mL。

五、試　劑

㈠試劑水：一般蒸餾水。

---

[1] 配合本書第 14 章。

[2] 若鉻酸根離子濃度大於 100 mg/L，鐵離子不存在時，加入 2 mL 對苯二酚溶液去干擾；當鐵離子存在時，使用適量水樣使其鐵離子含量少於 2.5 mg，加入 2 mL 對苯二酚溶液去干擾；當亞硫酸根離子存在時，於 50 mL 水樣加入 0.5 mL 過氧化氫，混合 1 分鐘。

㈡指示—酸化試劑（氯離子低於 100 mg/L 時適用）：依序加入 250 mg 二苯卡巴腙，4.0 mL 濃硝酸及 30 mg 酸鹼型指示劑 (Xylene Cyanol FF) 於 100 mL 95% 乙醇 (Ethyl Alcohol) 或異丙醇 (Isopropyl Alcohol) 中，儲存於棕色玻璃瓶並需置入冰箱保存。

㈢混合指示劑（氯離子高於 100 mg/L 時適用）：溶解 0.5 g 二苯卡巴腙 (Diphenylcarbazone) 及 0.05 g 溴酚藍 (Bromophenol Blue) 於 75 mL 95% 乙醇 (C_2H_5OH) 或異丙醇中，再以 95% 乙醇或異丙醇稀釋至 100 mL；儲存於棕色玻璃瓶。

㈣硝酸溶液，0.1 *M*。

㈤氫氧化鈉溶液，0.1 *M*。

㈥氯化鈉標準溶液，0.0141 *N*：在 1 L 量瓶內，溶解 0.8240 g 氯化鈉（NaCl，140°C 乾燥隔夜）於蒸餾水，稀釋至刻度；1.00 mL = 500 μg Cl^-。

㈦硝酸汞滴定溶液（氯離子低於 100 mg/L 時適用），0.0141 *N*：在 1 L 量瓶內，溶解 2.5 g 硝酸汞〔$Hg(NO_3)_2 \cdot H_2O$〕或 2.3 g 硝酸汞〔$Hg(NO_3)_2$〕，於含有 0.25 mL 濃硝酸 (HNO_3) 之 100 mL 蒸餾水，以蒸餾水稀釋至刻度；依步驟七、㈠，以氯化鈉標準溶液標定之：加入 5.00 mL 氯化鈉標準溶液及 10 mg 碳酸氫鈉並以蒸餾水稀釋至 100 mL 作重覆標定，溶液儲存於棕色玻璃瓶。

㈧硝酸汞滴定溶液（氯離子高於 100 mg/L 時適用），0.141 *N*：在 1 L 量瓶內，溶解 25 g 硝酸汞〔$Hg(NO_3)_2 \cdot H_2O$〕或 23 g 硝酸汞〔$Hg(NO_3)_2$〕，於含有 5.0 mL 濃硝酸之 900 mL 蒸餾水，以蒸餾水稀釋至刻度；依步驟七、㈡，以氯化鈉溶液標定之：加入 25.00 mL 氯化鈉標準溶液並以蒸餾水稀釋至 50 mL 作重覆標定，溶液儲存於棕色玻璃瓶。

㈨對苯二酚溶液：溶解 1 g 純對苯二酚 (Hydroquinone) 於 100 mL 蒸餾水，使用時配製。

㈩過氧化氫 (H_2O_2)，30%。

六、採樣與保存

㈠採樣：使用清潔並經試劑水清洗過之塑膠瓶或玻璃瓶。在取樣前，採樣瓶可用擬採集之水樣洗滌二至三次。

㈡保存：樣品保存期限為 28 天。

七、步　驟

㈠氯離子低於 100 mg/L 時之滴定：

1. 取水樣 100.0 mL，或適量水樣稀釋至 100 mL，使其氯離子含量低於 10 mg。

2. 加入 1.0 mL 指示－酸化試劑（此時溶液應呈綠－藍色）；對酸性或鹼性水樣，在加入指示－酸化試劑之前應調整其 pH 至 8 附近。

3. 使用 0.00705 *M* 之硝酸汞滴定溶液滴定水樣至藍紫色終點。

4. 使用 100.0 mL 含 10 mg 碳酸氫鈉蒸餾水依同樣步驟作空白試驗。

㈡氯離子高於 100 mg/L 時之滴定：

1. 取水樣 50.0 mL，或適量水樣稀釋至 50 mL，使其消耗 0.0705 *M* 硝酸汞滴定溶液以不超過 5 mL 為原則。

2. 加入 0.5 mL 混合指示劑，混合均勻，此時溶液應呈紫色（若溶液呈黃色則逐滴加入氫氧化鈉溶液至溶液呈藍紫色）。

3. 逐滴加入 0.1 *M* 硝酸溶液至溶液呈黃色。

4. 使用 0.0705 *M* 之硝酸汞滴定溶液滴定水樣至藍紫色終點。

5. 使用 50 mL 蒸餾水依同樣步驟作空白試驗。 ❸

八、結果處理

$$氯離子濃度\ (mg\ Cl^-/L) = \frac{(A - B) \times N \times 35\,450}{水樣體積\ (mL)}$$

A: 水樣消耗之硝酸汞滴定溶液體積 (mL)
B: 空白消耗之硝酸汞滴定溶液體積 (mL)
N: 硝酸汞滴定溶液之當量濃度

九、品質管制

㈠空白分析：每十個或每批樣品（當該批樣品小於十個時）執行一次空白分析，空白分析值應小於方法偵測極限之兩倍。

㈡重覆分析：每十個或每批樣品執行一次重覆分析，其差異百分比應在 15% 以內。

㈢查核樣品分析：每十個或每批樣品執行一次查核樣品分析，其回收率應在 80 ～ 120% 範圍內。

㈣添加標準品分析：每十個或每批樣品執行一次添加標準品分析，其回收率應在 80 ～ 120% 範圍內。

---

❸　本檢測方法產生之廢液，依無機汞廢液處理原則處理。

十、精密度及準確度

在十個實驗室中，對含 241 mg Cl⁻/L 之合成樣品（108 mg Ca/L, 82 mg Mg/L, 3.1 mg K/L, 19.9 mg Na/L, 1.1 mg NO_3–N/L, 0.25 mg NO_2^-–N/L, 259 mg SO_4^{2-}/L，總鹼度 42.5 mg/L）以此方法分析之相對標準偏差為 3.3%，相對誤差為 2.9%。

十一、參考資料

APHA, American Water Works Association & Water Pollution Control Federation, *Standard Methods for the Examination of Water and Wastewater*, 20th ed., Method 4500–Cl⁻, pp. 4–68 ～ 4–69, APHA, Washington, D.C., USA, 1998.

水中硫酸鹽檢測方法[1] ——濁度法

中華民國八十九年十二月十四日

(89) 環署檢字第 75015 號

NIEA W430.51C

一、方法概要

含硫酸鹽水樣於加入緩衝溶液後，再加入氯化鋇，使生成大小均勻之懸浮態硫酸鋇沉澱，以分光光度計於 420 nm 測其吸光度並由檢量線定量之。

二、適用範圍

本方法適用於飲用水、地面水、地下水及廢（污）水中硫酸鹽之檢測，其適用之硫酸鹽濃度範圍為 $1 \sim 40$ mg SO_4^{2-}/L。

三、干　擾

㈠色度或大量濁度（懸浮物質）將產生干擾（某些懸浮物質可過濾去除），若兩者濃度較硫酸鹽濃度為小時，可依步驟七、㈣校正干擾。

㈡矽濃度超過 500 mg/L 時，產生干擾。

㈢水樣若含有大量干擾性有機物，硫酸鋇沉澱效果不佳。

四、設　備

㈠天平：可精秤至 0.1 mg。

㈡量匙：容量約 $0.2 \sim 0.3$ mL。

㈢磁石攪拌器。

㈣碼錶或計時器。

㈤分光光度計：使用波長 420 nm，並具 $1 \sim 10$ cm 光徑之樣品槽[2]。

---

[1]　配合本書第 15 章。

[2]　使用濁度計 (Nephelometer)、光度計 (Filter Photometer, 其在 420 nm 有最大穿透度之紫色濾光片) 亦可。

五、試　劑

(一)試劑水: 比電阻值 ≥ 16 MΩ–cm 之純水。

(二)緩衝溶液 A: 溶解 30 g 氯化鎂 ($MgCl_2 \cdot 6H_2O$)、5 g 醋酸鈉 ($CH_3COONa \cdot 3H_2O$)、1.0 g 硝酸鉀 (KNO_3) 及 20 mL 醋酸 (99% CH_3COOH) 於約 500 mL 蒸餾水中，並稀釋至 1 L。

(三)緩衝溶液 B （適用於水樣中硫酸鹽濃度小於 10 mg/L）: 溶解 30 g 氯化鎂 ($MgCl_2 \cdot 6H_2O$)、5 g 醋酸鈉 ($CH_3COONa \cdot 3H_2O$)、1.0 g 硝酸鉀 (KNO_3)、0.111 g 硫酸鈉 (Na_2SO_4) 及 20 mL 醋酸 (99% CH_3COOH) 於約 500 mL 蒸餾水中，並稀釋至 1 L。

(四)氯化鋇 ($BaCl_2$) 結晶，細度 20 ～ 30 網目。

(五)硫酸鹽標準溶液: 在 1 L 量瓶內，溶解 0.1479 g 無水硫酸鈉 (Na_2SO_4) 於蒸餾水，稀釋至刻度，其濃度為 100 mg SO_4^{2-}/L。

六、採樣與保存

略。

七、步　驟

(一)硫酸鋇濁度之形成: 量取 100 mL 水樣或適量水樣稀釋至 100 mL，置於 250 mL 之錐形瓶。加入 20 mL 緩衝溶液（緩衝溶液之選擇與使用方式，請參閱八、結果處理），以磁石攪拌混合之。攪拌時加入一匙氯化鋇並立刻計時，於定速率下攪拌 60±2 秒。

(二)硫酸鋇濁度之測定: 攪拌終了，將溶液倒入分光光度計樣品槽中，於 5±0.5 分鐘測定其濁度。

(三)檢量線製備: 分別精取 0.00、5.00、10.0、15.0、20.0、25.0、30.0、35.0、40.0 mL 硫酸鹽標準溶液，稀釋至 100 mL，依檢測步驟操作，繪製硫酸鹽含量 (mg)—吸光度之檢量線。每分析三至四個水樣，以標準溶液查核檢量線之穩定性。

(四)水樣色度及濁度之校正: 水樣於加入緩衝溶液後，加入氯化鋇前測其空白值以校正色度及濁度干擾。❸

---

❸　本檢驗廢液依一般無機廢液處理原則處理。

八、結果處理

$$硫酸鹽濃度 (mg\ SO_4^{2-}/L) = \frac{檢量線求得硫酸鹽含量 (mg)}{水樣體積 (mL)} \times 1\,000$$

若使用緩衝溶液 *A*，水樣在扣除加入氯化銀前之吸光度後，直接由檢量線求得硫酸鹽濃度，若使用緩衝溶液 *B*，需扣除以上式求得之空白水樣硫酸鹽濃度才為水樣中硫酸鹽濃度；因檢量線不為線性，故無法以水樣吸光度扣除空白水樣之吸光度後，再由檢量線求得水樣硫酸鹽濃度。

九、品質管制

㈠空白分析：每批次樣品或每十次樣品至少執行一次空白樣品分析，空白分析值應小於兩倍方法偵測極限。

㈡重覆分析：每批次樣品或每十個樣品至少執行一次重覆分析，其差異百分比應在 15% 以內。

㈢查核樣品分析：每批次樣品或每十個樣品至少執行一次查核樣品分析，並求其回收率，回收率應在 80 ～ 120% 範圍內。

㈣添加標準品分析：每批次樣品或每十個樣品至少執行一次添加標準品分析，並求其回收率，回收率應在 80 ～ 120% 範圍內。

十、精密度與準確度

單一實驗室以濁度計檢測單一樣品，平均值為 7.45 mg/L，標準偏差為 0.13 mg/L，變異係數為 1.7%。兩個添加標準品分析之回收率分別為 85% 及 91%。

十一、參考資料

APHA, American Water Works Association & Water Pollution Control Federation, *Standard Methods for the Examination of Water and Wastewater*, 20th ed., Method 4500–SO_4^{2-}E, pp. 4–178 ～ 4–179, APHA, Washington, D.C., USA, 1998.

水中氨氮檢測方法[1] ── 靛酚比色法

中華民國九十二年十月三日

(92) 環署檢字第 0920072210 號公告

NIEA W448.50B

一、方法概要

含有氨氮及銨離子之水樣於加入次氯酸鹽 (Hypochlorite) 及酚溶液反應，生成深藍色之靛酚 (Indophenol)，此溶液之顏色於亞硝醯鐵氰化鈉溶液 (Sodium Nitroprusside) 之催化後會更加強烈。使用分光光度計於波長 640 nm 處進行比色分析，即可求得水樣中氨氮之濃度。

二、適用範圍

本方法適用於飲用水水質、飲用水水源水質、地面水體、地下水、放流水、廢（污）水及海域水質中氨氮之分析。使用光徑 1 cm 樣品槽時，方法偵測極限約 0.01 mg/L。

三、干　擾

㈠樣品中若含有餘氯，會對樣品造成干擾。

㈡利用檸檬酸鹽 (Citrate) 可將鈣、鎂離子錯合，可除去此類離子在高 pH 值狀態下產生沉澱所造成的干擾。

㈢濁度會形成干擾，可藉由蒸餾或過濾去除之。

㈣如有硫化氫存在時，可以稀鹽酸酸化樣品使 pH 值至 3，然後再以劇烈曝氣，直至硫化合物臭味不被偵測到。

四、設備及材料

㈠分光光度計：在波長 640 ± 1 nm 下，使用光徑 1 cm 或以上之樣品槽。

㈡蒸餾裝置：準備 800 至 2 000 mL 平底或圓底玻璃燒瓶，連結至一直立式冷凝裝置，接

---

[1]　配合本書第 16 章。

口處以磨砂口銜接，其出口尖端須浸於酸吸收溶液之液面下；使用全硼矽玻璃裝置或以錫（或鋁）質的管子連接組成的冷凝裝置。

㈢加熱裝置：加熱包或加熱板等尺寸適宜之加熱裝置。

㈣分析天平：可精秤至 0.1 mg。

㈤移液管或經校正之自動移液管。

㈥定量瓶。

㈦電磁攪拌器：磁石需是熱絕緣且外裹鐵弗龍。

㈧ pH 計。

㈨錐形瓶或其他適用樣品反應瓶（附蓋或以塑膠或 Paraffin 膜覆蓋）：50 mL。

五、試　劑

㈠試劑水：不含氨氮之二次蒸餾水或去離子蒸餾水，以其配製試劑、清洗或稀釋樣品，使用前製備，並需時常藉由空白分析來查核試劑水，是否含有氨氮。

㈡硫代硫酸鈉溶液（去氯試劑）：溶解 3.5 g 硫代硫酸鈉 ($Na_2S_2O_3 \cdot 5H_2O$) 於試劑水中，再稀釋至 1 L，須每週配製❷。

㈢硼酸鹽緩衝溶液：加 88 mL 0.1 M 氫氧化鈉溶液於 500 mL 0.025 M 四硼酸鈉溶液（$Na_2B_4O_7$ 5.0 g/L 或 $Na_2B_4O_7 \cdot 10H_2O$ 9.5 g/L）以試劑水稀釋至 1 L。

㈣氫氧化鈉 (Sodium Hydroxide) 溶液，6 M：將 240 g NaOH 溶解於試劑水中，並攪拌待溶解後，稀釋至 1 L。

㈤氫氧化鈉溶液，10 M：取 40 g NaOH 溶解於 80 mL 試劑水中，並攪拌待溶解後，稀釋至 100 mL。

㈥氫氧化鈉溶液，1 M：取 4 g NaOH 溶解於 80 mL 試劑水中，並攪拌待溶解後，稀釋至 100 mL。

㈦硫酸溶液，0.5 M：稀釋 25 mL 濃 H_2SO_4 至 1 L。

㈧硫酸（吸收）溶液，0.02 M：稀釋 1 mL 濃 H_2SO_4 至 1 L。

㈨沸石：以分子篩沸石效果較佳，使用前須於清洗蒸餾裝置時一同清洗。

㈩比色分析時所用試劑

　　1.酚溶液 (Phenol Solution)：取 11.1 mL 液態酚（純度 ≥ 89%）以 95% (V/V) 乙醇 (Ethyl Alcohol) 混合至最終體積 100 mL。每週製備❸。

---

❷　在 500 mL 水樣中，使用 1 mL 硫代硫酸鈉溶液，可去除 1 mg/L 餘氯。

2. 亞硝醯鐵氰化鈉 (Sodium Nitroprusside) 溶液，0.5% (*W/V*)：溶解 0.5 g 亞硝醯鐵氰化鈉於 100 mL 試劑水。儲存於棕色瓶，最長一個月。

3. 鹼性檸檬酸鹽溶液 (Alkaline Citrate Solution)：溶解 200 g 檸檬酸三鈉鹽 (Trisodium Citrate) 和 10 g 氫氧化鈉於試劑水，再稀釋至 1 L。

4. 次氯酸鈉 (Sodium Hypochlorite) 約 5%，可購買市售溶液，使用前適當稀釋。當溶液開封，會慢慢分解。大約每二個月要更換一次。

5. 氧化劑溶液 (Oxidizing Solution)：以 25 mL 次氯酸鈉和 100 mL 鹼性檸檬酸鹽溶液混合。使用前配製。

(十一)氨氮儲備溶液 (Ammonium Stock Standard)：取 3.819 g NH_4Cl（預先於 100°C 乾燥）溶解於試劑水中，並稀釋至 1 L。（此溶液 1.00 mL = 1.00 mg N = 1.22 mg NH_3）

(十二)氨氮標準中間溶液：取 10.0 mL 氨氮儲備溶液，至 1 L 量瓶內，稀釋至刻度。（此溶液 1.00 mL = 10.00 μg 氨氮）

(十三)氨氮標準溶液：取 10.0 mL 氨氮中間溶液，至 100 mL 量瓶內，稀釋至刻度。（此溶液 1.00 mL = 1.00 μg 氨氮）

六、採樣與保存

(一)採樣：使用清潔並經試劑水清洗過之塑膠瓶或玻璃瓶。在取樣前，採樣瓶可用擬採集之水樣洗滌二至三次。如果樣品中含有餘氯，則採樣時應立即添加適量的硫代硫酸鈉溶液（去氯試劑）處理（添加量請參考❷）。

(二)保存：樣品之運送及保存須在 4°C 以下暗處冷藏，並於 24 小時內檢測。若樣品為含有機性及含氮性物質高的樣品或需保存較長時間之樣品，採樣後應加入適量（勿過量）的濃硫酸，調整 pH 值至恰小於 2，在此條件下樣品可保存七天。

七、步　驟

(一)蒸餾：樣品之蒸餾並非必要，若樣品為廢污水、有干擾物出現或需高準確度之飲用水等樣品檢測時，則應執行蒸餾步驟，但如果樣品為經常檢測之相同基質來源水樣，各檢驗室必須曾執行至少一至二批該類樣品之蒸餾與不蒸餾的同步驗證檢測，其結果必須在可接受之範圍（相對差異比小於 15%，且未蒸餾樣品檢測的添加回收率界於 85 至 115% 之內），並留有紀錄，以證明或支持爾後該來源樣品可不執行前處理蒸餾，

❸　當操作酚時，須戴手套、護眼裝置；在通風良好環境下可減少曝露於此劇毒揮發性物質之危險。

否則皆應執行樣品之前處理蒸餾步驟。

1. 設備的清洗準備：取 500 mL 試劑水於燒杯中，加入 20 mL 硼酸鹽緩衝溶液，以 6 M 氫氧化鈉溶液調整 pH 至 9.5 後，移入蒸餾燒瓶中，加數粒沸石，加熱蒸餾直至蒸出液無氨氮為止。將蒸餾裝置的連接裝配移開，保留沸石於蒸餾瓶中，倒出殘留溶液，捨棄之。直至樣品開始蒸餾前，須避免污染。

2. 樣品的準備：於經上述處理之蒸餾瓶中，加入 500 mL 已去氯樣品或適當量樣品以試劑水稀釋至 500 mL，當氨氮含量低於 0.1 mg/L 時，樣品體積宜使用 1 L（在收集樣品時，應加入等量的硫代硫酸鈉溶液以去除餘氯）。如果需要，以稀釋的硫酸或氫氧化鈉溶液，調整 pH 值至 7 左右。準備好的樣品，再添加 25 mL 硼酸鹽緩衝溶液，然後以 6 M 氫氧化鈉溶液調整 pH 值至 9.5。

3. 樣品蒸餾：以每分鐘 6 至 10 mL 速率蒸餾，收集氨蒸餾液至 500 mL 定量瓶或其他適用的蒸餾接收容器，上述量瓶內須置放 50 mL 0.02 M 的硫酸（吸收）溶液；保持蒸出液滴出口在硫酸（吸收）溶液之液面下 2 公分；收集蒸餾液至少 200 mL 於氨蒸餾液的接收容器內，再將蒸餾裝置的輸送管末端離開吸收溶液面，不再與其接觸，然後繼續蒸餾數分鐘，以洗滌冷凝器及輸送管線至蒸餾液約 300 mL，再以試劑水稀釋定量至 500 mL。

㈡檢量線製備

1. 取 25.0 mL 試劑水，於 50 mL 之附蓋錐形瓶中或其他適用樣品反應瓶，再依次添加入 1.0 mL 酚溶液、1.0 mL 亞硝醯鐵氰化鈉溶液及 2.50 mL 氧化劑溶液（每次加入各溶液後，均須混合均勻），使樣品呈色。靜置於室溫（22 至 27℃）暗處下，至少 1 小時，此顏色可穩定 24 小時以上。以此溶液將分光光度計於波長 640 nm 處歸零。

2. 精取適量之氨氮標準溶液（1.0 mg/L）於 100 mL 量瓶，由高濃度至低濃度序列稀釋成至少五組不同濃度之檢量線製備用溶液。如：0.02、0.04、0.06、0.10、0.20 mg/L 或其他適當之序列濃度（檢量線配製濃度不可大於 1.0 mg/L）。

3. 再取 25.0 mL 上述配製之序列濃度檢量線溶液，於 50 mL 之附蓋錐形瓶中或其他適用樣品反應瓶，並依七、㈡1. 的檢測步驟使樣品呈色，製備檢量線。

4. 量測在波長 640 nm 之吸光度，以標準溶液濃度 (mg/L) 為 X 軸，吸光度為 Y 軸，繪製一吸光度與氨氮濃度 (mg/L) 之檢量線。

㈢樣品的檢測

1. 若採樣時樣品已經加酸保存，且樣品未經蒸餾前處理時，則先取適量樣品，調整其 pH 值至 7 以上（注意勿過分稀釋水樣），並過濾樣品（以避免干擾）。

2. 取上述 25.0 mL 樣品或經蒸餾前處理之蒸出液（必要時將上述樣品或蒸出液經適當稀釋至 25.0 mL），於 50 mL 之附蓋錐形瓶或其他適用樣品反應瓶中。以七、㈢ 1. 的檢測步驟操作，使樣品呈色。即可由檢量線求得水樣中氨氮之濃度。❹

八、結果處理

由樣品溶液測得之吸光度，代入檢量線可求得溶液中氨氮的濃度 (mg/L)，再依下式計算樣品中氨氮的濃度。

$$A = A' \times F$$

A: 樣品中氨氮的濃度 (mg/L)
A': 由檢量線求得樣品溶液中氨氮的濃度 (mg/L)
F: 稀釋倍數

九、品質管制

㈠檢量線: 製備檢量線時，至少應包括五種不同濃度之標準溶液，其線性相關係數（r 值）應大於或等於 0.995 以上。

㈡空白分析: 每批次或每十個樣品至少應執行一個空白樣品分析，空白分析值應小於二倍方法偵測極限。

㈢查核樣品分析: 每批次或每十個樣品至少應執行一個查核樣品分析。

㈣重覆分析: 每批次或每十個樣品至少應執行一個重覆分析。

㈤添加標準品分析: 每批次或每十個樣品至少應執行一個添加已知量標準溶液之樣品分析，若回收率超過 85 至 115% 管制極限時，必需重做。

十、精密度與準確度

單一實驗室針對氨氮一靛酚法，以硫酸銨溶液製備（0.05 mg/L）及（0.02 mg/L）之參考樣品，並經前處理蒸餾後檢測結果的準確度與精密度見表 A–7。

---

❹ 廢液分類處理原則——本檢驗廢液依一般無機廢液處理。

▼表 A-7　氨氮參考樣品經前處理蒸餾後準確度與精密度結果表

配製值 (mg/L)	測　值 (mg/L)	準確度 (%)	精密度 RSD(%)
0.05	0.0507		
0.05	0.0519		
0.05	0.0573		
0.05	0.0530	104.6±6.0	5.7
0.05	0.0546		
0.05	0.0506		
0.05	0.0481		
0.02	0.0260		
0.02	0.0213		
0.02	0.0226		
0.02	0.0176		
0.02	0.0320	118.1±26.6	22.5
0.02	0.0277		
0.02	0.0193		
0.02	0.0290		
0.02	0.0170		

十一、參考資料

APHA, American Water Works Association & Water Pollution Control Federation, *Standard Methods for the Examination of Water and Wastewater*, 20th ed., Method 4500–NH_3, pp. 4–103 ～ 4–109, APHA, Washington, D.C., USA, 1998.

水中亞硝酸鹽氮檢測方法[1] ——分光光度計法

中華民國九十一年十一月二十八日

(91) 環署檢字第 0910083743A 號

NIEA W418.51C

一、方法概要

磺胺 (Sulfanilamide) 與水中亞硝酸鹽在 pH 2.0 至 2.5 之條件下，起偶氮化反應 (Diazotation) 而形成偶氮化合物，此偶氮化合物與 N–1–萘基乙烯二胺二鹽酸鹽〔N-(1-Naphthyl)-Ethylenediamine Dihydrochloride〕偶合，形成紫紅色偶氮化合物，以分光光度計在波長 543 nm 處測其吸光度而定量之，並以亞硝酸鹽氮之濃度表示之。

二、適用範圍

本方法適用於飲用水水質、飲用水水源水質、地面水體、地下水、放流水及廢 (污) 水中亞硝酸鹽氮之檢驗，適用範圍為 10 至 1 000 μg/L 之亞硝酸鹽氮。如使用 5 cm 光徑之樣品槽及綠色濾光鏡時，則適用範圍可為 5 至 50 μg/L 之亞硝酸鹽氮。較高濃度的亞硝酸鹽氮，可將水樣稀釋後測定之。

三、干　擾

㈠由於化學性質不相容，亞硝酸根、自由氯 (Free Chlorine) 及三氯化氮 (NCl_3) 不太可能同時存在。當加入呈色試劑時，三氯化氮的存在會產生誤導性的紅色。

㈡Sb^{3+}、Au^{3+}、Bi^{3+}、Fe^{3+}、Pb^{2+}、Hg^{2+}、Ag^+、$PtCl_6^{2-}$ 及 VO_3^{2-} 在檢驗時會產生沉澱，而造成干擾。

㈢銅離子會催化偶氮鹽之分解，而降低測定值。

㈣有色離子會改變呈色系統，而造成干擾。

㈤懸浮固體應過濾去除之。

---

[1]　配合本書第 16 章。

四、設　備

採用下列任何一種光度計：

㈠分光光度計：波長設在 543 nm 處，樣品槽之光徑至少在 1 cm 以上。

㈡濾光鏡片光度計：光徑至少在 1 cm 以上，配有在波長 540 nm 附近有穿透度之綠色濾光鏡。

㈢分析天平：可精秤至 0.1 mg。

五、試　劑

㈠不含亞硝酸鹽之水：如果無法確定所使用之蒸餾水不含有亞硝酸鹽時，應按照下述任一方式製備不含亞硝酸鹽之水。在製備試劑液及稀釋時，應使用不含亞硝酸鹽之水。

1. 於 1 L 蒸餾水中加入一小粒高錳酸鉀結晶，再加入一小粒氫氧化鋇或氫氧化鈣結晶。於硼矽材質之玻璃設備中再蒸餾之，捨棄最初 50 mL 餾出液，再收集不含有高錳酸鹽之餾出液。(當餾出液含有高錳酸鹽時，加入 DPD 試劑後，將會產生紅色) N, N-二乙基－對－苯二胺（N, N-Diethyl-p-Phenylene-Diamine，簡稱 DPD）試劑之製備：

溶解 1.0 g DPD 草酸鹽或 1.5 g 含五個結晶水之 DPD 硫酸鹽或 1.1 g 無水 DPD 硫酸鹽於含有 8 mL 1＋3 硫酸及 200 mg 乙烯二胺四乙酸（Ethylenediaminetetraacetic Acid，簡稱 EDTA）二鈉鹽之蒸餾水中，定容至 1 L。儲存於含有玻璃瓶蓋之棕色瓶中，並置於暗處，當試劑褪色時即應捨棄

注意：草酸鹽具毒性，應小心避免吸入！

2. 加入 1 mL 濃硫酸及 0.2 mL 硫酸亞錳溶液（36.4 g $MnSO_4 \cdot H_2O$/100 mL 蒸餾水）於 1 L 蒸餾水中，再加入 1 至 3 mL 高錳酸鉀溶液（400 mg $KMnO_4$/L 蒸餾水）使其呈粉紅色，同㈠1.之蒸餾步驟再蒸餾之。

㈡呈色試劑：於 800 mL 不含亞硝酸鹽之水中加入 100 mL 85% 磷酸及 10 g 磺胺，待其完全溶解後，加入 1 g N-1-萘基乙烯二胺二鹽酸鹽，混合溶解後，以不含亞硝鹽酸之水稀釋至 1 L。若將溶液裝入棕色玻璃瓶內且儲存於冰箱中，約可保存一個月。

㈢草酸鈉溶液, 0.05 N (0.025 M)：取適量一級標準品 (Primary Standard) 之草酸鈉於 105°C 烘乾至恆重，移入乾燥器放冷後，精秤 3.35 g 草酸鈉，將它溶於適量不含亞硝酸鹽之水中，稀釋至 1 L。

㈣菲羅啉 (Ferroin) 指示劑：溶解 1.485 g 1,10–二氮雜菲 (1, 10-Phenanthroline Monohydrate) 及 0.695 g 硫酸亞鐵 (FeSO$_4$·7H$_2$O) 於不含亞硝酸鹽之水中，稀釋至 100 mL。

㈤重鉻酸鉀標準溶液，0.05 N (0.00833 M)：溶解 2.452 g 經 105°C 乾燥 2 小時之一級標準品重鉻酸鉀於不含亞硝酸鹽之水中，稀釋至 1 L。

㈥硫酸亞鐵銨溶液，0.05 N (0.05 M)：將 20 mL 濃硫酸緩慢加入適量不含亞硝酸鹽之水中，再將 19.607 g 硫酸亞鐵銨〔Fe(NH$_4$)$_2$(SO$_4$)$_2$·6H$_2$O〕加入此溶液，待溶解後，稀釋至 1 L，使用前標定之。

標定方法：

稀釋 10.0 mL 0.05 N 重鉻酸鉀標準溶液至 100 mL，加入 30 mL 濃硫酸，冷卻至室溫，加入 2 至 3 滴菲羅啉指示劑，再以 0.05 N 硫酸亞鐵銨滴定溶液滴定之，當溶液由藍綠色變為紅棕色時即為終點。

$$硫酸亞鐵銨滴定溶液當量濃度\ (N) = \frac{10.00 \times 0.05}{硫酸亞鐵銨滴定溶液消耗之體積\ (mL)}$$

㈦高錳酸鉀標準溶液，0.05 N (0.01 M)：按照下述之任一方式配製，每 1 至 2 週標定一次。

1. 溶解 1.6 g 高錳酸鉀於 1 L 不含亞硝酸鹽之水中，儲存於附有玻璃瓶蓋之棕色玻璃瓶中，至少靜置一週後，小心倒出或以吸量管吸取上層澄清液，勿使沉澱物質受到攪動。

2. 溶解 1.6 g 高錳酸鉀於 1 L 不含亞硝酸鹽之水中，和緩煮沸 1 至 2 小時，置於冷暗處，隔夜後以玻璃濾器過濾之（過濾前後不可水洗），濾液儲存於附有玻璃瓶蓋之棕色玻璃中。

標定方法：

取 20.0 mL 0.05 N 草酸鈉溶液，稀釋至 100 mL，加入 10.0 mL 1 + 1 硫酸，快速加熱至 90°C 至 95°C，攪拌並以欲標定之高錳酸鉀標準溶液快速滴定之，至淡粉紅色之滴定終點至少維持一分鐘以上。另以不含亞硝酸鹽之水進行空白實驗。

$$高錳酸鉀滴定溶液之當量濃度\ (N) = \frac{20 \times 0.05}{A - B}$$

A: 標定時高錳酸鉀滴定溶液所需體積 (mL)
B: 空白實驗高錳酸鉀滴定溶液所需體積 (mL)

(八)亞硝酸鹽氮儲備溶液：溶解 1.232 g 亞硝酸鈉於適量不含亞硝酸鹽之水中，稀釋至 1 L；即得 1.00 mL = 250 μg 之亞硝酸鹽氮，保存時另加 1 mL 氯仿。因為亞硝酸根在濕氣存在下容易被氧化，一般而言，試藥級亞硝酸鈉之純度低於 99%。

標定方法：

以吸量管依序吸取 50.00 mL 0.05 N 高錳酸鉀溶液、5 mL 濃硫酸和 50.00 mL 亞硝酸鹽氮儲備溶液，置於附有玻璃瓶蓋之錐形瓶或玻璃瓶中。在加入亞硝酸鹽氮儲備溶液時，吸管尖端須浸入高錳酸鉀溶液液面之下。輕輕搖動玻璃瓶，然後在加熱板上加熱至 70°C 至 80°C，每次加入 10 mL 0.05 N 草酸鈉溶液，直到高錳酸鉀之紫紅色褪色為止。再以 0.05 N 高錳酸鉀溶液滴定過量之草酸鈉至淡粉紅色之滴定終點。以不含亞硝酸鹽之水重覆上述步驟進行空白實驗，並於最後計算亞硝酸鹽氮濃度時作必要之修正。若以 0.05 N 硫酸亞鐵銨溶液取代草酸鈉溶液時，則可省略上述加熱步驟，但在最後高錳酸鉀滴定前，高錳酸鉀與亞鐵離子之反應時間需延長至 5 分鐘。

亞硝酸鹽氮儲備溶液濃度之計算公式如下：

$$A = \frac{[(B \times C) - (D \times E)] \times 7}{F}$$

A: 亞硝酸鹽氮儲備溶液之濃度 (mg/mL)
B: 高錳酸鉀標準溶液所使用之總體積 (mL)
C: 高錳酸鉀標準溶液之當量濃度 (N)
D: 草酸鈉或硫酸亞鐵銨標準溶液加入之總體積 (mL)
E: 草酸鈉或硫酸亞鐵銨標準溶液之當量濃度 (N)
F: 滴定時亞硝酸鹽儲備溶液取用之體積 (mL)

(九)亞硝酸鹽氮中間溶液：精取亞硝酸鹽氮儲備溶液 12.5/AmL(約 50 mL)，稀釋至 250 mL；即得 1.0 mL = 50.0 μg 之亞硝酸鹽氮。每日使用前配製。

(十)亞硝酸鹽氮標準溶液：精取亞硝酸鹽氮中間溶液 10.0 mL，稀釋至 1 L；即得 1.0 mL = 0.500 μg 之亞硝酸鹽氮。每日使用前配製。

六、採樣及保存

樣品不可加酸保存，須於採樣後儘速分析以避免細菌將亞硝酸根轉化為硝酸根或氨氮。若要保存 2 天時，可放在 4°C 冰箱冷藏。其他有關規定請參閱「(NIEA W102.50A) 水質檢驗方法總則——保存編」。❷

---

❷ 本文引用之公告方法之內容及編碼，以環保署最新公告者為準。

七、步　驟

㈠操作步驟

　　1.如果水樣中含有懸浮固體，以孔徑 0.45 μm 之濾膜過濾之。

　　2.取 50.0 mL 或適量體積之水樣，視需要以 1 N 鹽酸或氫氧化銨調整水樣之 pH 值在 5 和 9 之間，稀釋至 50.0 mL，加入 2 mL 呈色試劑，充分混合之。

　　3.水樣在加入呈色試劑後 10 分鐘至 2 小時之間，使用適當光徑長度之樣品槽，以光度計在波長 543 nm 處測其吸光度。

㈡檢量線製備

　　視實際需要配製三種以上不同濃度之亞硝酸鹽氮標準溶液，取 50 mL 依㈠操作步驟 2.至 3.操作，繪製吸光度與亞硝酸鹽氮濃度 (mg/L) 之檢量線。❸

八、結果處理

$$亞硝酸鹽氮濃度\,(mg/L) = \frac{檢量線求得之濃度\,(mg/L) \times 50\,(mL)}{水樣體積\,(mL)}$$

九、品質管制

　　略。

十、精密度及準確度

　　某一檢驗室以含 0.04、0.24、0.55 和 1.04 mg/L 亞硝酸鹽氮和硝酸鹽氮之廢水樣品進行檢驗，其標準偏差分別為 ±0.005、 ±0.004、 ±0.005 和 0.01 mg/L。某一實驗室以 0.24、0.55 和 1.05 mg/L 亞硝酸鹽氮和硝酸鹽氮之廢水樣品進行檢驗，其回收率分別為 100%、102% 和 100%。

---

❸　廢液分類處理原則──本檢驗廢液依一般無機廢液處理。

十一、參考資料

㈠ APHA, American Water Works Association & Water Pollution Control Federation, *Standard Methods for the Examination of Water and Wastewater*, 17th ed., Method 4500–NO_2^-–B, pp. 4–1129 ～ 4–131, APHA, Washington, D.C., 1989.

㈡ U.S. EPA, Environmental Monitoring and Support Laboratory, *Methods for Chemical Analysis of Water and Wastes*, Method 354.1, Cincinnati, Ohio, 1983.

水中硝酸鹽氮檢測方法[1] ——分光光度計法

中華民國八十三年九月三十日

(83) 環署檢字第 45810 號公告

NIEA W419.50A

一、方法概要

水溶性有機物質和硝酸鹽在 220 nm 有吸光現象，而硝酸鹽在 275 nm 不吸光，因此本方法以分光光度計測量水樣在 220 nm 之吸光度，扣除水樣在 275 nm 之兩倍吸光度而求得硝酸鹽氮 (NO_3^-–N) 含量。

二、適用範圍

本方法適用於有機物及干擾性無機離子含量低之飲用水中硝酸鹽氮之檢測，方法偵測極限為 0.017 mg/L。如校正值（275 nm 處之兩倍吸光度）大於 220 nm 處吸光度之 10%，則此方法不適用。

三、干　擾

㈠水中氫氧根或 1 g/L 以下碳酸根之干擾，可以 1 M 鹽酸溶液酸化水樣排除之。

㈡溶於水中的有機物質、界面活性劑、亞硝酸離子、六價鉻離子、亞氯酸離子及氯酸離子等形成干擾，可另行檢測無機離子含量，並製作校正曲線以排除干擾。

㈢水中之懸浮固體會對測定造成干擾，可以 0.45 μm 孔徑濾紙過濾去除之。

四、設　備

㈠濾紙：0.45 μm 孔徑。

㈡分光光度計：使用波長 220 nm 及 275 nm，附 1 cm（或更長之光徑）之石英樣品槽。

㈢天平：可精秤至 0.1 mg。

---

[1]　配合本書第 16 章。

五、試　劑

(一)試劑水：不含硝酸鹽之二次蒸餾水或去離子蒸餾水。

(二)鹽酸溶液，1 *M*：將 83 mL 濃鹽酸緩慢加入約 800 mL 試劑水中，稀釋至 1 L。

(三)硝酸鹽儲備溶液：精秤經 105°C 隔夜乾燥之硝酸鉀 0.7218 g，溶於試劑水中定量至 1 L；

　　1.00 mL = 100 μg NO_3^-–N。加入 2 mL 氯仿，此溶液可保存 6 個月。

(四)硝酸鹽中間溶液，在 500 mL 量瓶，以試劑水稀釋 50.0 mL 硝酸鹽儲備溶液至刻度；

　　1.00 mL = 10.0 μg NO_3^-–N。加入 2 mL 氯仿，此溶液可保存 6 個月。

六、採樣與保存

　　採集至少 100 mL 之水樣於乾淨之玻璃或塑膠瓶中，保存於 4°C 之暗處，在二十四小時內儘速分析。必要時於每升水樣中加入 2 mL 之濃硫酸，以延長保存期限至四十八小時。

　　注意：樣品如加酸保存，則 NO_3^- 及 NO_2^- 不能分別定量。

七、步　驟

(一)檢量線製備：

　1.分別取 0.00、1.00、5.00、10.0、20.0 及 30.0 mL 硝酸鹽中間溶液稀釋至 50.0 mL，使檢量線濃度在 0 至 7 mg NO_3^-–N /L 範圍內。

　2.加入 1.0 mL 1 *M* 之鹽酸溶液，混合均勻。

　3.以試劑水將分光光度計歸零或歸 100% 透光度，分別讀取 220 nm 及 275 nm 之吸光度，計算淨吸光度【吸光度 (220 nm)–2 × 吸光度 (275 nm)】。

　4.繪製一淨吸光度與 NO_3^-–N 濃度之檢量線。

(二)水樣之測定：

　1.取水樣 50.0 mL，必要時，可將水樣予以稀釋成適當倍數（如水樣混濁，須先以 0.45 μm 之濾紙過濾），依七、步驟之(一) 2. 至 3. 操作。

　2.依測定值之淨吸光度，由檢量線求得硝酸鹽氮濃度 (mg/L)。

八、結果處理

　　樣品中所含硝酸鹽氮之量可以下式計算之：

$$硝酸鹽氮濃度\ (mg\ NO_3^--N/L) = 檢量線求得硝酸鹽氮濃度\ (mg/L) \times 稀釋倍數$$

九、品質管制

㈠空白樣品、標準樣品及添加樣品需與樣品同時測定。

㈡每批樣品至少執行一次重覆分析。

㈢每批具相似基質和濃度之樣品或每十個樣品至少分析一個添加已知量標準溶液之樣品，以檢查其回收率，如回收率超過管制極限（75 至 125%）時須重作。

㈣每批具相似基質和濃度之樣品或每十個樣品至少分析一個品管樣品，如分析結果與標準值差在 85 至 115% 以外時必須重作。

十、精密度及準確度

某單一實驗室以本方法進行精密度與準確度之測定，所得結果如下表所示。

品管項目	樣品濃度 (mg/L)	添加濃度 (mg/L)	回收率 標準偏差 (%)	分析次數
重覆分析	0.94	–	99.8±9.6	20
添加標準品	0.94	0.4	98.9±6.0	10
添加標準品	1.095	0.6	97.2±2.1	2
查核樣品	0.4	–	101.3	2
查核樣品	0.6	–	98.3	2
查核樣品	0.8	–	97.8±2.3	8

資料來源: 臺灣省自來水股份有限公司第十二區管理處。

十一、參考資料

APHA, American Water Work Association & Water Pollution Control Federation, *Standard Method for the Examination of Water and Wastewater*, 18th ed., Method 4500B, pp. 4–87 ～ 4–88, APHA, Washington, D.C., USA, 1992.

水中凱氏氮檢測方法[1] ——靛酚比色法

中華民國九十二年十月三日

(92) 環署檢字第 0920072106 號

NIEA W420.52B

一、方法概要

在硫酸、硫酸鉀及以硫酸銅為催化劑的消化條件下，樣品中許多含氨基氮的有機物質會轉換為硫酸銨〔$(NH_4)_2SO_4$〕，銨離子亦同樣會轉變成硫酸銨。樣品在消化過程中，先形成銅銨錯合物，而後被硫代硫酸鈉 ($Na_2S_2O_3$) 分解，分解產生的氨，在鹼性溶液中蒸餾出，被吸收於硫酸溶液後，即可以靛酚比色法定量。由此方法求得的氮即稱為凱氏氮。

二、適用範圍

本方法適用於放流水、廢（污）水、地下水及地面水體中凱氏氮含量之檢測。

三、干　擾

㈠硝酸鹽：樣品中若硝酸鹽含量超過 10 mg/L 時，在消化過程中可能會氧化部分由已消化之有機氮釋出的氨，產生 N_2O 造成負干擾；當過多的低氧化態的有機物存在時，硝酸鹽會被還原成氨造成正干擾。但因造成干擾之原因未被詳細探討，故本方法亦沒有消除此干擾之方法。

㈡無機鹽及固體：本方法中添加消化試劑之目的是將消化溫度提升至 375 至 385°C 左右。但若樣品中含有大量的溶解性鹽類或無機固體時，則在消化過程中溫度可能會提升至 400°C 以上，導致氰化物在此高溫下熱解生成氮氣，而造成漏失。為了避免消化溫度過高，可加更多的 H_2SO_4 以保持酸—鹽平衡。雖然並非所有鹽類造成之溫度上升情況相同，但每克鹽加入 1 mL H_2SO_4 可得到較合理結果。除了加過量的酸於樣品外，亦須加於試劑空白中。過多的酸將造成消化溫度低於 360°C，導致不完全的消

---

[1]　配合本書第 16 章。

化及低回收率。必要時在蒸餾前可多加入氫氧化鈉－硫代硫酸鈉溶液以中和過多的酸。大量的鹽或固體亦可能造成蒸餾過程之突沸，若有此情況發生，可在樣品消化後即以多量的水予以稀釋。

㈢有機物質：在消化過程中，硫酸會將有機物氧化成二氧化碳及水。樣品中若含有大量之有機物，則會消耗大量的酸，導致鹽類對酸的比例增加，造成消化溫度上升。如果有機物質過量，溫度將超過 400°C，造成 N_2 之熱分解漏失。為避免此現象發生，於消化瓶中每 3 克化學需氧量加入 10 mL 濃硫酸（對大部分有機物質而言，3 克化學需氧量約等於 1 g 有機物質），或是每 1 克化學需氧量額外加入 50 mL 消化試劑。消化結束後，為了提高蒸餾時樣品之 pH 值，必須額外加入氫氧化鈉－硫代硫酸鈉。因所加入之試劑可能含有微量的氨，所以試劑空白必須與樣品做同樣前處理。

四、設　備

本方法所使用之器皿均應以試劑水（調整 pH 值為 9.5）清洗，以去除殘餘之氨氮。

㈠蒸餾裝置：準備 1 L 平底或圓底玻璃燒瓶，連結至一直立式冷凝裝置，接口處以磨砂口銜接，其出口尖端須浸於酸吸收溶液之液面下；使用全硼矽玻璃裝置或以錫（或鋁）質的管子連接組成的冷凝裝置。

㈡pH 計。

㈢消化裝置：1 L 凱氏或蒸餾燒瓶及加熱器（應可提供 375 至 385°C 溫度，且將 250 mL 水由室溫 (25°C) 加熱至沸騰約 5 分鐘，以有效消化），並置於能除去水蒸氣及三氧化硫氣體之排煙櫃中。

㈣加熱裝置：加熱包或加熱板等尺寸適宜之加熱裝置。

㈤分析天平：可精秤至 0.1 mg。

㈥電磁攪拌器：磁石需是熱絕緣且外裹鐵弗龍。

㈦移液管或經校正之自動移液管。

㈧定量瓶。

㈨錐形瓶或其他適用樣品反應瓶（附蓋或以塑膠或 Paraffin 膜覆蓋）：50 mL。

㈩分光光度計：在波長 640±1 nm，使用 1 cm 或以上之樣品槽。

五、試　劑

㈠試劑水：不含氨氮之二次蒸餾水或去離子蒸餾水，以其配製試劑、清洗或稀釋樣品，

使用前製備，並需時常藉由空白分析來查核試劑水，是否含有氨氮。

(二)硫代硫酸鈉溶液（去氯試劑）：溶解 3.5 g 硫代硫酸鈉 ($Na_2S_2O_3 \cdot 5H_2O$) 於試劑水中，再稀釋至 1 L，須每週配製❷。

(三)硼酸鹽緩衝溶液：加 88 mL 0.1 *M* 氫氧化鈉溶液於 500 mL 0.025 *M* 四硼酸鈉溶液（$Na_2B_4O_7$ 或 $Na_2B_4O_7 \cdot 10H_2O$ 9.5 g/L），再以試劑水定容至 1 L。

(四)沸石：以分子篩沸石效果較佳，使用前須於清洗蒸餾裝置時一同清洗。

(五)消化試劑：溶解 100 g 硫酸鉀於 650 mL 試劑水及 200 mL 濃硫酸中，再加入40 g 硫酸銅 ($CuSO_4 \cdot 5H_2O$)，並予以搖晃，最後以試劑水定容至 1 L。

(六)氫氧化鈉－硫代硫酸鈉試劑：溶解 500 g 氫氧化鈉及 25 g 硫代硫酸鈉 ($Na_2S_2O_3 \cdot 5H_2O$) 於試劑水中並定容至 1 L。

(七)氫氧化鈉溶液，6 *M*：溶解 240 g 氫氧化鈉於試劑水，再定容至 1 L。

(八)氫氧化鈉溶液，10 *M*：取 40 g NaOH 溶解於 80 mL 試劑水中，並攪拌待溶解後，稀釋至 100 mL。

(九)氫氧化鈉溶液，1 *M*：取 4 g NaOH 溶解於 80 mL 試劑水中，並攪拌待溶解後，稀釋至 100 mL。

(十)硫酸溶液，0.5 *M*：稀釋 25 mL 濃 H_2SO_4 至 1 L。

(十一)硫酸（吸收）溶液，0.02 *M*：稀釋 1 mL 濃 H_2SO_4 至 1 L。

(十二)比色分析時所用試劑

1. 酚溶液 (Phenol Solution)：取 11.1 mL 液態酚（純度 ≥89%）以 95% (*V*/ *V*) 乙醇 (Ethyl Alcohol) 混合至最終體積 100 mL。每週製備。❸
2. 亞硝醯鐵氰化鈉 (Sodium Nitroprusside) 溶液，0.5% (*W*/ *V*)：溶解 0.5 g 亞硝醯鐵氰化鈉於 100 mL 試劑水。儲存於棕色瓶，最長一個月。
3. 鹼性檸檬酸鹽溶液 (Alkaline Citrate Solution)：溶解 200 g 檸檬酸三鈉鹽 (Trisodium Citrate) 和 10 g 氫氧化鈉於試劑水，再稀釋至 1 L。
4. 次氯酸鈉 (Sodium Hypochlorite) 約 5%，可購買市售溶液稀釋至 1 L。使用前適當稀釋。當溶液開封，會慢慢分解。大約每二個月要更換一次。
5. 氧化劑溶液 (Oxidizing Solution)：以 25 mL 次氯酸鈉和 100 mL 鹼性檸檬酸鹽溶液混合。使用前配製。

---

❷ 在 500 mL 水樣中，使用 1 mL 硫代硫酸鈉溶液，可去除 1 mg/L 餘氯。

❸ 當操作酚時，須戴手套、護眼裝置；在通風良好環境下可減少曝露於此劇毒揮發性物質之危險。

㈤氨氮儲備溶液 (Ammonium Stock Standard)：取 3.819 g NH$_4$Cl（預先於 100°C 乾燥）溶解於試劑水中，並稀釋至 1 L。（此溶液 1.00 mL = 1.00 mg 氨氮）

㈤氨氮標準中間溶液：取 10.0 mL 氨氮儲備溶液，置於 1 L 量瓶內，稀釋至刻度。（此溶液 1.00 mL = 10.00 μg 氨氮）

㈤氨氮標準溶液：取 10.0 mL 氨氮中間溶液，置於 100 mL 量瓶內，稀釋至刻度。（此溶液 1.00 mL = 1.00 μg 氨氮）

㈥凱氏氮標準溶液：購買市售凱氏氮標準溶液。

六、採樣與保存

㈠採樣：使用清潔並經試劑水清洗過之塑膠瓶或玻璃瓶。在取樣前，採樣瓶可用擬採集之水樣洗滌二至三次。如果樣品中含有餘氯，則採樣時應立即添加適量的硫代硫酸鈉溶液（去氯試劑）處理（添加量請參考❷）。

㈡保存：樣品儘速分析可得到最可靠之分析結果，如果無法立即分析，用濃硫酸將樣品酸化至 pH 值為 1.5 至 2.0，並儲存於 4°C。在此條件下，樣品可保存 14 天。

七、步　驟

㈠樣品前處理（消化及蒸餾）

1. 設備的清洗準備：依氨氮檢驗方法 (NIEA W448.50B) 中所述之步驟進行。並於樣品開始進行前處理蒸餾之前，須避免設備污染。

2. 量取已去氯樣品或適量樣品 250 mL，移入 1 L 燒瓶中，若有需要可將樣品稀釋至 250 mL。同時以試劑空白、查核、重覆、添加等品保品管樣品，執行所有包括前處理消化及蒸餾等檢測步驟。

3. 消化：將上述樣品小心的慢慢加入約 42 mL 消化試劑及少許沸石。在排煙櫃中加熱進行消化，當藍色之硫酸銅褪色，並產生大量白煙（如樣品有機物含量多則可能是黑煙）後，再繼續加熱消化 30 分鐘。消化結束後，靜置冷卻，以試劑水稀釋至 250 mL（溶液變藍色），移入蒸餾燒瓶中。傾斜燒瓶，並小心的慢慢加入約 42 mL 氫氧化鈉—硫代硫酸鈉試劑，使燒瓶底部形成鹼液層。接著將燒瓶連接於蒸餾裝置，搖動燒瓶以使溶液混合均勻，此時將出現硫化銅黑色沉澱物，溶液的 pH 值應在 11.0 以上。

4. 蒸餾：蒸餾上述溶液，以每分鐘 6 至 10 mL 速率蒸餾，收集氨蒸餾液至 250 mL 定

量瓶或其他適用的蒸餾接收容器，上述量瓶內須置放約 42 mL 0.02 *M* 的硫酸（吸收）溶液（注意：冷凝管須伸至吸收液面下）；收集蒸餾液至少 150 mL 於氨蒸餾液的接收容器內，再將蒸餾裝置的輸送管末端離開吸收溶液面，不再與其接觸，然後繼續蒸餾數分鐘，以洗滌冷凝器及輸送管線至蒸餾液約 200 mL，再以試劑水稀釋定量至 250 mL。

㈡檢量線製備及樣品分析

1. 取 25.0 mL 試劑水，於 50 mL 之附蓋錐形瓶中或其他適用樣品反應瓶，再依次添加入 1.0 mL 酚溶液、1.0 mL 亞硝醯鐵氰化鈉溶液及 25.0 mL 氧化劑溶液（每次加入各溶液後，均須混合均勻），使樣品呈色。靜置於室溫（22 至 27°C）暗處下，至少 1 小時，此顏色可穩定 24 小時以上。以此溶液將分光光度計於波長 640 nm 處歸零。

2. 精取適量之氨氮標準溶液 (1.0 mg/L) 於 100 mL 量瓶，由高濃度至低濃度序列稀釋成至少五組不同濃度之檢量線製備用溶液。如：0.20、0.40、0.60、0.80、1.0 mg/L，或其他適當之序列濃度，但配製濃度不可大於 1.0 mg/L。

3. 再取 25.0 mL 上述配製之序列濃度檢量線溶液，於 50 mL 之附蓋錐形瓶中或其他適用樣品反應瓶，並依七、㈡ 1. 的檢測步驟使樣品呈色，製備檢量線。

4. 量測在波長 640 nm 之吸光度，以標準溶液濃度 (mg/L) 為 *X* 軸，吸光度為 *Y* 軸，繪製一吸光度與氨氮濃度 (mg/L) 之檢量線。

5. 取上述七、㈠經消化、蒸餾等前處理完成之 25.0 mL 樣品（必要時將上述樣品經適當稀釋至 25.0 mL），於 50 mL 之附蓋錐形瓶或其他適用樣品反應瓶中。以七、㈡ 1. 的檢測步驟操作，使樣品呈色。讀取吸光值，即可由檢量線求得水樣中凱氏氮之濃度。❹

八、結果處理

由樣品溶液測得之吸光度，代入檢量線可求得溶液中凱氏氮的濃度 (mg/L)，再依下式計算樣品中凱氏氮的濃度。

$$A = A' \times F$$

A: 樣品中凱氏氮的濃度 (mg/L)
A′: 由檢量線求得樣品溶液中凱氏氮的濃度 (mg/L)
F: 稀釋倍數

❹ 廢液分類處理原則──本檢驗廢液依一般無機廢液處理。

九、品質管制

㈠檢量線：製備檢量線時，至少應包括五種不同濃度之標準溶液，其線性相關係數（r 值）應大於或等於 0.995 以上。

㈡空白分析：每批次或每十個樣品至少應執行一個空白樣品分析，空白分析值應小於二倍方法偵測極限。

㈢查核樣品分析：每批次或每十個樣品至少應執行一個查核樣品分析。選擇至少一種濃度之凱氏氮標準溶液，依水樣前處理步驟消化及蒸餾，以檢核消化及蒸餾過程之回收率。

㈣重覆分析：每批次或每十個樣品至少應執行一個重覆分析。

㈤添加標準品分析：每批次或每十個樣品至少應執行一個添加已知量標準溶液之樣品分析。

十、精密度與準確度

單一實驗室針對凱氏氮－靛酚比色法，分析凱氏氮參考樣品，檢測結果見表 A–8。

▼表 A–8　凱氏氮參考樣品檢測結果

配製值 (mg/L)	檢測值 (mg/L)	準確度 (%)	精密度 RSD(%)
0.50	0.524	108.8 ± 5.8	5.3
	0.513		
	0.582		
	0.520		
	0.555		
	0.570		
1.48	1.486	105.1 ± 2.8	2.7
	1.582		
	1.575		
	1.588		
	1.545		
8.193	8.921	103.7 ± 4.6	4.4
	8.527		
	8.104		
	8.816		
	8.127		

十一、參考資料

APHA, American Water Works Association & Water Pollution Control Federation, *Standard Methods for the Examination of Water and Wastewater*, 20th ed., Method 4500 – Norg, pp. 4–123 ～ 4–125, APHA, Washington, D.C., USA, 1998.❺

---

❺　本文引用之公告方法之內容及編碼，以環保署最新公告者為準。

水中磷檢測方法[1] ——分光光度計／維生素丙法

中華民國九十二年八月二十五日

(92) 環署檢字第 0920061770 號

NIEA W427.52B

一、方法概要

水樣以硫酸、過硫酸鹽消化處理，使其中之磷轉變為正磷酸鹽之形式存在後，加入鉬酸銨、酒石酸銻鉀，使其與正磷酸鹽作用生成一雜多酸—磷鉬酸 (Phosphomolybdic Acid)，經維生素丙還原為藍色複合物鉬藍 (Molybdenum Blue)，以分光光度計於波長 880 nm 處測其吸光度定量之。水樣如未經消化處理，所測得僅為正磷酸鹽之含量。

二、適用範圍

本方法適用於地面水體、地下水、海域水質及廢（污）水中磷之檢驗。採用 1 公分樣品槽時檢量線範圍為 0.02 ～ 0.50 mg P/L；採用 5 公分樣品槽則為 0.005 ～ 0.050 mg P/L。方法偵測極限為 0.006 mg P/L。

三、干　擾

㈠高濃度之鐵離子或砷酸鹽濃度大於 0.1 mg As/L 時，產生干擾，可以亞硫酸氫鈉排除干擾。

㈡六價鉻、亞硝酸鹽、硫化物、矽酸鹽產生干擾。

㈢水樣含有較高之色度或濁度時，可於水樣中添加除維生素丙與酒石酸銻鉀以外之所有相同試劑，並測定其吸光度，作為空白校正值。

四、設備及材料

㈠玻璃器皿: 所有之玻璃器皿先以 1 + 1 之熱鹽酸溶液清洗，再以蒸餾水淋洗之。

㈡ pH 計。

---

[1]　配合本書第 17 章。

㈢加熱裝置或高壓滅菌釜。

㈣分光光度計，使用波長 880 nm，附 1.5 公分之樣品槽。

五、試　劑

㈠試劑水：不含足以形成干擾之污染物之蒸餾水。

㈡酚酞指示劑：溶解 0.5 g 酚酞 (Phenolphthalein) 於 50 mL 95% 乙醇 (C_2H_5OH) 或異丙醇 (Isopropyl Alcohol)，加入 50 mL 蒸餾水。

㈢硫酸溶液，11 N：緩慢將 310 mL 濃硫酸 (H_2SO_4) 加入於 600 mL 試劑水，冷卻後稀釋至 1 L。

㈣過硫酸銨〔$(NH_4)_2S_2O_8$〕：試藥級結晶狀。

㈤氫氧化鈉溶液，1 N：溶解 40 g 氫氧化鈉 (NaOH) 於試劑水，稀釋至 1 L。

㈥硫酸溶液，5 N：緩慢將 70 mL 濃硫酸加入於 300 mL 試劑水，冷卻後稀釋至500 mL。

㈦硫酸溶液，1 N：緩慢將 14 mL 濃硫酸加入於 300 mL 試劑水，冷卻後稀釋至500 mL。

㈧酒石酸銻鉀溶液：在 500 mL 量瓶內，溶解 1.3715 g 酒石酸銻鉀〔$K(SbO)C_4H_4O_6 \cdot \frac{1}{2}H_2O$〕於 400 mL 試劑水，稀釋至刻度。儲存於附有玻璃栓蓋棕色瓶中，並保持 4°C 冷藏。

㈨鉬酸銨溶液：溶解 20 g 鉬酸銨〔$(NH_4)_6Mo_7O_{24} \cdot 4H_2O$〕於 500 mL 試劑水，儲存於塑膠瓶並保持 4°C 冷藏。

㈩維生素丙溶液，0.1 M：溶解 1.76 g 維生素丙 (Ascorbic Acid) 於 100 mL 試劑水。使用當天配製。

㈠混合試劑：依次混合 50 mL 5 N 硫酸溶液，5 mL 酒石酸銻鉀溶液，15 mL 鉬酸銨溶液及 30 mL 維生素丙溶液使成 100 mL 混合試劑，每種試劑加入後，均需均勻混合，且混合前所有試劑均需保持於室溫，若混合後產生濁度時，搖盪數分鐘使濁度消失，本試劑不穩定，應於使用前配製。

㈡磷標準儲備溶液：在 1 L 量瓶內，溶解 0.2197 g 無水磷酸二氫鉀 (KH_2PO_4) 於試劑水，稀釋至刻度；1.00 mL = 50.0 μg P。

㈢磷標準溶液 (I)：在 1 L 量瓶內，以試劑水稀釋 10.0 mL 磷標準儲備溶液至刻度；1.00 mL = 0.50 μg P，適用於 1 cm 樣品槽。

㈣磷標準溶液 (II)：在 1 L 量瓶內，以試劑水稀釋 100 mL 磷標準溶液 (I) 至刻度；1.00 mL = 0.05 μg P，適用於 5 cm 樣品槽。

㈤亞硫酸氫鈉溶液，溶解 5.2 g 亞硫酸氫鈉 ($NaHSO_3$) 於 100 mL 1.0 N 硫酸溶液。

六、採樣及保存

　　以 1 + 1 熱鹽酸洗淨之玻璃瓶採集水樣，添加硫酸至 pH 值 < 2，於 4°C 暗處冷藏，保存期限為七天。若為檢測正磷酸鹽，則無須添加硫酸，且須於 48 小時內進行檢測。

七、步　驟

㈠總磷（包括正磷酸鹽、聚（焦）磷酸鹽及有機磷）

1. 取 50 mL 水樣或適量水樣稀釋至 50 mL，置於 125 mL 之錐形瓶，加入一滴酚酞指示劑，如水樣呈紅色，滴加 11 N 硫酸溶液至顏色剛好消失，再加入 1.0 mL 11 N 硫酸溶液。

2. 加入 0.4 g 過硫酸銨。

3. 置於已預熱之加熱裝置上，緩慢煮沸 30 ～ 40 分鐘或直至殘留約 10 mL 液體時（注意：勿使水樣乾涸）；或將水樣置於高壓釜中，以 120°C, 1.0 ～ 1.4 kg/cm² 加熱 30 分鐘。

4. 冷卻後以蒸餾水稀釋至約 30 mL❷，以 1 N 或適當濃度之氫氧化鈉溶液調整 pH 至 7.0 ± 0.2 後稀釋至 50.0 mL，若使用高壓釜消化，則冷卻後以 1 N 或適當濃度之氫氧化鈉溶液調整 pH 至 7.0 ± 0.2 後稀釋至 100 mL❸。

5. 加入 8 mL 混合試劑，混合均勻，在 10 ～ 30 分鐘時段內以分光光度計讀取 880 nm 之吸光度，由檢量線求得磷含量 (μg)。

㈡正磷酸鹽

1. 取 50.0 mL 水樣或適量水樣稀釋至 50.0 mL，置於 125 mL 之錐形瓶，加入 1 滴酚酞指示劑，如水樣呈紅色，滴加 5 N 硫酸溶液至顏色剛好消失。

2. 依上述㈠ 5. 步驟操作之。

㈢檢量線製備

　　分別精取 0.00, 5.00, 10.0, 20.0, 30.0, 40.0, 50.0 mL 磷標準溶液 (I) 或 (II)（或其他適合之濃度）稀釋至 50.0 mL，依水樣相同之步驟操作，讀取 880 nm 之吸光度，繪製磷含量 (μg)—吸光度之檢量線。❹

---

❷　若水樣含砷或高濃度鐵，加入 5 mL 亞硫酸氫鈉溶液，混合後置於 95°C 水浴中 30 分鐘（保持水樣溫度為 95°C 20 分鐘）冷卻之。

❸　水樣中和後如呈渾濁，添加 2 ～ 3 滴 11 N 硫酸溶液混合均勻，視需要過濾再行稀釋。

八、結果處理

$$磷濃度\ (mg\ P/L) = \frac{檢量線求得磷含量\ (\mu g)}{水樣體積\ (mL)}$$

九、品質管制

㈠檢量線: 檢量線之相關係數應大於或等於 0.995。

㈡空白分析: 每十個樣品或每批次樣品至少執行一次空白樣品分析, 空白分析值應小於方法偵測極限之二倍。

㈢重覆分析: 每十個樣品或每批次樣品至少執行一次重覆分析。

㈣查核樣品分析: 每十個或每一批次之樣品至少執行一個查核樣品分析, 並求其回收率。

㈤添加標準品分析: 每十個樣品或每批次樣品至少執行一次添加標準品分析。

十、精密度與準確度

國內某單一實驗室進行試劑水添加標準品分析結果如下所示:

水樣基質	添加濃度	平均測定值	測定次數	回收率 (%)	相對誤差 (%)
試劑水	0.005	0.0051	7	102	0.03
試劑水	0.01	0.0091	7	91	0.09
試劑水	0.03	0.0314	7	105	0.06

單位: mg P/L, 採用 5 cm 樣品槽。

---

❹ 廢液分類處理原則——本檢驗廢液依一般無機廢液處理。

十一、參考資料

㈠ APHA, American Water Works Association & Water Pollution Control Federation, *Standard Methods for the Examination of Water and Wastewater*, 20th ed., Method 4500–PE, pp. 4–146 ～ 4–147, APHA, Washington, D.C., USA, 1998.

㈡ U. S. EPA, Environmental Monitoring and Support Laboratory, *Methods for Chemical Analysis of Water and Wastewater*, Method 365.2, 365.3, Cincinnati, Ohio, USA, 1983.

水中生化需氧量檢測方法[1]

中華民國八十九年十一月十五日

(89) 環署檢字第 67626 號

NIEA W510.54B

一、方法概要

水樣在 20°C 恆溫培養箱中暗處培養 5 天後，測定水樣中好氧性微生物在此期間氧化水中有機物質所消耗之溶氧（Dissolved Oxygen，簡稱 DO），即可求得 5 天之生化需氧量（Biochemical Oxygen Demand，簡稱 BOD_5）。

二、適用範圍

本方法適用於地面水、地下水及放流水中之生化需氧量檢測。

三、干　擾

㈠酸性或鹼性之水樣會造成誤差，應使用氫氧化鈉或硫酸調整之。

㈡水樣中若含餘氯會消耗溶氧而造成誤差，可以使用亞硫酸鈉排除干擾。

㈢水樣中若含氰離子、六價鉻離子及重金屬等均會造成干擾，必須經過適當處理，否則不適宜生化需氧量之測定。

㈣水樣中之溶氧若過飽和會造成誤差。可將水溫調至 20°C，再通入空氣或充分搖動以驅除干擾。

㈤水樣中無機物質如硫化物及亞鐵的氧化作用會消耗溶氧而造成誤差；此外，水樣中還原態氮的氧化作用亦會消耗溶氧而造成誤差，但可使用硝化抑制劑以避免氧化作用。

㈥水樣中若含肉眼可見之生物，應去除之。

四、設　備

㈠BOD 瓶：60 mL 或更大容量之玻璃瓶（以 300 mL 具玻璃塞及喇叭狀口之 BOD 瓶為

---

❶　配合本書第 18 章。

佳)。於使用前應以清潔劑洗淨，然後以蒸餾水淋洗乾淨並晾乾。在培養期間應以水封方式隔絕空氣，其方式為：添加蒸餾水於已加蓋玻璃塞之 BOD 瓶喇叭狀口。水封後應以紙、塑膠類杯狀物或薄金屬套覆蓋 BOD 瓶之喇叭狀口，以減少培養期間水分之蒸發。

注意：為減少誤差，宜使用經校正體積且編碼相同之 BOD 瓶及瓶蓋。若瓶蓋無編碼，可自行刻記。

㈡恆溫培養箱：溫度可控制在 20±1°C，並可避光以預防 BOD 瓶中水樣之藻類行光合作用而導致水樣之溶氧增加。

㈢溶氧測定裝置（參照水中溶氧檢測方法）。

五、試　劑

㈠磷酸鹽緩衝溶液：溶解 8.5 g 磷酸二氫鉀 (KH_2PO_4)、21.75 g 磷酸氫二鉀 (K_2HPO_4)、33.4 g 磷酸氫二鈉 ($Na_2HPO_4 \cdot 7H_2O$) 及 1.7 g 氯化銨於約 500 mL 蒸餾水中，再以蒸餾水稀釋至 1 L，此時 pH 值應為 7.2。本溶液或以下所述溶液中，若有生物滋長之跡象時，即應捨棄。

㈡硫酸鎂溶液：溶解 22.5 g 硫酸鎂 ($MgSO_4 \cdot 7H_2O$) 於蒸餾水中，並稀釋至 1 L。

㈢氯化鈣溶液：溶解 27.5 g 氯化鈣於蒸餾水中，並稀釋至 1 L。

㈣氯化鐵溶液：溶解 0.25 g 氯化鐵 ($FeCl_3 \cdot 6H_2O$) 於蒸餾水中，並稀釋至 1 L。

㈤硫酸溶液，1 N：緩緩加 28 mL 濃硫酸於攪拌之蒸餾水中，並稀釋至 1 L。

注意：配製過程中會產生大量熱。

㈥氫氧化鈉溶液，1 N：溶解 40 g 氫氧化鈉於蒸餾水中，並稀釋至 1 L。

㈦亞硫酸鈉溶液，約 0.025 N：溶解 1.575 g 亞硫酸鈉 (Na_2SO_3) 於 1 L 蒸餾水中。此溶液不穩定，須於使用當日配製。

㈧硝化抑制劑：加 3 mg 之 2–氯–6–(三氯甲基) 吡啶〔2-Chloro-6-(Trichloromethyl) Pyridine，簡稱 TCMP〕於 300 mL BOD 瓶內，然後蓋上瓶蓋，或加適量之 TCMP 於稀釋水中，使其最終濃度為 10 mg/L。純的 TCMP 之溶解速率可能很慢，也可能浮在樣品的表面。有些市售的 TCMP 較易溶於水樣，但其純度可能不是 100%，須調整其用量。

㈨葡萄糖—麩胺酸標準溶液：將試劑級之葡萄糖及麩胺酸先在 103°C 烘乾 1 小時，冷卻後溶解 150 mg 葡萄糖及 150 mg 麩胺酸於蒸餾水中，並稀釋至 1 L。此溶液應於使用

前配製。

(十)氯化銨溶液: 溶解 1.15 g 氯化銨於約 500 mL 蒸餾水中，以氫氧化鈉溶液調整 pH 值至 7.2，並用蒸餾水稀釋至 1 L。此溶液之濃度為 0.3 mg N/mL。

(十一)碘化鉀溶液: 溶解 10 g 碘化鉀於 100 mL 蒸餾水中。

(十二)稀釋水: 水樣稀釋用。可使用去礦物質水、蒸餾水、經去氯後之自來水或天然水製備，製備方法參見七、步驟(一)。

六、採樣及保存

　　水樣在採集後迄分析之保存期間內，可能會因微生物分解有機物質而降低 BOD 值。水樣若在採樣後 2 小時內開始分析，則不需要冷藏，否則應於採樣後立即將水樣冷藏於 4℃ 暗處; 若因採樣地點遠離檢驗室而無法在 2 小時內開始分析，則水樣應冷藏，並盡可能在 6 小時內分析，但無論如何，水樣應於採樣後 48 小時之內進行分析。分析前應預先將水樣回溫至 20±3℃。

七、步　　驟

(一)稀釋水之製備

　　於每 1 L 蒸餾水中，加入 1 mL 之磷酸鹽緩衝溶液、硫酸鎂溶液、氯化鈣溶液及氯化鐵溶液，以製備稀釋水。所製備之稀釋水於使用前調整至 20±3℃。搖晃或通入經過濾且不含有機物質之空氣，使製備稀釋水溶氧達飽和; 或亦可將製備之稀釋水置於加蓋棉花塞之瓶內，保存足夠之時間，使其溶氧達飽和狀態。製備稀釋水時，應使用乾淨之玻璃器皿，以確保稀釋水之品質。

(二)稀釋水之儲存

　　水樣稀釋用的水（參見五、試劑(十二)所述）可以一直儲存至使用，只要其所製備之稀釋水空白值符合七、步驟(八)所規定之品質管制範圍，此儲存可以改善某些水源之品質，但對某些水源則可能因微生物滋長而導致品質退化。水源於加入營養鹽、礦物質和緩衝溶液後最好不要儲存超過 24 小時，除非稀釋水空白值一直能符合七、步驟(八)所規定之品質管制範圍。若稀釋水空白值超出品質管制範圍，應純化改良之或改用其他來源之水。

(三)葡萄糖─麩胺酸標準溶液之查核

　　BOD 之測定係屬一種生物檢定，因此，當毒性物質存在或使用於植菌之菌種不良時，

均對 BOD 之測定結果影響很大，例如蒸餾水被銅污染或某些廢污水來源之菌種活性較弱，均會導致較低的 BOD 測定結果。所以必須藉由測定葡萄糖－麩胺酸標準溶液之 BOD 值，以檢查稀釋水品質、菌種有效性及分析技術。測定葡萄糖－麩胺酸標準溶液之 2% 稀釋液在 20℃ 培養 5 天之 BOD 值，查核其是否符合本檢測方法精密度與準確度之要求（BOD 值 198±30.5 mg/L）。

㈣植　菌

1. 菌種來源：使用於植菌之菌種必須含有對水樣中生物可分解性有機物質具氧化能力之微生物。家庭污水、廢水處理廠未經加氯或其他方式消毒之排放水及排放口之表面廢污水均含有理想的微生物。某些未經處理之工業廢水、消毒過之廢水、高溫廢水或極端 pH 值之廢水中之微生物均不足。採用家庭污水為菌種來源時，使用前須先在室溫下靜置使其澄清，靜置時間應在 1 小時以上，但最長不超過 36 小時，取用時應取其上層液。若使用廢水生物處理系統內之混合液或其放流水時，採集後應加入硝化抑制劑。某些水樣可能含有家庭污水來源之菌種無法以正常速率分解之有機物質，此時應使用廢水生物處理系統內之混合液或其未經消毒之排放水作為植菌之菌源。若無生物處理設備，則取用放流口下方 3 至 8 公里處之水。若此菌種來源亦無法取得時，可以在實驗室內自行培養。實驗室內自行培養菌種時，以土壤懸浮物、活性污泥或市售菌種作為初始菌種，於經沉澱之家庭污水連續曝氣培養，並且每日加入少量污水添加量。然後以此菌種測定葡萄糖－麩胺酸標準溶液之 BOD，直至 BOD 值隨時間增加達到一穩定值且在 198±30.5 mg/L 範圍內時，即表示菌種培養成功。

2. 植菌控制：所謂植菌控制即是將菌種液當成水樣測定其 BOD 值，從植菌控制之測值與菌種稀釋濃度計算菌種之溶氧攝取量，理想狀況下，做不同之菌種稀釋濃度且最大稀釋濃度要導致至少 50% 之溶氧消耗。經培養 5 天後，將溶氧消耗量大於 2 mg/L 且殘餘溶氧在 1 mg/L 以上之植菌控制，以溶氧消耗量 (mg/L) 對應菌種體積 (mL) 作圖，可呈現直線關係，其斜率表示每 1 mL 菌種之溶氧消耗量，而截距則為稀釋水之溶氧消耗量，其必須小於 0.1 mg/L。或者，亦可將培養 5 天後，溶氧消耗量大於 2 mg/L 且殘餘溶氧在 1 mg/L 以上之植菌控制，將溶氧消耗量 (mg/L) 除以菌種體積 (mL) 並求其平均值。加入每一 BOD 瓶中菌種所導致之溶氧消耗量應介於 0.6 至 1.0 mg/L 範圍內，但所加入菌種量應調整至使葡萄糖－麩胺酸標準溶液之 BOD 值落在 198±30.5 mg/L 範圍內。水樣之總溶氧消耗量扣除菌

種之溶氧消耗量才為水樣之實際溶氧消耗量。

(五)水樣前處理

1. 含腐蝕性鹼 (pH > 8.5) 或酸 (pH < 6.0) 之水樣：以 1 N 之硫酸或氫氧化鈉溶液將水樣之 pH 值調為 6.5 ～ 7.5，加入之體積不可超過樣品體積之 0.5%。

2. 含餘氯之水樣：水樣之採集應盡可能在其未加氯消毒之前，以避免水樣中含有餘氯。含餘氯之水樣，可添加亞硫酸鈉 (Na_2SO_3) 溶液，以驅除餘氯。亞硫酸鈉溶液之使用體積可由下述之試驗結果來決定：在每 1 L 中性的水樣中加入 10 mL 1 + 1 醋酸溶液（或 1 + 50 硫酸溶液）及 10 mL 碘化鉀溶液，混合均勻後，以 0.025 N 亞硫酸鈉溶液滴定，當碘和澱粉指示劑所形成之藍色複合物消失時，即為滴定終點。記錄亞硫酸鈉溶液之使用體積，即為水樣除氯所需之亞硫酸鈉溶液用量。以亞硫酸鈉溶液除氯後 10 至 20 分鐘，須檢查水樣是否仍含餘氯。

　　注意：過量之亞硫酸鈉溶液會消耗經氯化水樣之需氧量，並會慢慢地與有機氯胺化合物起反應

3. 含毒性物質之水樣：某些工業廢水如電鍍廢水含有毒金屬，此類水樣需經過特殊處理。

4. 含過飽和溶氧之水樣：低溫或發生光合作用之水樣，其在 20°C 之溶氧可能會大於 9 mg/L，可將水溫調至 20°C，再通入空氣或充分搖動以驅出過飽和之溶氧。

5. 調整水樣溫度：水樣於稀釋前，應調溫至 20 ± 1°C。

6. 抑制硝化：可能需要添加硝化抑制劑之水樣包括經生物處理之放流水、以採自生物處理廠放流水之菌種植菌之水樣及河川水等。硝化抑制劑之使用量應記錄於檢驗報告中。

(六)水樣稀釋技術

原則上，稀釋後之水樣，經培養 5 天後，殘餘之溶氧在 1 mg/L 以上，且溶氧消耗量大於 2 mg/L 時可靠性最大。依經驗以稀釋水將水樣稀釋成數種不同濃度，使其溶氧消耗量合於上述範圍。一般可由水樣測得之 COD 值來推算其 BOD 值及稀釋濃度。通常各種水樣之稀釋濃度為：嚴重污染之工業廢水 0.0 ～ 1.0%；未處理及沉澱廢水 1 ～ 5%；生物處理過之放流水 5 ～ 25%；受污染之河川水 25 ～ 100%。水樣之稀釋方法有兩種，可先用量筒稀釋後，再裝入 BOD 瓶，或直接在 BOD 瓶中稀釋。

當以量筒稀釋水樣且必須植種時，可直接將菌種加入稀釋水或於稀釋水樣前將菌種加入量筒中，植種於量筒中可避免因增加水樣之稀釋濃度而降低菌種／水樣之比值；當直接在 BOD 瓶中稀釋水樣且必須植種時，可直接將菌種加入稀釋水或直接加入

BOD 瓶中。稀釋後，BOD 瓶中水樣體積若超過 67%，稀釋後水樣中之營養鹽可能不足而影響菌種活性，此時，於 BOD 瓶中直接以 1 mL/L（0.33 mL/300 mL BOD 瓶）比例加入營養鹽、礦物質與緩衝溶液。

1. 以量筒稀釋水樣：若以疊氮化物法測定水樣中溶氧時，應以虹吸管小心吸取稀釋水（必要時稀釋水須經植種）於容量 1～2 L 之量筒中，裝填至半滿，並應避免氣泡進入。加入適當體積之已混合均勻水樣後，再加入稀釋水至刻度，小心攪拌均勻，並避免氣泡進入。以虹吸管吸取混合液，分別置於兩個 BOD 瓶中。先測定其中一瓶之初始溶氧，另一瓶則於水封後置於 20°C 恆溫培養箱中培養 5 天，再測其溶氧。

2. 直接在 BOD 瓶中稀釋水樣：以移液管取適當體積之已混合均勻水樣，分別置於兩個 BOD 瓶中，添加適量之菌種於個別 BOD 瓶中，再以稀釋水（必要時稀釋水須經植菌）填滿 BOD 瓶，如此，當塞入瓶蓋時，即可將所有空氣排出，而無氣泡殘留於 BOD 瓶內。當水樣之稀釋比率大於 1:100 時，水樣應先以量瓶作初步稀釋，然後再以 BOD 瓶作最後稀釋。若以疊氮化物法測定水樣之溶氧，則進行水樣稀釋時，須裝兩個 BOD 瓶，取其中一瓶測定初始（第 0 天）溶氧，另一瓶則於水封後置於 20°C 之恆溫培養箱中培養 5 天，再測其溶氧。

㈦初始溶氧之測定

若水樣含會迅速與溶氧反應之物質，則於稀釋水填滿 BOD 瓶後，應立即測定初始溶氧。若測定之初始溶氧未明顯地迅速下降，則水樣稀釋與測定初始溶氧之期間長短即非重要因素，但仍不應超過 30 分鐘。

㈧稀釋水空白

以稀釋水為空白試樣，以檢查未經植菌之稀釋水的品質及 BOD 瓶之清潔。在檢驗每批水樣時應同時培養一瓶未經植菌之稀釋水。於培養前及培養後（20°C，5 天）測定溶氧，其溶氧消耗量不應超過 0.2 mg/L，最好在 0.1 mg/L 以下。

㈨培　養

將稀釋後水樣、重覆分析水樣、植菌控制、稀釋水空白及葡萄糖－麩胺酸標準溶液等樣品水封後，置於 20±1°C 之恆溫培養箱內培養 5 天。

㈩最終溶氧之測定

將稀釋後水樣、重覆分析水樣、植菌控制、稀釋水空白及葡萄糖－麩胺酸標準溶液在 20±1°C 之恆溫培養箱培養 5 天後，測定其溶氧。

八、結果處理

經 5 天培養後，將溶氧消耗量大於 2 mg/L 且殘餘溶氧在 1 mg/L 以上之水樣，依是否植菌，選擇公式並計算生化需氧量。

㈠無植菌水樣之生化需氧量

$$\text{BOD}_5\,(\text{mg/L}) = \frac{D_1 - D_2}{P}$$

㈡植菌水樣之生化需氧量

$$\text{BOD}_5\,(\text{mg/L}) = \frac{(D_1 - D_2) - (B_1 - B_2) \times f}{P}$$

D_1: 稀釋水樣之初始（第 0 天）溶氧 (mg/L)
D_2: 稀釋水樣經 20°C 恆溫培養箱培養 5 天之溶氧 (mg/L)
$P = \dfrac{\text{水樣體積 (mL)}}{\text{稀釋水樣之最終體積 (mL)}}$
B_1: 稀釋水經植菌後測得之初始溶氧 (mg/L)
B_2: 稀釋水經植菌後在 20°C 恆溫培養箱培養 5 天之溶氧 (mg/L)
f: 添加於稀釋水樣之菌種與添加於植菌稀釋水之菌種兩者之比值
$\qquad f = \dfrac{\text{稀釋水樣中之菌種百分比 (\%)}}{\text{植菌稀釋水中之菌種百分比 (\%)}}$

若水樣有多個稀釋濃度符合溶氧消耗量大於 2 mg/L 且殘餘溶氧在 1 mg/L 以上，且較高稀釋濃度之水樣不含毒性跡象和明顯異常情況，在合理範圍內以平均值出具報告。

九、品質管制

㈠管制極限：鑑於影響實驗室間比對測試的因素極多，BOD 之測試結果出入亦大，宜以實驗室間比測結果之標準偏差作為單一實驗室之管制極限。但亦可由每一實驗室各自建立自己的管制極限，其方法為每一實驗室在數週或數月內至少分析 25 個葡萄糖－麩胺酸標準溶液，計算其平均值及標準偏差，取平均值 ±3 倍標準偏差作為該實驗室日後測定葡萄糖－麩胺酸標準溶液之管制極限。將這些單一實驗室測試之管制極限與實驗室間比測之管制極限作比較，若其管制極限超出 198 ± 30.5 mg/L 的範圍外時，應重估該管制極限，並研究問題之所在。假如葡萄糖－麩胺酸標準溶液之 BOD 超過管制極限範圍，則應捨棄使用該菌種及稀釋水所得之全部測定結果。

㈡空白樣品、標準樣品及樣品須同時測定。

㈢基質與濃度相似之每批樣品或每 10 個樣品至少須執行 1 個查核樣品分析。

㈣基質與濃度相似之每批樣品或每 10 個樣品至少須執行 1 個重覆分析。

十、精密度與準確度

㈠國內單一實驗室測定查核樣品之結果如下表所示:

葡萄糖—麩胺酸標準溶液 (mg/L)	葡萄糖—麩胺酸標準溶液之理論 BOD 值 (mg/L)	月回收濃度平均值 (mg/L)	月標準偏差平均值 (mg/L)	二重覆分析樣品數	分析月數
300	198±30.5	189	8.7	58	14

資料來源: 行政院環境保護署環境檢驗所例行檢驗資料。

㈡單一實驗室測定查核樣品之結果如下表所示:

葡萄糖—麩胺酸標準溶液 (mg/L)	葡萄糖—麩胺酸標準溶液之理論 BOD 值 (mg/L)	月回收濃度平均值 (mg/L)	月標準偏差平均值 (mg/L)	三重覆分析樣品數	分析月數
300	198±30.5	204	10.4	421	14

資料來源: 同本文之參考資料。

㈢實驗室間比測: 在一系列的比測中，每次邀請 2 至 112 間實驗室 (包括許多檢驗員及許多菌種來源)，測定葡萄糖與麩胺酸 1:1 混合之合成水樣在培養 5 天後之 BOD 值，合成水樣之濃度範圍為 3.3 ～ 231 mg/L。所得之平均值 $\overline{X}$ 及標準偏差 S 如下:

$$\overline{X} = 0.658 \times 添加濃度 \ (mg/L) + 0.280 \ mg/L$$

$$S = 0.100 \times 添加濃度 \ (mg/L) + 0.547 \ mg/L$$

以 300 mg/L 葡萄糖—麩胺酸標準溶液經培養 5 天為例，代入上式其 BOD 之平均值 $\overline{X}$ 為 198 mg/L，標準偏差 S 為 30.5 mg/L。(資料來源: 同本文之參考資料)

十一、參考資料

APHA, American Water Works Association & Water Pollution Control Federation, *Standard Methods for the Examination of Water and Wastewater*, 20th ed., Method 5210B, pp. 5–3 ～ 5–6, APHA, Washington, D.C., USA, 1998.

水中化學需氧量檢測方法㈠[1] ——重鉻酸鉀迴流法

中華民國八十七年二月廿七日

(87) 環署檢字第 10816 號

NIEA W515.53A

一、方法概要

酸化之水樣加入過量之重鉻酸鉀溶液迴流煮沸，剩餘之重鉻酸鉀，以硫酸亞鐵銨溶液滴定；由消耗之重鉻酸鉀量，即可求得水樣中之化學需氧量（Chemical Oxygen Demand，簡稱 COD），以表示水樣中可被氧化有機物之含量。

二、適用範圍

本方法適用於鹵離子濃度小於 2 000 mg/L 之地面水、地下水及放流水中化學需氧量之檢驗。

三、干　擾

㈠吡啶及其同類化合物無法被氧化，使 COD 值偏低。

㈡揮發性之直鏈脂肪族化合物不易氧化。可加入硫酸銀試劑 (Ag_2SO_4) 作為催化劑。但須注意 Ag_2SO_4 會與鹵素形成不易氧化之沉澱。

㈢鹵離三子 (X^-) 之干擾，可事先加入硫酸汞以生成錯鹽方式排除之，通常可於20 mL水樣中加入 0.4 g $HgSO_4$。若已知水樣中鹵離子濃度小於 2 000 mg/L，則只要維持 $HgSO_4 : X^- = 10 : 1$ 比例即可（不必 20 mL 水樣中加 0.4 g $HgSO_4$）；但當鹵離子濃度大於 2 000 mg/L 時，本方法即不適用。

㈣通常水樣中亞硝酸氮極少超過 1 或 2 mg/L，在此情形下，該離子之干擾可忽略。亞硝酸鹽產生之干擾，可依每 1 mg 亞硝酸氮 (NO_2^-–N) 加入 10 mg 胺基磺酸 (Sulfamic Acid) 來排除。（注意：在空白水樣中須加入相同量的胺基磺酸。）

㈤無機鹽類，如六價鉻離子、亞鐵離子、亞錳離子及硫化物等，會形成干擾。因此若已

---

[1]　配合本書第 19 章。

　　知含有以上之干擾物，可分別定量並校正 COD 值。

㈥廢棄物中的氨氮或由含氮有機物質中釋放出的氨氮，在含高濃度之氯離子時，會被氧化而造成干擾。

四、設　備

㈠迴流裝置：口徑 24/40 之 500 mL 或 250 mL 磨口圓底瓶，300 mm 之直形或球形冷凝管。

㈡加熱裝置。

㈢天平：可精秤至 0.1 mg。

五、試　劑

㈠試劑水：去離子蒸餾水。

㈡硫酸汞：分析級。

㈢重鉻酸鉀標準溶液，0.0417 M：溶解分析級試藥之重鉻酸鉀 12.259 g（先在 103°C 烘乾 2 小時）於 1 L 之量瓶中，稀釋至刻度。

㈣硫酸銀試劑：於 2.5 L 濃硫酸中加入 25 g 硫酸銀，靜置 1 ～ 2 天使硫酸銀完全溶解。

㈤菲羅啉 (Ferroin) 指示劑：溶解 1.485 g 1, 10–二氮雜菲 (1, 10-Phenanthroline Monohydrate) 及 0.695 g 硫酸亞鐵 ($FeSO_4 \cdot 7H_2O$) 於蒸餾水中，稀釋至 100 mL。使用已配妥之市售品亦可。

㈥硫酸亞鐵銨滴定溶液 0.25 M：溶解 98 g 硫酸亞鐵銨〔$Fe(NH_4)_2(SO_4)_2 \cdot 6H_2O$〕於試劑水中，加入 20 mL 濃硫酸，冷卻後稀釋至 1 L。使用前每天標定之。

標定方法：

稀釋 10 mL 0.0417 M 重鉻酸鉀標準溶液至約 100 mL，加入 30 mL 濃硫酸，冷卻至室溫，加入 2 ～ 3 滴菲羅啉指示劑，以 0.25 M 硫酸亞鐵銨滴定，當溶液由藍綠色變為紅棕色時即為終點。

$$硫酸亞鐵銨滴定溶液莫耳濃度 (M) = \frac{10\,(\text{mL}) \times 0.25\,(M)}{消耗之硫酸亞鐵銨滴定溶液體積\,(\text{mL})}$$

㈦COD 標準溶液：在 1 L 量瓶內溶解 0.1700 g 無水鄰苯二甲酸氫鉀（Potassium Hydrogen Phthalate，120°C 乾燥隔夜）於試劑水中，稀釋至刻度。鄰苯二甲酸氫鉀之理論 COD 值為 1.176 mg/L，本溶液之理論 COD 值為 200 mg/L。在未觀察到微生物生長

情況下，此溶液在棕色瓶內可冷藏保存至 3 個月。

㈧沸石。

六、採樣及保存

以玻璃瓶或塑膠瓶採集約 500 mL 之樣品，如無法於採樣後立即分析，應以濃硫酸調整 pH 值至 2 以下，並於 4°C 冷藏，最大保存期限為 7 天。

七、步　驟

㈠若水樣之 COD 值大於 50 mg/L：

1. 取 20 mL 水樣（若水樣之 COD 值大於 900 mg/L 時，可以適量稀釋）於 250 mL 圓底燒瓶內，加入 0.4 g 硫酸汞及數粒沸石，然後緩慢加入 2 mL 硫酸銀試劑，搖晃混合使硫酸汞溶解，混合時需冷卻圓底燒瓶以避免揮發性物質逸失。

2. 加入 10.0 mL 0.0417 M 重鉻酸鉀溶液混勻後，連接冷凝管，並通入冷卻水。

3. 由冷凝管頂端加入 28 mL 硫酸銀試劑。

　　注意：搖晃混合均勻後，方可加熱以免酸液濺出。

　　迴流 2 小時（如已知水樣不需 2 小時即可達到 2 小時迴流之 COD 值時，可酌減迴流時間），迴流時以小燒杯蓋在冷凝管頂端以防污染物掉入。

4. 冷卻後，以 30 mL 蒸餾水由冷凝管頂端沖洗冷凝管內壁，取出圓底燒瓶，加入 30 mL 之蒸餾水，冷卻至室溫。

5. 加入 2 ～ 3 滴菲羅啉指示劑，以 0.25 M 硫酸亞鐵銨溶液滴定至當量點，此時溶液由藍綠色轉為紅棕色。所有的樣品最好使用等量指示劑。

6. 同時以試劑水進行空白試驗。

㈡若水樣之 COD 值低於 50 mg/L：

1. 應使用 0.00417 M 重鉻酸鉀標準溶液及 0.025 M 硫酸亞鐵銨滴定溶液，依七、步驟㈠1.～6.操作。操作時須特別小心，因玻璃器皿或空氣中微量的有機質都會導致誤差。

2. 若須進一步增加靈敏度，可在迴流消化前濃縮水樣，方法如下：在大於 20 mL 體積之水樣中，加入所有的試劑，在圓底燒瓶中煮沸，但不連接冷凝管，使其體積降至 60 mL。唯 $HgSO_4$ 之添加量則須視濃縮前水樣中 Cl^- 之濃度，依 $HgSO_4:Cl^- = 10:1$ 之原則，作適度調整。

㈢以鄰苯二甲酸氫鉀標準溶液作品管樣品分析，以評估分析技術及試劑之品質。

㈣若水樣體積超過 20 mL，則所需之試劑用量亦應按比例增加，而 2 小時之迴流時間的標準亦可酌情縮短，只要結果相當即可。

八、結果處理

$$化學需氧量\ (mg/L) = \frac{(A-B) \times C \times 8\,000}{V}$$

A: 空白消耗之硫酸亞鐵銨滴定液體積 (mL)
B: 水樣消耗之硫酸亞鐵銨滴定液體積 (mL)
C: 硫酸亞鐵銨滴定液之莫耳濃度 (M)
V: 水樣體積 (mL)

九、品質管制

㈠空白樣品、標準樣品與添加樣品需與樣品同時測定。

㈡每批樣品至少作一次重覆分析。

㈢每批具相似基質和濃度之樣品或每十個樣品至少分析一個添加已知量標準溶液之樣品，以檢查其回收率，若回收率超過管制極限 (75 ～ 125%) 時須重作。

㈣每批具相似基質和濃度之樣品或每十個樣品至少分析一個品管樣品 (QC Sample)，如分析結果與標準值差在 85 ～ 115% 以外時，必須重作。

十、精密度及準確度

國內某單一實驗室對 100 mg/L 之品管樣品經進行 22 次重覆分析，結果如下所示：

測試項目	樣品濃度 (mg/L)	回收濃度 (mg/L)	回收率±標準偏差 (%)	分析次數
COD	100.0	97.4	97.4±2.2	22

資料來源：行政院環境保護署環境檢驗所實驗資料。

十一、參考文獻

APHA, American Water Works Association & Water Environment Federation, *Standard Methods for the Examination of Water and Wastewater*, 18th ed., pp. 5–6 ～ 5–8, APHA, Washington, D.C., USA, 1992.

水中化學需氧量檢測方法㈡[1] —— 密閉迴流滴定法

中華民國八十八年四月八日

(88) 環署檢字第 21288 號公告

NIEA W517.50B

一、方法概要

化學需氧量（Chemical Oxygen Demand，簡稱 COD）是水中有機物污染最常用的指標之一。其檢測方法除了開放式重鉻酸鉀迴流法外，也可使用本密閉迴流滴定法。測定的程序是在消化管中依序加入過量之重鉻酸鉀、硫酸及水樣後，於密閉消化管中在 150°C 下加熱迴流；待反應完成後，以硫酸亞鐵銨滴定溶液中殘餘之重鉻酸鉀，由所使用之硫酸亞鐵銨體積，即可換算求得水樣中之化學需氧量。

二、適用範圍

本方法適用於鹵離子濃度小於 2 000 mg/L，COD 值介於 20 至 450 mg/L 水樣之分析。待分析水樣中，若鹵離子濃度過高或 COD 值太大時，則須予適當稀釋後才能進行檢測。

三、干　擾

㈠不同來源的水樣其基質各不相同。若待分析水樣中所含有機質濃度太高時，可能在樣品消化時因密閉試管中壓力過大而爆裂，因而造成實驗室與人員安全的危害。因此使用本方法時，分析人員須先瞭解水樣基質並判斷本法的適用性，以免造成傷害。

㈡吡啶 (Pyridine) 及其同類化合物因無法被氧化,將導致水樣 COD 值偏低的測定結果。

㈢揮發性之直鏈脂肪族化合物不易被氧化，可藉加入硫酸銀試劑作為催化劑促進其反應。但須注意，所加入之硫酸銀試劑會與鹵素形成不易氧化之沉澱的問題。

㈣鹵離子 (X^-) 之干擾可藉由硫酸汞的加入，使其生成錯鹽形式而予以排除。通常於 5 mL 水樣中加入 0.1 g 硫酸汞，即可解決鹵離子的干擾問題。若已知水樣中不含鹵離子時，

---

[1]　配合本書第 19 章。

可以不加硫酸汞試劑；惟當鹵離子濃度大於 2 g/L 時，本方法即不適用。

㈤亞硝酸鹽產生之干擾，可依每 1 mg 亞硝酸鹽加入 10 mg 胺基磺酸的原則予以排除。

注意：空白水樣中亦需加入相同量的胺基磺酸。

㈥無機鹽類如六價鉻離子、亞鐵離子、亞錳離子及硫化物等亦會形成干擾。因此，若已知水樣中含有以上之干擾物質時，須事先分別予以定量，並作 COD 值的校正。

㈦廢棄物中的氨氮或由含氮有機物質中釋放出的氨氮，在含高濃度之氯離子時，會被氧化而造成干擾。

四、設　備

㈠消化管 (Digestion Vessels)：通常使用硼矽酸玻璃試管，其規格如下：16×100 mm，20×150 mm 或 25×150 mm。試管之蓋子另需備有鐵弗龍 (TFE) 的內襯。消化管於使用前，需先檢查管蓋的鐵弗龍內襯是否會滲漏；若會滲漏，須設法予以解決。依據檢測靈敏度的需求，可選用合適的消化管尺寸；對 COD 值較低的水樣，以選用 25×150 mm 的試管為宜，因其所取的水樣體積較大。

除上述規格之試管外，也可使用容量為 10 mL (直徑約為 20 mm) 的硼矽酸玻璃小瓶 (Borosilicate Ampule)。水樣和試劑置入後，以封口器封合。

㈡加熱板塊 (Heating Block)：板塊為鋁製，可自製或購自商用產品。板塊中孔洞的孔徑大小需與消化管之外徑相近，其深度約為 45 至 50 mm。

㈢加熱器 (Block Heater) 或烘箱 (Oven)：將加熱板塊置於加熱器中，加熱器上需設有溫度調控裝置，加熱時操作溫度為 150±2°C。若不使用加熱板塊與加熱器的組合，亦可將消化管直接放入烘箱中進行加熱。需注意的是，以烘箱加熱時，管蓋可能會在高溫下受損，而造成污染或漏失；因此，除非確知在 >150°C 加熱 2 小時下，管蓋無受損之虞，否則應避免使用烘箱加熱。

㈣小玻璃瓶封口器 (Ampule Sealer)。

㈤攪拌機或均質機。

㈥天秤：可精秤至 0.1 mg。

五、試　劑

㈠試劑水：電阻值為 16 MΩ-cm 以上的純水。

㈡試藥：除特別標明外餘皆為分析級試藥。

㈢重鉻酸鉀消化溶液，0.0167 M：將 4.913 g 的重鉻酸鉀（先在 103°C 烘乾 2 小時），加入約 500 mL 試劑水中，依序加入 167 mL 濃硫酸、33.3 g 硫酸汞，混合溶解，冷卻至室溫後定量至 1 L。

㈣硫酸試劑：於 2.5 L 濃硫酸中加入 25 g 硫酸銀，放置 1 至 2 天（或以磁石攪拌器攪拌數小時）使硫酸銀完全溶解；或使用市售品。

㈤菲羅啉指示劑溶液：溶解 1.485 g 1, 10–二氮菲 (1, 10-Phenanthroline Monohydrate) 和 0.695 g 硫酸亞鐵於試劑水中，稀釋到 100 mL；或使用市售品。

㈥硫酸亞鐵銨滴定溶液，0.10 M：將 39.2 g 硫酸亞鐵銨溶於試劑水中，加入 20 mL 濃硫酸，冷卻至室溫後定量至 1 L。使用時先稀釋成約 0.025 M 的溶液再進行滴定，並依照以下方法標定其確實的濃度。

標定方法：

以試劑水取代樣品，依據表一添加其他各試劑於消化管中。冷卻至室溫，加入 2 至 3 滴菲羅啉指示劑，以硫酸亞鐵銨溶液進行滴定。

$$硫酸亞鐵銨滴定溶液莫耳濃度 (M) = \frac{重鉻酸鉀消化溶液的體積 (mL) \times 0.10}{滴定所用硫酸亞鐵銨的體積 (mL)}$$

㈦氨基磺酸 (Sulfamic Acid)：欲去除亞硝酸鹽的干擾時才使用本試劑，使用法如上述三、㈣中所述。（一般針對水樣中每 mg 的亞硝酸鹽氮可加入 10 mg 氨基磺酸，此時，空白試驗中亦須添加等量的氨基磺酸。不過，由於水樣中亞硝酸鹽的干擾一般並不顯著，因此本試劑常可略去不用。）

㈧COD 標準溶液：稱取 0.425 g 已在 120°C 烘乾至恆重之苯二甲酸氫鉀 (KHP)，溶解於試劑水中，定量至 1 L。KHP 的理論 COD 值為 1.176 mg/mg，本溶液的理論 COD 值為 500 mg/L。若無細菌存在，此溶液在冰箱中可保存三個月。

㈨濃硫酸。

㈩硝酸：20%。

六、採樣與保存

以玻璃瓶或塑膠瓶採集約 500 mL 之樣品，如無法於採樣後立即分析，應以濃硫酸調整水樣的 pH 值至 2 以下，並於 4°C 冷藏，保存期限為 7 天。

七、步　驟

㈠使用前，消化管先以 20% 硝酸溶液浸泡至少 8 小時，瓶蓋則僅需浸泡 1 小時。取出後，以試劑水沖洗乾淨，乾燥後備用。注意，管蓋勿浸泡於酸液中過久，以避免變質；另者，管蓋的鐵弗龍內襯需為完整無缺者方可使用。

㈡參考表 A–9 的建議，選擇適當之樣品及試劑體積。將重鉻酸鉀消化試劑、硫酸試劑放入消化管中，混合後冷卻。

㈢待分析水樣中若有懸浮物質存在時，可先以攪拌機或均質機打碎攪勻。

㈣將水樣沿管壁小心地加入上述消化管中，使水樣留在上層，蓋妥蓋子，並倒轉數次直至完全混合。混合之際可能會有激烈的反應，操作者應注意臉部和手的安全防範措施。

㈤將消化管放進已事先預熱至 150±2°C 的加熱板塊或烘箱中，加熱迴流 2 小時。

㈥加熱過程中若發現反應太劇烈時，應即切斷電源，停止加熱。重新取該水樣，予適度稀釋，及添加試劑後，先不加蓋子，置於加熱板塊中加熱，觀察其反應是否仍然劇烈；若是，則繼續予以稀釋，直至不起劇烈反應為止。選擇最適當之稀釋倍數，再依上述步驟進行分析。

㈦加熱反應完成後，取出試管置於試管架上，冷卻至室溫。打開蓋子，將溶液倒入錐形瓶中，以試劑水淋洗消化管數次，將淋洗液一併收集於錐形瓶中，並於瓶內置入小磁石。

㈧在上述溶液中滴加 2 至 3 滴菲羅啉試劑，在磁石攪拌下以 0.025 M 的硫酸亞鐵銨溶液滴定。滴定終點會有明顯的顏色變化，由藍綠色改變成紅棕色。

㈨以試劑水取代樣品，依照和樣品相同的步驟進行空白樣品的分析。

▼表 A–9　使用不同消化管時所用的樣品與試劑量

消化管	樣品 (mL)	重鉻酸鉀消化溶液 (mL)	硫酸試劑 (mL)	總體積 (mL)
試管 16×100 mm	2.5	1.5	3.5	7.5
20×150 mm	5.0	3.0	7.0	15.0
25×150 mm	10.0	6.0	14.0	30.0
標準 10 mL 小玻璃管	2.5	1.5	3.5	7.5

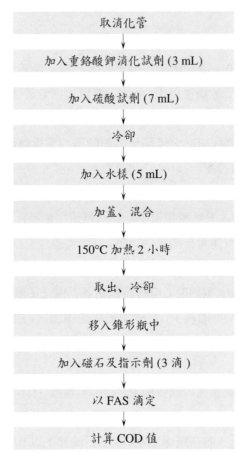

▲圖 A–4　水中化學需氧量檢測方法——密閉迴流滴定法流程圖

八、結果處理

$$化學需氧量\ (mg/L) = \frac{1 = A - B \times M \times 8\,000}{V}$$

A：空白樣品分析時滴加之硫酸亞鐵銨滴定液體積 (mL)
B：樣品分析時滴加之硫酸亞鐵銨滴定液體積 (mL)
M：硫酸亞鐵銨滴定液的莫耳濃度 (M)
V：水樣體積 (mL)

九、品質管制

㈠空白樣品、品管樣品及添加樣品須與樣品同時測定。

㈡每十個或每批次樣品至少需做一次重覆分析。

㈢每批具相似基質和濃度之樣品，或每十個樣品至少需進行一個添加分析。添加量濃度約需在樣品分析值的 50 至 150% 範圍。對於 COD 測值在 50 mg/L 以上之樣品，若回收率不在 75 至 125% 範圍內時，須檢討原因並重作分析。另對於 COD 測值在 50 mg/L 以下之樣品，若出現上述之結果者，則需記錄其回收率，此檢測數據可作為參考之用。

㈣每批次或每十個樣品至少需進行一個品管樣品分析。若分析值與標準值相符合的程度超出 85 至 115% 範圍時，必須檢討原因並重作分析。對於 COD 值小於 50 mg/L 的水樣，其處理方式同㈢中所述。

十、精密度及準確度

國外資料顯示，六十個含 KHP 的合成樣品經六個實驗室測試，得到的結果如下：在不含氯鹽情況下，COD 的平均值為 195 mg/L 時，標準偏差為 ±11 mg/L（相對標準偏差為 5.6%）；另在氯鹽為 100 mg Cl⁻/L 情況下，COD 的平均值為 208 mg/L，其標準偏差為 ±10 mg/L（相對標準偏差為 4.8%）。

國內某單一實驗室對 100 mg/L 不含氯鹽之品管樣品進行分析，重覆 22 次檢測所得的平均值為 98.9 mg/L，標準偏差為 3.5 mg/L（相對標準偏差為 3.6%）；另對 100 mg/L 含 1 800 mg Cl⁻/L 氯鹽樣品之分析，重覆 9 次的平均值為 103 mg/L，標準偏差為 6 mg/L（相對標準偏差為 5.8%）。

十一、參考資料

㈠ APHA, Standard Method for the Examination of Water and Wastewater, 5520 Chemical Oxygen Demand, pp. 5–12 ～ 5–16, 1995.

㈡ ASTM, D1252–95, Standard Test Methods for Chemical Oxygen Demand (Dichromate Oxygen Demand) of Water, 1995.

㈢行政院環境保護署，1998 年 6 月，修訂已公告無機類水質檢測方法，EPA–87–1302–03–01 計畫報告。

㈣行政院環境保護署環境檢驗所，環境檢測相關法規資料，《環境檢測標準方法驗證程序準則》，pp. 50–56，1997 年 8 月。

含高濃度鹵離子水中化學需氧量檢測方法[1]
——重鉻酸鉀迴流法

中華民國八十七年二月二十七日

(87) 環署檢字第 10799 號

NIEA W516.52A

一、方法概要

　　酸化之水樣於去氯裝置中，經濃硫酸消化及氫氧化鈣吸收以去除鹵離子干擾後，再加入過量之重鉻酸鉀溶液迴流煮沸，剩餘之重鉻酸鉀，以硫酸亞鐵銨溶液滴定；由消耗之重鉻酸鉀量，即可求得水樣中之化學需氧量 (Chemical Oxygen Demand，簡稱 COD)，以表示樣品中可被氧化有機物之含量。

二、適用範圍

　　本方法適用於海水與鹵離子濃度 $\geq 2\,g/L$ 之地面水、地下水及放流水中化學需氧量檢驗。

三、干　擾

㈠鹵離子 (X^-) 產生之干擾，可用濃硫酸消化及氫氧化鈣吸收方式去除之。

㈡揮發性有機酸可能因上述去氯過程而損失。

㈢吡啶及其同類化合物無法氧化，使 COD 值偏低。

㈣揮發性之直鏈脂肪族化合物不易氧化，可加入硫酸銀試劑做為催化劑。但須注意硫酸銀試劑會與鹵素形成不易氧化之沉澱。

㈤通常水樣中亞硝酸氮極少超過 1 或 2 mg/L，在此情況下該離子之干擾可忽略。亞硝酸鹽產生之干擾，可依每 1 mg 亞硝酸氮加入 10 mg 胺基磺酸 (Sulfamic Acid) 來排除。
　　注意：在空白水樣中須加入相同量的胺基磺酸。

㈥無機鹽類如六價鉻離子、亞鐵離子、亞錳離子及硫化物等會形成干擾。因此若已知含有以上干擾物質，應分別定量並校正 COD 值。

---

[1]　配合本書第 19 章。

(七)廢棄物中的氨氮或由含氮有機物質中釋放出的氨氮，在含高濃度之氯離子時，可能會被氧化而造成干擾。

四、設　備

(一)吸收管：長 17 cm，外徑 2 cm，有 1 mm 大小之孔洞，如圖 19–1 (p. 123) 中所示。

(二)滴定裝置。

(三)迴流裝置：500 mL 之圓底瓶，40 cm 長之直形或球形冷凝管。

(四)加熱裝置。

(五)天平：可精秤至 0.1 mg。

五、試　劑

(一)試劑水：去離子蒸餾水。

(二)硫酸汞：分析級。

(三)硫酸銀試劑：加 25 g 硫酸銀於 2.5 L 濃硫酸中，攪拌使硫酸銀完全溶解。使用已配妥之市售品亦可。

(四)重鉻酸鉀標準溶液，0.00417 *M*：在 1 L 定量瓶內，以試劑水溶解分析級試藥之無水重鉻酸鉀 1.2259 g（先在 103°C 乾燥 2 小時），定量至標線。

(五)菲羅啉 (Ferroin) 指示劑：溶解 1.48 g 1, 10–二氮雜菲 (1, 10-Phenanthroline Monohydrate, $C_{12}H_8N_2 \cdot H_2O$) 及 0.70 g 硫酸亞鐵於試劑水中，稀釋至 100 mL。使用已配妥之市售品亦可。

(六)硫酸亞鐵銨滴定溶液，0.025 *M*：溶解 9.75 g 硫酸亞鐵銨於試劑水中，加入 20 mL 濃硫酸，冷卻後稀釋至 1 L。使用前標定之。

標定方法：

稀釋 10.0 mL 0.00417 *M* 重鉻酸鉀標準溶液至 100 mL，加入 30 mL 濃硫酸，冷卻至室溫，加入 2 至 3 滴菲羅啉指示劑，以 0.025 *M* 硫酸亞鐵銨滴定溶液滴定，當溶液由藍綠色變為紅棕色時即為終點。

$$硫酸亞鐵銨滴定溶液莫耳濃度 (M) = \frac{10.0\ (mL) \times 0.025\ (M)}{消耗之硫酸亞鐵銨滴定溶液體積\ (mL)}$$

(七) COD 標準溶液：在 1 L 量瓶內，溶解 0.0850 g 無水鄰苯二甲酸氫鉀（120°C 乾燥隔夜）於試劑水中，定量至標線，並須於使用前配製。鄰苯二甲酸氫鉀之理論 COD 值為 1.176 g/g，本溶液之理論 COD 值為 100 mg/L。

(八) 濃硫酸：分析級。

(九) 氫氧化鈣：分析級。

(十) 沸石。

六、採樣與保存

　　將採樣後之樣品裝在塑膠瓶或玻璃瓶中，以硫酸調 pH 值至 2 以下，並於 4°C 下冷藏保存，保存期限為 14 天。

七、步　驟

(一) 取 20 mL 混合均勻之水樣（若水樣之鹵離子濃度大於 22 000 mg/L，應予適當稀釋，使分析樣品之鹵離子濃度介於 2 000 至 22 000 mg/L 間；若水樣之 COD 值大於 180 mg/L，應予適當稀釋，使分析樣品之 COD 值小於 180 mg/L），置於 500 mL 圓底瓶中，用鉗子夾入數粒沸石，再緩慢加入 40 mL 濃硫酸使其混合均勻，加酸時須冷卻使其溫度低於 45°C。放一磁石於圓底瓶內，將含有氫氧化鈣之吸收管置於圓底瓶上，打開磁石攪拌器，並加熱控制溫度在 50°C 左右，使之反應 4 小時。其裝置如圖 19–1 (p. 123) 所示。

(二) 冷卻後取出吸收管，加入 1 g 硫酸汞，30 mL 硫酸銀試劑及 20 mL 0.00417 M 重鉻酸鉀溶液，將圓底瓶移置於迴流裝置上，連接冷凝管，加熱至沸騰後再加熱迴流 2 小時。

(三) 冷卻後，以適量試劑水由冷凝管頂端沖洗冷凝管內壁，取下燒瓶，稀釋至 150 mL。

(四) 加入 2 滴菲羅啉指示劑，以 0.025 M 硫酸亞鐵銨溶液滴定至紅棕色為止。

(五) 同時以試劑水進行空白試驗。

八、結果處理

$$化學需氧量\,(mg/L) = \frac{(A-B) \times C \times 8\,000}{V}$$

A= 空白消耗之硫酸亞鐵銨滴定溶液體積 (mL)
B= 水樣消耗之硫酸亞鐵銨滴定溶液體積 (mL)
C= 硫酸亞鐵銨滴定溶液之莫耳濃度 (M)
V= 水樣體積 (mL)

九、品質管制

㈠空白樣品、標準樣品及添加樣品須與樣品同時測定。

㈡每批樣品至少做一次重覆分析。

㈢每批具相似基質和濃度之樣品或每十個樣品至少分析一個添加已知量標準溶液之樣品，以檢查其回收率，若回收率超過管制極限（75 至 125%）時須重做。

㈣每批具相似基質和濃度之樣品或每十個樣品至少分析一個品管樣品，若分析結果與標準值差在 85 至 115% 以外時必須重做。

十、精密度與準確度

100 ppm 之品管樣品經國內兩家實驗室分別進行 20 次重覆分析，平均回收率分別為 105.1% 及 104.2%，標準偏差為 4.56% 及 2.09%。

十一、參考資料

㈠ U.S. EPA, Environmental Monitoring and Support Laboratory, *Methods for Chemical Analysis of Water and Wastewater*, Method 410.3, Cincinati, Ohio, USA, 1978.

㈡ 經濟部中央標準局，水中化學需氧量 (CODcr) 檢驗法——重鉻酸鉀法，《中國國家標準 (CNS)》，K9003，1981。

㈢ Deutsches Institut fur Normung e.V., Normenausschuss Wasserwesen (NAW) im DIN, Bestimmung des Chemischen Sauerstoffbedarfs (CSB) bei Chlorid-Ionengehalten uber-1.0 g/L, *Kurzzeit Verfahren*, DIN 38409–H43–2, Germany, 1980.

水中總有機碳檢測方法(一)[1] ——燃燒／紅外線測定法

中華民國八十九年十一月十六日

(89) 環署檢字第 67787 號公告

NIEA W530.51C

一、方法概要

水樣均勻攪拌及適當稀釋或減量後，經由微量注射針注入一內含催化劑（如氧化鈷、鉑金屬、鉻酸鋇）的加熱反應器內，水分會揮發掉，有機碳被氧化產生二氧化碳和水，無機碳轉換成二氧化碳，將這些二氧化碳以載流氣體送至非分散式紅外線分析儀，檢測所得為總碳濃度。另外，將水樣經由微量注射針注入另一個可將樣品酸化的反應器內，在酸性的條件下，僅無機碳轉換成二氧化碳，利用非分散式紅外線分析儀可測得無機碳濃度，再由總碳濃度減去無機碳濃度即為總有機碳濃度。

或者，可利用酸化將樣品中的碳酸鹽類轉換成二氧化碳，由吹氣的方式將二氧化碳吹除，然後再將樣品注入內含催化劑的加熱反應器分析，此時樣品中只含非揮發性有機碳；若要得到真正的總有機碳則需再檢測揮發性有機碳[2]。

二、適用範圍

適用於飲用水水源、飲用水、地面水、地下水及廢污水水中總有機碳檢測，特別是樣品的總有機碳濃度較高、或含有不易氧化的化合物、或有較多的懸浮有機碳時；方法偵測極限為 1 mg 碳/L 或更低，視儀器狀況而定，可以濃縮樣品或增加注射體積的方式降低方法偵測極限。

三、干　擾

㈠利用酸化和吹氣的方式去除無機碳的同時，會逸失揮發性有機物；樣品混合時亦會逸

---

[1]　配合本書第 20 章。

[2]　檢測總有機碳的方法及儀器有兩種或兩種以上的模式來分析總碳及總有機碳的濃度，可用一樹狀圖來了解總碳及總有機碳的關係。

失揮發性有機物，尤其是溫度高時。

㈡水樣酸化不足時，無機碳無法完全轉化產生二氧化碳。

㈢無機碳去除效率的檢查，可將樣品分成兩個部分，其一添加與原樣品中相似含量的無機碳，而後分別檢測其總有機碳。理論上應有相似的總有機碳測值；如果不是，則調整樣品體積、pH 值、吹氣氣體流量、吹氣時間等，以得到較佳的無機碳去除效率。

㈣若大的含碳微粒無法進入注射針時會有明顯的損失；當只檢測溶解性有機碳時可用 0.45 μm 孔徑濾膜去除有機微粒，而過濾是否會減少或增加溶解性有機碳的含量，決定於含碳物質的物理性質，或是含碳物質在濾膜上的吸脫附，故同時分析濾膜空白，測試濾膜對溶解性有機碳的影響。

㈤任何有機物的接觸可能都會污染樣品，故避免玻璃器皿、塑膠容器、橡皮管及儀器管路的污染，並分析樣品處理、系統和試劑等空白。

㈥部分碳酸鹽類的分解需使用 950°C 以上燃燒溫度，或是使用較低的燃燒溫度並配合酸化；元素碳雖然在較低的燃燒溫度時難被氧化，但一般水樣中很少出現；當使用較低的燃燒溫度 (680°C) 時溶解鹽類的融合較少，產生的空白值亦較低；燃燒產生的氣體中可能含有水氣、鹵化合物、氮氧化物等，會干擾儀器的偵測系統，可參照儀器使用說明，選擇適當的清除劑以減少干擾。

㈦高溫燃燒法總有機碳分析儀的主要限制是會產生較高且易變動的空白值，因此，儀器製造商發展新的催化劑及分析流程，以降低空白值，及有較佳的偵測極限。

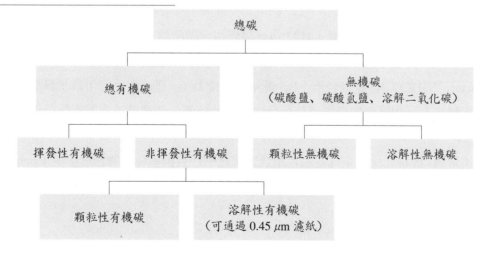

總有機碳 = 總碳 − 無機碳
總有機碳 = 非揮發性有機碳 + 揮發性有機碳

四、設　備

㈠燃燒法總有機碳分析儀，以非分散式紅外線分析儀為偵測器。

㈡取樣器、注射器，及樣品前處理附件。

㈢樣品混合器或均質器。

㈣磁石攪拌器、鐵弗龍包覆的磁石。

㈤過濾裝置及 0.45 μm 孔徑濾膜，HPLC 級的濾膜是較佳的選擇，或可使用玻璃濾膜、銀薄膜濾膜等，所有的濾膜在使用前需先溼潤，並且分析濾膜空白。

㈥天平，可精秤至 0.1 mg。

五、試　劑

㈠試劑水：其總有機碳濃度須小於 2 倍的方法偵測極限，可用於製備試劑、空白和標準溶液。

㈡濃磷酸，亦可使用濃硫酸。

㈢有機碳儲備標準溶液：溶解 2.1254 克一級標準品的無水鄰苯二甲酸氫鉀（KHP，Anhydrous Potassium Biphthalate，$C_8H_5KO_4$）於試劑水中並定容至 1 L，此溶液濃度為 1 g 碳/L。同時以其他適當純度、穩定度及溶解度的有機含碳物質配製品管標準溶液。配製好的有機碳儲備標準溶液須以濃磷酸或濃硫酸調整其 pH 值至小於或等於 2，以 4°C 保存。

㈣無機碳儲備標準溶液：溶解 4.4122 克試藥級無水碳酸鈉（Anhydrous Sodium Carbonate，Na_2CO_3）於試劑水中，再加入 3.497 克無水碳酸氫鈉（Anhydrous Sodium Bicarbonate，$NaHCO_3$），並定容至 1 L，此溶液濃度為 1 g 碳/L。亦可用其他具有合適純度、穩定度及溶解度的無機碳鹽化合物配製此溶液。此標準溶液不須酸化但須蓋緊儲存。

㈤載流氣體：經純化之氧氣或空氣，不含二氧化碳，且碳氫化合物含量少於 1 ppm。

㈥吹氣用氣體：任何不含二氧化碳及碳氫化合物之氣體。

六、採樣及保存

　　樣品採集並保存於附鐵弗龍內襯瓶蓋的棕色玻璃瓶，並避免於裝填水樣時有氣泡通過樣品或封瓶時有氣泡殘留。採樣瓶在使用前須用酸清洗，接著以不含有機物之水反

覆清洗，再以鋁箔紙密封後放入 400°C 烘箱加熱至少 1 小時；鐵弗龍內襯以清潔劑清洗，接著以不含有機物之水反覆清洗，以鋁箔紙密封後，在 100°C 烘箱加熱 1 小時。所用瓶蓋最好是以厚的矽膠背覆鐵弗龍的墊片封瓶，並且是開口式，能呈正壓式密封。當樣品濃度較高時，可使用較不嚴謹的方式清洗，但每一組樣品需有樣品瓶空白分析。採集的樣品如果無法立即分析，則需 4°C 儲存，避光且減少空氣的接觸，並在 7 天內完成分析；若樣品不穩定則需添加磷酸或硫酸於樣品中，使 pH 值小於或等於 2；添加酸保存劑的樣品測得之無機碳並不是原水樣中的無機碳。

七、步　驟

㈠儀器操作：依儀器操作說明進行分析儀器之組裝、測試、校正及操作。儀器使用前須調整至最佳的燃燒溫度，並觀察溫度變化以確保溫度之穩定性。

㈡樣品前處理：

　1.樣品含大顆粒或不溶解物質時，以均質機攪拌使其均勻化，直到可取得具代表性、適當的、具重覆測試性的樣品；並同時分析經均質機攪拌之試劑水空白。

　2.若僅檢測溶解性有機碳時，以 0.45 μm 孔徑濾膜過濾水樣，並伴隨分析過濾空白。

　3.當儀器可分別檢測無機碳（碳酸鹽、碳酸氫鹽及二氧化碳）及總碳時，依儀器操作說明分別檢測總碳和無機碳，並以總碳及無機碳之差值為總有機碳含量。或是，欲去除樣品中之無機碳時，可取 10 至 15 mL 之樣品置於 30 mL 燒杯中，加酸至 pH 值等於或小於 2，再通以吹氣氣體 10 分鐘；或攪拌並同時以吹氣氣體通於燒杯中已酸化的樣品也可去除無機碳。在吹氣過程中會逸失揮發性有機碳，因此所得的測值為非揮發性總有機碳；同時在去除無機碳的過程中，檢查其去除效率，並且不可使用塑膠管為吹氣工具。

㈢注射樣品：利用磁石攪拌器攪拌含有微粒的樣品，選取與樣品中微粒大小相吻合的注射針（或樣品迴路等），依照儀器操作手冊，以注射針取適當體積、經處理過的樣品，將樣品和標準品注入分析儀中並記錄應答訊號，重覆注射直至連續二次測值之相對誤差在 ±10% 以內。

㈣空白：標準品的儀器反應中包含有試劑水、試劑和系統空白，樣品的儀器反應包含試劑和系統空白。大部分的儀器無法分別分析試劑水空白、試劑空白和系統空白；同時，有些儀器會產生易變和不規律的空白值而無法做為可信賴的校正值；而且在許多實驗室，空白值的主要來源是試劑水空白；故應使用含低碳的試劑水和試劑以減少此類

　　誤差。

㈤檢量線製備：以系列稀釋方式稀釋儲備標準溶液，配製能含括樣品濃度的有機碳和無
　　機碳標準溶液，將此標準溶液及稀釋的試劑水注入分析儀中，並記錄其高度或面積，
　　而繪製濃度（mg 碳/L）─校正尖峰高度或面積之檢量線。

㈥注射水樣和方法空白（經過前處理步驟的試劑水）。❸

八、結果處理

　　計算經試劑水儀器空白校正的標準品及樣品儀器反應，並以碳濃度及校正過的標
準品儀器反應來繪製檢量線，其次將已扣除方法空白的樣品儀器反應對應於檢量線，而
可求得樣品的碳含量。最後，利用總碳濃度減去無機碳濃度可得到總有機碳濃度，或依
儀器操作手冊執行之。

九、品質管制

㈠檢量線：檢量線相關係數應大於或等於 0.995。

㈡方法偵測極限：依儀器操作手冊及實驗室品保品管要求，定期製作方法偵測極限。

㈢空白分析：每十個樣品或每批次樣品至少執行一次空白樣品分析，空白分析值應小於
　　二倍方法偵測極限。

㈣重覆分析：每十個樣品或每批次樣品至少執行一次重覆樣品分析，差異百分比應在
　　10% 以內。

㈤查核樣品分析：每十個樣品或每批次樣品至少執行一次查核樣品分析，查核樣品濃度
　　應與分析樣品濃度相近，且回收率應在 85% 至 115% 範圍內。

㈥添加標準品分析：每十個樣品或每批次樣品至少執行一次添加標準品分析，回收率應
　　在 75% 至 125% 範圍內。

十、精密度與準確度

　　未經過濾的樣品因含有微粒的影響，所得的方法精密度大約在 5% 至 10%；以燃燒
／紅外線法總有機碳分析儀測量總有機碳濃度大於 2 mg 碳/L 的樣品時，單一操作者所
得的精密度是

---

❸　廢液分類處理原則──本檢驗廢液依一般無機廢液處理。

$$S_0 = 0.027X + 0.29$$

不同實驗室所得的精密度是

$$S_1 = 0.044X + 1.49$$

其中，S_0 為單一操作者所得的精密度，S_1 為不同實驗室所得的精密度，X 為總有機碳濃度（mg 碳/L）。

十一、參考資料

APHA, American Water Works Association & Water Pollution Control Federation, *Standard Methods for the Examination of Water and Wastewater*, 20th ed., Method 5310B, pp. 5–18 ～ 5–22, APHA, Washington, D.C.,USA, 1998.

水中總有機碳檢測方法(二)[1]
——過氧焦硫酸鹽紫外光氧化／紅外線測定法

中華民國八十九年十二月二十二日

(89) 環署檢字第 76688 號公告

NIEA W531.51C

一、方法概要

　　水樣經由自動注射器或手動注射方式注入一連續吹入氣體之反應器，內裝有紫外光照射燈及以一定速率補充的過氧焦硫酸鹽溶液及酸溶液，水樣中的有機碳、無機碳分別被氧化、轉換為二氧化碳，隨即被載流氣體導入可吸收二氧化碳特定波長的非分散式紅外線分析儀，依儀器設定條件，分別求得總碳、無機碳、總有機碳、非揮發性有機碳等的濃度。

二、適用範圍

　　可用於飲用水水源、飲用水、地面水、地下水及廢污水水中總有機碳濃度之檢測；特別是微量總有機碳的檢測，可提供快速、精確的測量。方法偵測極限為 0.01 mg 碳/L 或更低，視儀器特性及空白值的大小而決定之。

三、干　擾

㈠利用酸化和吹氣的方式去除無機碳的同時，會逸失揮發性有機物；樣品混合時亦會逸失揮發性有機物，尤其溫度高時。

㈡水樣酸化不足時，無機碳無法完全轉化產生二氧化碳。

㈢無機碳去除效率的檢查，可將樣品分成兩個部分，其一添加與原樣品中相似含量的無機碳，而後分別檢測其總有機碳。理論上應有相似的總有機碳測值；如果不是，則調整樣品體積、pH 值、吹氣氣體流量、吹氣時間等，以得到較佳的無機碳去除效率。

㈣若大的含碳微粒無法進入注射針時會有明顯的損失；當只檢測溶解性有機碳時可用 0.45 μm 孔徑濾膜去除有機微粒，而過濾是否會減少或增加溶解性有機碳的含量，決

---

❶　配合本書第 20 章。

定於含碳物質的物理性質，或是含碳物質在濾膜上的吸脫附，故同時分析濾膜空白，測試濾膜對溶解性有機碳的影響。

㈤任何有機物的接觸可能都會污染樣品，故避免玻璃器皿、塑膠容器、橡皮管及儀器管路的污染，並分析樣品處理、系統和試劑等空白。

㈥老化的紫外光燈源或混濁之水樣會使樣品基質接收的紫外光強度降低，而使有機碳氧化緩慢或不完全。較大的有機物顆粒或較複雜之分子，如單寧、木質素及腐植酸等，由於過氧焦硫酸鹽的氧化作用受限於反應速率，因此氧化較緩慢；而有一些蛋白質、單元抗體等大的生物分子，其氧化速率卻較快。因此，選擇一些樣品中的代表化合物來檢查氧化效率是否良好。

㈦水樣中含有大量氯鹽時，將優先與過氧焦硫酸鹽作用，而減緩有機碳之氧化速率。當氯鹽之濃度大於 0.05% 時，有機物質的氧化作用會被限制，可添加硝酸汞去除干擾。

㈧當檢測濃度小於 1 mg / L 時，在採樣、處理水樣和分析過程都需很小心，以降低干擾物的來源。

四、設　備

㈠過氧焦硫酸鹽紫外光氧化法總有機碳分析儀，以非分散式紅外線分析儀為偵測器。

㈡取樣器、注射器，及樣品前處理附件。

㈢樣品混合器或均質器。

㈣磁石攪拌器、鐵弗龍包覆的磁石。

㈤過濾裝置及 0.45 μm 孔徑濾膜，HPLC 級濾膜是較佳的選擇，或可使用玻璃濾膜、銀薄膜濾膜，所有的濾膜在使用前需先溼潤，並且分析濾膜空白。

㈥天平，可精秤至 0.1 mg。

五、試　劑

㈠試劑水：其總有機碳濃度須小於 2 倍的方法偵測極限，可用於製備試劑、空白和標準溶液。

㈡濃磷酸，亦可使用濃硫酸。

㈢有機碳儲備標準溶液：溶解 2.1254 克一級標準品的無水鄰苯二甲酸氫鉀（KHP, Anhydrous Potassium Biphthalate，$C_8H_5KO_4$）於試劑水中並定容至 1 L，此溶液濃度為 1 g 碳/L。同時以其他適當純度、穩定度及溶解度的有機含碳物質配製品管標準溶液。

配製好的有機碳儲備標準溶液須以濃磷酸或濃硫酸調整其 pH 值至小於或等於 2，以 4°C 保存。

㈣無機碳儲備標準溶液：溶解 4.4122 克試藥級無水碳酸鈉（Anhydrous Sodium Carbonate，Na_2CO_3）於試劑水中，再加入 3.497 克無水碳酸氫鈉（anhydrous sodium bicarbonate，$NaHCO_3$），定容至 1 L，此溶液濃度為 1 g 碳/L。亦可用其他具有合適純度、穩定度及溶解度的無機碳鹽化合物配製此溶液。此標準溶液不須酸化但須蓋緊儲存。

㈤載流氣體：經純化之氧氣或空氣，不含二氧化碳，且碳氫化合物含量少於 1 ppm。

㈥吹氣用氣體：任何不含二氧化碳及碳氫化合物之氣體。

㈦過氧焦硫酸鹽溶液：隨儀器的不同，可使用不同形式及濃度的過氧焦硫酸鹽溶液。例如：

1. 10% 過氧焦硫酸鈉溶液（Sodium Peroxydisulfate，10%），溶解 100 g 過氧焦硫酸鈉於試劑水中，定容至 1 L。

2. 15% 過氧焦硫酸銨溶液（Ammonium Peroxydisulfate，15%），溶解 150 g 過氧焦硫酸銨於試劑水中，定容至 1 L。

3. 2% 過氧焦硫酸鉀溶液（Potassium Peroxydisulfate，2%），溶解 20 g 過氧焦硫酸鉀於試劑水中，定容至 1 L。

六、採樣及保存

樣品採集並保存於附鐵弗龍內襯瓶蓋的棕色玻璃瓶，並避免於裝填水樣時有氣泡通過樣品或封瓶時有氣泡殘留。採樣瓶在使用前須用酸清洗，接著以不含有機物之水反覆清洗，再以鋁箔紙密封後放入 400°C 烘箱加熱至少 1 小時；鐵弗龍內襯以清潔劑清洗，接著以不含有機物之水反覆清洗，以鋁箔紙密封後，在 100°C 烘箱加熱 1 小時。所用瓶蓋最好是以厚的矽膠背覆鐵弗龍的墊片封瓶，並且是開口式，能呈正壓式密封。當樣品濃度較高時，可使用較不嚴謹的方式清洗，但每一組樣品需有樣品瓶空白分析。採集的樣品如果無法立即分析，則需 4°C 儲存，避光且減少空氣的接觸，並在 7 天內完成分析；若樣品不穩定則需添加磷酸或硫酸於樣品中，使 pH 值小於或等於 2；添加酸保存劑的樣品測得之無機碳並不是原水樣中的無機碳。

七、步　驟

㈠儀器操作：依儀器操作說明進行分析儀器之組裝、測試、校正和操作。

㈡樣品前處理：

1. 水樣中含有大顆粒或不溶物質時，使用均質機加以攪拌，直到能以注射器、自動取樣管或連續線上監視系統的自動進樣器取得具代表性、適當的、可重覆測試的樣品；並同時分析經均質機攪拌之試劑水空白。

2. 若僅檢測溶解性有機碳時，以 0.45 μm 孔徑濾膜過濾水樣，並伴隨分析過濾空白。

3. 若儀器可分別檢測無機碳（碳酸鹽、碳酸氫鹽及二氧化碳）及總碳，則依儀器操作說明分別檢測總碳和無機碳，並以總碳及無機碳之差值為總有機碳含量。或是，欲去除樣品中之無機碳時，可取 10 至 15 mL 之樣品置於 30 mL 燒杯中，加酸至 pH 等於或小於 2，再通以吹氣氣體 10 分鐘；或攪拌並同時以吹氣氣體通於燒杯中已酸化的樣品也可去除無機碳。在吹氣過程中會逸失揮發性有機碳，因此所得的測值為非揮發性總有機碳；同時在去除無機碳的過程中，檢查其去除效率，並且不可使用塑膠管為吹氣工具。

㈢樣品注射：利用磁石攪拌器攪拌含有微粒的樣品，並選取與樣品中微粒大小相吻合的注射針（或樣品迴路等），依照儀器操作手冊，以注射針取適當體積、經處理過的樣品，將標準品和樣品注入分析儀中並記錄應答訊號，重覆注射直至連續二次測值之相對誤差在 ± 10% 以內。

㈣空白：標準品的儀器反應中包含有試劑水、試劑和系統空白，樣品的儀器反應包含試劑和系統空白。大部分的儀器無法分別分析試劑水空白、試劑空白和系統空白；同時，有些儀器會產生易變和不規律的空白值而無法做為可信賴的校正值；而且在許多實驗室，空白值的主要來源是試劑水空白；故應使用含低碳的試劑水和試劑以減少此類誤差。

㈤檢量線製備：

1. 視水樣濃度範圍，分別配製一系列不同濃度之有機碳和無機碳標準溶液。

2. 分別將標準品和稀釋試劑水注入分析儀內，並記錄儀器的反應。

3. 以稀釋試劑水儀器反應校正標準品儀器反應，再與標準品中有機碳含量（mg 碳/L）作圖，繪製檢量線。

㈥注射水樣和方法空白（經過前處理步驟的試劑水）。❷

---

❷　廢液分類處理原則，依一般無機廢液處理。

八、結果處理

計算經試劑水儀器空白校正的標準品及樣品儀器反應，並以碳濃度及校正過的標準品儀器反應來繪製檢量線，其次將已扣除方法空白的樣品儀器反應對應於檢量線，而可求得樣品的碳含量。最後，利用總碳濃度減去無機碳濃度可得到總有機碳濃度，或依儀器操作手冊執行之。

九、品質管制

㈠檢量線：檢量線相關係數應大於或等於 0.995。

㈡方法偵測極限：依儀器操作手冊及實驗室品保品管要求，定期製作方法偵測極限。

㈢空白分析：每十個樣品或每批次樣品至少執行一次空白樣品分析，空白分析值應小於二倍方法偵測極限。

㈣重覆分析：每十個樣品或每批次樣品至少執行一次重覆樣品分析，差異百分比應在 15% 以內。

㈤查核樣品分析：每十個樣品或每批次樣品至少執行一次查核樣品分析，查核樣品濃度應與分析樣品濃度相近，且回收率應在 85% 至 115% 範圍內。

㈥添加標準品分析：每十個樣品或每批次樣品至少執行一次添加標準品分析，回收率應在 75% 至 125% 範圍內。

十、精密度與準確度

以非分散式紅外線分析儀為偵測器，過氧焦硫酸鹽／紫外光氧化法總有機碳分析儀測量總有機碳濃度介於 0.1 至 4 000 mg 碳/L 的樣品時，單一操作者所得的精密度是

$$S_0 = 0.04X + 0.1$$

不同實驗室所得的精密度是

$$S_1 = 0.08X + 0.1$$

其中，S_0 為單一操作者所得的精密度，S_1 為不同實驗室所得的精密度，X 為總有機碳濃度（mg 碳/L）。

十一、參考資料

APHA, American Water Works Association & Water Pollution Control Federation, *Standard Methods for the Examination of Water and Wastewater*, 20th ed., Method 5310C, pp. 5–22 ～ 5–24, APHA, Washington, D.C.,USA, 1998.

水中總有機碳檢測方法㈢[1]
——過氧焦硫酸鹽加熱氧化／紅外線測定法

中華民國八十九年十二月二十二日

(89) 環署檢字第 76688 號公告

NIEA W532.51C

一、方法概要

水樣導入可加熱至 95 ～ 100°C 的消化反應器中，加入過氧焦硫酸鹽溶液及酸溶液，水樣中的有機碳、無機碳分別被氧化、轉換為二氧化碳，隨即被載流氣體導入可吸收二氧化碳特定波長的非分散式紅外線分析儀，依儀器設定條件，分別求得總碳、無機碳、總有機碳、非揮發性有機碳等的濃度。

二、適用範圍

可用於飲用水水源、飲用水、地面水、地下水及廢污水水中總有機碳濃度之檢測；特別是微量總有機碳的檢測，可提供快速、精確的測量。方法偵測極限為 0.01 mg 碳/L 或更低，視儀器特性及空白值的大小而決定之。

三、干　擾

㈠利用酸化和吹氣的方式去除無機碳的同時，會逸失揮發性有機物；樣品混合時亦會逸失揮發性有機物，尤其溫度高時。

㈡水樣酸化不足時，無機碳無法完全轉化產生二氧化碳。

㈢無機碳去除效率的檢查，可將樣品分成兩個部分，其一添加與原樣品中相似含量的無機碳，而後分別檢測其總有機碳。理論上應有相似的總有機碳測值；如果不是，則調整樣品體積、pH 值、吹氣氣體流量、吹氣時間等，以得到較佳的無機碳去除效率。

㈣若大的含碳微粒無法進入注射針時會有明顯的損失；當只檢測溶解性有機碳時可用 0.45 μm 孔徑濾膜去除有機微粒，而過濾是否會減少或增加溶解性有機碳的含量，決定於含碳物質的物理性質，或是含碳物質在濾膜上的吸脫附，故同時分析濾膜空白，

---

[1]　配合本書第 20 章。

測試濾膜對溶解性有機碳的影響。

㈤任何有機物的接觸可能都會污染樣品，故避免玻璃器皿、塑膠容器、橡皮管及儀器管路的污染，並分析樣品處理、系統和試劑等空白。

㈥較大的有機物顆粒或較複雜之分子，如單寧、木質素及腐植酸等，由於過氧焦硫酸鹽的氧化作用受限於反應速率，因此氧化較緩慢；而有一些蛋白質、單元抗體等大的生物分子，其氧化速率卻較快。因此，選擇一些樣品中的代表化合物來檢查氧化效率是否良好。

㈦水樣中含有大量氯鹽時，將優先與過氧焦硫酸鹽作用，而減緩有機碳之氧化速率。當氯鹽之濃度大於 0.05% 時，有機物質的氧化作用會被限制，可增加反應時間或增加過氧焦硫酸鹽以去除干擾。

㈧當檢測濃度小於 1 mg / L 時，在採樣、處理水樣和分析過程都需很小心，以降低干擾物的來源。

四、設　備

㈠過氧焦硫酸鹽加熱氧化法總有機碳分析儀，以非分散式紅外線分析儀為偵測器。

㈡取樣器、注射器，及樣品前處理附件。

㈢樣品混合器或均質器。

㈣磁石攪拌器、鐵弗龍包覆的磁石。

㈤過濾裝置及 0.45 μm 孔徑濾膜，HPLC 級濾膜是較佳的選擇，或可使用玻璃濾膜、銀薄膜濾膜，所有的濾膜在使用前需先溼潤，並且分析濾膜空白。

㈥天平，可精秤至 0.1 mg。

五、試　劑

㈠試劑水：其總有機碳濃度須小於 2 倍的方法偵測極限，可用於製備試劑、空白和標準溶液。

㈡濃磷酸，亦可使用濃硫酸。

㈢有機碳儲備標準溶液：溶解 2.1254 克一級標準品的無水鄰苯二甲酸氫鉀（KHP，Anhydrous Potassium Biphthalate，$C_8H_5KO_4$）於試劑水中並定容至 1 L，此溶液濃度為 1 g 碳/L。同時以其他適當純度、穩定度及溶解度的有機含碳物質配製品管標準溶液。配製好的有機碳儲備標準溶液須以濃磷酸或濃硫酸調整其 pH 值至小於或等於 2，以

4°C 保存。

㈣無機碳儲備標準溶液：溶解 4.4122 克試藥級無水碳酸鈉（Anhydrous Sodium Carbonate，Na_2CO_3）於試劑水中，再加入 3.497 克無水碳酸氫鈉（Anhydrous Sodium Bicarbonate，$NaHCO_3$），並定容至 1 L，此溶液濃度為 1 g 碳/L。亦可用其他具有合適純度、穩定度及溶解度的無機碳鹽化合物配製此溶液。此標準溶液不須酸化但須蓋緊儲存。

㈤載流氣體：經純化之氧氣或空氣，不含二氧化碳，且碳氫化合物含量少於 1 ppm。

㈥吹氣用氣體：任何不含二氧化碳及碳氫化合物之氣體。

㈦過氧焦硫酸鹽溶液：隨儀器的不同，可使用不同形式及濃度的過氧焦硫酸鹽溶液。例如：

1. 10% 過氧焦硫酸鈉溶液（Sodium Peroxydisulfate，10%），溶解 100 g 過氧焦硫酸鈉於試劑水中，定容至 1 L。

2. 15% 過氧焦硫酸銨溶液（Ammonium Peroxydisulfate，15%），溶解 150 g 過氧焦硫酸銨於試劑水中，定容至 1 L。

3. 2% 過氧焦硫酸鉀溶液（Potassium Peroxydisulfate，2%），溶解 20 g 過氧焦硫酸鉀於試劑水中，定容至 1 L。

六、採樣及保存

　　樣品採集並保存於附鐵弗龍內襯瓶蓋的棕色玻璃瓶，並避免於裝填水樣時有氣泡通過樣品或封瓶時有氣泡殘留。採樣瓶在使用前須用酸清洗，接著以不含有機物之水反覆清洗，再以鋁箔紙密封後放入 400°C 烘箱加熱至少 1 小時；鐵弗龍內襯以清潔劑清洗，接著以不含有機物之水反覆清洗，以鋁箔紙密封後，在 100°C 烘箱加熱 1 小時。所用瓶蓋最好是以厚的矽膠背覆鐵弗龍的墊片封瓶，並且是開口式，能呈正壓式密封。當樣品濃度較高時，可使用較不嚴謹的方式清洗，但每一組樣品需有樣品瓶空白分析。採集的樣品如果無法立即分析，則需 4°C 儲存，避光且減少空氣的接觸，並在 7 天內完成分析；若樣品不穩定則需添加磷酸或硫酸於樣品中，使 pH 值小於或等於 2；添加酸保存劑的樣品測得之無機碳並不是原水樣中的無機碳。

七、步　驟

㈠儀器操作：依儀器操作說明進行分析儀器之組裝、測試、校正和操作。

㈡樣品前處理：

1. 水樣中含有大顆粒或不溶物質時，使用均質機加以攪拌，直到能以注射器、自動取樣管或連續線上監視系統的自動進樣器取得具代表性、適當的、可重覆測試的樣品；並同時分析經均質機攪拌之試劑水空白。

2. 若僅檢測溶解性有機碳時，以 0.45 μm 孔徑濾膜過濾水樣，並伴隨分析過濾空白。

3. 若儀器可分別檢測無機碳（碳酸鹽、碳酸氫鹽及二氧化碳）及總碳，則依儀器操作說明分別檢測總碳和無機碳，並以總碳及無機碳之差值為總有機碳含量。或是，欲去除樣品中之無機碳時，可取 10 至 15 mL 之樣品置於 30 mL 燒杯中，加酸至 pH 等於或小於 2，再通以吹氣氣體 10 分鐘；或攪拌並同時以吹氣氣體通於燒杯中已酸化的樣品也可去除無機碳。在吹氣過程中會逸失揮發性有機碳，因此所得的測值為非揮發性總有機碳；同時在去除無機碳的過程中，檢查其去除效率，並且不可使用塑膠管為吹氣工具。

㈢樣品注射：利用磁石攪拌器攪拌含有微粒的樣品，並選取與樣品中微粒大小相吻合的注射針（或樣品迴路等），依照儀器操作手冊，以注射針取適當體積、經處理過的樣品，將標準品和樣品注入分析儀中並記錄應答訊號，重覆注射直至連續二次測值之相對誤差在 ± 10% 以內。

㈣空白：標準品的儀器反應中包含有試劑水、試劑和系統空白，樣品的儀器反應包含試劑和系統空白。大部分的儀器無法分別分析試劑水空白、試劑空白和系統空白；同時，有些儀器會產生易變和不規律的空白值而無法做為可信賴的校正值；而且在許多實驗室，空白值的主要來源是試劑水空白；故應使用含低碳的試劑水和試劑以減少此類誤差。

㈤檢量線製備：

1. 視水樣濃度範圍，分別配製一系列不同濃度之有機碳和無機碳標準溶液。

2. 分別將標準品和稀釋試劑水注入分析儀內，並記錄儀器的反應。

3. 以稀釋試劑水儀器反應校正標準品儀器反應，再與標準品中有機碳含量（mg 碳/L）作圖，繪製檢量線。

㈥注射水樣和方法空白（經過前處理步驟的試劑水）。❷

---

❷ 廢液分類處理原則，依一般無機廢液處理。

八、結果處理

　　計算經試劑水儀器空白校正的標準品及樣品儀器反應，並以碳濃度及校正過的標準品儀器反應來繪製檢量線，其次將已扣除方法空白的樣品儀器反應對應於檢量線，而可求得樣品的碳含量。最後，利用總碳濃度減去無機碳濃度可得到總有機碳濃度，或依儀器操作手冊執行之。

九、品質管制

㈠檢量線：檢量線相關係數應大於或等於 0.995。

㈡方法偵測極限：依儀器操作手冊及實驗室品保品管要求，定期製作方法偵測極限。

㈢空白分析：每十個樣品或每批次樣品至少執行一次空白樣品分析，空白分析值應小於二倍方法偵測極限。

㈣重覆分析：每十個樣品或每批次樣品至少執行一次重覆樣品分析，差異百分比應在 15% 以內。

㈤查核樣品分析：每十個樣品或每批次樣品至少執行一次查核樣品分析，查核樣品濃度應與分析樣品濃度相近，且回收率應在 85% 至 115% 範圍內。

㈥添加標準品分析：每十個樣品或每批次樣品至少執行一次添加標準品分析，回收率應在 75% 至 125% 範圍內。

十、精密度與準確度

　　以非分散式紅外線分析儀為偵測器，過氧焦硫酸鹽加熱氧化法總有機碳分析儀測量總有機碳濃度介於 0.1 至 4 000 mg 碳/L 的樣品時，單一操作者所得的精密度是

$$S_0 = 0.04X + 0.1$$

不同實驗室所得的精密度是

$$S_1 = 0.08X + 0.1$$

　　其中，S_0 為單一操作者所得的精密度，S_1 為不同實驗室所得的精密度，X 為總有機碳濃度（mg 碳/L）。

十一、參考資料

APHA, American Water Works Association & Water Pollution Control Federation, *Standard Methods for the Examination of Water and Wastewater*, 20th ed., Method 5310C, pp. 5–22 ～ 5–24, APHA, Washington, D.C.,USA, 1998.

水中油脂檢測方法㈠[1] ——索氏萃取重量法

中華民國九十一年九月二十三日

(91) 環署檢字第 0910065645 號公告

NIEA W505.51C

一、原 理

水樣中油類及固態或黏稠之脂類，用過濾法與液體分離後，用正己烷以索氏 (Soxhlet) 萃取器萃取，將正己烷蒸發後之餘留物稱重，即得總油脂量；將總油脂溶於正己烷，以活性矽膠吸附極性物質，過濾蒸乾後稱重，即得礦物性油脂量；總油脂量與礦物性油脂量之差，即得動植物性油脂量。

二、適用範圍

本方法適用於飲用水水質、飲用水水源水質、地面水體、地下水體及廢（污）水中油脂之檢測，尤其適用於水樣中含較大極性之重油或較高濃度之非揮發性油脂。

三、干 擾

㈠某些有機物可能會一併被萃取出而被誤判為油脂。

㈡低沸點（小於 85°C）之油脂類物質在蒸餾及烘乾過程中易漏失，以致樣品中油脂量之測值將較實際值為低。

㈢殘量重油可能含有相當多無法萃取之物質。

㈣於檢測礦物性油脂時，若矽膠粉末穿過濾紙將會形成正干擾，此時須使用較細孔徑之濾紙。

四、設備及材料

㈠布氏 (Buchner) 漏斗：內徑 12 公分。

㈡濾紙：Whatman 40 號或同等品，直徑 11 公分。

---

[1] 配合本書第 21 章。

㈢真空抽氣機或其他抽氣設備。

㈣分析天平：可精秤至 0.1 mg。

㈤索氏萃取裝置。

㈥圓筒濾紙 (Extraction Thimble)。

㈦磁石攪拌器。

㈧磁石：以鐵弗龍 (Teflon) 塗覆。

㈨水浴：能設定溫度 85°C。

㈩乾燥器。

五、試　劑

㈠試劑水：不含有干擾物質之蒸餾水或去離子水。

㈡1 + 1 鹽酸：將一體積之濃鹽酸緩緩加入一體積之試劑水中。

㈢1 + 1 硫酸：將一體積之濃硫酸緩緩加入一體積之試劑水中。

㈣矽藻土助濾劑懸浮液：每 1 L 試劑水加入 10 g 矽藻土（Diatomceous Silica 使用 Hyflo Super-Cel、Johns Manville Corp. 或同等品），混合均勻。

㈤正己烷：殘量級。

㈥矽膠 (Silica Gel)：100 ～ 200 網目，110°C 乾燥 24 小時後，置於玻璃乾燥器內備用。

六、採樣及保存

㈠以廣口玻璃瓶採集具代表性水樣，採樣前廣口玻璃瓶先以清潔劑清潔，於清水洗淨後再以正己烷淋洗，以去除干擾物質。

㈡採樣時，水樣不得溢出樣品瓶且不得分裝樣品。檢驗時需全量分析。

㈢水樣取樣量一般約為 1 L，若預期樣品濃度大於 1 g/L，按比例減少取樣量。

㈣若水樣於採樣後 2 小時內無法分析，以 1 + 1 鹽酸或 1 + 1 硫酸酸化水樣至 pH 小於 2，並於 4°C 冷藏，於此條件下，可保存 28 天。

七、步　驟

㈠總油脂

　　1.首先於樣品瓶上標示水樣之位置，以便事後測量水樣體積❷；若採樣時未加酸保

---

❷　於樣品瓶中加入試劑水至水樣標線，再以量筒量測試劑水之體積，此即為水樣體積。

存，則以 1 + 1 鹽酸或 1 + 1 硫酸酸化水樣至 pH 小於 2。

（一般而言，每 1 L 水樣加 5 mL 即足夠）

2. 備妥一布氏漏斗，上覆濾紙，以試劑水充分潤濕並壓平後，抽氣將 100 mL 矽藻土助濾劑懸浮液過濾，再以 1 L 試劑水洗滌，保持抽氣狀態，直至全部濾完為止。

3. 將酸化之水樣抽氣過濾之。

4. 用鑷子將濾紙移至錶玻璃，以浸過正己烷之小片濾紙擦拭樣品瓶內部與漏斗，以收集所有油脂膜及黏有油脂之固體，並一併置於錶玻璃之濾紙上；將濾紙捲妥置於圓筒濾紙內，再以小片浸過正己烷之濾紙擦拭錶玻璃後，併入圓筒濾紙內。

5. 將圓筒濾紙放在烘箱內以 103°C 烘 30 分鐘。

6. 稱取燒瓶之空重（先放入 90°C 之烘箱中烘約 10 分鐘，取出放入乾燥器中冷卻後稱重並記錄之（至 0.0001 g）；重覆前述烘乾、冷卻及稱重步驟，直至前後兩次重量差小於 0.0005 g），將圓筒濾紙置入索氏萃取裝置，以約 100 mL 正己烷按每小時 20 循環之速率，萃取 4 小時。

7. 燒瓶內之正己烷，在 85°C 水浴上蒸餾（正己烷可回收使用）並乾燥之，最後以真空抽氣機抽氣 1 分鐘。❸

8. 為避免燒瓶內仍殘存有正己烷或水氣，於濃縮後，放入 85°C 之烘箱內 10 分鐘。

9. 取出燒瓶，放入乾燥器中冷卻後稱重並記錄之（至 0.0001 g）；重覆前述烘乾、冷卻及稱重步驟，直至前後兩次重量差小於 0.0005 g。

（保留燒瓶及內容物以測定礦物性油脂）

㈡礦物性油脂

1. 加入約 100 mL 正己烷於檢驗總油脂之燒瓶，以溶解油脂，或將水樣依七、步驟㈠ 1. ～ 6. 操作。

2. 於燒瓶中每 100 mg 總油脂加入 3.0 g 矽膠〔最多加入 30.0 g 矽膠（1 g 總油脂）〕，加栓後以磁石攪拌器攪拌 5 分鐘。

3. 以濾紙過濾，收集濾液於已稱重燒瓶內，再以 10 mL 正己烷洗滌濾紙及燒瓶，洗液併於燒瓶內。

4. 依七、步驟㈠ 7. ～ 9. 操作。

㈢動植物性油脂

七、步驟㈠項之總油脂量減去七、步驟㈡項之礦物性油脂量即為動植物性油脂量。❹

---

❸　除使用水浴蒸餾，亦可使用減壓濃縮機或其他方式回收正己烷，惟溫度不可超過 85°C。

八、結果處理

㈠總油脂量 $(mg/L) = \dfrac{檢驗總油脂燒瓶增加之重量\,(g) \times 10^6}{水樣體積\,(mL)}$

㈡礦物性油脂量 $(mg/L) = \dfrac{檢驗礦物性油脂燒瓶增加之重量\,(g) \times 10^6}{水樣體積\,(mL)}$

㈢動植物性油脂量 $(mg/L) =$ 總油脂量 $(mg/L) -$ 礦物性油脂量 (mg/L)

九、品質管制

㈠重量法易受天候乾濕度之影響而使稱重結果產生誤差，故從乾燥器中取出稱重時，動作宜迅速，避免在空氣中曝露太長時間。

㈡空白分析：每批次樣品或每十個樣品至少執行一次試劑水之方法空白分析，以確認所有玻璃器皿和試劑干擾不存在。

十、精密度與準確度

經分析含 Crisco 及 Shell S.A.E. No. 20 各種油脂濃度之合成水樣，平均回收率為 98.7%，標準偏差為 1.86%。兩種廢水之十重覆分析，標準偏差分別為 0.76 mg 與 0.48 mg。

十一、參考資料

APHA, American Water Works Association & Water Pollution Control Federation, *Standard Methods for the Examination of Water and Wastewater*, 20th ed., Method 5520–oil and grease–A, D, F, pp. 5–34 ~ 5–40, APHA, Washington, D.C., USA, 1998.

---

❹　本檢驗廢液依一般無機廢液處理原則處理。

水中油脂檢測方法㈡[1] ──萃取重量法

中華民國九十一年九月二十三日

(93) 環署檢字第 0910065645 號公告

NIEA W506.21B

一、方法概要

　　水中油脂經正己烷萃取後，將經無水硫酸鈉去除水之有機層收集至圓底燒瓶中，減壓濃縮及烘乾後移入乾燥器，冷卻後將餘留物稱重，即得總油脂量；將總油脂溶於正己烷，以活性矽膠吸附極性物質，過濾減壓濃縮並烘乾稱重，即得礦物性油脂量；總油脂量與礦物性油脂量之差，即為動植物性油脂量。

二、適用範圍

　　本方法適用於飲用水水質、飲用水水源水質、地面水體（含海水）、地下水體及廢（污）水中油脂之檢測。

三、干　擾

㈠某些有機物可能會一併被萃取出而被誤判為油脂。

㈡低沸點（小於 85°C）之油脂類物質在減壓濃縮及烘乾過程中易漏失，以致水樣中油脂量之測值將較實際值為低。

㈢殘量重油可能含有相當多無法萃取之物質。

㈣有些樣品基質於萃取時，會增加有機層中之含水量，當有機層流經乾燥管，若含水量超過無水硫酸鈉之去水能力，無水硫酸鈉會溶解而流入圓底燒瓶中，於減壓濃縮烘乾後，將於圓底燒瓶中析出，而造成正干擾。此時，於圓底燒瓶加入 30 mL 正己烷再次溶解油脂，以經正己烷潤濕之濾紙過濾並收集濾液，再淋洗圓底燒瓶兩次，洗液一併收集至濾液中，繼續依七、步驟㈠ 8. ～ 10.完成減壓濃縮及烘乾稱重。

---

❶　配合本書第 21 章。

㈤於檢測礦物性油脂時，若矽膠粉末穿過濾紙將會形成正干擾，此時須使用較細孔徑之
　濾紙。

四、設備及材料

㈠乾燥管：裝有約 10 g 無水硫酸鈉。

㈡減壓濃縮裝置。

㈢烘箱。

㈣乾燥器。

㈤分液漏斗：2 L。

㈥分析天平：可精秤至 0.1 mg。

㈦圓底燒瓶：200 mL。

㈧磁石攪拌器。

㈨磁石：以鐵弗龍 (Teflon) 塗覆。

五、試　劑

㈠試劑水：不含有干擾物質之蒸餾水或去離子水。

㈡ 1 + 1 鹽酸：將一體積之濃鹽酸緩緩加入一體積之試劑水中。

㈢ 1 + 1 硫酸：將一體積之濃硫酸緩緩加入一體積之試劑水中。

㈣正己烷：殘量級。

㈤無水硫酸鈉 (Na_2SO_4)：分析級。

㈥矽膠 (Silica Gel)：100 ～ 200 網目，110°C 乾燥 24 小時後，置於玻璃乾燥器內備用。

六、採樣及保存

㈠以廣口玻璃瓶採集具代表性水樣，採樣前廣口玻璃瓶先以清潔劑清潔，於清水洗淨後
　再以正己烷淋洗，以去除干擾物質。

㈡採樣時，水樣不得溢出樣品瓶且不得分裝樣品。檢驗時需全量分析。

㈢水樣取樣量一般約為 1 L，若預期樣品濃度大於 1 g/L，按比例減少取樣量。

㈣若水樣於採樣後 2 小時內無法分析，以 1 + 1 鹽酸或 1 + 1 硫酸酸化水樣至 pH 小於
　2，並於 4°C 冷藏，於此條件下，可保存 28 天。

七、步　驟

(一)總油脂

1. 首先於樣品瓶上標示水樣之位置，以便事後測量水樣體積❷；若採樣時未加酸保存，則以 1 + 1 鹽酸或 1 + 1 硫酸酸化水樣至 pH 小於 2。
   （一般而言，每 1 L 水樣加 5 mL 即足夠）

2. 將水樣倒入 2 L 之分液漏斗中。

3. 用 30 mL 正己烷淋洗樣品瓶然後倒入分液漏斗中。

4. 先用手搖動分液漏斗數下將氣體排出，然後振搖 2 分鐘。

5. 靜置分層後，將有機層流經乾燥管，收集於 200 mL 圓底燒瓶。

   (1)乾燥管內裝有約 10 g 無水硫酸鈉，並先以正己烷潤濕。

   (2)圓底燒瓶使用前，須先放入 90°C 之烘箱中烘約 10 分鐘，取出放入乾燥器中冷卻後稱重並記錄之（至 0.0001 g）；重覆前述烘乾、冷卻及稱重步驟，直至前後兩次重量差小於 0.0005 g，此為空瓶重。

   (3)若萃取層不乾淨時，可在乾燥管上方放置漏斗，並舖上經正己烷潤濕之濾紙將雜物濾出，以免影響重量。

6. 重覆步驟 3. ～ 5. 之萃取步驟二次，並合併萃取後之有機層。

7. 再以約 10 至 20 mL 正己烷加入分液漏斗內，沖洗分液漏斗後，移入乾燥管中一併收集於圓底燒瓶內。

8. 將圓底燒瓶內之有機層以減壓濃縮裝置濃縮至乾。

   (1)水浴溫度以 40°C 為宜，避免沸騰。

   (2)轉速不宜太快，大約為 60 至 80 rpm。

9. 為避免圓底燒瓶內仍殘存有正己烷或水氣，於濃縮後，放入 85°C 之烘箱內 10 分鐘。

10. 取出圓底燒瓶，放入乾燥器中冷卻後稱重並記錄之（至 0.0001 g）；重覆前述烘乾、冷卻及稱重步驟，直至前後兩次重量差小於 0.0005 g，此為空瓶重加油脂量。
    （保留圓底燒瓶及內容物以測定礦物性油脂）

---

❷　於樣品瓶中加入試劑水至水樣標線，再以量筒量測試劑水之體積，此即為水樣體積。

㈡礦物性油脂

1. 加入 100 mL 正己烷於檢驗總油脂之圓底燒瓶，以溶解油脂，或將水樣依七、步驟㈠ 1.～ 7.操作。

2. 於燒瓶中每 100 mg 總油脂加入 3.0 g 矽膠〔最多加入 30.0 g 矽膠 (1 g 總油脂)〕，加栓後以磁石攪拌器攪拌 5 分鐘。

3. 以濾紙過濾，收集濾液於已稱重之圓底燒瓶內，再以 10 mL 正己烷洗滌濾紙及燒瓶，洗液併於圓底燒瓶內。

4. 依七、步驟㈠ 8.～ 10.操作。

㈢動植物性油脂

七、步驟㈠項之總油脂量減去七、步驟㈡項之礦物性油脂量即為動植物性油脂量。❸

八、結果處理

㈠總油脂量 $(mg/L) = \dfrac{\text{檢驗總油脂圓底燒瓶增加之重量 (g)} \times 10^6}{\text{水樣體積 (mL)}}$

㈡礦物性油脂量 $(mg/L) = \dfrac{\text{檢驗礦物性油脂圓底燒瓶增加之重量 (g)} \times 10^6}{\text{水樣體積 (mL)}}$

㈢動植物性油脂量 $(mg/L) = $ 總油脂量 $(mg/L) - $ 礦物性油脂量 (mg/L)

九、品質管制

㈠重量法易受天候乾濕度之影響而使稱重結果產生誤差，故從乾燥器中取出稱重時，動作宜迅速，避免在空氣中曝露太長時間。

㈡空白分析：每批次樣品或每十個樣品至少執行一次試劑水之方法空白分析，以確認所有玻璃器皿和試劑干擾不存在。

十、精密度與準確度

單一實驗室以海水添加 40.16 mg/L 油脂品管樣品進行十六次分析，其標準偏差為 ± 1.7 mg/L，平均回收率為 101%。

---

❸ 本檢驗廢液依一般無機廢液處理原則處理。

十一、參考資料

APHA, American Water Works Association & Water Pollution Control Federation, *Standard Methods for the Examination of Water and Wastewater*, 20th ed., Method 5520−oil and grease−A,B,F, pp. 5−34 ～ 5−40, APHA, Washington, D.C.,USA, 1998.

水中陰離子界面活性劑（甲烯藍活性物質）檢測方法[1]
——甲烯藍比色法

中華民國九十二年十一月七日

(92) 環署檢字第 0920080858 號公告

NIEA W525.51A

一、方法概要

水中陰離子界面活性劑與甲烯藍反應生成藍色的鹽或離子對，以氯仿萃取後，以分光光度計在波長 652 nm 處測其吸光度而定量之。

二、適用範圍

本方法適用於飲用水水質、飲用水水源水質、地面水體（不包括海水）、地下水、放流水及廢（污）水中陰離子界面活性劑之檢驗，定量時以直鏈或支鏈形烷基苯磺酸鹽為標準，測得水中甲烯藍活性物質（Methylene-Blue Active Substances，簡稱 MBAS）之總濃度；檢測濃度範圍約為 0.025 至 3.5 mg/L。

三、干　擾

㈠水樣中的顏色能被萃取至氯仿層者，形成干擾。

㈡有機硫酸鹽、磺酸鹽、羥酸鹽、磷酸鹽、酚類及無機氰酸鹽、硫氰酸鹽、氯鹽等，因與甲烯藍反應生成鹽或離子對，將形成正干擾[2]。

㈢有機物質，尤其是胺類，因與陰離子界面活性劑反應，形成負干擾[2]。

四、設備及材料

㈠玻璃器皿：所有之玻璃器皿均不得以清潔劑清洗。

㈡分液漏斗：250 mL、500 mL，附鐵弗龍栓。

---

[1]　配合本書第 22 章。

[2]　水樣在鹽酸溶液中煮沸迴流後，中和之，然後與 1–甲基庚胺 (1-Methylheptylamine) 反應，生成之離子對以氯仿萃取，再將 1–甲基庚胺移除，即可去干擾，詳細步驟見十一、參考資料㈡。

㈢分析天平：可精秤至 0.1 mg。

㈣移液管或經校正之自動移液管。

㈤定量瓶。

㈥玻璃漏斗：上置玻璃棉及約固定量之無水硫酸鈉。

㈦分光光度計：在波長 652 nm，使用 1 cm 或以上之樣品槽。

五、試　劑

㈠試劑水：去離子水或蒸餾水。

㈡酚酞指示劑：溶解 0.5 g 酚酞 (Phenolphthalein) 於 50 mL 95% 乙醇 (C_2H_5OH) 或異丙醇 (Isopropyl Alcohol)，加入 50 mL 試劑水。

㈢氫氧化鈉溶液，1 N：溶解 40 g 氫氧化鈉 (NaOH) 於試劑水，稀釋至 1 L。

㈣硫酸溶液，1 N：緩慢將 28 mL 濃硫酸 (H_2SO_4) 加入約 800 mL 試劑水，稀釋至 1 L。

㈤氯仿 ($CHCl_3$)❸：試藥級或同級品。

㈥甲烯藍試劑：溶解 0.10 g 甲烯藍 (Methylene Blue) 於 100 mL 試劑水，取上述溶液 30 mL 置於 1 L 之錐形瓶，加入 500 mL 試劑水、6.8 mL 濃硫酸及 50 g 磷酸二氫鈉 ($NaH_2PO_4·H_2O$)，混合溶解後，稀釋至 1 L。

㈦洗液：於 1 L 之錐形瓶中，加入 500 mL 試劑水、6.8 mL 濃硫酸及 50 g 磷酸二氫鈉 ($NaH_2PO_4·H_2O$)，混合溶解後，稀釋至 1 L。

㈧硫酸鈉 (Na_2SO_4)：無水、粒狀、試藥級。

㈨烷基苯磺酸鹽儲備溶液：在 1 L 量瓶內，溶解 1.00 g 100% 活性之直鏈或支鏈式烷基苯磺酸鹽（Linear Alkylbenzene Sulfonate 或 Alkylbenzene Sulfonate 簡稱 LAS 或 ABS）於試劑水，稀釋至刻度；1.00 mL = 1.00 mg LAS 或 ABS，放入冰箱 4°C 暗處、拴緊保存，若無變質可保存至少一年。

㈩烷基苯磺酸鹽標準溶液：在 1 L 量瓶內，以試劑水稀釋 10.0 mL 烷基苯磺酸鹽儲備溶液至刻度；1.00 mL = 10.0 μg LAS 或 ABS。

六、採樣及保存

　　使用乾淨（不得使用清潔劑）並經試劑水沖洗過之塑膠瓶或玻璃瓶。樣品之運送及保存須在 4°C 以下冷藏，並於 48 小時內檢測。

---

❸　氯仿具有毒性並可能致癌，使用時請特別小心，避免吸入或皮膚接觸。

七、步　驟

㈠水樣處理及測定

1.取 100 mL 水樣或適量樣品稀釋至 100 mL（若水樣所含陰離子界面活性劑濃度過低，則應適當增加樣品量），置於分液漏斗 (A)。

2.加入數滴酚酞指示劑，滴加 1 N 氫氧化鈉溶液至水樣呈粉紅時，再滴加 1 N 硫酸溶液至粉紅色剛消失止。

3.加入 10 mL 氯仿與 25 mL 甲烯藍試劑，搖盪 30 秒後靜置使溶液分層。

4.收集氯仿層於另一分液漏斗 (B)，再分別以 10 mL 氯仿重覆萃取 3 次，每次皆合併氯仿層液至分液漏斗 (B)，棄去水層。

5.加入 50 mL 洗液於氯仿層分液漏斗 (B)，搖盪 30 秒後靜置，使溶液分層。

6.收集氯仿層，以玻璃漏斗上置少許玻璃棉，並加入約 10 g 無水硫酸鈉後，過濾收集於 100 mL 之定量瓶中。

7.洗液層再以 10 mL 氯仿萃取 2 次，同上述步驟過濾於量瓶中，以氯仿稀釋至刻度。

8.用氯仿調整分光光度計在 652 nm 之零點後，讀取樣品吸光度，即可由檢量線求得水樣中陰離子界面活性劑（甲烯藍活性物質）之濃度。

㈡檢量線製備

精取適量之烷基苯磺酸鹽標準溶液 (10.0 mg/L) 於 100 mL 量瓶，由高濃度至低濃度序列稀釋成至少五組不同濃度（不包含空白）之檢量線製備用溶液，如：0.1，0.50，1.00，1.50，2.00 mg/L，或其他適當之序列濃度，並依七、步驟㈠操作，讀取在波長 652 nm 之吸光度，繪製 LAS 濃度 (mg/L)—吸光度之檢量線[4]。

八、結果處理

由樣品溶液測得之吸光度，代入檢量線可求得溶液中陰離子界面活性劑 (MBAS) 濃度 (mg LAS /L)，再依下式計算樣品中陰離子界面活性劑的濃度。

$$樣品中陰離子界面活性劑濃度\ A = A' \times F$$

A: 樣品中陰離子界面活性劑濃度 (mg LAS /L)
A': 由檢量線求得上機樣品溶液中陰離子界面活性劑濃度 (mg LAS /L)
F: 稀釋倍數

---

[4]　廢液分類處理原則──本檢驗廢液依一般有機廢液處理。

九、品質管制

㈠檢量線：製備檢量線時，至少應包括五種不同濃度之標準溶液，其線性相關係數
（r 值）應大於或等於 0.995 以上。

㈡空白分析：每批次或每十個樣品至少應執行一個空白樣品分析，空白分析值應小於二
倍方法偵測極限。

㈢查核樣品分析：每批次或每十個樣品至少應執行一個查核樣品分析。

㈣重覆分析：每批次或每十個樣品至少應執行一個重覆分析。

㈤添加分析：每批次或每十個樣品至少應執行一個添加已知量標準溶液之樣品分析。

十、精密度與準確度

　　國內檢驗室參加陰離子界面活性劑盲樣檢測，其結果之精密度與準確度，如
表 A–10 所示。

▼表 A–10　　國內檢驗室參加陰離子界面活性劑盲樣檢測結果

樣品批次	實際配製值 (mg／L)	參加檢測之實驗室家數 (N)	參加檢測之檢驗室之平均值 (mg／L)	標準偏差 (mg／L)	相對標準偏差 (%)
1	0.158	9	0.1497	0.023	15.4
2	0.305	17	0.297	0.038	12.8
3	0.540	15	0.5394	0.055	10.1
4	0.609	16	0.618	0.029	4.71
5	0.975	18	1.047	0.070	6.71
6	1.40	15	1.423	0.090	6.32
7	1.86	16	1.828	0.202	11.0
8	2.34	16	2.345	0.191	8.14

十一、參考資料

㈠ APHA, American Water Works Association & Water Pollution Control Federation, *Standard Methods for the Examination of Water and Wastewater*, 20th ed., Method 5540C, pp. 5–47 ～ 5–49, APHA, Washington, D.C., USA, 1998.

㈡ ASTM, Annual Book of ASTM Standards, Vol. 11.02, pp. 126 ～ 132, 1995.

水中溶解性鐵、錳檢測方法[1] —— 原子吸收光譜法

中華民國九十二年十月二十四日

(92) 環署檢字第 0920077034 號

NIEA W305.51A

一、原　理

採樣時在現場以 0.45 μm 之薄膜濾紙將水樣過濾，經消化分解有機物質後，直接吸入火焰式原子吸收光譜儀，選擇適當波長測定其中溶解性鐵、錳吸光度定量之。

二、適用範圍

本方法適用於飲用水水質、飲用水水源水質、地面水體（不含海水）、放流水、地下水及廢污水中溶解性鐵、錳之檢驗，其偵測濃度範圍分別為 0.3 至 10 mg/L 及 0.1 至 10 mg/L。

三、干　擾

㈠化學干擾

1. 火焰溫度不足時，會導致分子無法分解或分解出之原子立即被氧化為另一無法進一步分解之化合物。若於樣品溶液中添加特定的元素或化合物，則可減少或排除此項干擾，例如於樣品溶液中添加鈣元素可克服測錳時二氧化矽之干擾。

2. 鹽類基質干擾之水樣例如海水，須使用 APDC 螯合 MIBK 萃取法或鉗合離子交換樹脂濃縮法除去干擾，此分析過程可同時將水樣濃縮，因此，其偵測極限變得較低。

㈡物理干擾

火焰中固體顆粒（來自樣品）之光散射效應及分子吸收現象，會使吸收值變大而造成正誤差。當此種物理干擾現象發生時，應使用背景校正以獲得較準確之測值。

---

[1] 配合本書第 23 章。

四、設備及材料

㈠火焰式原子吸收光譜儀：含可放出各待測元素分析所需之特定波長光源、樣品霧化器、燃燒頭、單色光器 (Monochromator)、信號倍增裝置之光電管及信號輸出裝置。

㈡燈管：使用鐵、錳之中空陰極燈管（Hollow-Cathode Lamp，簡稱 HCL）或無電極放射燈管（Electrodeless Discharge Lamp，簡稱 EDL）。多元素中空陰極燈管之靈敏度低於單一元素之燈管。EDL 燈管需較長時間之預熱使其穩定。

㈢排氣裝置：用以除去火焰之薰煙及蒸氣。

㈣電熱板或適當加熱裝置。

㈤過濾裝置：包括塑膠或鐵弗龍固定座及濾膜。濾膜之材質為聚碳酸脂 (Polycarbonate) 或乙脂纖維素 (Cellulose Acetate)，孔徑為 0.4 至 0.45 μm（供分析溶解性水樣過濾之用）。

㈥抽氣裝置：過濾時之抽氣使用。

五、試　劑

㈠試劑水：不含待測元素之去離子水，其電阻應大於 16 MΩ–cm。

㈡ 0.15% (V/V) 硝酸溶液、硝酸 (1:1) 溶液及濃硝酸。

㈢鈣溶液：溶解 0.6300 g 無水碳酸鈣 ($CaCO_3$) 於 50 mL 1 + 5 鹽酸溶液，視需要加熱使完全溶解，冷卻後以蒸餾水稀釋至 1 L。

㈣鐵儲備溶液：使用市售品或依下述方法配製：在 1 L 量瓶內，溶解 1.000 g 鐵絲（純度 > 99.9%）於 50 mL 1 + 1 硝酸溶液，以去離子蒸餾水稀釋至刻度；1.00 mL = 1.00 mg Fe。

㈤鐵標準溶液：取 10.0 mL 鐵儲備溶液置於 1 L 量瓶內，以每升含 1.5 mL 濃硝酸之去離子蒸餾水稀釋至刻度；1.00 mL = 10.0 μg Fe。

㈥錳儲備溶液：使用市售品或依下述方法配製：在 1 L 量瓶內，溶解 3.076 g 硫酸亞錳 ($MnSO_4 \cdot H_2O$) 於約 200 mL 蒸餾水，加入 1.5 mL 濃硝酸，以去離子蒸餾水稀釋至刻度；1.00 mL = 1.00 mg Mn。

㈦錳標準溶液：取 10.0 mL 錳儲備溶液置於 1 L 量瓶內，以每升含 1.5 mL 濃硝酸之去離子蒸餾水稀釋至刻度；1.00 mL = 10.0 μg Mn。

㈧空氣：以空氣壓縮機或空氣鋼瓶供給，經適當過濾裝置除去油分、水分及其他物質。

㈨乙炔：商品級，鋼瓶壓力在 7 kg/cm^2 以上，為避免鋼瓶內作為溶劑之丙酮流出，在乙炔鋼瓶之壓力低於 689 kPa（或 100 psi）時應更新乙炔氣體。

六、採樣及保存

㈠採樣容器之材質以石英或鐵弗龍最佳，但因其昂貴，故亦可使用聚丙烯或直鏈聚乙烯材質且具聚乙烯蓋之容器。採樣容器及過濾器於使用前應預先酸洗。

㈡採樣時，水樣應於採樣現場以 0.45 μm 之濾膜過濾，所得濾液再加入適當體積之濃硝酸，使其 pH 值小於 2。一般而言，每 1 L 水樣中添加 1.5 mL 濃硝酸或 3 mL 1:1 硝酸溶液已足夠水樣短期貯藏之所需，但若水樣具高緩衝容量，應適當增加硝酸之體積（某些鹼性或緩衝容量高之水樣可能須使用 5 mL 之濃硝酸）。應使用高純度之市售硝酸或自行以次沸騰 (Subboiling) 蒸餾方式取得高純度之濃硝酸。加酸後之水樣宜貯藏於 $4 \pm 2°C$ 下，以避免因水分蒸發而改變水樣體積，同時在上述狀況下，若水樣含數 mg/L 濃度之金屬時，其穩定期限為 6 個月。

七、步　驟

㈠水樣前處理

1. 水樣應於採樣現場以 0.45 μm 之薄膜濾紙過濾❷，並酸化至 pH < 2，加酸後送驗之水樣如無沉澱生成，直接依七、㈡進行水樣之測定；如沉澱生成，則依下述步驟 2. 至 4. 消化處理之。

2. 量取 100.0 mL 水樣或適當體積水樣於燒杯中（取樣前，應將水樣充分混合均勻），加入 5 mL 濃硝酸，置於加熱板上加熱至近沸騰（注意：不可沸騰）或將溫度控制於 85°C 左右，使蒸發至接近可能產生沉澱前之最小體積（約 10 至 20 mL）（注意：不可蒸發至乾）。同時以去離子蒸餾水作空白試驗。

3. 將燒杯移出，使冷卻後加入 5 mL 濃硝酸，以表玻璃覆蓋加熱迴流至近乾，並重覆此步驟至溶液呈無色、淡黃色或澄清且顏色不再變化為止。

4. 以少量去離子蒸餾水淋洗表玻璃及燒杯內壁，加入 1 至 2 mL 濃硝酸，加熱使殘渣全部溶解，冷卻後過濾，移入 100 mL 量瓶，稀釋至刻度。

㈡儀器操作

原子吸收光譜儀因廠牌及型式不同，其操作方法亦有不同，下述為一般之操作程序：

---

❷　如水樣中有多量之粒狀物，應先以濾紙粗濾之。

1. 將待測定元素所需之燈管裝妥並校正光徑，依操作手冊設定波長及光譜狹縫寬度 (Slit Width)。

2. 開啟電源，提供燈管合宜之電流，暖機 10 至 20 分鐘，並使儀器穩定。必要時可在暖機後重新調整電流。

3. 依製造廠商說明校正光源。

4. 安裝合宜之燃燒頭，並調整至適當水平及垂直之位置，打開乙炔及空氣開關並調整至合宜流量，點燃火焰並穩定數分鐘。

5. 取 0.15% 硝酸溶液，吸入噴霧器內，以清洗噴霧頭並將儀器歸零。

6. 取一適當濃度之標準溶液，吸入噴霧器內，調整儀器吸入標準溶液之流速及燃燒頭位置以獲得最大吸光度。

7. 吸入 0.15% 硝酸溶液，重新將儀器歸零。

8. 取檢量線中點之待測金屬新配標準溶液，來測試新用燈管，建立其吸光值資料，以為日後查核儀器穩定性及燈管老化之參考資料。

9. 測定每一標準品或樣品之後，均須吸入 0.15% 硝酸溶液，以清洗噴霧頭並將儀器歸零。

10. 測定完畢後，先以試劑水吸入噴霧室清洗約 5 至 10 分鐘後熄滅火焰。熄滅火焰時，應先將乙炔關閉，再關閉空氣。

㈢樣品分析

1. 將 0.15% 硝酸溶液吸入噴霧頭內，將儀器歸零。吸入經處理後之樣品，記錄其吸光度。

2. 將 0.15% 硝酸溶液吸入噴霧頭內，以清洗噴霧頭。若原子吸收光譜儀基線呈現不穩定狀態時，應將儀器重新歸零。

3. 每 100 mL 水樣中加入 25 mL 鈣溶液。

4. 吸入原子吸收光譜儀測定最大吸光度，由檢量線求得鐵或錳濃度 (mg/L)❸。

㈣檢量線製備

視實際需要配製五種以上不同濃度之鐵或錳標準溶液，依七、㈡至㈢之步驟測定其最大吸光度。以標準溶液濃度 (mg/L) 為 X 軸，吸光度為 Y 軸，繪製檢量線圖。使用原子吸收光譜儀測定各種濃度之標準溶液以製備檢量線時，應預先將儀器歸零，並於所有標準溶液測定結束後，隨即測定 0.15% 硝酸溶液，以確認原子吸收光譜儀基線之

---

❸ 原子吸收光譜儀，依各種廠牌型式不同，而有不同之操作程序，應依照各儀器使用說明書操作。

穩定性，若基線呈現不穩定狀態，則應待儀器穩定後，將儀器歸零，並重新測定標準溶液，以製備新的檢量線。❹

八、結果處理

樣品之最大吸光度經由檢量線可求得鐵或錳之濃度 (mg/L)。依下式計算水樣中鐵或錳之濃度：

$$水樣中鐵或錳濃度\ (mg/L) = A \times \frac{V_1}{V}$$

A：由檢量線求得之鐵或錳濃度 (mg/L)
V_1：水樣經前處理後最終定容體積 (mL)
V：使用之原水樣體積 (mL)

九、品質管制

㈠檢量線製作：每批次樣品應重新製作檢量線，並求其相關係數（r 值）。r 值應大於或等於 0.995。

㈡空白分析：每 10 個樣品或每一批次（當每批次樣品少於 10 個時）至少執行一空白樣品分析。空白分析值可接受標準應小於或等於方法偵測極限之二倍。

㈢重覆分析：每 10 個樣品或每一批次（當每批次樣品少於 10 個時）至少執行一個重覆樣品分析，並求其差異百分比。差異百分比應在其管制圖表之可接受範圍。

㈣查核樣品分析：每 10 個樣品或每一批次（當每批次樣品少於 10 個時）至少執行一個查核樣品分析，並求其回收率。回收率應在 80～120% 範圍內。

㈤添加標準品分析：每 10 個樣品或每一批次（當每批次樣品少於 10 個時）至少執行一個添加標準品分析，並求其回收率。回收率應在 80～120% 範圍內。

十、精密度與準確度

㈠原子吸收光譜法檢測鐵或錳之最佳適用濃度範圍與儀器方法偵測極限如表 A–11 所示。

㈡多實驗室間比測之精密度及準確度測試結果誤差如表 A–12 所示。

㈢單一實驗室分析查核樣品之精密度、準確度及方法偵測極限如表 A–13 所示。

---

❹　廢液分類處理原則──本檢驗廢液，依一般重金屬廢液處理原則處理。

▼表 A-11　原子吸收光譜法檢測之鐵或錳及其最佳適用濃度範圍與儀器偵測極限

元素	波長 (nm)	使用氣體①	最佳濃度範圍 (mg/L)	儀器偵測極限② (mg/L)
鐵	248.3	A–Ac	0.3 ～ 10	0.02
錳	279.5	A–Ac	0.1 ～ 10	0.01

① A–Ac 表示空氣及乙炔。
②此值僅供參考，可參考各儀器廠商提供之資料。
資料來源：本文之參考資料(四)之表 3111：I。

▼表 A-12　多實驗室間之精密度及準確度測試結果誤差

元素	添加之濃度 (mg/L)	標準偏差 (mg/L)	相對標準偏差 (%)	.相對誤差 (%)	實驗室數目
鐵	4.40	0.26	5.8	2.3	16
鐵	0.30	0.05	16.5	0.6	43
錳	4.05	0.32	7.8	1.3	16
錳	0.05	0.01	13.5	6.0	14

資料來源：本文之參考資料(四)之表 3111：II。

▼表 A-13　單一實驗室分析查核樣品之精密度、準確度及方法偵測極限

元素	查核樣品中標準品濃度 (mg/L)	測得之濃度 (mg/L)	標準偏差 (mg/L)	相對標準偏差 (%)	回收率±標準偏差 (%)	分析次數	方法偵測極限 (mg/L)
鐵	0.30	0.296	0.004	1.5	98.8±1.5	7	0.030
錳	0.05	0.050	0.001	2.8	99.3±2.0	9	0.008

資料來源：行政院環境保護署環境檢驗所。

十一、參考資料

㈠行政院環境保護署環境檢驗所，水質檢測方法，水中溶解性錳檢測法——原子吸收光譜法，NIEA W304.50A，1994。

㈡行政院環境保護署環境檢驗所，水質檢測方法，水中溶解性鐵檢測法——原子吸收光譜法，NIEA W305.50A，1994。

㈢行政院環境保護署環境檢驗所，水質檢測方法，水中銀、鎘、鉻、銅、鐵、錳、鎳、鉛及鋅檢測方法——火焰式原子吸收光譜法，NIEA W306.50A，1994。

㈣APHA, American Water Works Association & Water Pollution Control Federation, *Standard Methods for the Examination of Water and Wastewater*, 20th ed., Method 3111 A & B, pp. 3–13 ～ 3–18, APHA, Washington, D.C., USA, 1998.

水中銀、鎘、鉻、銅、鐵、錳、鎳、鉛及鋅檢測方法[1]
──火焰式原子吸收光譜法

中華民國九十二年十月二十一日

(92) 環署檢字第 0920076101 號公告

NIEA W306.51A

一、方法概要

水樣經消化分解後，直接吸入火焰式原子吸收光譜儀，測定其中待測元素之濃度。

二、適用範圍

本方法適用於飲用水水質、飲用水水源水質、地面水體、放流水、地下水、以及廢（污）水中銀、鎘、鉻、銅、鐵、錳、鎳、鉛及鋅等元素之測定，但不適合於高鹽度水樣之直接測定（參考三、㈠ 2.）。本方法中各元素所使用之波長、氣體及最佳適用濃度範圍與儀器偵測極限如表 A-14 (p. 416) 所示。

三、干　擾

㈠化學干擾

1. 火焰溫度不足時，會導致分子無法分解或分解出之原子立即被氧化為另一無法進一步分解之化合物。若於樣品溶液中添加特定的元素或化合物，則可減少或排除此項干擾，例如於樣品溶液中添加鈣元素可克服測定錳時二氧化矽之干擾。
2. 鹽類基質干擾之水樣例如海水，須使用 APDC 螯合 MIBK 萃取法或鉗合離子交換樹脂濃縮法除去干擾，此分析過程可同時將水樣濃縮，因此，其偵測極限變得較低。

㈡物理干擾

火焰中固體顆粒（來自樣品）之光散射效應及分子吸收現象，會使吸收值變大而造成正誤差。當此種物理干擾現象發生時，應使用背景校正以獲得較準確之測值。

---

[1] 配合本書第 24 章。

四、設備及材料

㈠火焰式原子吸收光譜儀：含可放出各待測元素分析所需之特定波長光源、樣品霧化器、燃燒頭、單色光器 (Monochromator)、信號倍增裝置之光電管及信號輸出裝置。

㈡燈管：使用中空陰極燈管（Hollow-Cathode Lamp，簡稱 HCL）或無電極放射燈管（Electrodeless Discharge Lamp，簡稱 EDL），每種待測元素皆有其特定燈管。多元素中空陰極燈管之靈敏度低於單一元素之燈管。EDL 燈管需較長時間之預熱使其穩定。

㈢排氣裝置：用以除去火焰之薰煙及蒸氣。

㈣過濾裝置：包括塑膠或鐵弗龍固定座及濾膜。濾膜之材質為聚碳酸脂 (Polycarbonate) 或乙脂纖維素 (Cellulose Acetate)，孔徑為 0.4 至 0.45 μm（供分析溶解性或懸浮性金屬時水樣過濾之用）。

㈤電熱板或適當之加熱消化裝置。

五、試　劑

㈠空氣：以空氣壓縮機或空氣鋼瓶供給，經適當過濾裝置除去油分、水分及其他物質。

㈡乙炔氣體：商品級，鋼瓶壓力在 7 kg/cm^2 以上，為避免鋼瓶內作為溶劑之丙酮流出，對燃燒頭造成損害，在乙炔鋼瓶之壓力低於 689 kPa（或 100 psi）時應更新乙炔氣體。

㈢試劑水：不含待測元素之去離子水，其電阻應大於 16 MΩ-cm。

㈣鈣溶液：溶解 0.6300 g 碳酸鈣於 50 mL 鹽酸 (1:5) 溶液中，必要時緩慢煮沸以獲得完全溶解之溶液，冷卻後稀釋至 1 L。

㈤鹽酸 (1:1) 溶液及濃鹽酸。

㈥過氧化氫溶液 30%：試藥級。

㈦0.15% (V/V) 硝酸溶液、硝酸 (1:1) 溶液及濃硝酸。

㈧王水：以 3 份濃鹽酸及 1 份濃硝酸混合配製。

㈨標準金屬溶液：藉由稀釋下列各金屬儲備溶液而配製一系列標準溶液，稀釋時每 1 L 水中應含有 1.5 mL 濃硝酸。配製前金屬試劑須經乾燥處理，且全部試劑均應盡可能使用最高純度者。另外亦可使用經確認之市售金屬儲備溶液。

　1.鎘儲備溶液：先溶解 0.1000 g 鎘金屬於 4 mL 濃硝酸中，再加入 8 mL 濃硝酸，以試劑水稀釋至 1 L。（1.00 mL = 100 μg 鎘）

2.鉻儲備溶液：溶解 0.1923 g 氧化鉻 (CrO_3) 於少量試劑水中，待其全部溶解後，再以 10 mL 濃硝酸酸化，以試劑水稀釋至 1 L。（1.00 mL = 100μg 鉻）

3.銅儲備溶液：溶解 0.100 g 銅金屬於 2 mL 濃硝酸，加入 10 mL 濃硝酸，以試劑水稀釋至 1 L。（1.00 mL = 100 μg 銅）

4.鉛儲備溶液：溶解 0.1598 g 硝酸鉛於最少量之 1:1 硝酸溶液中，再加入 10 mL 濃硝酸，以試劑水稀釋至 1 L。（1.00 mL = 100 μg 鉛）

5.鎳儲備溶液：溶解 0.1000 g 鎳金屬於 10 mL 熱濃硝酸，冷卻後以試劑水稀釋至 1 L。（1.00 mL = 100 μg 鎳）

6.銀儲備溶液：溶解 0.1575 g 硝酸銀於 100 mL 水中，再加入 10 mL 濃硝酸，以試劑水稀釋至 1 L。（1.00 mL = 100 μg 銀）

7.鋅儲備溶液：溶解 0.1000 g 鋅金屬於 20 mL 之 1:1 鹽酸溶液中，以試劑水稀釋至 1 L。（1.00 mL = 100 μg 鋅）

8.錳儲備溶液：溶解 0.1000 g 錳金屬於 10 mL 濃鹽酸與 1 mL 濃硝酸之混合液中，再以試劑水稀釋至 1 L。（1.00 mL = 100μg 錳）

9.鐵儲備溶液：溶解 0.1000 g 鐵絲於 10 mL 之 1:1 鹽酸與 3 mL 濃硝酸之混合液中，再加入 5 mL 濃硝酸，並以試劑水稀釋至 1 L。（1.00 mL = 100 μg 鐵）

六、採樣及保存

㈠採樣容器之材質以石英或鐵弗龍最佳，但因其昂貴，故亦可使用聚丙烯或直鏈聚乙烯材質且具聚乙烯蓋之容器。分析銀時，水樣應以棕色容器儲存。採樣容器及過濾器於使用前應預先酸洗。

㈡水樣於採集後應立即添加濃硝酸使水樣之 pH 值小於 2；若欲分析溶解性或懸浮性金屬，採樣時應同時以試劑水預洗過之塑膠過濾裝置將水樣抽氣過濾，所得濾液再加入適當體積之濃硝酸，使其 pH 值小於 2。一般而言，每 1 L 水樣中添加 1.5 mL 濃硝酸或 3 mL 1:1 硝酸溶液已足夠水樣短期貯藏之所需，但若水樣具高緩衝容量，應適當增加硝酸之體積（某些鹼性或緩衝容量高之水樣可能須使用 5 mL 之濃硝酸）。應使用高純度之市售硝酸或自行以次沸騰 (Subboiling) 蒸餾方式取得高純度之濃硝酸。加酸後之水樣應貯藏於 4 ± 2°C 下，以避免因水分蒸發而改變水樣體積，同時在上述狀況下，若水樣含數 mg/L 濃度之金屬時，其穩定期限為 6 個月。

七、步　驟

㈠水樣前處理

　　1.量取 100.0 mL 水樣或適當體積水樣於燒杯中（取樣前，應將水樣充分混合均勻），加入 5 mL 濃硝酸，置於加熱板上加熱至近沸騰（注意：不可沸騰）或將溫度控制於 85°C 左右，使蒸發至接近可能產生沉澱前之最小體積（約 10 至 20 mL）（注意：不可蒸發至乾）。

　　2.將燒杯移出，使冷卻後加入 5 mL 濃硝酸，以表玻璃覆蓋加熱迴流至近乾，並重覆此步驟至溶液呈無色、淡黃色或澄清且顏色不再變化為止。

　　3.以少量試劑水淋洗表玻璃及燒杯內壁，再加入 1 至 2 mL 濃硝酸，加熱使殘渣全部溶解。冷卻後過濾，濾液移入 100 mL 或其他體積之量瓶（視上機樣品所需之濃度而定），再以試劑水稀釋至刻度。

　　4.依七、㈠ 1.至 3.之步驟，同時以試劑水進行空白分析。

㈡儀器操作

　　原子吸收光譜儀因廠牌及型式不同，其操作方法亦有不同，下述為一般之操作程序：

　　1.將待測定元素所需之燈管裝妥並校正光徑，依操作手冊設定波長及光譜狹縫寬度（Slit Width）。

　　2.開啟電源，提供燈管合宜之電流，暖機 10 至 20 分鐘，並使儀器穩定。必要時可在暖機後重新調整電流。

　　3.依製造廠商說明校正光源。

　　4.安裝合宜之燃燒頭，並調整至適當水平及垂直之位置，打開乙炔及空氣開關並調整至合宜流量，點燃火焰並穩定數分鐘。

　　5.取 0.15% 硝酸溶液，吸入噴霧器內，以清洗噴霧頭並將儀器歸零。

　　6.取一適當濃度之標準溶液，吸入噴霧器內，調整儀器吸入標準溶液之流速及燃燒頭位置以獲得最大吸光度。

　　7.吸入 0.15% 硝酸溶液，重新將儀器歸零。

　　8.取檢量線中點之待測元素新配標準溶液，來測試新用燈管，建立其吸光度資料，以為日後查核儀器穩定性及燈管老化之參考資料。

　　9.測定每一標準品或樣品之後，均須吸入 0.15% 硝酸溶液，以清洗噴霧頭並將儀器歸零。

10.測定完畢後，先以試劑水吸入噴霧室清洗約 5 至 10 分鐘後熄滅火焰。熄滅火焰時，應先將乙炔關閉，再關閉空氣。

㈢樣品分析

1.將 0.15% 硝酸溶液吸入噴霧頭內，將儀器歸零。吸入經處理後之樣品，記錄其吸光度。

2.將 0.15% 硝酸溶液吸入噴霧頭內，以清洗噴霧頭。若原子吸收光譜儀基線呈現不穩定狀態時，應將儀器重新歸零。

3.由檢量線求出樣品中之元素濃度。

4.分析鐵及錳時，每 100 mL 水樣中須添加 25 mL 鈣溶液；分析鉻時，每 100 mL 水樣中須添加 1 mL 之 30% 過氧化氫溶液。

㈣檢量線製備

配製至少五種濃度之標準溶液，依七、㈡至㈢之步驟測定其最大吸光度。以標準溶液濃度 (mg/L) 為 X 軸，吸光度為 Y 軸，繪製檢量線圖。使用原子吸收光譜儀測定各種濃度之標準溶液以製備檢量線時，應預先將儀器歸零，並於所有標準溶液測定結束後，隨即測定 0.15% 硝酸溶液，以確認原子吸收光譜儀基線之穩定性，若基線呈現不穩定狀態，則應待儀器穩定後，將儀器歸零，並重新測定標準溶液，以製備新的檢量線。❷

八、結果處理

樣品之最大吸光度經由檢量線可求得元素之濃度 (mg/L)。依下式計算水樣中元素之濃度：

$$水樣中元素濃度 \ (mg/L) = A \times \frac{V_1}{V}$$

A: 由檢量線求得之元素濃度 (mg/L)
V_1: 水樣經前處理後最終定容體積 (mL)
V: 使用之原水樣體積 (mL)

九、品質管制

㈠檢量線製備：每批次樣品應重新製作檢量線，並求其相關係數 (r 值)。r 值應大於或

---

❷　廢液分類處理原則——本檢驗廢液，依一般重金屬廢液處理原則處理。

等於 0.995。

㈡空白分析：每 10 個樣品或每一批次（當每批次樣品少於 10 個時）至少執行一空白樣
　品分析。空白分析值可接受標準應小於或等於方法偵測極限之二倍。

㈢重覆分析：每 10 個樣品或每一批次（當每批次樣品少於 10 個時）至少執行一個重覆
　樣品分析，並求其差異百分比。差異百分比應在其管制圖表之可接受範圍。

㈣查核樣品分析：每 10 個樣品或每一批次（當每批次樣品少於 10 個時）至少執行一個
　查核樣品分析，並求其回收率。回收率應在 80 ～ 120% 範圍內。

㈤添加標準品分析：每 10 個樣品或每一批次（當每批次樣品少於 10 個時）至少執行一
　個添加標準品分析，並求其回收率。回收率應在 80 ～ 120% 範圍內。

十、精密度與準確度

㈠原子吸收光譜法適用元素之最佳適用濃度範圍與儀器偵測極限及單一檢驗員分析結
　果之精密度如表 A–14 及表 A–15 所示。

㈡多實驗室間之精密度及準確度測試結果誤差如表 A–16 所示。

㈢單一實驗室分析查核樣品之精密度、準確度及方法偵測極限如表 A–17 所示。

▼表 A–14　原子吸收光譜法適用之元素及其最佳適用濃度範圍與儀器偵測極限

元素	波長 (nm)	使用氣體[1]	最佳適用濃度範圍 (mg/L)	儀器偵測極限[2] (mg/L)
銀	328.1	A-Ac	0.1 ～ 4	0.01
鎘	228.8	A-Ac	0.05 ～ 2	0.002
鉻	357.9	A-Ac	0.2 ～ 10	0.02
銅	324.7	A-Ac	0.2 ～ 10	0.01
鐵	248.3	A-Ac	0.3 ～ 10	0.02
錳	279.5	A-Ac	0.1 ～ 10	0.01
鎳	232.0	A-Ac	0.3 ～ 10	0.02
鉛[3]	283.3	A-Ac	1 ～ 20	0.05
鋅	213.9	A-Ac	0.05 ～ 2	0.005

[1] A-Ac 表示空氣及乙炔。
[2] 此值僅供參考，可參考各儀器廠商提供之資料。
[3] 若使用具背景校正之儀器，則以波長 217.0 nm 之靈敏度較佳。
資料來源：同本文之參考資料之表 3111: I。

▼表 A-15　單一檢驗員分析結果之精密度及原子吸收光譜法之查核樣品分析容許範圍

元素	單一檢驗員分析結果			原子吸收光譜法之查核樣品分析		
	使用之濃度 (mg/L)	標準偏差 (mg/L)	相對標準偏差 (%)	查核樣品濃度 (mg/L)	容許範圍 (mg/L)	實驗室數目
鉻	7.00	0.69	9.9	5.00	3.3 ~ 6.7	9
銅	4.00	0.12	2.9	4.00	3.7 ~ 4.3	15
鐵	5.00	0.19	3.8	5.00	4.4 ~ 5.6	16
鎳	5.00	0.04	0.8	5.00	4.9 ~ 5.1	–
銀	2.00	0.25	12.5	2.00	1.2 ~ 2.8	10

資料來源：同本文之參考資料之表 3111：III。

▼表 A-16　多實驗室間之精密度及準確度測試結果誤差

元素	添加之濃度 (mg/L)	標準偏差 (mg/L)	相對標準偏差 (%)	相對誤差 (%)	實驗室數目
鎘	0.05	0.011	21.6	8.2	26
鎘	1.60	0.11	6.9	5.1	16
鉻	3.00	0.30	10.0	3.7	9
銅	1.00	0.11	11.2	3.4	53
銅	4.00	0.33	8.3	2.8	15
鐵	4.40	0.26	5.8	2.3	16
鐵	0.30	0.05	16.5	0.6	43
錳	4.05	0.32	7.8	1.3	16
錳	0.05	0.01	13.5	6.0	14
鎳	3.93	0.38	9.8	2.0	14
銀	0.05	0.01	17.5	10.6	7
銀	2.00	0.07	3.5	1.0	10
鋅	0.50	0.04	8.2	0.4	48
鉛	6.00	0.28	4.7	0.2	14

資料來源：同本文之參考資料之表 3111：II。

▼表 A-17　單一實驗室分析查核樣品之精密度、準確度及方法偵測極限

元 素	查核樣品中標準品濃度 (mg/L)	測得之濃度 (mg/L)	標準偏差 (mg/L)	相對標準偏差 (%)	回收率±標準偏差 (%)	分析次數	方法偵測極限 (mg/L)
銀	0.05	0.050	0.001	2.7	100.5±2.7	9	0.010
鎘	0.010	0.010	0.001	6.3	96.1±5.9	9	0.015
鉻	0.05	0.043	0.005	12.0	96.0±5.2	9	0.020
銅	0.03	0.030	0.001	1.5	99.0±1.5	9	0.010
鐵	0.30	0.296	0.004	1.5	98.8±1.5	7	0.030
錳	0.05	0.050	0.001	2.8	99.3±2.0	9	0.0080
鎳	1.0	1.03	0.023	2.2	102.7±2.4	9	0.050
鉛	0.10	0.099	0.002	2.1	99.4±2.1	9	0.045
鋅	0.50	0.501	0.009	1.8	100.2±1.9	9	0.010

資料來源：行政院環境保護署環境檢驗所。

十一、參考資料

APHA, American Water Works Association & Water Pollution Control Federation, *Standard Methods for the Examination of Water and Wastewater*, 20th ed., Method 3111A & B, pp. 3–13 ～ 3–18, APHA, Washington, D.C., USA, 1998.

水中汞檢測方法[❶] ——冷蒸氣原子吸收光譜法

中華民國九十二年二月十三日

(92) 環署檢字第 0920011262 號公告

NIEA W330.51A

一、方法概要

水中的汞經硝酸、硫酸及高錳酸鉀及過硫酸鉀溶液氧化成為兩價汞離子後，以還原劑氯化亞錫或硫酸亞錫或氫硼化鈉還原成汞原子，經由氣體載送至吸收管，以原子吸收光譜儀在波長 253.7 nm（或其他汞之特定波長）處之最大吸光度定量之。

二、適用範圍

本方法適用於飲用水水質、飲用水水源水質、地面水體、海域水質、放流水、地下水及廢（污）水中汞之分析，本方法以連續式汞冷蒸氣系統之偵測極限為 0.0005 mg/L。

三、干　擾

㈠分析海水、含鹽類水及高氯鹽放流水時，在氧化過程須加入較多量之高錳酸鉀溶液，因而可能導致水樣中氯離子氧化成自由氯，其在波長 253 nm 附近有吸收值，因此會造成干擾。對於此類水樣，可使用過量的氯化鈉—硫酸羥胺溶液，並以空氣或其他氣體（使用之氣體種類可能因原子吸收光譜儀廠牌及機型而異，應依操作手冊之規定為之）緩緩通入反應溶液中，以除去可能生成的自由氯；或改用其他汞之特定波長，以避免干擾。

㈡使用連續式汞冷蒸氣系統時，在加入硫酸羥胺（或鹽酸羥胺）溶液後，汞有可能吸附於管線，導致訊號下降。

㈢在連續式汞冷蒸氣系統中，當使用較強之還原劑（如氫硼化鈉）且樣品銅含量偏高時，銅會還原並且污染管線，使樣品中汞的測值及添加回收率偏低。可改用氯化亞錫為還原劑或使用手動式汞冷蒸氣系統。

---

❶ 配合本書第 24 章。

四、設備及材料

盡可能使用專屬水中汞檢驗之玻璃器皿。使用含汞試劑檢驗化學需氧量 (COD)、總凱氏氮 (TKN) 及氯離子等項目時，所使用之玻璃器皿可能受高濃度汞污染，這些玻璃器皿應避免使用於水中汞之檢驗。

㈠原子吸收光譜儀或同類型儀器，亦可使用市售專門為檢驗汞而設計之同等級儀器。

㈡汞中空陰極燈管❷，或無電極放電式燈管及其電源供應器。

㈢冷蒸氣原子發生器：配合原子吸收光譜儀廠牌及機型，使用連續式、批次式或自行組裝含氣液分離裝置及封閉式石英槽。以氮氣輔助攜帶汞蒸氣至石英吸收管。

㈣吸收管：為一直徑約 2.5 cm 的玻璃或塑膠管，其長度 11.4 cm 即可符合要求，但仍以長 15 cm 者較佳。兩端接有石英玻璃窗，垂直於軸心方向，距兩端各 1.3 cm 處各接有一直徑 0.64 cm 之玻璃支管，以作為氣體進出口。

㈤吸收管的固定：將吸收管架在燃燒頭或其他支撐工具上，再校正光徑以得到最大的穿透率。

㈥空氣幫浦：蠕動式幫浦，能以電子控制流速在 2 L/min 者。亦可使用一般空氣壓縮機或空氣鋼瓶，只要可控制速度在 2 L/min 者均適用。使用之載送氣體種類可能因原子吸收光譜儀之廠牌及機型而異，應依操作手冊之規定為之。

㈦流量計：能測量流量在 2 L/min 者。

㈧氣體產生管：長、直且中空之玻璃管，其前端接有一段曝氣玻璃管，可用於反應瓶。

㈨反應瓶：容積至少為 250 mL 之錐形瓶或 BOD 瓶，可接上氣體產生管。

㈩乾燥管：長約 150 cm，直徑約為 1.8 cm 之玻璃管，內裝 20 g 之過氯酸鎂〔$Mg(ClO_4)_2$〕或在吸收管上置一高瓦數（至少 60 W）燈泡照射，使管內溫度約比周遭高 10°C，以防止水氣在管內凝結。

(十一)連接管：為一玻璃管，用以從反應瓶傳送汞蒸氣至吸收管，且用以連接其他部位；另外亦可以透明的聚乙烯塑膠管取代玻璃管。

(十二)水浴裝置：溫度能設定 95°C 者。

(十三)量瓶：200 mL。

❷ 燈管有其使用壽命，使用時應留意，可以取檢量線終點之汞標準溶液，建立其吸光值資料，以為日後查核燈管老化之參考資料。

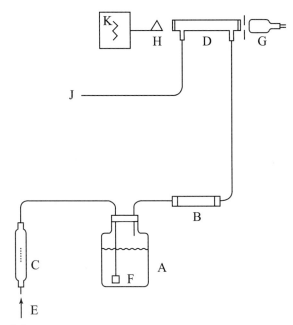

A: 反應瓶
B: 內裝過氯酸鎂之乾燥管
C: 可測量氣體流量 2 L/min 之流量計
D: 附石英玻璃窗之吸收管
E: 壓縮空氣或其他載送氣體，氣體流量為 2 L/min
F: 玻璃濾板
G: 汞中空陰極燈管
H: 原子吸收光譜偵測器
J: 汞吸收瓶（內裝酸化之稀高錳酸鉀溶液）
K: 記錄器

▲圖 A–5　測定汞之冷蒸氣原子吸收光譜法裝置參考簡圖

五、試　劑

㈠試劑水：不含汞之去離子水。

㈡汞儲備溶液：溶解 0.1354 g 氯化汞於約 70 mL 試劑水，加入 1 mL 濃硝酸，以試劑水稀釋至 100 mL (1.00 mL = 1 mg Hg)。使用市售經確認之標準溶液亦可。

㈢汞標準溶液：連續稀釋汞儲備溶液製備成 0.1 mg/L 之標準溶液，此標準溶液及儲備溶液的稀釋液必須每日配製，標準溶液以硝酸酸化使含 0.15 % 硝酸，酸應於未加入任何溶液之前加入量瓶中。

㈣低汞含量濃硝酸或超純濃硝酸，1/100 (V/V) 硝酸溶液。

㈤低汞含量濃硫酸或超純濃硫酸。

㈥高錳酸鉀溶液，5% (W/V)：溶解 50 g 高錳酸鉀 (KMnO₄) 於試劑水中，並稀釋至 1 L。

㈦重鉻酸鉀之硝酸溶液 (1:1), 20%：溶解 20 g 重鉻酸鉀 (K₂Cr₂O₇) 於硝酸溶液 (1:1) 中，並以該溶液稀釋至 100 mL。

㈧過硫酸鉀溶液，5% (W/V)：溶解 50 g 過硫酸鉀 (K₂S₂O₈) 於試劑水中，並稀釋至 1 L。

㈨氯化鈉－硫酸羥胺溶液：溶解 120 g 氯化鈉 (NaCl) 與 120 g 硫酸羥胺〔(NH₂OH)₂·H₂SO₄〕於試劑水中，並稀釋至 1 L。亦可以 10% 的氯化氫羥胺〔(NH₂OH)₂·HCl〕代替。

㈩氫氧化鈉溶液，0.1 M：溶解 4 g 氫氧化鈉於試劑水中，並定量至 1 L。

㈤還原劑

1. 氫硼化鈉溶液 0.5% (W/V)：溶解 5 g 氫硼化鈉於 1 L 0.1 M 氫氧化鈉溶液，使用前配製❸。

2. 氯化亞錫溶液：溶解 10 g 氯化亞錫於含 20 mL 濃鹽酸之試劑水中，稀釋至 100 mL ❸。

3. 硫酸亞錫溶液：溶解 11 g 硫酸亞錫於含 7 mL 濃硫酸之試劑水中，稀釋至 100 mL❹。

六、採樣與保存

㈠採樣容器之材質以石英或鐵弗龍 (TFE) 最佳，但因其昂貴，故亦可以下列材質之容器代替：1.聚丙烯或聚乙烯材質且具聚乙烯蓋之容器。2.硼矽玻璃材質之容器。採樣容器於使用前應預先以硝酸 (1 + 1) 溶液洗淨。

㈡水樣於採集後應添加濃硝酸使水樣之 pH 值小於 2。一般而言，每 1 L 水樣中添加 1.5 mL 濃硝酸或 3 mL 硝酸溶液 (1:1)，已足夠水樣短期貯藏之所需。但若水樣具高緩衝容量時，應適當增加硝酸之體積（某些鹼性或緩衝容量高之水樣可能須使用 5 mL 或更多之濃硝酸）。應使用市售之超純濃硝酸或自行以次沸騰 (Subboiling) 蒸餾方式取得高純度之濃硝酸。加酸後之水樣宜貯藏於約 4°C，以避免因水分蒸發而改變

---

❸ 氯化亞錫或硫酸亞錫，或氫硼化鈉之添加方式、使用體積及氣體種類，可依個別儀器之操作手冊規定為之。

❹ 氯化亞錫及硫酸亞錫溶液久置易分解，應於使用前配製。若溶液有懸浮狀態形成時，於使用時應連續攪拌之。上述溶液之體積足夠供應 20 個樣品檢驗之所需，當樣品數增加或因儀器操作上之差異，可依個別儀器操作說明比例配製。

水樣體積。此外，水樣之保存方式亦可於每 1 L 水樣中添加 2 mL 含 20% (*W/V*) 重鉻酸鉀之硝酸溶液 (1:1)，並置於無污染之冷藏庫 (4°C) 中保存❺。若水樣中含數 mg/L 濃度之汞時，其保持穩定之期限為五個星期，但當水樣中汞濃度僅為 0.001 mg/L 範圍時，應於採樣後儘速分析，以避免被管壁或懸浮顆粒吸收，造成誤差。

七、步　驟

㈠樣品前處理

1. 精取 100.0 mL 水樣置於容積至少為 250 mL 之反應瓶中。

2. 添加 5 mL 濃硫酸與 2.5 mL 濃硝酸於每個反應瓶。

3. 添加 15 mL 高錳酸鉀溶液於每個反應瓶，靜置至少 15 分鐘。

4. 添加 8 mL 過硫酸鉀溶液於每個反應瓶，置於 95°C 之水浴中加熱 2 小時後，取出並冷卻至室溫。

5. 添加足夠的氯化鈉—硫酸羥胺溶液於各個反應瓶，以還原過剩的高錳酸鉀，直到顏色消失為止，每次加入時輕搖反應瓶使完全反應均勻。

6. 使用連續式汞冷蒸氣系統: 將溶液移入 200 mL 量瓶中，加試劑水至標線後，依據儀器操作說明上機分析。

7. 使用手動式汞冷蒸氣系統: 於溶液中分別加入 5 mL 氯化亞錫或硫酸亞錫溶液於反應瓶❸ 並定容至 200 mL，並迅速連接樣品瓶至通氣裝置。

注意事項:

1. 當水樣中汞濃度小於 0.005 mg/L 時，可直接取 100 mL 水樣置於反應瓶供檢驗，否則應取適當體積之水樣，以試劑水稀釋至 100 mL。檢驗步驟同七、㈠。

2. 分析海水、含鹽類水及高氯鹽放流水時，在氧化過程須使用 25 mL 高錳酸鉀溶液，此類水樣並應使用 25 mL 的氯化鈉—硫酸羥胺溶液，以克服自由氯之干擾。

3. 冷蒸氣原子吸收光譜儀分析樣品時，樣品序列間殘餘的氯化亞錫會導致次一樣品中汞的還原及流失，所以應更換導管及玻璃濾板。

4. 每一水樣測定完成後，應以盛裝 1/100 (*V/V*) 硝酸溶液之反應瓶更替，清洗系統數秒鐘，再繼續測定其他水樣❻。

5. 分析水樣時，應同時以試劑水作空白試驗。

---

❺　若水樣以塑膠瓶盛裝，且保存於受汞污染之檢驗室時，則水樣中汞之濃度將會增加。

❻　分析後之廢液應集中處理或回收，不可任意棄置，以避免汞之污染。

㈡儀器操作: 依據儀器操作使用說明

使用原子吸收光譜儀於波長 253.7 nm（或其他汞之特定波長）處測定汞的最大吸光度。

1. 使用手動式汞冷蒸氣系統: 當汞蒸氣產生並被攜帶至吸收管時，在數秒鐘內吸收值將增至最大。一旦圖譜之記錄回復至基線時，除去反應瓶之瓶塞連同所附之玻璃濾板，另以內裝 1/100 (V/V) 硝酸溶液之反應瓶更替，清洗系統數秒鐘，待圖譜之記錄回復至基線並穩定後，繼續測定其他標準溶液。以吸光度對應汞濃度 (mg/L)，繪製檢量線圖。

2. 使用連續式汞冷蒸氣系統: 上機時使用氫硼化鈉或氯化亞錫之還原劑，當吸收度穩定時即可讀取，並由檢量線求得汞濃度。

㈢檢量線製備

1. 精取適當量之標準溶液，由高濃度至低濃度序列稀釋成六組不同濃度（含空白液）之檢量線製備用溶液，分別置於容積至少為 250 mL 之反應瓶中，繼依七、㈠之步驟進行前處理。

2. 依步驟七、㈡之儀器測定程序分別測定標準液之吸光度，以標準溶液濃度 (mg/L) 為 X 軸，吸光度為 Y 軸，繪製檢量線圖。

八、結果處理

樣品中汞之濃度 (mg/L) 可由檢量線求得。依下式計算水樣中汞濃度:

$$水樣中汞濃度 \; (mg/L) = A \times \frac{V_1}{V}$$

A: 由檢量線求得之汞濃度 (mg/L)
V: 前處理之原水樣體積 (mL)
V_1: 水樣經處理後最終定容體積, 200.0 mL

九、品質管制

㈠檢量線: 每批次樣品應重新製作檢量線，其線性相關係數（r 值）應大於或等於 0.995。

㈡空白分析: 每 10 個或每批次樣品至少執行一次空白樣品分析。空白分析值應小於方法偵測極限之二倍。

㈢重覆分析: 每 10 個樣品或每批次樣品至少執行一次重覆樣品分析。

㈣查核樣品分析：每 10 個樣品或每批次樣品至少執行一次查核樣品分析。

㈤添加標準品分析：每 10 個樣品或每批次樣品至少執行一次添加標準品分析。

十、精密度與準確度

▼表 A–18　實驗室間比測之精密度與準確度

汞型式	測得之濃度 (μg/L)	標準偏差 (μg/L)	相對標準偏差 (%)	相對誤差 (%)	實驗室數目
無機汞	0.34	0.077	22.6	21.0	23
無機汞	4.2	0.56	13.3	14.4	21
有機汞	4.2	0.36	8.6	8.4	21

①使用氯化亞錫當還原劑。
資料來源：同本文之參考資料。

▼表 A–19　國內某單一實驗室對不同濃度品管樣品進行重覆分析之結果

查核樣品濃度 (μg/L)	測得之濃度 (μg/L)	標準偏差 (μg/L)	相對標準偏差 (%)	回收率±標準偏差 (%)	分析次數	還原劑
2.00	2.16	0.18	8.4	107.9±9.1	7	氯化亞錫
4.00	3.89	0.33	8.4	97.3±8.2	7	
6.00	6.09	0.21	3.5	101.4±3.5	7	
1.00	0.98	0.04	4.1	97.9±4.0	7	氫硼化鈉
3.00	2.88	0.10	3.4	96.1±3.3	6	
4.00	3.97	0.30	7.4	99.3±7.4	4	

資料來源：行政院環境保護署環境檢驗所。

十一、參考資料

APHA, American Water Works Association & Water Pollution Control Federation. *Standard Methods for the Examination of Water and Wastewater*, 20th ed., Method 3312 Metals By Cold-Vapor Atomic Absorption Spectrometry, pp. 3–22 ～ 3–24, APHA, Washington, D.C., USA, 1998.

海水中鎘、鉻、銅、鐵、鎳、鉛及鋅檢測方法[1]
——APDC 螯合 MIBK 萃取原子吸收光譜法

中華民國九十二年十月二十八日

(92) 環署檢字第 0920077960 號公告

NIEA W309.21A

一、方法概要

　　海水中鎘、鉻、銅、鐵、鎳、鉛及鋅等元素在適當之 pH 範圍，與吡咯烷二硫代氨基甲酸銨（Ammonium Pyrrolidine Dithiocarbamate，簡稱 APDC）形成錯化合物，經萃取至甲基異丁基酮（Methyl Isobutyl Ketone，簡稱 MIBK）溶劑層後，以原子吸收光譜儀在特定波長測定吸光度定量之。

二、適用範圍

　　本方法適用於海水中鎘、鉻、銅、鐵、鎳、鉛及鋅之檢測。鉻、銅、鐵、鎳、鉛最低可測至 $1 \sim 2~\mu g/L$，鎘、鋅最低可測至 $0.5~\mu g/L$。

三、干　擾

　　本方法在水樣中同時含高濃度其他可被萃取之金屬時會造成干擾。

四、設備及材料

㈠原子吸收光譜儀：包括各種金屬燈管、原子化火焰、單色光器 (Monochromator)、光電偵檢器 (Photoelectric Detector) 及有關電子放大裝置。

㈡排氣裝置：在燃燒頭上端 15 ～ 30 公分處置排氣口抽氣，以除去火焰中的薰煙及蒸氣。

五、試　劑

㈠試劑水：不含待測元素之去離子水，其電阻應大於 16 MΩ-cm。

---

❶　配合本書第 24 章。

㈡硝酸溶液，1 *N*：緩慢將 64 mL 濃硝酸 (HNO_3) 加入於約 800 mL 蒸餾水，稀釋至 1 L。❷

㈢氫氧化銨溶液，1 *N*：將 68 mL 濃氨水 (NH_4OH) 加入試劑水，稀釋至 1 L。

㈣甲基異丁基酮 (MIBK)，視需要蒸餾純化之。❸

㈤吡咯烷二硫代氨基甲酸銨溶液：溶解 2 g 吡咯烷二硫代氨基甲酸銨 (APDC) 於蒸餾水，稀釋至 100 mL，以同體積之 MIBK 萃取 30 秒，保留水層，使用前配製。

㈥水飽和之甲基異丁基酮：於分液漏斗中混合 1 份 MIBK 與 1 份蒸餾水，充分振盪 30 秒後，靜置使分兩層，保留 MIBK 層供用。

㈦金屬儲備溶液，使用市售品或依下述方法配製：

　1. 鎘儲備溶液：在 1 L 量瓶內，溶解 1.000 g 鎘金屬（純度 > 99.9%）於最小體積之 1 + 1 鹽酸 (HCl) 溶液，以試劑水稀釋至刻度；1.00 mL = 1.00 mg Cd。

　2. 鉻儲備溶液：在 1 L 量瓶內，溶解 2.828 g 無水重鉻酸鉀 ($K_2Cr_2O_7$) 於約 200 mL 試劑水，加入 1.5 mL 濃硝酸，以試劑水稀釋至刻度；1.00 mL = 1.00 mg Cr。❹

　3. 銅儲備溶液：在 1 L 量瓶內，溶解 1.000 g 銅金屬（純度 > 99.9%）於 15 mL 1 + 1 硝酸溶液，以試劑水稀釋至刻度；1.00 mL = 1.00 mg Cu。

　4. 鐵儲備溶液：在 1 L 量瓶內，溶解 1.000 g 鐵絲（純度 > 99.9%）於 50 mL 1 + 1 硝酸溶液，以試劑水稀釋至刻度；1.00 mL = 1.00 mg Fe。

　5. 鉛儲備溶液：在 1 L 量瓶內，溶解 1.598 g 硝酸鉛 ($Pb(NO_3)_2$) 於約 200 mL 試劑水，加入 1.5 mL 濃硝酸，以試劑水稀釋至刻度；1.00 mL = 1.00 mg Pb。

　6. 鎳儲備溶液：在 1 L 量瓶內，溶解 1.273 g 氧化鎳 (NiO) 於最小體積之 10% 鹽酸溶液，以試劑水稀釋至刻度；1.00 mL = 1.00 mg Ni。

　7. 鋅儲備溶液：在 1 L 量瓶內，溶解 1.000 g 鋅金屬（純度 > 99.9%）於 20 mL 1 + 1 鹽酸溶液，以試劑水稀釋至刻度；1.00 mL = 1.00 mg Zn。

---

❷ 濃硝酸及濃鹽酸具有中度的毒性，且極容易刺激皮膚與黏膜。盡可能在排煙櫥中使用，若眼睛或皮膚接觸到這些試劑，則以大量水沖洗。操作這些試劑時，隨時戴著安全眼鏡或眼睛防護罩。

❸ 在萃取過程中水與甲基異丁基酮介面若有乳化現象，可加入無水硫酸鈉，以除去乳化現象。對於所有標準溶液及空白溶液也須相同處理。

❹ 本方法僅可測定六價鉻，如欲測定總鉻含量，應將樣品加熱至沸騰，並逐滴加入 5% 高錳酸鉀溶液、經煮沸 10 分鐘至粉紅色不消失為止。加入 1 ~ 2 滴之羥胺鹽酸溶液去除過量之高錳酸鉀並煮沸 2 分鐘使反應完全（粉紅色消失）。如果粉紅色持續存在，再加入 1 ~ 2 滴羥胺鹽酸溶液，並觀察 2 分鐘後，若粉紅色未消失，則再加入 1 ~ 2 滴羥胺鹽酸溶液直到粉紅色消失為止，再多加熱 5 分鐘，冷卻後，依同樣步驟萃取之。

(八)金屬中間溶液：分別精取各金屬儲備溶液 1.00 mL，置於 100 mL 量瓶內，以每升含 1.5 mL 濃硝酸之試劑水稀釋至刻度；1.00 mL = 10.0 μg 混合金屬。

(九)金屬標準溶液：精取 10.0 mL 金屬中間溶液，置於 100 mL 量瓶內，以每升含 1.5 mL 濃硝酸之試劑水稀釋至刻度；1.00 mL = 1.00 μg 混合金屬。

(十)空氣：以空氣壓縮機或空氣瓶供給，必須濾去水氣、油等不純物。

(土)乙炔：商品級，鋼瓶壓力在 7 kg/cm^2 以上。

(圭)羥胺鹽酸 (Hydroxylamine Hydrochloride, NH$_2$OH·HCl) 溶液 10 %：可採用市售溶液。

(圭)高錳酸鉀溶液，5% (W/V)：溶解 50 g 高錳酸鉀 (KMnO$_4$) 於試劑水中，並稀釋至 1 L。

(齒)無水硫酸鈉 (Anhydroous Sodium Sulfate, Na$_2$SO$_4$)：可採用市售品。

▼表 A–20　　各元素之使用波長表

元　　素	鎘	鉻	銅	鐵	鎳	鉛	鋅
波　長 (nm)	228.8	357.9	324.8	248.3	232.0	217.0 283.3	213.9

六、採樣及保存

(一)船上採樣：採用無污染採水瓶（例如：使用 General Oceanics Inc. Miami, FL, USA 出品的 GoFlo 瓶，型號 # 1080, 2.5 L），可懸掛在輪盤式採水器上，或不銹鋼纜上。採水瓶在實驗室以稀酸及試劑水清洗封好。入水後，其瓶口閥的設計在當到達十米水深或預定深度的壓力下可自動打開，採樣後按控制器（或以訊鎚）關閉瓶口閥，即採得指定深度之水樣。如採用其他廠牌型式的採水瓶，應先確認不會造成銅、鐵、鉛、鋅之污染。

(二)表面水採樣：可用塑膠質的表面水採樣器採樣。以塑膠繩連接，先拋入水中盛樣傾倒沖洗數次。

(三)保存：水樣應加適量之濃硝酸使 pH 值小於 2（每公升水樣約加入 3 mL 1 + 1 濃硝酸），存於聚丙烯質的瓶中，可保存六個月。

七、步　驟

㈠取海水 800 mL，以 1 *N* 之硝酸溶液或氫氧化銨溶液調整 pH 值至 3 ～ 4 後，置於 1 L 之分液漏斗中。

㈡加入 8 mL APDC 溶液，振盪混合之。

㈢加入 33.0 mL MIBK，劇烈振盪混合 1 分鐘。

㈣靜置使水層與 MIBK 層分開，取 MIBK 層以離心機分離去水，並保留水層以供製備標準溶液及空白試驗。

㈤將儀器之噴霧室排水管路及水封以丙酮置換後，再以 MIBK 置換。

㈥點燃火焰後，吸入水飽和之 MIBK，調整乙炔流量使火焰與吸入水時相似。

㈦選擇適當波長，以水飽和之 MIBK 將儀器歸零後，吸入 MIBK 萃取液，測定吸光度❺，由檢量線求得金屬濃度 (μg/L)。

㈧每一 MIBK 萃取液測定完成後，均須以水飽和之 MIBK 吸入以清洗噴霧室使歸零。

㈨測定完畢時，噴霧室排水管路及水封，應以丙酮置換 MIBK 後，再置換蒸餾水。

㈩檢量線製備

　1.將步驟七、㈣保留之水層以 20 mL MIBK 萃取二次，棄去 MIBK 層，保留水層，充分混合均勻。

　2.分別精取 0.00，0.50，1.00，2.00，5.00，10.0 及 20.0 mL 金屬標準溶液，置於 1 L 量瓶內，以上述步驟之水溶液稀釋至刻度。

　3.各取上述之標準溶液 800 mL，置於 1 L 之分液漏斗中，調整 pH 值至 3 ～ 4，加入 8 mL APDC 溶液，振盪混合之。

　4.加入 20.0 mL MIBK，劇烈振盪混合 1 分鐘後，靜置使水層與 MIBK 層分開取 MIBK 層，經離心分離去水後，以原子吸收光譜儀測定吸光度，繪製金屬濃度 (μg/L)—吸光度之檢量線。❻

---

❺　MIBK 萃取液需於 3 小時內測定完成。

❻　本檢驗廢液，依一般重金屬廢液處理原則處理。

八、結果處理

$$A = A' \times F$$

A：金屬濃度 (μg/L)
A'：從儀器或檢量線讀取之金屬濃度 (μg/L)
F：稀釋倍數

九、品質管制

㈠檢量線：每批次樣品應重新製作檢量線，其線性相關係數 (*r* 值) 應大於或等於 0.995。

㈡空白分析：每 10 個或每批次樣品至少執行一次空白樣品分析。空白分析值應小於方法偵測極限之二倍。

㈢重覆分析：每 10 個樣品或每批次樣品至少執行一次重覆樣品分析。

㈣查核樣品分析：每 10 個樣品或每批次樣品至少執行一次查核樣品分析。

㈤添加標準品分析：每 10 個樣品或每批次樣品至少執行一次添加標準品分析。

十、精密度與準確度

略。

十一、參考資料

㈠ APHA, American Water Works Association & Water Pollution Control Federation, *Standard Methods for the Examination of Water and Wastewater*, 20th ed., Method 3111C, pp. 3–19 ～ 3–20. APHA, Washington, D.C., USA, 1998.

㈡ Methods for Chemical Analysis of Water and Wastes (MCAWW)–EPA/600/4–79–020–Revised March 1983.

水中六價鉻檢測方法㈠[1]
——APDC 螯合 MIBK 萃取原子吸收光譜法

中華民國八十三年三月九日

(83) 環署檢字第 00540 號

NIEA W321.50A

一、原　理

　　將水樣之 pH 值調至 2.4，水中之六價鉻離子與吡咯烷二硫代氨基甲酸銨（Ammonium Pyrrolidine Dithiocarbamate，簡稱 APDC）形成錯化合物，經甲基異丁基酮（Methyl Isobutyl Ketone，簡稱 MIBK）萃取後，以原子吸收光譜儀在 357.9 nm 波長定量之。

二、適用範圍

　　本方法適用於水及廢污水中六價鉻之檢驗，若家庭及工業廢污水無高濃度之干擾金屬，本方法適用之，其偵測範圍為 0.02 ～ 1.00 mg/L。

三、設　備

㈠原子吸收光譜儀[2]：包括原子化火焰、單色光器 (Monochromator)、光電偵測器 (Photoelectric Detector) 及有關電子放大裝置。使用空氣和乙炔之混合燃料。

㈡排氣口：在燃燒頭上端 15 ～ 30 公分處置排氣口，抽氣以除去火焰中之薰煙及蒸氣。

㈢鉻燈管。

四、試　劑

㈠吡咯烷二硫代氨基甲酸銨溶液：溶解 1.0 g 吡咯烷二硫代氨基甲酸銨於蒸餾水，稀釋至 100 mL，以同體積之 MIBK 萃取 30 秒，保留水層，使用前配製。

㈡溴酚藍 (Bromophenol Blue) 指示劑溶液：溶解 0.1 g 溴酚藍於 100 mL 之 50% 酒精水溶液中。

---

[1]　配合本書第 24 章。

[2]　原子吸收光譜儀，依各種廠牌型式不同，而有不同之操作程序，應依照各儀器使用說明書操作。

㈢鉻儲備溶液：在 1 L 量瓶內，溶解 0.2829 g 重鉻酸鉀 ($K_2Cr_2O_7$) 於蒸餾水，稀釋至刻度；1.00 mL = 100 μg Cr。

㈣鉻標準溶液：在 100 mL 量瓶內，稀釋 10.0 mL 鉻儲備溶液至刻度；1.00 mL = 10.0 μg Cr。

㈤甲基異丁基酮，視需要蒸餾純化之，使用前以 1:1 之水充分振盪 30 秒後靜置，保留 MIBK 層。

㈥氫氧化鈉溶液，1 N：溶解 40 g 氫氧化鈉於蒸餾水，稀釋至 1 L。

㈦硫酸溶液，0.12 M：將 6.5 mL 濃硫酸（比重 1.84）緩慢地加入 900 mL 蒸餾水中，稀釋至 1 L。

㈧空氣：以空氣壓縮機或空氣鋼瓶供給，必須濾去水氣、油等不純物。

㈨乙炔：商品級，鋼瓶壓力在 7 kg/cm^2 以上。

五、步　驟

㈠取 100 mL 水樣或適量水樣以蒸餾水稀釋至 100 mL，置於 200 mL 分液漏斗中。

㈡加 2 滴溴酚藍指示劑，並逐滴加入 1 N 之氫氧化鈉溶液直至藍色呈現不褪，再逐滴加入 0.12 M 硫酸溶液至藍色消失（此時水樣呈淡黃色），然後多加 2.0 mL 0.12 M 硫酸溶液，使水樣之 pH 值調整為 2.4（亦可用 pH 計代替溴酚藍指示劑）。

㈢加入 5.0 mL APDC 溶液，振盪混合之。

㈣加入 10.0 mL MIBK，劇烈振盪 3 分鐘。

㈤靜置使水層與 MIBK 分離，丟棄水層，保留 MIBK 層。❸

㈥將原子吸收光譜儀之噴霧室排水管路及水封以丙酮置換後，再以 MIBK 置換。

㈦點燃火焰後，吸入水飽和之 MIBK，調整乙炔流量使火焰與吸入水時相似。

㈧將波長定於 357.9 nm，以水飽和之 MIBK 將儀器歸零後，吸入步驟㈤所保留之 MIBK 萃取液，讀取吸光度，由檢量線求得六價鉻濃度 ($\mu g/L$)。

㈨每一 MIBK 萃取液測定完成後，均需以水飽和之 MIBK 歸零儀器。

㈩測定完畢時，噴霧室排水管路及水封，應以丙酮置換 MIBK 5 分鐘，再以 1% 硝酸置換丙酮 5 分鐘，再置換蒸餾水。

---

❸　MIBK 萃取液需於 3 小時內測定完成。

六、檢量線製備

　　分別精取 0.00, 0.25, 0.50, 1.00, 2.50, 5.00, 10.0, 25.0 mL 鉻標準溶液 (1.00 mL = 10.0 μg Cr)，置於 100 mL 量瓶內，以蒸餾水稀釋至刻度，依五、步驟㈡～㈨操作，繪製鉻濃度 (mg/L)－吸光度之檢量線。

七、計　算

$$六價鉻濃度〔mg\,Cr(VI)/L〕 = 檢量線求得之濃度\,(mg/L) \times \frac{100\,(mL)}{水樣體積\,(mL)}$$

八、參考資料

USEPA, *Methods for Chemical Analysis of Water and Wastes*, Method, 218. 4, EPA 600/4–79–020, Revised March, 1983.

水中硒檢測方法[1] ——硒化氫原子吸收光譜法

中華民國八十三年三月九日

(83) 環署檢字第 00540 號

NIEA W340.50A

一、原　理

　　水中硒經硝酸、硫酸消化為無機硒後，在酸性溶液中被還原且轉變成硒化氫後，經由氣體載送至原子吸收光譜儀，在原子化火焰中生成硒原子，在波長 196.0 nm 之最大吸光度定量之。

二、適用範圍

　　本方法適用於水及廢污水中硒之檢驗，濃度範圍為 $2 \sim 20$ μg/L。

三、干　擾

　　水樣中硫酸、酸或過氯酸之濃度超過 $1\,M$ 及含大量鐵、銻、銅、錫時，略有干擾；砷含量超過 250 μg/L 時產生干擾。

四、設　備

㈠加熱裝置。

㈡原子吸收光譜儀：包括硒燈管、原子化火焰、單色光器 (Monochromator)、光電偵測器 (Photoelectric Detector) 及有關電子放大測量裝置，使用波長為 196.0 nm。

㈢排氣口：在燃燒頭上端 15 ~ 30 公分處置排氣口，抽氣以除去火焰中的薰煙及蒸氣。

㈣注射針筒：注射針筒容量 10 mL，注射針筒孔徑為 22–gauge。

㈤醫用滴管：容量 1.5 mL，配置適當尺寸之橡皮塞。

㈥磁石攪拌器。

---

[1]　配合本書第 24 章。

㈦硒測定裝置，如下圖（使用原子吸收光譜儀所附之硒分析裝置亦可）。

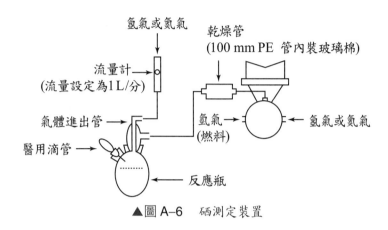

▲圖 A–6　硒測定裝置

五、試　劑

㈠蒸餾水：一般蒸餾水。

㈡濃硝酸 (HNO₃)。

㈢硫酸 (H₂SO₄) 溶液，1 + 1。

㈣濃鹽酸 (HCl)。

㈤氫硼化鈉溶液：溶解 4 g 氫硼化鈉 (NaBH₄) 於 100 mL 10% 氫氧化鈉 (NaOH) 溶液。

㈥氯化亞錫溶液：溶解 100 g 氯化亞錫 (SnCl) 於 100 mL 濃鹽酸。

㈦鋅粉懸浮液：加入 50 g 鋅粉 (Zn, 200 網目) 於 100 mL 蒸餾水，以磁石攪拌維持均勻。

㈧硒儲備溶液：溶解 1.000 g 硒於 5 mL 濃硝酸，加熱溶解，小心蒸發至近乾，以少量蒸餾水溶解後移入 1 L 量瓶內，以蒸餾水稀釋至刻度；1.00 mL = 1.00 mgSe（使用市售品亦可）。

㈨硒中間溶液：精取 1.00 mL 儲備溶液，置於 100 mL 量瓶內，以每升含 1.5 mL 濃硝酸之蒸餾水稀釋至刻度；1.00 mL = 10.0 µg Se。

㈩硒標準溶液：精取 10.0 mL 硒中間溶液，置於 100 mL 量瓶內，以每升含 1.5 mL 濃硝酸之蒸餾水稀釋至刻度；1.00 mL = 1.00 µg Se。

㈠氮氣（或氬氣）：商品級。

㈡氫氣：商品級。

六、步　驟

㈠水樣前處理

1.若水樣僅含無機或僅測定無機硒量：取 25.0 mL 水樣，加入 20.0 mL 濃鹽酸，5.0 mL 1＋1 硫酸溶液；同時用蒸餾水作空白試驗。

2.若水樣含有機硒且欲測定總硒量

⑴取 50.0 mL 水樣置於玻璃燒杯，加入 10 mL 濃硝酸，12 mL 1＋1 硫酸溶液及數粒沸石，以錶玻璃覆蓋燒杯，在煙廚中加熱蒸發水樣。

⑵為避免在消化過程中漏失硒，每當二氧化氮紅棕色煙霧消失時❷，加入少量之濃硝酸繼續消化，直至三氧化硫白煙發生，且水樣呈無色或淡黃色時，停止加熱。

⑶冷卻水樣，加入 25 mL 蒸餾水，加熱至三氧化硫白煙發生，以除去氮氧化物。

⑷冷卻水樣，加入 40 mL 濃鹽酸，以蒸餾水定量至 100 mL。

⑸同時用蒸餾水作空白試驗。

㈡氫硼化鈉還原法

1.取上述㈠ 1. 或㈠ 2.⑷之水樣 20.0 mL，置於反應瓶。

2.連接反應瓶如前圖，以隔膜 (Septum) 塞緊反應瓶之側頸口 (Side Neck)，通氮氣（或氬氣）沖洗硒測定裝置 10 秒。

3.迅速以注射針筒注入 5 mL 氫硼化鈉溶液，硒化氫立即生成，並被擷入原子吸收光譜儀，記錄最大吸光度，由檢量線求得硒含量 (μg)❸。

㈢鋅—氯化亞錫還原法

1.取上述㈠ 1. 或㈠ 2.⑷之水樣 25.0 mL，置於反應瓶。

2.加入 0.5 mL 氯化亞錫溶液，靜置至少 10 分鐘。

3.連接反應瓶如前圖。

4.以醫用滴管吸取 1.50 mL 鋅粉懸浮液，將含有滴管之橡皮塞緊塞於反應瓶之側頸口 (Side Neck)。

5.通氮氣（或氬氣）沖洗硒測定裝置 10 秒。

---

❷　若使用濃硝酸不易使水樣澄清時，可酌量加入 30% 過氧化氫 (H_2O_2) 或 70～72% 過氯酸 ($HClO_4$) 消化之（使用過氯酸時，需防爆炸）。

❸　原子吸收光譜儀，依各種廠牌型式不同，而有不同之操作程序，應依照各儀器使用說明書操作。

6. 擠入鋅粉懸浮液，硒化氫立即生成，並被攜入原子吸收光譜儀，紀錄最大吸光度，由檢量線求得硒含量 (μg) ❸ 。

七、檢量線製備

分別精取 0.00, 0.50, 1.00, 1.50, 2.00 mL 硒標準溶液，置於 100 mL 量瓶內，以蒸餾水稀釋至刻度，依上述六、步驟㈡或㈢操作，繪製硒含量 (μg)——最大吸光度之檢量線。

八、計　算

$$硒濃度\,(\mathrm{mg\ Se/L}) = \frac{檢量線求得硒含量\,(\mu\mathrm{g})}{還原反應之水樣體積\,(\mathrm{mL})}$$

$$\times \frac{水樣則處理完後之定量體積\,(\mathrm{mL})}{前處理之水樣體積\,(\mathrm{mg/L})}$$

九、參考資料

APHA, *Standard Methods for the Examination of Water and Wastewater*, 15th ed., pp. 160 ～ 163, 1981.

水中金屬檢測方法[❶] ——石墨爐式原子吸收光譜法

中華民國九十二年十二月三十一日

(92) 環署檢字第 0920095752 號公告

NIEA W303.51A

一、方法概要

本方法係利用石墨爐將樣品中的待測元素原子化後測定之。以通過石墨爐的電流大小來控制加熱溫度的高低，使樣品進行乾燥、灰化、原子化溫度等步驟，最後藉由測量氣態原子在特定波長光線的吸光度，求出各元素的濃度。[❷]

二、適用範圍

本方法適用於飲用水水質、飲用水水源水質、地面水體、放流水、地下水及廢（污）水中金屬元素之測定，包括鋁、銻、砷、鋇、鈹、鎘、鉻、鈷、銅、鐵、鉛、錳、鉬、鎳、硒、銀和錫等。各元素之適用範圍和儀器方法偵測極限如表 A–21 所示。

---

❶ 配合本書第 24 章。

❷ 除了這三個基本加熱階段外，通常會增加一些步驟以幫助乾燥及灰化的進行，或在每次分析之間進行清除及冷卻的步驟。

▼表 A–21　利用石墨爐式原子吸收光譜法測定各金屬元素之測試極限及適用濃度範圍

元素	波長 (nm)	儀器偵測極限① (μg/L)	適用濃度範圍 (mg/L)
鋁	309.3	3	20～200
銻	217.6	3	20～300
砷	193.7	1	5～100
鋇	553.6	2	10～200
鈹	234.9	0.2	1～30
鎘	228.8	0.1	0.5～10
鉻	357.9	2	5～100
鈷	240.7	1	5～100
銅	324.7	1	5～100
鐵	248.3	1	5～100
鉛②	283.3	1	5～100
錳	279.5	0.2	1～30
鉬	313.3	1	3～60
鎳	232.0	1	5～100
硒	196.0	2	5～100
銀	328.1	0.2	1～25
錫	224.6	5	20～300

①此值僅供參考，可參考各儀器廠商提供之資料。
②利用氣體中斷，利用熱解性石墨管，若使用具背景校正之儀器，則以波長 217.0 nm 之靈敏度較佳。
資料來源：同本文之參考資料之表 3113：II。

三、干　擾

㈠本方法干擾主要來自分子吸收，化學和基質等干擾效應。分子吸收干擾現象可能來自於原子化過程中揮發的樣品基質成分所產生的寬帶吸收，目前已有數種商品化的背景校正技術可進行此類干擾的補償。連續光源（譬如氘弧光）對於背景吸收的校正能力大約為 0.8 吸光度，而 Zeeman 效應背景校正裝置對背景吸收的校正可達 1.5 至 2.0 吸光度，另者 Smith–Hieftje 背景校正技術則可校正 2.5 至 3.0。當分析樣品含有高濃度酸或溶解性固體，及測定元素的吸收線譜在 350 nm 以下時，須進行背景校正。

㈡為減少干擾的程度，可直接將基質修飾劑添加於樣品中，或者藉由自動取樣器的取樣程式，直接添加基質修飾劑於石墨爐內的樣品中。部分基質修飾劑的原理是利用降低待測元素之揮發性，或改變其化學組成，以增加其原子化的效率的目的，因此我們可以使用較高的灰化溫度來揮發去除干擾物質，並增加其靈敏度。另有部分的基質修飾劑是利用增加基質揮發性的原理來達到去除基質干擾的目的。各元素參考使用的基

▼表 A–22　石墨爐式原子吸收光譜分析金屬元素之基質修飾劑參考表①

修飾劑	元　素
1 500 mg Pd/L + 1 000 mg Mg(NO$_3$)$_2$/L	銀，砷，銅，錳，銻，硒，錫
500 ～ 2 000 mg Pd/L + Reducing Agent ②	銀，砷，鎘，鈷，鉻，銅，鐵，錳，鎳，鉛，銻
5 000 mg Mg(NO$_3$)$_2$/L	鈷，鉻，鐵，錳
100 ～ 500 mg Pd/L	砷，錫
50 mg Ni/L	砷，硒，銻
2% PO$_4^{3-}$ + 1 000 mg Mg(NO$_3$)$_2$/L	鎘，鉛

①假設 10 μ 修飾劑 / 10 μL 樣品
② (1 ～ 2%) 檸檬酸較佳其他維生素丙或氫氣均可接受
資料來源：同本文之參考資料之表 3113：I

質修飾劑如表 A–22。

㈢以漸進的加熱方式，可降低背景干擾效應，適合於進行複雜基質樣品的分析，漸進昇溫可以用於昇溫程式的任一步驟中。例如當樣品中含有混合溶劑或含高濃度鹽分時，在乾燥階段須使用漸進昇溫可避免樣品的噴濺。若樣品含有複雜的基質成分，有時需要數次漸進昇溫的灰化步驟，以達到完全熱分解的目的。而原子化溫度則使用最大功率輸出的加熱方式，使待測元素集中原子化以提高偵測靈敏度。

㈣在高灰化和高原子化溫度條件下，許多元素如鉬、鉬、鎳、鈦、釩和矽等會與石墨管表面物質發生化學作用而形成難熔性碳化物。導致原子化信號變寬、拖尾和靈敏度降低。分析此類元素時，可使用經甲烷熱分解，使碳元素細緻塗佈於管壁之石墨管，以避免此問題的發生。當分析鋁元素時，可使用經鉭處理之 L'vov 平臺，以改善在低濃度時的信號形狀並增加其在灰化過程的穩定性。

㈤鹽類基質干擾之水樣例如海水，亦可使用 APDC 螯合 MIBK 萃取法或鉗合離子交換樹脂濃縮法，或其他經驗證之前濃縮方法除去干擾。

四、設備及材料

㈠原子吸收光譜儀：單或雙光束儀含光柵分光單光器、光電倍增管、可調式狹縫、波長範圍為 190 至 800 nm，且需有背景校正裝置者。

㈡燈管：使用中空陰極燈管（Hollow-Cathode Lamp，簡稱 HCL）或無電極放射燈管（Electrodeless Discharge Lamp，簡稱 EDL），每種待測元素皆有其特定燈管。多元素

中空陰極燈管之靈敏度低於單一元素之燈管。EDL 燈管需較長時間之預熱使其穩定。

㈢石墨爐：石墨加熱裝置（內含可替換式石墨管），只要能達到所指定的溫度即可使用。對於測定每一元素的各項參數（如乾燥、灰化、原子化、加熱時間和溫度）可依照各儀器製造廠商所提供的參考資料。

㈣訊號讀取設備：使用儀器內建之訊號讀取設備。

㈤取樣裝置：使用微量吸管 5 ～ 100 μL 或自動取樣器。

㈥抽風裝置：可移除石墨爐於加熱過程所產生之煙霧和蒸氣，以保護實驗人員受到毒性氣體的傷害，並避免儀器受到腐蝕。裝置於石墨爐上方 15 ～ 30 cm 處。

㈦冷卻水供給設備：使用自來水或反覆循環之冷卻裝置，流量在 1 ～ 4 L/min 之間。

㈧過濾裝置：包括塑膠或鐵弗龍固定座及濾膜。濾膜之材質為聚碳酸脂 (Polycarbonate) 或乙脂纖維素 (Cellulose Acetate)，孔徑為 0.4 至 0.45 μm（供分析溶解性水樣過濾之用）。當分析微量鋁元素時，使用聚丙烯或鐵弗龍材質裝置。

㈨電熱板或適當之加熱消化裝置。

五、試　劑

㈠試劑水：不含待測元素之去離子水，其電阻應大於 16 MΩ-cm。

㈡鹽酸：濃鹽酸及 (1 + 1) 鹽酸溶液。

㈢硝酸：濃硝酸及 (1 + 1) 硝酸溶液。

㈣基質修飾劑：當待測物已受到明顯的干擾時，可使用儀器製造廠商所建議的其他基質修飾劑。

  1.硝酸鎂溶液 (10 g Mg/L)：溶解 10.5 g 硝酸鎂〔$Mg(NO_3)_2 \cdot 6H_2O$〕於試劑水中，並稀釋至 100 mL。

  2.硝酸鎳溶液 (10 g Ni/L)：溶解 4.96 g 硝酸鎳〔$Ni(NO_3)_2 \cdot 6H_2O$〕於試劑水中，並稀釋至 100 mL。

  3.磷酸溶液 (10% V/V)：以試劑水稀釋 10 mL 濃磷酸至 100 mL。

  4.硝酸鈀溶液 (4 g Pd/L)：溶解 8.89 g 硝酸鈀〔$Pd(NO_3)_2 \cdot H_2O$〕於試劑水中並稀釋至 1 L。

  5.檸檬酸溶液 (4%)：溶解 40 g 檸檬酸於試劑水中並稀釋至 1 L。

㈤標準金屬溶液：藉由稀釋下列各金屬儲備溶液而配製一系列標準溶液，稀釋時每 1 L 水中應含有 1.5 mL 濃硝酸。配製前金屬試劑須經乾燥處理，且全部試劑均應盡可能

使用最高純度者。另外亦可使用經確認之市售金屬儲備溶液。一些標準金屬儲備溶液之配製，可參閱下列 (1. ～ 13.) 的例子：

1. 銻儲備溶液：先溶解 0.2669 g 草酸銻鉀〔$K(SbO)C_4H_4O_6$〕於試劑水中，再加入 10 mL (1 + 1) 鹽酸，並以水稀釋至 1 L。(1.00 mL = 100 μg Sb)

2. 鎘儲備溶液：先溶解 0.1000 g 鎘金屬於 4 mL 濃硝酸，再加入 8.0 mL 濃硝酸，並以試劑水稀釋至 1 L。(1.00 mL = 100 μg Cd)

3. 鉻儲備溶液：溶解 0.1923 g 氧化鉻 (CrO_3) 於少量試劑水中，待其全部溶解後，再以 10 mL 濃硝酸酸化，以試劑水稀釋至 1 L。(1.00 mL = 100 μg 鉻)

4. 鈷儲備溶液：溶解 0.100 g 鈷金屬於最少量 (1 + 1) 硝酸溶液中，再加 10 mL (1 + 1) 鹽酸溶液，並以試劑水稀釋至 1 L。(1.00 mL = 100 μg Co)

5. 銅儲備溶液：溶解 0.100 g 銅金屬於 2 mL 濃硝酸中，加入 10 mL 濃硝酸，並以試劑水稀釋至 1 L。(1.00 mL = 100 μg 銅)

6. 鉛儲備溶液：溶解 0.1598 g 硝酸鉛於最少量之 1:1 硝酸溶液中，再加入 10 mL 濃硝酸，以試劑水稀釋至 1 L。(1.00 mL = 100 μg 鉛)

7. 錳儲備溶液：溶解 0.1000 g 錳金屬於 10 mL 濃鹽酸與 1 mL 濃硝酸之混合液中，再以試劑水稀釋至 1 L。(1.00 mL = 100 μg 錳)

8. 鎳儲備溶液：溶解 0.1000 g 鎳金屬於 10 mL 熱濃硝酸，冷卻後以試劑水稀釋至 1 L。(1.00 mL = 100 μg 鎳)

9. 銀儲備溶液：溶解 0.1575 g 硝酸銀於 100 mL 試劑水中，加 10 mL 濃硝酸，並以水稀釋至 1 L。(1.00 mL = 100 μg Ag)

10. 錫儲備溶液：溶解 1.000 g 錫金屬於 100 mL 濃鹽酸中，並以試劑水稀釋至 1 L。(1.00 mL = 100 μg Sn)

11. 鐵儲備溶液：溶解 0.100 g 鐵線於 10 mL (1 + 1) 鹽酸溶液及 3 mL 濃硝酸之混合液中，加入 5 mL 濃硝酸並以試劑水稀釋至 1 L。(1.00 mL = 100 μg Fe)

12. 砷儲備溶液：溶解 1.320 g 三氧化二砷 (As_2O_3) 於含 4 g 氫氧化鈉之試劑水中，以試劑水稀釋至 1 L。〔1.00 mL = 100 μg As (III)〕

13. 硒儲備溶液：溶解 2.190 g 亞硒酸鈉 (Na_2SeO_3) 於含 10 mL 濃鹽酸之試劑水中，並以試劑水稀釋至 1 L。〔1.00 mL = 100 μg Se (IV)〕

㈥螯合樹脂：將 100 ～ 200 網目之 Chelex 100 離子交換樹脂（或同級品）加入於 10 M 氫氧化鈉溶液中，在 60°C 下加熱 24 小時以進行純化。待樹脂冷卻後，使用 1 M 鹽

酸溶液、試劑水、1 M 氫氧化鈉及試劑水交替洗 10 次。

㈦空白海水（或鹽水）：純化之螯合樹脂充填於 1.4 cm ID × 20 cm 之硼矽玻璃管柱，至離管頂 2 cm 處。使用前依序分別以每 50 mL 之 1 M 鹽酸溶液、去離子水、1 M 氫氧化鈉溶液及試劑水流過管柱，流速約控制在 5 mL/min。接著再將海水或鹽水以 5 mL/min 之流速通過管柱，以去除微量金屬，前面 10 倍管柱體積之流出液（約 300 mL）不予以收集。

六、採樣及保存

㈠採樣容器之材質以石英或鐵弗龍最佳，但因其昂貴，故亦可使用聚丙烯或直鏈聚乙烯材質且具聚乙烯蓋之容器。分析銀時，水樣應以棕色容器儲存。採樣容器及過濾器於使用前應預先酸洗。

㈡水樣於採集後應立即添加濃硝酸使水樣之 pH 值小於 2；若欲分析溶解性或懸浮性金屬，採樣時應同時以試劑水預洗過之塑膠過濾裝置將水樣抽氣過濾，所得濾液再加入適量之濃硝酸，使其 pH 值小於 2。一般而言，每 1 L 水樣中添加 1.5 mL 濃硝酸或 3 mL (1 + 1) 硝酸溶液已足夠水樣短期貯藏之所需，但若水樣具高緩衝容量，應適當增加硝酸之體積（某些鹼性或緩衝容量高之水樣可能須使用 5 mL 之濃硝酸）。應使用高純度之市售硝酸或自行以次沸騰 (Subboiling) 蒸餾方式取得高純度之濃硝酸。加酸後之水樣宜貯藏於約 4°C，以避免因水分蒸發而改變水樣體積。❸

七、步　驟

㈠水樣前處理

所有樣品均利用以下之方法進行前處理。以 (1 + 1) 硝酸溶液和水洗濯所有玻璃器皿。在排煙櫃中進行消化，以免樣品遭受污染。消化微量鋁時，應使用聚丙烯或鐵弗龍材質之器具，以避免因玻璃器皿溶離出鋁而導致污染。❹

1. 溶解性金屬

將採得樣品以 0.45 μm 濾膜過濾，所得之濾液用來分析溶解性金屬。若要分析砷或硒，在分析之前要加 3 mL 30% 過氧化氫溶液；欲分析其他金屬時，則只需添加基質修飾劑（表 A–22）外，不需另做其他前處理。

---

❸ 本檢驗廢液，依一般重金屬廢液處理原則處理。

❹ 當樣品為無色 (如飲用水)，且濁度為 < 1 NTU 時可直接分析。

2. 總金屬（鋁、銻、鋇、鈹、鎘、鉻、鈷、鉬、鐵、鉛、錳、銅、鎳、銀和錫）

當欲測定水樣中的銻和錫時，須使用鹽酸作為消化試劑，以避免回收率偏低。硝酸可適用於大部分元素之消化過程，其步驟如下：

(1) 取適量 (50～100 mL) 之水樣（取樣前，應將水樣充分混合均勻）置於錐形瓶或燒杯中，加入 5 mL 濃硝酸及數粒沸石（注意：可能會造成一些重金屬空白值增高），置於加熱板上，宜以錶玻璃覆蓋避免可能之污染，緩慢蒸發至約剩 10 至 20 mL（注意：不可蒸發至乾）。

(2) 冷卻後加入 5 mL 濃硝酸，加熱迴流至近乾，重覆此步驟至溶液呈無色、淡黃色或澄清且顏色不再變化為止。

(3) 以少量試劑水淋洗錶玻璃及燒杯內壁（如有需要可予以過濾）。移入 100 mL 或其他體積之量瓶，若有需要可加入適量的基質修飾劑（表 A–22）再以試劑水稀釋至刻度。或上機時將基質修飾劑置於取樣杯上，分析時再由取樣臂混合至石墨爐中❺。

3. 測總金屬濃度（砷、硒）

將樣品搖盪使充分混合後，取 100 mL 樣品於經酸洗淨之 250 mL 燒杯中，加入 1 mL 濃硝酸及 2 mL 30% 過氧化氫溶液，在不沸騰情況下於加熱板上加熱樣品，使其體積減少至大約 50 mL。冷卻後，將樣品移至 100 mL 量瓶中，加入適量的基質修飾劑，並以水稀釋到刻度。或將基質修飾劑置於取樣杯上，分析時再由取樣臂混合至石墨爐中❺。

4. 空白分析

依七、(一) 1. 至 3. 之步驟，同時以試劑水進行空白分析。

(二) 儀器操作

1. 依儀器廠商提供的資料，進行必要的儀器條件設定，包括：波長選擇，背景校正是否使用及昇溫程序的設定等，詳細操作程序請參考儀器說明書。當待測元素測定波長為短波長或當樣品有高度溶解性固體時，背景校正是很重要的。由於氘弧光背景校正系統對於分析波長在 350 nm 以上的元素無法進行背景校正，必須使用其他型式的背景校正系統。

2. 選擇適當惰性氣體流量，在某些情況下，於原子化階段中斷惰性氣體的流量，可使原子蒸氣在光徑中的滯留時間增長，以增加其靈敏度。氣流中斷同樣會增加背景吸

---

❺　基質修飾劑之使用之種類、濃度與使用量，可依據儀器製造廠商之建議處理。

收現象和增強干擾效應，因此在選擇最適當測定條件時，應考慮此方法對各種樣品基質之利弊得失。

3. 依照廠商的建議，小心地設定樣品在石墨爐內昇溫的條件，以獲得最大的靈敏度和精密度，並使干擾降至最低。使用略高於溶劑沸點之乾燥溫度，應於足夠的加熱時間內將溶劑完全蒸發，避免造成樣品的沸騰或濺散。

4. 灰化溫度的選擇必須高到足以使基質干擾成分盡可能地揮發，同時不致於使待測元素揮發漏失的溫度。灰化溫度的選擇方式可先設定乾燥和原子化溫度的最佳條件，以每隔 50 至 100°C 為間隔，逐漸增加灰化溫度來分析某一濃度之標準溶液。當超過最適當的灰化溫度時，其靈敏度將會顯著的下降。由樣品吸收度對灰化溫度之關係圖可知道最適當的灰化溫度，亦即是靈敏度下降前的最高溫度。使用一個吸收度約 0.2 至 0.5 之標準溶液，在不同的原子化溫度，進行一序列的測定，若能提供最高靈敏度，而又不影響其精密度的條件即為其最適宜的原子化溫度條件。

(三)檢量線製備

1. 製備一空白和至少五個濃度（需在適當濃度範圍內，見表 A–21）的標準溶液，以建立檢量線。標準溶液的基質儘可能與樣品基質匹配。在大部分情況下，只需考慮樣品中酸濃度的匹配情況，但是對於海水或鹽水基質樣品，宜使用無金屬離子的海水基質（見五、(七)）作為配製標準溶液時之稀釋水，同時若有需要，可添加相同濃度的基質修飾劑至標準溶液中。

2. 製備檢量線時，依濃度遞增之順序，注入適當量之標準溶液進行分析，每個濃度應重覆分析三次，以平均尖峰吸收高度或平均尖峰面積之訊號對應於標準溶液的濃度作圖。

(四)樣品分析

除非能證明樣品並無基質干擾問題（可由回收率是否在 85% 至 115% 之間來判斷），否則使用標準添加法分析所有的樣品。每個樣品至少要有重覆測定的結果，而且其重覆性至少要在 10% 以內。以分析平均值作為最後的分析報告值。

1. 直接測定法——將經預處理過的樣品，取如同製備檢量線時標準溶液所用之體積，注入石墨爐內，依照預設的昇溫程式進行乾燥、灰化和原子化的步驟。重覆分析直到獲得具有再現性之結果。將樣品分析所得的平均吸光度值或訊號積分面積與檢量線比較，以計算樣品中待測元素的濃度。如果儀器備有直接計算的功能時，可直接讀取計算的結果。當樣品之吸收度（或濃度）或訊號積分面積大於檢量線之最大

吸收度（濃度）或尖峰面積時，需稀釋樣品重新分析。如果樣品濃度過高需要大量稀釋才能分析時，因為大量的稀釋會造成在最後計算時誤差的放大效應，則可考慮使用其他檢測高濃度的儀器分析技術（如火焰式原子吸收光譜儀或感應耦合電漿原子發射光譜儀等）。樣品應維持在一定之酸濃度和基質修飾劑濃度下（在有使用基質修飾劑的情況下）。當樣品用水稀釋，應添加適當的酸和基質修飾劑，以維持與標準溶液兩者的基質濃度相同。或者，以含有酸和基質修飾劑的空白溶液進行樣品的稀釋。有關進行直接測定時的計算公式，可參考八、㈠節。

2. 標準添加法——正確的標準添加法必須要求經添加的樣品，其總濃度仍落在檢量線的線性範圍內。一旦確定了待測元素的最適儀器偵測條件和待測元素的線性範圍，則可進行樣品的分析。

將已知量樣品注入石墨爐內，依照預設的昇溫程式進行乾燥、灰化和原子化的步驟。重覆分析直到獲得具有再現性之結果。記錄儀器偵測所得之訊號吸收度或其相對的濃度。添加已知濃度的待測元素溶液至另一份樣品中，儘可能不造成明顯的體積變化，再進行第一個添加樣品的測定。接著再添加一已知濃度（濃度最好為最初添加時的二倍）待測元素溶液至另一份樣品中，充分混合後進行第二個添加樣品的測定。將樣品和兩個添加樣品之平均吸收度或儀器訊號為縱軸，待測元素的添加濃度為橫軸，將結果繪製於方格紙上，畫直線通過三點並外插至零吸收度，而橫軸上截距的絕對值即為樣品的濃度（參考圖 A–7）。❹

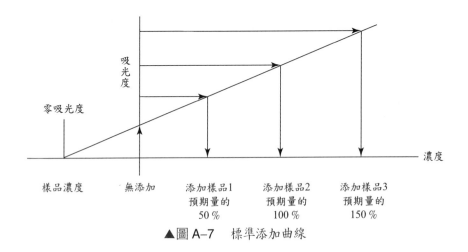

▲圖 A–7　標準添加曲線

八、結果處理

直接測定法或標準添加法:

$$A = A' \times F$$

A: 金屬濃度 (μg/L)
A': 從儀器或檢量線讀取之金屬濃度 (μg/L) 或從添加法圖形讀取之金屬濃度 (μg/L)
F: 稀釋倍數

九、品質管制

㈠檢量線: 每批次樣品應重新製作檢量線,其線性相關係數 (r 值) 應大於或等於 0.995。

㈡檢量線確認: 每次檢量線製作完成後,隨即以不同於檢量線製作來源的標準品確認之。

㈢空白分析: 每 10 個或每批次樣品至少執行一次空白樣品分析。空白分析值應小於方法偵測極限之二倍。

㈣重覆分析: 每 10 個樣品或每批次樣品至少執行一次重覆樣品分析。

㈤查核樣品分析: 每 10 個樣品或每批次樣品至少執行一次查核樣品分析。

㈥添加標準品分析: 每 10 個樣品或每批次樣品至少執行一次添加標準品分析。

十、精密度與準確度

表 A–23 所列為國內某單一實驗室進行查核樣品分析之精密度與準確度。

▼表 A–23　國內某單一實驗室進行查核樣品分析結果

金屬元素	測定次數	平均回收率 (%)	精密度 RSD(%)	準確度 (X)%
鎘	15	101.7	7.8	93.9 ~ 109.4
鉻	15	99.2	4.8	94.4 ~ 104.0
鉛	15	98.0	6.2	91.8 ~ 104.2
錳	5	101.3	7.3	94.0 ~ 108.6
銅	15	98.6	5.9	92.8 ~ 104.5
鎳	15	99.4	7.5	91.9 ~ 106.9
鋇	15	99.4	6.1	93.2 ~ 105.4
銻	15	100.5	6.4	94.1 ~ 106.9
硒	15	98.3	4.3	94.0 ~ 102.7
砷	15	101.2	5.8	95.4 ~ 107.1
鐵	4	98.5	11.3	87.2 ~ 109.7

①查核溶液為試劑水中添加標準溶液。
②各元素之濃度為檢量線之中間點。

十一、參考資料

APHA, American Water Works Association & Water Pollution Control Federation. *Standard Methods for the Examination of Water and Wastewater*, 20th ed., Method 3113, pp. 3–24 ～ 3–31, APHA, Washington, D.C., USA, 1998.

水中六價鉻檢測方法㈡[1] —— 比色法

中華民國九十一年十一月二十八日

(91) 環署檢字第 0910083647 號公告

NIEA W320.51A

一、方法概要

在酸性溶液中，六價鉻與二苯基二氨脲 (1,5-Diphenylcarbazide) 反應生成紫紅色物質，以分光光度計在波長 540 nm 處，量測其吸光度並定量之。

二、適用範圍

本方法適用於飲用水水質、飲用水水源水質、地面水體、地下水、放流水及廢 (污) 水中六價鉻之檢驗，採用 1 公分樣品槽時檢量線範圍為 0.1 ～ 1.0 mg/L；採用 5 公分樣品槽則為 0.01 ～ 0.1 mg/L。

三、干　擾

㈠當鐵離子之濃度大於 1 mg/L 時，會形成黃色 Fe^{+3}，雖然在某些波長下會有吸光值，惟干擾程度不大。六價鉬或汞鹽濃度大於 200 mg/L、釩鹽濃度大於六價鉻濃度 10 倍時，會形成干擾；不過六價鉬或汞鹽在本方法指定的 pH 範圍內干擾程度不高。另若有上述干擾的六價鉬、釩鹽、鐵離子、銅離子等水樣，可藉氯仿萃取出這些金屬生成的銅鐵化合物 (Cupferrates) 而去除之，惟殘留在水樣的氯仿和銅鐵混合物 (Cupferron) 可用酸分解。

㈡高錳酸鉀可能形成之干擾，可使用疊氮化物 (Azide) 將其還原後消除之。

四、設備及材料

㈠pH 計。

---

[1]　配合本書第 24 章。

㈡分光光度計，使用波長 540 nm，樣品槽光徑可選用 1 或 5 或 10 公分，以能檢測出正確數據為原則。

㈢玻璃器皿：勿使用以鉻酸清洗過的玻璃器皿。

㈣分析天平：可精秤至 0.1 mg。

五、試　劑

㈠蒸餾水：二次蒸餾水。

㈡0.2 N 硫酸溶液：以蒸餾水稀釋 17 mL 之 6 N 硫酸溶液至 500 mL。

㈢二苯基二氨脲溶液：溶解 0.25 g 二苯基二氨脲於 50 mL 丙酮 (Acetone)，儲存於棕色瓶，本溶液如褪色應棄置不用。

㈣濃磷酸。

㈤濃硫酸：18 N 及 6 N。

㈥鉻儲備溶液：在 1 L 量瓶內，溶解 0.1414 g 重鉻酸鉀 ($K_2Cr_2O_7$) 於蒸餾水，稀釋至刻度脲；1.0 mL 相當於 0.05 mg Cr。

㈦鉻標準溶液：在 100 mL 量瓶內，稀釋 10.0 mL 鉻儲備溶液至刻度；1.0 mL 相當於 0.005 mg Cr。

六、採樣及保存

　　採集至少 300 mL 之水樣於塑膠瓶內，於 4°C 暗處冷藏，保存期限為 24 小時。

七、步　驟

㈠水樣處理及測定

1. 加入約 0.25 mL 的濃磷酸，並先以濃硫酸調至偏酸後，再以 0.2 N 硫酸溶液及 pH 計，調整水樣之 pH 至 1.0 ± 0.3。

2. 取水樣 100.0 mL 或適量水樣稀釋至 100.0 mL，加入 2.0 mL 二苯基二氨脲溶液，混合均勻，靜置 5 ～ 10 分鐘後，以分光光度計於波長 540 nm 處讀取吸光度，並由檢量線求得六價鉻濃度 (mg/L)。

　　注意：若經上述步驟稀釋至 100.0 mL 溶液成混濁狀態，則在加入二苯基二氨脲溶液前讀取吸光度，並自最終顏色溶液之吸光度讀取中扣除而予校正。

㈡檢量線製備

1. 精取適當之鉻標準溶液，由高濃度至低濃度序列稀釋成七組不同濃度（含空白）之檢量線製備用溶液。如：0.0，0.1，0.15，0.25，0.5，0.75，1.0 mg/L，或其他適當之序列濃度。

2. 依步驟七、㈠操作並讀取吸光度，以標準溶液濃度 (mg/L) 為 X 軸，吸光度為 Y 軸，繪製一吸光度與六價鉻濃度 (mg/L) 之檢量線。❷

八、結果處理

由樣品溶液測得之吸光度，代入檢量線可求得溶液中六價鉻濃度 (mg/L)，再依下式計算樣品中六價鉻濃度：

$$A = A' \times F$$

A: 樣品中六價鉻之濃度 (mg/L)
A': 由檢量線求得樣品溶液中六價鉻之濃度 (mg/L)
F: 稀釋倍數

九、品質管制

㈠檢量線：檢量線之相關係數應大於或等於 0.995。

㈡空白分析：每十個樣品或每批次樣品至少執行一次空白樣品分析，空白分析值應小於方法偵測極限之二倍。

㈢重覆分析：每十個樣品或每批次樣品至少執行一次重覆分析。

㈣查核樣品分析：每十個或每一批次之樣品至少執行一個查核樣品分析。

㈤添加標準品分析：每十個樣品或每批次樣品至少執行一次添加標準品分析。

十、精密度與準確度

某實驗室進行三種分析，其一以 0.5 mg/L 人造海水品管樣品進行五次分析，得到其標準偏差為 0.030 mg/L，其平均回收率為 95.6%；其二以 0.01 mg/L 品管樣品進行九次分析，得到其標準偏差為 0.001 mg/L，其平均回收率為 100.0%；其三以 0.05 mg/L 品管樣品進行十次分析，得到其標準偏差為 0.004 mg/L，其平均回收率為 101.6%；分別詳如表 A–24、表 A–25 及表 A–26。

---

❷　本檢驗廢液，依六價鉻廢液處理原則。

▼表 A-24　含六價鉻人造海水基質水樣之精密度和準確度測試結果

分析值 (mg/L)	平均值 (mg/L)	平均回收率 (%)	標準偏差 (mg/L)	精密度 (RSD)(%)	準確度 (X)(%)
0.523 0.446 0.478 0.457 0.476	0.476	95.6	0.030	6.3	83.0 ~ 108.2

①配製濃度: 0.5 mg/L, 採用 1 公分樣品槽

▼表 A-25　含六價鉻基質水樣之精密度和準確度測試結果

分析值 (mg/L)	平均值 (mg/L)	平均回收率 (%)	標準偏差 (mg/L)	精密度 (RSD)(%)	準確度 (X)(%)
0.010 0.011 0.009 0.010 0.011 0.009 0.010 0.009 0.011	0.010	100.0	0.001	10.0	82.0 ~ 120.0

①配製濃度: 0.01 mg/L, 採用 5 公分樣品槽

▼表 A-26　含六價鉻基質水樣之精密度和準確度測試結果

分析值 (mg/L)	平均值 (mg/L)	平均回收率 (%)	標準偏差 (mg/L)	精密度 (RSD)(%)	準確度 (X)(%)
0.054 0.053 0.046 0.052 0.049 0.046 0.045 0.055 0.055 0.053	0.051	101.6	0.004	7.8	86.0 ~ 117.2

①配製濃度: 0.05 mg/L, 採用 5 公分樣品槽

十一、參考資料

APHA, American Water Works Association & Water Pollution Control Federation, *Standard Methods for the Examination of Water and Wastewater*，20th ed, Method 3500B, pp. 3–66 ～ 3–68, APHA, Washington, D.C., USA, 1998.

水中硼檢測方法[1] —— 薑黃素比色法

中華民國九十二年十一月七日

(92) 環署檢字第 0920080984 號公告

NIEA W404.51A

一、方法概要

水樣酸化後加入薑黃素 (Curcumin) 蒸乾,生成紅色物質 Rosocyanine,利用乙醇溶解 Rosocyanine 後,在波長 540 nm 下以分光光度計測定其吸光度並定量硼濃度。

二、適用範圍

本方法適用於地面水體(不含海水)、放流水及廢(污)水中硼之檢驗,採用 1 公分樣品槽時,方法偵測極限可低於 0.2 mg/L。

三、干　擾

㈠硝酸鹽氮含量超過 20 mg/L 時產生干擾。

㈡硬度含量超過 100 mg/L(以碳酸鈣表示)時產生干擾,可使水樣通過陽離子交換樹脂降低硬度。

四、設備及材料

㈠蒸發皿:容量 100 ～ 150 mL,蒸發皿、白金或其他不含硼適當材質製。

㈡水浴:能設定溫度 55 ± 2°C 者。

㈢分光光度計:使用波長 540 nm。

五、試　劑

㈠試劑水:一般蒸餾水。

---

❶ 配合本書第 24 章。

㈡薑黃素試劑：在 100 mL 量瓶內，溶解 0.04 g 磨細之薑黃素及 5.0 g 草酸 ($H_2C_2O_4 \cdot 2H_2O$) 於 80 mL 95% 乙醇，加入 4.2 mL 濃鹽酸，以 95% 乙醇稀釋至刻度（如溶液混濁，過濾之）；儲存於聚乙烯瓶或不含硼之容器，冷藏於冰箱可穩定數天。

㈢乙醇 (C_2H_5OH), 95%。

㈣硼儲備溶液：在 1 L 量瓶內，溶解 0.5716 g 無水硼酸（H_3BO_3，因硼酸於 105°C 乾燥時會損失重量，故使用 ACS 級硼酸，並將瓶蓋蓋緊以免吸收水氣）於蒸餾水，稀釋至刻度；1.0 mL 相當於 0.1 mg B。

㈤硼標準溶液：在 1 L 量瓶內，以蒸餾水稀釋 10.0 mL 硼儲備溶液至刻度；1.0 mL 相當於 0.001 mg B。❷

六、採樣及保存

採集至少 100 mL 之水樣於塑膠瓶內，於 4°C 暗處冷藏，保存期限為七天。

七、步　驟

㈠水樣處理及測定

1. 精取 1.0 mL 水樣或經適當稀釋之水樣 1.0 mL（硼含量為 0.1 至 1.0 mg/L）置於相同材質、形狀與大小之蒸發皿。

2. 加入 4.0 mL 薑黃素試劑，混合均勻，置於 55 ± 2°C 之水浴中蒸發至乾(約 80 分鐘)。

3. 取出冷卻至室溫，加入約 10 mL 95% 乙醇，用塑膠棒攪拌使溶解。

4. 將溶液移入 25 mL 量瓶，以 95% 乙醇稀釋至刻度（若溶液混濁，過濾之）；在水樣蒸乾後一小時內以分光光度計讀取吸光度，由檢量線求得硼含量 (mg/L)。

㈡檢量線製備

1. 分別配製六種硼標準溶液濃度，如：0.0、0.2、0.4、0.6、0.8、1.0 mg/L，或其他適當之系列濃度。

2. 依步驟七、㈠操作並讀取吸光度，以標準溶液濃度 (mg/L) 為 X 軸，吸光度為 Y 軸，繪製一吸光度與硼濃度 (mg/L) 之檢量線。❸

---

❷　試劑之濃度、用量及蒸發之溫度、時間等，均需小心控制，以確保檢驗之正確度。

❸　廢液分類處理原則——依一般無機廢液處理。

八、結果處理

由樣品溶液測得之吸光度，代入檢量線可求得溶液中硼濃度 (mg/L)，再依下式計算樣品中硼濃度：

$$A = A' \times F$$

A: 樣品中硼之濃度 (mg/L)
A': 由檢量線求得樣品溶液中硼之濃度 (mg/L)
F: 稀釋倍數

九、品質管制

(一)檢量線：檢量線之相關係數應大於或等於 0.995。

(二)空白分析：每十個樣品或每批次樣品至少執行一次空白樣品分析，空白分析值應小於方法偵測極限之二倍。

(三)重覆分析：每十個樣品或每批次樣品至少執行一次重覆分析。

(四)查核樣品分析：每十個或每批次之樣品至少執行一個查核樣品分析。

(五)添加標準品分析：每十個樣品或每批次樣品至少執行一次添加標準品分析。

十、精密度與準確度

國內某實驗室以 0.50 mg/L 品管樣品進行九次分析，得到其平均回收率為 100%，其標準偏差為 0.023 mg/L，詳如表表 A–27。

▼表 A–27　含硼水樣之精密度和準確度測試結果

配製值 (mg/L)	分析值 (mg/L)	平均值 (mg/L)	平均回收率 (%)	標準偏差 (mg/L)	精密度 (RSD)(%)	準確度 (X)(%)
0.50	0.51 0.46 0.47 0.48 0.52 0.49 0.49 0.52 0.52	0.50	100	0.023	4.60	95.4 ～ 104.6

十一、參考資料

㈠ APHA, American Water Works Association & Water Pollution Control Federation, *Standard Methods for the Examination of Water and Wastewater*, 20th ed., Method 4500–B B. Curcumin Method, pp. 4–21 ～ 4–22, APHA, Washington, D.C., USA, 1998.

㈡ 經濟部中央標準局，中國國家標準 CNS 5576 K9035 (1980)。

水中亞砷酸鹽、砷酸鹽及總無機砷檢測方法[1]
——二乙基二硫代氨基甲酸銀比色法

中華民國九十二年十月二十八日

(92) 環署檢字第 0920077872 號公告

NIEA W310.51A

一、方法概要

亞砷酸鹽 (Arsenite) 在 pH 值等於 6 時，可利用硼氫化鈉 (NaBH$_4$, Sodium Borohydride) 水溶液選擇性還原成砷化氫；去除亞砷酸鹽後之水樣，在 pH 值約為 1 時，則可使水樣中之砷酸鹽還原成砷化氫。欲測量總無機砷，可另取水樣於 pH 值約為 1 時，進行還原產生砷化氫。上述處理步驟產生之砷化氫利用二乙基二代胺基甲酸銀〔AgCS$_2$N(C$_2$H$_5$)$_2$, Silver Diethyldithiocarbamate〕和溶在氯仿中的 1, 4-氧氮陸圜 (Morpholine) NH〈(CH$_2$CH$_2$)(CH$_2$CH$_2$)〉O 反應後會呈現紅色，於波長 520 nm 測其吸光度而分別定量之。

二、適用範圍

本方法適用於飲用水水質、飲用水水源水質、地面水體、地下水、放流水、海域水質及廢（污）水中亞砷酸鹽、砷酸鹽及總無機砷含量之檢驗，最小可偵測到 1 μg 的砷。

三、干　擾

㈠某些金屬離子，如鉻、鈷、銅、汞、鉬、鎳、鉑、銀及硒，會影響砷化氫的生成而產生干擾。

㈡硫化氫之干擾可以醋酸鉛吸收排除。

---

[1] 配合本書第 24 章。

㈢銻會被還原成銻化氫 (SbH$_3$, Stibine) 並產生一有顏色之錯化合物，其最大吸收在 510 nm 而干擾砷酸之偵測。

㈣甲基砷酸類的化合物在 pH = 1 時，還原成甲基砷化氫而與吸收劑形成有顏色之錯化合物。如果甲基砷類化合物存在的話，測量砷酸離子及砷酸鹽的總量是不可靠的；但亞砷酸鹽的結果則不受甲基砷類化合物影響。

四、設備及材料

㈠砷化氫產生器，滌氣管和吸收管：如圖 A–8，使用 200 mL 之三頸瓶（其中一側臂為 19/22 或更小尺寸之磨砂母接頭），插入一導氣管，其長度幾乎達三頸瓶底部。中間之頸口則以 24/40 之磨砂接頭連接滌氣管。另一側臂則以橡膠墊封住，若有可能，最好是用襯以鐵弗龍墊片之螺旋蓋帽封住。放置一磁攪拌子在三頸瓶內。將裝有二乙基二硫代胺基甲酸銀溶液之吸收管（容積為 20 mL）與滌氣管相連接，不可使用橡膠或玻璃塞，因其可能會吸收砷化氫。所使用之玻璃器材，在使用前均須使用濃硝酸清洗。

㈡分光光度計：波長設在 520 nm 處。使用光徑 1 cm 並附鐵弗龍蓋子之樣品槽。

㈢天平：可精秤至 0.1 mg。

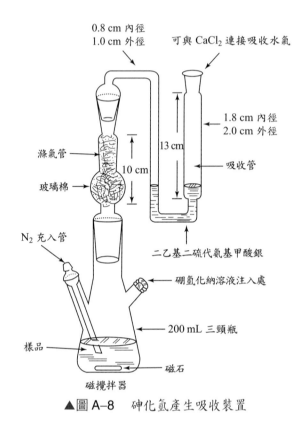

0.8 cm 內徑
1.0 cm 外徑

可與 CaCl₂ 連接吸收水氣

1.8 cm 內徑
2.0 cm 外徑

13 cm

10 cm

滌氣管

玻璃棉

吸收管

二乙基二硫代氨基甲酸銀

N₂ 充入管

硼氫化鈉溶液注入處

200 mL 三頸瓶

樣品

磁石

磁攪拌器

▲圖 A–8　砷化氫產生吸收裝置

五、試　劑

㈠試劑水：不含待測元素之去離子水，其電阻應大於 16 MΩ-cm。

㈡醋酸鈉，0.2 M：取 16.46 g 無水醋酸鈉，或 27.36 g 醋酸鈉 ($CH_3COONa \cdot 3H_2O$) 溶於試劑水中，並以試劑水定量到 1 L。

㈢醋酸，0.2 M：取 11.5 mL 冰醋酸溶於試劑水中，定量到 1 L。

㈣醋酸緩衝溶液，pH 5.5：將 428 mL 0.2 M 之醋酸鈉和 72 mL 0.2 M 之醋酸，混合均勻。

㈤硼氫化鈉溶液 ($NaBH_4$) 1%：取 0.4 g 氫氧化鈉（約 3 粒），溶於 400 mL 試劑水中，再加入 4 g 硼氫化鈉，搖晃使之完全溶解，混合均勻。

　　注意：須每隔幾天即配製新溶液。

㈥鹽酸，2 M：取 165 mL 濃鹽酸，以試劑水定量到 1 L。

㈦醋酸鉛溶液：取 10.0 g 醋酸鉛〔$Pb(CH_3COO)_2 \cdot 3H_2O$〕溶於試劑水中，並定量到 100 mL。

(八)二乙基二硫代氨基甲酸銀 (SDDC) 溶液：1.0 mL 1, 4–氧氮陸圜（注意：有腐蝕性，避免接觸到皮膚），溶於 70 mL 氯仿中，再加 0.3 g 二乙基二硫代氨基甲酸銀在有蓋之定量瓶中搖晃直到幾乎全溶，再用氯仿稀釋並定量到 100 mL，過濾後濾液保存於緊閉瓶口之棕褐色瓶中，保存在冰箱中。

(九)亞砷酸鹽儲備溶液：溶解 0.1734 g 亞砷酸鈉 ($NaAsO_2$) 於試劑水中，並定量至 1 L，1 mL = 100 μg As（注意：溶液有毒性，避免接觸皮膚及吞食）。

(十)亞砷酸鹽中間溶液：取 10 mL 砷儲備溶液於 100 mL 定量瓶中，並以試劑水定量到刻度：1 mL = 10.0 μg As。

(十一)亞砷酸鹽標準溶液：取 10 mL 砷中間溶液於 100 mL 定量瓶，並以試劑水定量到刻度：1 mL = 1.00 μg As。

(十二)砷酸標準溶液：溶解 0.416 g 砷酸氫鈉 ($Na_2HAsO_4 \cdot 7H_2O$) 於去試劑水中，並以試劑水定量至 1 L，混合均勻後；再取 10 mL 砷酸儲備溶液於 100 mL 量瓶中，以試劑水定量到刻度，混合均勻後；再取此砷酸中間溶液 10 mL 於 100 mL 定量瓶中，以試劑水定量至刻度，混合均勻；1 mL = 1.00 μg As。

(十三)氮氣。

六、採樣及保存

應使用乾淨並且經酸洗及蒸餾水清洗過之玻璃瓶或塑膠瓶。採集樣品量至少須 300 mL 以上，於 4°C 以下暗處保存，最長期限為 14 天。

七、步　驟

(一)檢量線製備

1. 精取亞砷酸標準溶液（或砷酸標準溶液）0.0、1.0、2.0、5.0、10.0、20.0 mL 或其他適當之序列濃度，置入砷化氫產生器中。因亞砷酸鹽或砷酸鹽所得到之檢量線幾乎相同，因此只要製備其中一種標準溶液之檢量線即可。

2. 加入 10 mL 之醋酸緩衝溶液（如取砷酸標準溶液則加入 10 mL 2 *M* 鹽酸）；以試劑水將溶液總體積調至 80 mL，通氮氣於溶液中使之冒泡，氮氣流量為每分鐘 30 mL。

3. 準備滌氣與吸收管：將玻璃棉浸入醋酸鉛溶液中，取出擠乾（將玻璃棉夾於兩片濾紙中，用力擠壓，再取出玻璃棉，以鑷子將之弄鬆）。如果是使用棉花，亦是相同，不過須將之置於乾燥器中，使之完全乾燥後再弄鬆。將玻璃棉或棉花塞入滌氣管

中。另外將 4 mL 之二乙基二硫代氨基甲酸銀溶液倒入吸收管中。(亦可取 5 mL 之二乙基二硫代氨基甲酸銀溶液,以提供潤濕分光光度計樣品槽之用。)

4. 砷化氫之產生與量測:先使氮氣通過整個系統 2 分鐘,且在 2 分鐘內以 30 mL 針筒取 15 mL 之 1% 硼氫化鈉溶液,由鐵弗龍螺旋封蓋處注入,啟動磁攪拌器,劇烈攪拌,並維持 20 分鐘,使氮氣有充分時間將產生之砷化氫完全帶到吸收管中溶液裡,將吸收溶液倒入乾淨之分光光度計樣品槽中,在波長 520 nm 處測其吸收光度。繪製吸光度與砷含量之關係圖。

注意: 砷化氫劇毒,應於排煙櫃中進行操作,以維安全。

㈡亞砷酸鹽處理步驟

1. 吸取適量之樣品(少於 70 mL)使其砷(亞砷酸離子)含量不超過 20.0 μg,依七、步驟㈠ 2. 至 4. 操作。

2. 由檢量線可求出待測樣品之砷含量,如果欲從相同樣品中測得砷酸鹽之含量,則須保留砷化氫發生器中之液體。

㈢砷酸鹽之處理步驟

在亞砷酸根離子還原成砷化氫之後,再處理砷酸根離子轉變為砷化氫。如果沾有醋酸鉛之玻璃棉因吸收硫化氫而失效(呈現灰至黑色),按照步驟七、㈠ 3. 中將玻璃棉替換掉,氮氣流量仍為每分鐘 30 mL,小心地添加 10 mL 之 2.0 M 鹽酸,按照步驟七、㈠ 4. 產生砷化氫後收集吸收液及測量吸光度,依檢量線求得砷酸鹽之含量。

㈣總無機砷之處理步驟

另取適量之樣品(少於 70 mL)使總無機砷含量不超過 20.0 μg,以 10 mL 之 2.0 M 鹽酸溶液取代醋酸緩衝溶液。依步驟七、㈠ 2. 至 4. 產生砷化氫後收集及測量讀取吸光度,依檢量線求得無機砷之含量。❷

---

❷ 本檢驗廢液,依含氯有機溶劑處理原則處理。

八、結果處理

根據步驟七、㈡或步驟七、㈢或步驟七、㈣所得待測物之吸光度與檢量線，依下式分別計算亞砷酸鹽、砷酸鹽及無機砷總量如下：

$$A = A' \times \frac{F}{V}$$

A：水樣中之砷含量 (mg/L)
A'：由檢量線中得到亞砷酸鹽、砷酸鹽及總無機砷之重量 (μg As)
V：砷化氫產生器中樣品體積 (mL)
F：稀釋倍數

九、品質管制

㈠檢量線：每批次樣品應重新製作檢量線，其線性相關係數 (r 值) 應大於或等於 0.995。

㈡空白分析：每 10 個或每批次樣品至少執行一次空白樣品分析，空白分析值應小於方法偵測極限之二倍。

㈢重覆分析：每 10 個樣品或每批次樣品至少執行一次重覆樣品分析。

㈣查核樣品分析：每 10 個樣品或每批次樣品至少執行一次查核樣品分析。

㈤添加標準品分析：每 10 個樣品或每批次樣品至少執行一次添加標準品分析。

十、精密度及準確度

本方法實驗室間之精密度及準確度如表 A–28。

▼表 A-28　本方法實驗室間相對誤差數據

配製值 (mg/L)	分析值 (mg/L)	平均值 (mg/L)	平均回收率 (%)	回收率 標準偏差	精密度 (RSD)%	準確度 (X)%
0.086	0.094 0.089 0.107	0.097	113	11.4	10.1	101.6 ～ 124.4
0.164	0.188 0.204 0.151 0.154	0.174	106	15.7	14.8	90.3 ～ 121.7
0.432	0.471 0.401 0.354	0.409	94.6	13.6	14.4	81.0 ～ 108.2
0.725	0.790 0.743 0.665	0.733	101	8.71	8.62	92.3 ～ 109.7
0.915	0.869 1.010 0.910	0.930	102	10.0	7.80	92.0 ～ 112.0

①來源為國內各實驗室 92 年度第一次例行性盲樣。

十一、參考資料

APHA, American Water Works Association & Water Pollution Control Federation, *Standard Methods for the Examination of Water and Wastewater*, 20th ed., Method 3500–As B Silver Diethyldithiocarbamate Method, pp. 3–60 ～ 3–61, APHA, Washington, D.C., USA, 1998.

水中金屬及微量元素檢測方法[❶]
——感應耦合電漿原子發射光譜法

中華民國九十三年四月二十九日

環署檢字第 0930030309 號公告

NIEA W311.51B

一、方法概要

㈠感應耦合電漿原子發射光譜法 (Inductively Coupled Plasma Atomic Emission Spectrometry, ICP-AES) 對水樣中多元素的分析，係利用高頻電磁感應產生的高溫氬氣電漿，使導入電漿中的樣品受熱而起一系列的去溶劑、分解、原子化／離子化及激發等反應。其分析的依據，係利用被激發的待分析元素之原子／離子所發射出的光譜線，經由光譜儀的分光及偵測，即可進行元素之定性及定量。

㈡本方法可利用同時式 (Simultaneous)—或稱連續式 (Sequential)，及側向 (Radial/Side-on)—或稱軸向 (Axial/End-on) 觀測之感應耦合電漿原子發射光譜儀，進行水樣中多種元素的同時分析。本方法具有快速、靈敏及精密的分析特性。測定時，為補償因光譜背景值之不同所導致的誤差，儀器必須具有背景校正的功能。背景校正所選定的波長，需位於待分析元素的譜線附近。一般依據光譜干擾的程度，可在分析元素譜線的左右任選一方或兩方，且此選定的位置需不受到光譜的干擾。

二、適用範圍

　　本方法適用於飲用水、地面水、地下水及特定類工業廢（污）水（包括電鍍工業及金屬工業等）中鋁、銀、鎘、鉻、銅、鐵、鉛、鎂、錳、汞、鎳、硒、鋅及鋇等 14 種元素之可回收總量及溶解量之測定。除以上元素外，若經適當的驗證程序確認可行，本方法亦可適用於其他元素的分析。

　　對汞、硒或其他元素，若所使用的儀器技術無法達到如表一所示之方法偵測極限或

[❶]　配合本書第 24 章。

法規所要求之管制濃度時，則必須經適當的樣品前處理後，再行測定；或徵詢儀器廠商購置效率較高之樣品導入裝置（例如超音波霧化器、硒化氫產生器或冷蒸氣汞原子產生器等），以提升偵測能力。唯在使用該類裝置時，需先完成該方法之驗證程序後，始得進行樣品之分析。

三、干　擾

本方法對原水樣或經濃縮之水樣的分析，其中所含之總溶解性固體量必須小於 0.2% (W/V)，以避免儀器測定時干擾的發生。

使用感應耦合電漿原子發射光譜儀進行樣品分析時，其分析結果常會受到許多干擾因素的影響，而導致誤差的產生。常見的干擾可分為兩類，分別為光譜性干擾及非光譜性干擾，以下就其發生原因及解決方式作一說明。

㈠光譜性干擾

1.譜線重疊

其發生的原因有兩種，其一是因基質元素與待分析元素的測定波長相同，而造成譜線完全重疊之干擾；另外一種情況則是當干擾元素與待分析元素的波長相近，且干擾元素濃度很高時，造成譜線變寬，而與待分析元素之譜線產生部分重疊的干擾。此類型之干擾，可以藉由選擇元素之其他測定波長、使用干擾校正係數或儀器廠商所開發之電腦自動譜線干擾解析軟體來進行校正。

2.寬帶重疊

當樣品基質、溶劑或大氣導入電漿時，所形成之分子離子（例如 N_2^+, OH^-, NO^+, CN^- 等）或未完全解離的化合物（例如 AlO^+ 等），會導致寬帶分子發射譜線的產生，因而造成待分析元素背景的提升。此類寬帶重疊的干擾，一般可利用背景校正法予以克服。

3.背景效應

由於電漿中離子或原子間的連續放射或結合放射等原因，導致背景之飄移變化，以致對待分析元素的測定譜線造成干擾。一般可利用背景校正法來作校正。

4.自吸收效應

當含高濃度待分析元素之樣品導入電漿時，分佈於電漿溫度較低區域的元素，會吸收由溫度較高區域的激態元素所放射之譜線，而造成該元素分析濃度偏低的結果。可藉由樣品稀釋或提高電漿溫度，來避免此效應的發生。

5. 迷光輻射

　主要係由於高濃度元素所產生的大量發射譜線，在光譜偵測系統中產生迷光，造成背景飄移的效應。一般可利用樣品稀釋或背景校正法來作校正。

㈡非光譜性干擾

1. 物理性干擾

　因樣品與標準溶液間物理性質（如黏度、表面張力或密度等）的差異，導致兩者在電漿系統中有不同的輸送效率，影響分析訊號而形成干擾。一般可利用樣品稀釋、內標準品或用標準添加法來避免此類干擾。

2. 阻塞干擾

　在分析過程中，因樣品溶液所含有的高濃度鹽類或懸浮微粒，會逐漸阻塞焰炬內管或霧化頭，造成干擾效應。此類干擾可將基質稀釋或使用耐高鹽類的霧化頭配合內徑較大的注入內管來避免。

3. 記憶效應干擾

　樣品中待分析元素或基質，由於元素特性或濃度太高之原因，導致樣品殘留於管路中，而對於下一個樣品的分析造成干擾。為避免此類干擾的發生，在分析流程中須對管路進行清洗，並分析空白溶液，以確認管路中待測元素的殘留是否已被清洗乾淨。

4. 游離干擾

　當易游離元素（鹼金族或鹼土族）的濃度太高時，會大量游離產生電子，而影響電漿內待分析元素的游離平衡，造成分析訊號的偏差。可使用標準添加法或稀釋樣品，以避免此類干擾。

5. 化學干擾

　主要係由於待分析元素在電漿中與基質形成穩定的分子化合物，以致影響待分析元素的訊號強度。可適當地改變電漿溫度（如調整入射功率及霧化氣體流速），或使用標準添加法避免或校正此類干擾。

四、設　備

㈠儀器裝置

1. 感應耦合電漿原子發射光譜儀

　⑴光譜偵測系統可為同時式或連續式，及電漿觀測位置可為側向觀測或軸向觀測

之型式。並須具有背景校正及波長校正的功能。

　⑵一般基質單純的水樣分析，可使用石英材質製之電漿焰炬；但對於高鹼性的樣品溶液分析，為避免石英玻璃表面受腐蝕，建議焰炬內管改用氧化鋁 (Alumina) 或陶瓷 (Ceramic) 材質的製品。

2.氬氣：使用高純度氬氣或液氬。

3.蠕動幫浦：具有可調速度功能，以輸送樣品及標準溶液至霧化器。

4.質流調節器 (Mass Flow Controller)：具有調節氬氣流量之功能者。

5.加熱板：具有抗酸腐蝕表面及溫度調整之功能者。

6.分析天平：能精秤至 0.0001 克者。

㈡實驗器材

本方法所使用之光譜儀對元素的偵測極限可達超微量範圍，極易因污染導入而導致分析結果的誤差，所以應針對污染加以防制。在分析過程中，所使用之容器可能造成污染的導入，使空白值升高；或吸附待分析元素造成漏失，使分析結果偏低。所以在容器材質的選取上，必需選擇適當之惰性材質（例如硼玻璃、石英、聚乙烯或鐵弗龍等），並於使用前以硝酸 (1:1) 浸泡八小時以上，再以純水清洗乾淨。

五、試　劑

㈠試劑水：比電阻 ≥ 16 MΩ – cm 之純水。

㈡一般試劑

試劑中若含有不純物會嚴重影響分析結果之準確性及精密度，因此在本方法中使用的各種試劑，均為分析級以上或經確認合乎品質要求的其他等級試劑。

1.硝酸：比重 1.41 之濃硝酸。

2.硝酸 (1:1)：加入 500 mL 濃硝酸於 400 mL 水中，稀釋至 1 升。

3.鹽酸：比重為 1.19 之濃鹽酸。

4.鹽酸 (1:1)：加入 500 mL 濃鹽酸於 400 mL 水中，稀釋至 1 升。

　注意：本方法中所使用到的固體及液體藥品，對人體均具有某種程度的危害，須加以注意。

㈢標準儲備溶液 (Standard Stock Solution)

可向具有公信力的廠商購買配製好的濃縮溶液，或自行以高純度之金屬（純度至少為 99.99 ～ 99.999%）或化合物溶解配製而得。配製時鹽類藥品需先於烘箱中以 105°C

乾燥（氧化汞除外），並注意安全（大部分金屬或化合物皆具有毒性）。配製後之標準儲備溶液需以預先清洗乾淨之惰性材質容器保存。

1. 銀儲備溶液 (Ag 250 mg/L)：溶解 0.125 g 銀金屬於 10 mL (1:1) 硝酸中，加熱至完全溶解。待冷卻後以水稀釋至 500 mL，儲存於深色或不透光之容器內。

2. 鋁儲備溶液 (1 g/L Al)：溶解 0.100 g 鋁金屬於 10 mL 濃鹽酸及 2 mL 濃硝酸中，加熱至完全溶解，趕酸至體積剩下 4 mL。待冷卻後加入 4 mL 之水，再度加熱至體積剩下 2 mL。俟冷卻後，以水稀釋至 100 mL。

3. 鎘儲備溶液 (1 g/L Cd)：溶解 0.100 g 鎘金屬於 5 mL (1:1) 硝酸中，加熱至完全溶解。待冷卻後，以水稀釋至 100 mL。

4. 鉻儲備溶液 (500 mg/L Cr)：溶解 0.1923 g 之氧化鉻 (CrO$_3$) 於 10 mL 之水及 2 mL 濃硝酸中，續以水稀釋至 200 mL。

5. 銅儲備溶液 (1 g/L Cu)：溶解 0.100 g 銅金屬於 5 mL (1:1) 硝酸中，加熱至完全溶解。待冷卻後，以水稀釋至 100 mL。

6. 鐵儲備溶液 (1 g/L Fe)：溶解 0.100 g 鐵金屬於 10 mL (1:1) 鹽酸中，加熱至完全溶解。待冷卻後，以水稀釋至 100 mL。

7. 汞儲備溶液 (500 mg/L Hg)：溶解 0.1354 g 之氧化汞 (HgCl$_2$) 於水中，加入 10 mL 濃硝酸後，以水稀釋至 200 mL。

   注意：不可將氯化汞加熱乾燥，因產生之汞蒸氣具有毒性。

8. 鎂儲備溶液 (1 g/L Mg)：溶解 0.100 g 經預先清洗之鎂帶於 5 mL (1:1) 鹽酸中（注意：由於反應劇烈，請緩慢加入），再加入 2 mL (1:1) 硝酸後，以水稀釋至 100 mL。

9. 錳儲備溶液 (1 g/L Mn)：溶解 0.100 g 錳金屬於 5 mL (1:1) 硝酸中，加熱至完全溶解。待冷卻後，以水稀釋至 100 mL。

10. 鎳儲備溶液 (1 g/L Ni)：溶解 0.100 g 鎳金屬於 5 mL 濃硝酸中，加熱至完全溶解。待冷卻後，以水稀釋至 100 mL。

11. 鉛儲備溶液 (1 g/L Pb)：溶解 0.1599 g 之硝酸鉛〔Pb(NO$_3$)$_2$〕於 5 mL (1:1) 硝酸中，加水稀釋至 200 mL。

12. 硒儲備溶液 (500 mg/L Se)：溶解 0.1405 g 之氧化亞硒 (SeO$_2$) 於 20 mL 水中，加水稀釋至 200 mL。

13. 鋅儲備溶液 (500 mg/L Zn)：溶解 0.100 g 鋅金屬於 10 mL (1:1) 硝酸中，加熱至完全溶解。待冷卻後，以水稀釋至 200 mL。

14.鋇儲備溶液 (500 mg/L Ba)：溶解 0.1437 g 碳酸鋇於 15 mL (1:2) 的硝酸中，加熱至完全溶解。待冷卻後，以水稀釋至 200 mL。

㈣檢量線混合標準溶液 (Mixed Calibration Standard Solutions)

在配製此溶液之前，需預先分析所配製標準儲備溶液中不純物的含量，並確認其濃度在可接受的範圍；或亦可直接選用具信譽的高純度產品。配製各組混合標準溶液時，可依下述混合標準溶液配製方式，先於 500 mL 量瓶內加入各種體積的標準儲備溶液，續加入 20 mL (1:1) 硝酸及 20 mL (1:1) 鹽酸，最後以水稀釋至 500 mL。將此溶液儲存於經預先清洗乾淨的惰性材質（鐵弗龍瓶或聚乙烯）容器中，定期（約一週）以品管樣品來檢查此混合標準溶液的濃度是否已有改變；若有變化，則需重新配製。依據檢量線製備之需求，可使用上述所配製成之混合標準溶液為起始溶液，利用檢量線空白溶液進行稀釋，配製至不同的濃度以建立檢量線。

1.混合標準溶液 I（體積為 500 mL）

分析物	儲備溶液	所取體積 (mL)	元素濃度 (mg/L)
銀 (Ag)	五㈢之 1	1	0.5
鎘 (Cd)	五㈢之 3	1	2
銅 (Cu)	五㈢之 5	1	2
錳 (Mn)	五㈢之 9	1	2
硒 (Se)	五㈢之 12	5	5
鋇 (Ba)	五㈢之 14	5	5

①如果溶液中因加入銀，而導致與鹽酸發生白色之氯化銀沉澱時，則需再加入 15 mL 水，並加熱至沉澱消失為止。本節中所使用的混酸，僅能用於濃度小於 0.5 mg/L 之銀溶液，若需配製 0.5 mg/L 以上之銀標準溶液，則需加入更多量之鹽酸。

2.混合標準溶液 II（體積為 500 mL）

分析物	儲備溶液	所取體積 (mL)	元素濃度 (mg/L)
鋁 (Al)	五㈢之 2	5	10
鉻 (Cr)	五㈢之 4	5	5
汞 (Hg)	五㈢之 7	2	2
鋅 (Zn)	五㈢之 13	5	5

3.混合標準溶液 III（體積為 500 mL）

分析物	儲備溶液	所取體積 (mL)	元素濃度 (mg/L)
鐵 (Fe)	五㈢之 6	5	10
鎂 (Mg)	五㈢之 8	5	10
鎳 (Ni)	五㈢之 10	1	2
鉛 (Pb)	五㈢之 11	5	10

①以上所述之各組混合標準溶液，其所含元素間是否存在相互干擾的問題，已由表一所推薦的分析波長及背景校正波長加以驗證，確認在同一組溶液中各元素間不會發生相互干擾的問題。若欲使用其他的混合方式，則實驗室負責人需自行驗證其混合時的相容性、穩定性及是否有元素間的光譜干擾等問題，並選擇合適的分析波長及背景校正位置。

㈤空白試劑

1.檢量線空白溶液

配製方式是將 20 mL 的 (1:1) 硝酸及 20 mL (1:1) 鹽酸混合後，加水稀釋至 500 mL 後保存備用。用於建立檢量線及清洗管路，以降低分析過程中記憶效應之干擾。

2.方法空白溶液

於試劑水中加入與樣品前處理同量之酸，並經由與樣品相同之前處理程序後所得的溶液。此溶液用以評估樣品前處理過程中是否導入污染。

㈥電漿調校溶液

1.電漿溶液 (Plasma Solution)

感應耦合電漿原子發射光譜儀之操作條件，可藉由測定含有靈敏度較低的元素（如本方法使用之鉛與硒）溶液之訊號強度，作為選取儀器最佳操作條件之依據。此溶液係取 5 mL 的鉛與 10 mL 的硒標準儲備溶液，加入 20 mL (1:1) 硝酸及 20 mL (1:1) 鹽酸，以水稀釋至 500 mL，配製成含有各 10 mg/L 之鉛與硒溶液後保存備用。

2.例行性電漿調校溶液 (Tuning Solution)

電漿操作之狀態，可藉由測定原子發射譜線（例如銅 324.754 nm）與離子發射譜線（例如鉛 220.353 nm）淨訊號之比值作為指標。若其比值保持固定，則代表電漿維持在一定的狀態之下。此溶液係取 5 mL 的鉛與 5 mL 的銅標準儲備溶液，加入 20 mL (1:1) 硝酸及 20 mL (1:1) 鹽酸，以水稀釋至 500 mL，配製成含有銅與鉛各 10 mg/L 之溶液後保存備用。此溶液除了鉛及銅外，亦可選用其他元素。

㈦檢量線檢核溶液

用來作為儀器之品管樣品使用，藉以評估儀器系統之狀況，此溶液的來源需與五、㈣中所提及的檢量線混合標準溶液不同。此溶液一般使用於檢量線製備後，樣品分析過程中及分析工作結束前，以確認檢量線是否發生偏離之用。此溶液的配製濃度需在檢量線線性範圍內，其濃度約為檢量線最高濃度之一半。

㈧光譜干擾檢核溶液 (Spectral Interference Check Solution)

當分析元素受到基質元素的光譜干擾時，須以預先求出的光譜干擾校正係數乘上基質元素的濃度，來校正並求出正確的分析元素濃度。在一般的情況下，並不需要經常更新所求得的光譜干擾校正係數，唯實驗室負責人需視儀器的狀況及樣品中基質的複雜程度等因素，來決定是否需重新修正校正係數。

1. 光譜干擾校正係數之求得

有關光譜干擾校正係數的獲得方式，可以錳對銀的干擾為例作一說明。首先製備銀之檢量線，其次配製 0.1 mg/L 之銀溶液，並在當中添加干擾元素錳 200 mg/L，繼由檢量線求得此溶液中銀的濃度（假設為 x mg/L）。則錳基質對銀元素的干擾校正係數可由下式求得：

$$\text{光譜干擾校正係數} = \frac{(x - 0.1)}{200}$$

表 A–29 所示為分別配製 100 mg/L 或更高濃度之儲備溶液，依上述方式所求得之光譜干擾校正係數表。一般檢驗單位需就其分析元素，定期（約一季）更新光譜干擾校正係數。除了針對表 A–29 列舉之元素定期求取光譜干擾校正係數外，一般在例行檢驗時，仍需視分析樣品中主基質元素的干擾情況，重新更新光譜干擾校正係數。

2. 光譜干擾之校正方式

校正後之濃度 (mg/L)

= 分析物之測得濃度 (mg/L)

–（光譜干擾校正係數）×（干擾元素之濃度，mg/L）

▼表 A-29　本方法對各元素之光譜干擾校正係數表（範例）

分析元素	干擾元素	校正係數
銀 (Ag)	錳 (Mn)	0.00011
	鐵 (Fe)	−0.00002
	釩 (V)	−0.00005
鋁 (Al)	釩 (V)	0.01578
	鈷 (Co)	−0.0001
	錳 (Mn)	0.00038
	鉬 (Mo)	0.01000
鎘 (Cd)	鈷 (Co)	0.00015
	鐵 (Fe)	0.00023
	鎳 (Ni)	−0.00003
	錫 (Sn)	−0.00026
鉻 (Cr)	鈹 (Be)	−0.00087
	銅 (Cu)	−0.00021
	鐵 (Fe)	0.00005
	鉬 (Mo)	0.00020
	鎳 (Ni)	0.00010
	釩 (V)	−0.00014
	錳 (Mn)	−0.00020
銅 (Cu)	鉬 (Mo)	0.00037
汞 (Hg)	鉬 (Mo)	0.00059
	釩 (V)	0.00468
鎂 (Mg)	錳 (Mn)	−0.00029
	鉬 (Mo)	−0.00068
	鐵 (Fe)	0.00021
錳 (Mn)	鐵 (Fe)	0.00008
鎳 (Ni)	鈷 (Co)	0.00155
	鉈 (Tl)	0.00055
鉛 (Pb)	鈷 (Co)	0.00070
	鉻 (Cr)	0.00008
	鐵 (Fe)	0.00011
	鎳 (Ni)	−0.00004
	釩 (V)	0.00002
	鋁 (Al)	−0.00001
硒 (Se)	砷 (As)	0.00036
	鈷 (Co)	0.00056
	鐵 (Fe)	0.00011
	釩 (V)	0.00125
	鉬 (Mo)	0.00160
鋅 (Zn)	銅 (Cu)	0.00252
	鐵 (Fe)	0.00012
	鎳 (Ni)	0.00390

六、採樣及保存

依據使用目的之不同，水樣分析結果有可回收總量及溶解量等兩種表示方式。對於可回收總量之水樣分析，採樣後水樣不經過濾，需即逕行酸化至 pH 值 ≤ 2；另對於溶解量之水樣分析，則需於採樣後，先經 0.45 IIm 孔徑的濾膜過濾後，再行酸化至 pH 值 ≤ 2。經酸化之水樣，可保存於 4°C 中；若水樣需同時作汞元素的分析，則保存時間最多為 14 天。

七、步　驟

(一)樣品製備

經保存後的水樣，在儀器測定前，必須先經下述的消化處理程序。對於測定飲用水的可回收總量時：當樣品濁度 < 1 NTU，可依循下列步驟 3. 逕行分析；如果為了濃縮飲用水樣品則可進行下列步驟 1. 及 2.。

1. 可回收總量分析樣品（鋁、銀、鎘、鉻、銅、鐵、鉛、鎂、錳、鎳、鉬及鋅）：將酸化保存的水樣搖晃均勻，取 100 mL 於 250 mL 的燒杯中，繼加入 2 mL (1:1) 的硝酸及 1 mL (1:1) 的鹽酸。置於加熱板上，將溫度控制於 85°C 左右，加熱至體積約剩 20 mL（注意：不能讓樣品沸騰）；此時蓋上錶玻璃，繼續加熱迴流 30 分鐘（此階段可讓樣品稍微沸騰，但仍不能讓樣品過度劇烈沸騰）。經上述消化處理後之水樣，再以水稀釋至 50 mL，靜置後如發現有不溶解顆粒，可以靜置自然沉澱法或離心法分離之。消化步驟亦可參考「水中金屬元素萃取消化法──微波輔助酸消化法 (NIEA W312)」。

2. 可回收總量分析樣品（汞及硒）：將酸化保存的水樣搖晃均勻，取 100 mL 於 250 mL 的燒杯中，繼加入 2 mL (1:1) 的硝酸及 1 mL (1:1) 的鹽酸溶液，在不沸騰的情況下（溫度控制於 85°C 左右）於加熱板上將樣品加熱至體積約剩 20 mL。經上述消化處理後之水樣，再以水稀釋至 50 mL，靜置後如發現有不溶解顆粒，可以靜置自然沉澱法或離心法分離之。消化步驟亦可參考「水中金屬元素萃取消化法──微波輔助酸消化法 (NIEA W312)」。

3. 溶解量分析樣品：經過濾及酸化保存的水樣即可逕行分析。但若在分析前發現有沉澱物產生，則需依前節之可回收總量分析之消化步驟，進行樣品之前處理。

㈡儀器調校

1.儀器使用前之準備

⑴每日開機後，通常至少需熱機 30 分鐘，以使電漿之溫度達到熱穩定。

注意：感應耦合電漿原子發射光譜儀操作時，會產生高溫及紫外光波長範圍之譜線，故須遵照儀器廠商制訂之規範小心操作。

⑵在操作軟體上，設定所欲測定元素之分析波長及背景校正位置（如表 A–30 所示）。儀器之操作條件，可參考表 A–31 之範例予以設定。由於最適化操作條件會隨使用儀器的不同而有所改變，使用者需參考儀器廠商的建議，自行進行最適化條件的探求。

▼表 A–30　本方法對各元素之方法偵測極限及推薦之分析波長及背景校正位置

| 元素 | 波長 (nm) | 背景校正位置 (nm) | | 方法偵測極限 |
		向低波長方向位移	向高波長方向位移	mg/L
銀 (Ag)	328.068	0.030	0.035	0.003
鋁 (Al)	308.215	0.026	0.047	0.013
鎘 (Cd)	226.502	0.021	0.026	0.001
鉻 (Cr)	205.552	0.019	0.025	0.001
銅 (Cu)	324.754	0.050	0.040	0.002
鐵 (Fe)	259.940	0.032	0.026	0.001
汞 (Hg)	194.168	0.025	0.032	0.006
鎂 (Mg)	279.079	0.034	0.036	0.030
錳 (Mn)	257.610	0.029	0.039	0.001
鎳 (Ni)	231.604	0.043	0.035	0.001
鉛 (Pb)	220.353	0.029	0.029	0.011
硒 (Se)	196.026	0.024	0.034	0.042
鋅 (Zn)	213.856	0.031	0.036	0.001
鋇 (Ba)	493.409	–	–	0.001

①上表所列之分析波長及背景校正位置，係在側向觀測之感應耦合電漿發射光譜儀測定時所用者。對於軸向觀測之儀器，可參考儀器廠商之建議分析波長及其背景校正位置。

②表中所列方法偵測極限僅供參考，不同廠牌儀器可能有所差異。

③鋇 (Ba) 參考自 US. EPA Method 200.7 Rev.5.0 Jan. 2001.

2.電漿最適化（建議於儀器安裝、維修或更換配件後加以執行）

影響電漿最適化條件的兩個重要參數，一為霧化氣體流速，另一則為無線電頻輸入功率 (RF Power)。建議可於儀器使用前，參考如圖 A–9 之儀器調校流程，探尋電漿的最適化條件，期能獲得待測元素的最大訊號對背景的比值 (S/N Ratio)。

▼表 A-31　本方法所使用之感應耦合電漿原
子發射光譜儀的操作條件(範例)

儀器參數	操作條件
入射操作能量	1 100 W
反射能量	< 5 W
電漿觀測模式	側向
電漿觀測高度	14 mm
使用氣體	氬氣
霧化氣體流速	0.75 L/min
冷卻氣體流速	15 L/min
輔助氣體流速	1 L/min
樣品導入流速	1.4 mL/min
注入（內）管直徑	2 mm

①由於最適化操作條件會隨使用儀器的不同而有所改變，使用者
需參考儀器廠商的建議，自行進行最適化條件的探求。

⑴參照表 A-31 之範例，選擇適當的無線電頻輸入功率 (RF Power)，並調整反射功率至最小(有些儀器具有自動調整反射功率至最小之功能，可徵詢廠商之建議)。在此條件下自然吸入 1 g/L 之釔標準溶液(若無法自然吸入，則可參考儀器廠商之建議，設定適當之蠕動幫浦流速)，調整霧化氣體之流速或壓力，以使產生的藍色電漿（此為釔的離子發射譜線）大致出現在工作線圈上方約 5 至 20 mm 範圍。記錄此時的霧化氣體流量或壓力設定，以作為未來實驗的參考。

⑵在上述設定的霧化氣體流速下，讓霧化器以自然方式吸入方法空白溶液至少 3 分鐘，由吸入溶液的體積除以時間，求出每分鐘的平均吸取速率。將蠕動幫浦的溶液導入速率，調整至與自然吸入相同之流速後，再進行後續之分析(若非自然吸入，則設定蠕動幫浦至儀器建議之流速)。

⑶電漿條件經上述方式調整後，針對側向觀測之儀器，需找尋其電漿的最佳觀測高度。實驗的方法是導入含 10 mg/L 的硒及鉛之電漿溶液，於工作線圈頂端之上方約 8 至 24 mm 區間內（此區間可徵詢儀器廠商之建議加以選取），高度每變化 1 ～ 2 mm，分別收集電漿溶液與檢量線空白溶液之訊號強度，求取硒及鉛於各高度之淨訊號強度。續以各觀測高度淨訊號強度與最高訊號強度之相對訊號百分比為縱坐標，電漿觀測高度為橫坐標作圖（如圖 A-10 所示），選擇兩曲線之交點即為最佳電漿觀測位置。針對軸向觀測之儀器，則可依照儀器廠商之建議進行調校。

⑷調整儀器至上述所求得之最佳霧化氣體流速及電漿觀測高度，於不同之工作天中重覆測定含 10 mg/L 銅及鉛之例行性電漿調校溶液與檢量線空白溶液共十次。記錄每次測定所得之銅及鉛淨訊號強度並計算其銅對鉛淨訊號之比值 (*R*)。由上述計算所得十次之比值，求取其平均值 (*M*) 及標準偏差 (*S*)，以作為進行電漿例行性調校的參考依據。本方法以所得之電漿最適化條件(如表 A–30 之範例)測定方法空白溶液，其方法偵測極限如表 A–30 所示。

⑸電漿最適化操作條件一旦設定後，並不需要經常進行調校；但若是儀器配件經過更換或維修（例如更換嫁炬管或噴霧腔等）後，則建議可參考七、㈡2.所述重新進行調校，並重新記錄銅對鉛淨訊號之比值與標準偏差。

3. 電漿例行性調校

為確保每日電漿之操作狀態保持一致性，建議於每次開機進行分析檢驗時，參考如圖 A–9 所示之儀器調校流程，進行感應耦合電漿原子發射光譜儀之每日例行性調校。藉由測定原子發射譜線（例如銅 324.754 nm）與離子發射譜線（例如鉛 220.353 nm）淨訊號之比值，作為電漿操作狀態之指標。若其比值保持固定，則代表電漿狀態保持恆定。

⑴例行性開機後，其儀器調校步驟僅需確認銅對鉛淨訊號之比值 (*R*)。若其比值落在七、㈡2.⑷中所測得平均值的兩倍標準偏差範圍 ($M - 2S \leq R \leq M + 2S$) 外，則可藉由調整霧化氣體流速，使其比值落在該範圍內，即完成每日電漿之例行性調校。若發現霧化氣體流速變動超出管制範圍（改變幅度 > 2%），則表示儀器可能出現問題，需探究其原因並予以排除。

⑵若儀器操作條件或儀器配件已被改變，則建議參考前節所述之電漿調校步驟，重新進行儀器之調校(如圖 A–9 所示)，並求取銅對鉛淨訊號之比值與標準偏差(參考七、㈡2.⑷)。

㈢檢量線及校正

1. 檢量線製備

⑴以蠕動幫浦將樣品溶液導入至電漿後，一般至少需經 30 秒後（需隨儀器管路長短不同調整），待系統達成平衡穩定後，方可讀取訊號。

⑵在導入不同的溶液之間，需以檢量線空白溶液清洗管路足夠時間（約 60 秒，或更長），以避免記憶效應之干擾發生。

⑶首先分析檢量線空白溶液，續依濃度由低至高之順序，分析至少五個不同濃度的

標準溶液。所建立之檢量線，其線性相關係數，須符合環檢所公告之規範（≧ 0.995）。

2. 校　正

檢量線製備後，必需分析檢量線檢核溶液與檢量線空白溶液，以校正檢量線。其檢量線檢核溶液之管制回收率，必需介於 90 ～ 110% 間。若是超出此範圍外，則需再次分析另一檢量線檢核溶液；若其回收率仍落於管制範圍外，則必需重新製備檢量線。

㈣樣品分析

在進行真實樣品之分析過程中，須依品質管制所規範之項目及頻率執行，以確保分析數據的可靠性。

1. 真實樣品分析時，原則上每十個樣品或每一批次樣品（當每批樣品少於十個時），均需作重覆樣品分析、樣品添加分析、樣品空白分析、及品管樣品分析等品管項目。若超出管制範圍（參照九），需再分析一次，若仍超出管制範圍，則須停止分析並察明記錄其原因，捨棄此批次結果，重取樣品進行前處理及分析。

2. 當所分析樣品的濃度超出所建立檢量線的線性範圍時，必需將此樣品稀釋，並重新分析樣品。

3. 對於樣品分析時，若遭遇到基質之干擾，導致樣品添加分析或稀釋分析之回收率不佳，則需改用標準添加法來進行樣品之分析。

4. 於完成一批次樣品分析後，仍須分析檢量線檢核溶液，其回收率必需落在管制範圍內（參考品質管制），以確保本批次樣品分析結果的可靠性。其後以檢量線空白溶液徹底清洗樣品導入系統，才可關機結束分析工作。

八、結果處理

㈠水樣之分析結果應以 mg/L 或 μg/L 為表示單位。濃度低於方法偵測極限之數值不能報告，須以無法偵測 (Not Detected, N.D.) 表示，並註明方法偵測極限值。本方法之各元素之方法偵測極限如表一所示（僅供參考之用）。

㈡樣品經稀釋或濃縮之倍數必須加以校正，例如七、㈠之樣品，其曾被濃縮兩倍，故其儀器測定值需再除以兩倍。

㈢最終分析數據的報告值取至千分位，最多有效數字取三位。

㈣儀器及方法偵測極限之計算，請參考環檢所之公告方法。

㈤檢量線檢核溶液及品管樣品溶液之分析回收率計算方式：

$$回收率, \% = \frac{分析所得濃度}{配製濃度} \times 100\%$$

㈥樣品添加回收率之計算，如下式：

$$添加回收率, \% = \frac{添加後總濃度 - 未添加之樣品濃度}{添加濃度} \times 100\%$$

㈦重覆樣品分析之相對差異百分比 (Relative Percent Difference, RPD) 計算如下式：

$$相對差異百分比, \% = \frac{|兩次分析值之差|}{兩次分析之平均值} \times 100\%$$

九、品質管制

　　本方法之品質管制流程可依圖 A–11 所示之範例執行。其管制頻率原則上為每十個樣品或每一批次樣品(當每批樣品少於十個時)，管制項目需包括檢量線檢核溶液分析、樣品空白分析、品管樣品分析、重覆樣品分析及樣品添加分析。每一品管項目均需符合管制之標準，以保證分析結果的可靠性。

㈠檢量線線性相關係數需大於 0.995。

㈡檢量線檢核溶液之回收率必須介於 90 ～ 110%。

㈢品管樣品溶液之回收率必須介於 80 ～ 120%。

㈣樣品空白分析之結果必須小於二倍方法偵測極限值。

㈤相對差異百分比之值必須小於 20%。

㈥樣品添加回收率必須介於 80 ～ 120%。若回收率超出管制範圍，且分析元素又不能以稀釋方式測得時，在此情況下必須改用標準添加法進行分析。

十、精密度及準確度

　　略。

十一、參考資料

㈠ Taylor, J. K., Validation of Analytical Methods, *Anal, Chem.*, 55(6), 600A−608A, 1983.

㈡ U.S. EPA, Environmental Monitoring and Support Laboratory, *Determination of Metals and Trace Elements in Water and Wastes by Inductively Coupled Plasma Atomic Emission Spectrometry*, Method 200.7, Cincinati, Ohio, USA, April, 1991.

㈢ U.S. EPA, Environmental Monitoring and Support Laboratory, *Inductively Coupled Plasma-Atomic Emission Spectrometry*, Method 6010B, Cincinati, Ohio, USA, December, 1996.

㈣ APHA, American Water Works Association & Water Environment Federation, *Standard Methods for the Examination of Water and Wastewater*, 20th ed., Method 1020 & 3120, pp. 1−4 & 3−37, APHA, Washington, D.C, USA, 1998.

㈤ Deutsches Institut fur Normunge. V., Normenausschuss Wasserwesen (NAW) imDIN, Determination of Ag, Al, As, B, Ba, Be, Bi, Ca, Cd, Co, Cr, Cu, Fe, K, Li, Mg, Mn, Mo, Na, Ni, P, Pb, S, Sb, Se, Si, Sn, Sr, Ti, V, W, Zn and Zr by ICP-AES, DIN 38406, Germany, March, 1988.

㈥ Montaser, A. and Golightly, D. W., *Inductively Coupled Plasmas in Analytical Atomic Spectrometry*, VCH Publi., Weinheim, 1987.

㈦ Garbarino, J. R. and Taylor, H. E., *An Inductively Coupled Atomic-Emission Spectrometric Method for Routine Water Quality Testing*, Apply Spectrosc., 33(3), 220, 1979.

㈧ Hershey, J. W. and Keliher, P. N., Some Hydride Generation Inter-Element Interference Studies Utilizing Atomic-Absorption and Inductively Coupled Plasma Emission-Spectrometry, *Spectrochim. Acta*, 41B, 713, 1986.

㈨ Nakahara, T., Hydride Generation Techniques and Their Applications in Inductively Coupled Plasma-Atomic Emission-Spectrometry, *Spectrochim. Acta Rev.*, 14, 95, 1991.

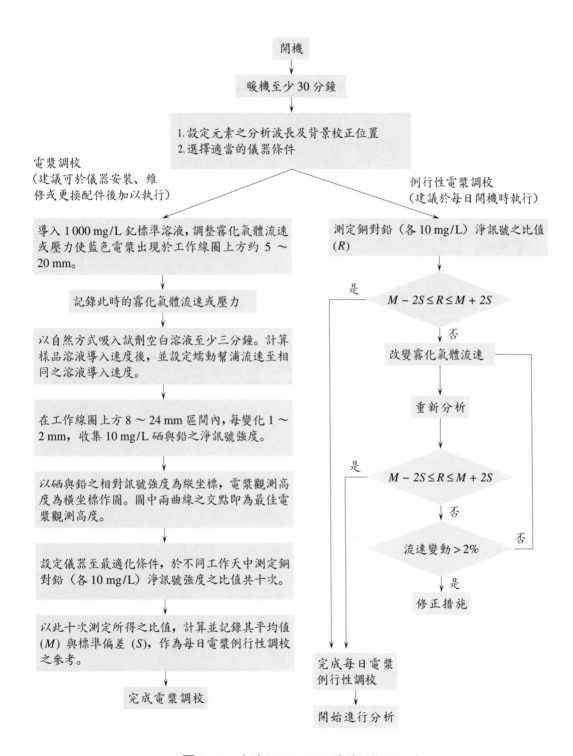

▲圖 A-9 建議之 ICP-AES 儀器調校流程圖

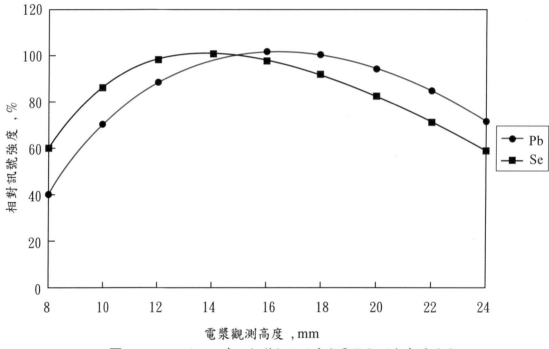

▲圖 A-10　鉛及硒元素之相對訊號強度與電漿觀測高度關係圖

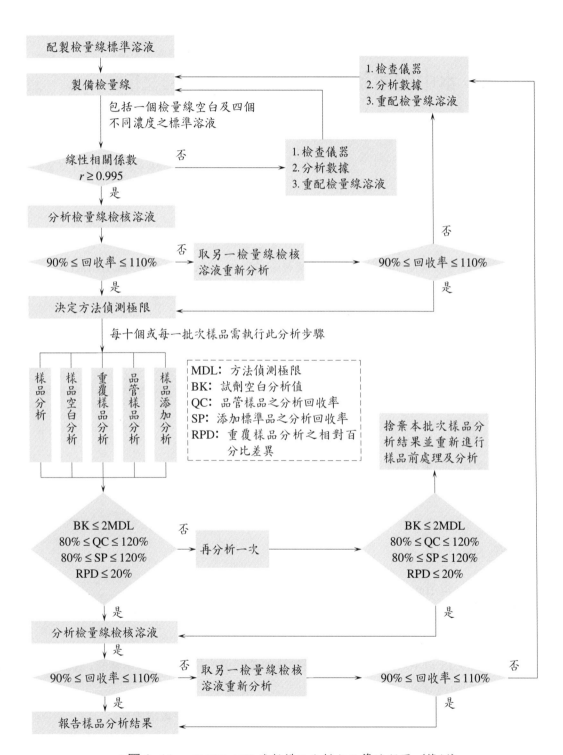

▲圖 A-11　以 ICP-AES 進行樣品分析之品管流程圖（範例）

水中總菌落數檢測方法㈠[1] ── 塗抹法

中華民國九十三年三月二十九日

(93) 環署檢字第 0930022126 號公告

NIEA E203.53B

一、方法概要

　　本方法係用以檢測能在胰化蛋白腖葡萄糖培養基（Tryptone Glucose Extract Agar，TGE）或在培養皿計數培養基（Plate Count Agar，PCA）中生長並形成菌落之水中好氧及兼性厭氧異營菌。

二、適用範圍

　　本方法適用於飲用水及地面水體、地下水體、廢水、污水之水質中總菌落數檢驗。

三、干　擾

㈠水樣中含有抑制或促進細菌生長物質。

㈡檢測使用的玻璃器皿及設備含有抑制或促進細菌生長物質。

㈢其他。

四、設　備

㈠量筒：一般使用 100、500 及 1 000 mL 之量筒。

㈡吸管：一般使用有 0.1 mL 刻度之 1、5 及 10 mL 滅菌玻璃吸管或市售無菌塑膠吸管，或無菌微量吸管 (Micropipet)。

㈢培養皿：90×15 或 100×15 mm 之滅菌玻璃培養皿或市售無菌塑膠培養皿，底面平滑無氣泡、刮傷或其他缺點者。

㈣稀釋瓶：一般使用 100、250、500 及 1 000 mL 可滅菌之硼矽玻璃製品。

㈤錐形瓶：一般使用 500 及 1 000 mL 可滅菌之硼矽玻璃製品。

---

❶　配合本書第 25 章。

(六)採樣容器：容量 120 mL 以上可滅菌之硼矽玻璃瓶或無菌塑膠製有蓋容器，或市售無菌袋。

(七)冰箱：溫度能保持在 0 至 5°C 者。

(八)水浴槽：溫度能保持約 50°C 者。

(九)培養箱：溫度能保持在 35 ± 1°C 者。

(十)高壓滅菌釜：用於培養基和稀釋液等不能乾熱滅菌之材料及用具等之滅菌。溫度能保持在 121°C（壓力約 15 lb/in^2 或 1 kg/cm^2）滅菌 15 分鐘以上者。

(十一)乾熱滅菌器（烘箱）：用於玻璃器皿等用具之滅菌。溫度能保持在 160°C 達 2 小時或 170°C 達 1 小時以上者。

(十二)菌落計數器：適用於菌落之計算者。

(十三)彎曲玻璃棒：直徑 3 至 4 mm，其形狀與規格如圖 A–12 所示。

(十四)天平：能精秤至 0.01 克者。

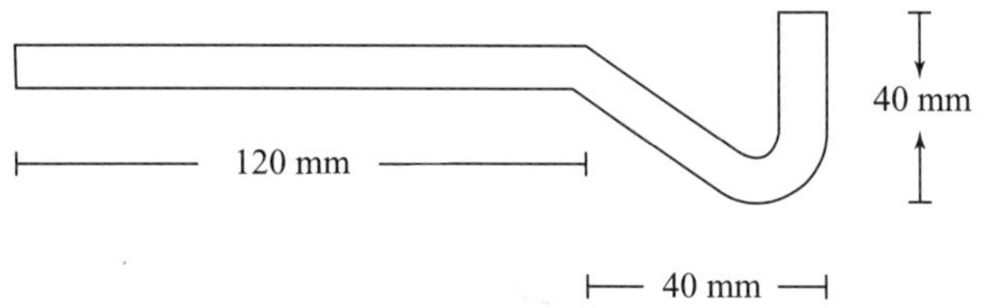

▲圖 A–12　彎弓玻棒圖

五、試　劑

(一)培養基：可選取下列二者之一來培養細菌。依下列配方配製培養基，或使用市售商品化的培養基均可。

1. 胰化蛋白腖葡萄糖培養基（Tryptone Glucose Extract Agar，TGE）

葡萄糖 (Glucose)	1.0 g
胰化蛋白腖 (Tryptone)	5.0 g
牛肉抽出物 (Beef Extract)	3.0 g
洋菜 (Agar)	15.0 g
蒸餾水	1 L

經 121°C 滅菌 15 分鐘後，冷卻至約 50°C，倒入無菌培養皿中，室溫下凝固。未用完之培養基可保存於冰箱中，保存時間以不超過兩週為限。可根據檢驗需求量，依

配方比例配製培養基。

2. 培養皿計數培養基 （Plate Count Agar，PCA）

葡萄糖 (Glucose)	1.0 g
胰化蛋白腖 (Tryptone)	5.0 g
酵母抽出物 (Yeast Extract)	2.5 g
洋菜 (Agar)	15.0 g
蒸餾水	1 L

經 121°C 滅菌 15 分鐘後，冷卻至約 50°C，倒入無菌培養皿中，室溫下凝固。可保存於冰箱中，保存時間以不超過兩週為限。可根據檢驗需求量，依配方比例配製培養基。

㈡無菌稀釋液

1. 磷酸二氫鉀溶液

取 3.4 g 磷酸二氫鉀 (KH$_2$PO$_4$) 溶於 50 mL 之蒸餾水中，俟完全溶解後，以 1.0 N 氫氧化鈉溶液調整其 pH 值為 7.2 ± 0.5。然後加蒸餾水至全量為 100 mL，儲存於冰箱中做為原液備用。

2. 氯化鎂溶液

取 8.1 g 氯化鎂 (MgCl$_2$·6H$_2$O)，先溶於少量蒸餾水中，俟完全溶解後，再加蒸餾水至全量為 100 mL，儲存於冰箱中做為原液備用。

分別取 10 mL 氯化鎂溶液和 2.5 mL 磷酸二氫鉀溶液再加入蒸餾水至全量為 2 L，混搖均勻後，分裝於稀釋瓶中，經 121°C 滅菌 15 分鐘，做為無菌稀釋液備用。

六、採樣與保存

㈠盛裝水樣檢驗微生物之容器，應使用清潔並經滅菌之玻璃瓶或無菌塑膠容器或市售無菌採樣袋，且於採樣時應避免受到污染。水樣若含有餘氯時，無菌容器中應加入適量之硫代硫酸鈉。

（120 mL 水樣中加入 0.1 mL、10% 硫代硫酸鈉可還原 15 mg/L 餘氯）

㈡飲用水採樣前應以清潔劑清洗手部，出水口以火烤或以 70% 酒精消毒。所採水樣應具有代表性，且在檢驗之前不再被污染。

㈢高溫飲用水應使用無菌玻璃瓶採樣，俟水樣冷卻至適當溫度後，始可置入 0 ~ 5°C 之冰箱保存運送，以避免採樣瓶破裂。

㈣水樣應於採樣後 24 小時內完成檢驗並置入培養箱中培養。

㈤水樣量須以能做完所需檢驗為度,但不得少於 100 mL。

七、步　驟

㈠視水樣中微生物可能濃度範圍進行水樣稀釋步驟,使用無菌吸管吸取 10 mL 之水樣至 90 mL 之無菌稀釋水中形成 10 倍稀釋度之水樣,混合均勻,而後自 10 倍稀釋度水樣以相同操作方式進行一系列適當之 100、1 000、10 000 倍等稀釋水樣並混搖均勻。進行稀釋步驟時,均需更換無菌吸管。稀釋方法如圖 A–13 所示。

㈡以 1 mL 無菌吸管吸取 0.2 mL 的原水及(或)各稀釋濃度水樣滴在培養基上,每一稀釋濃度做二重覆。

㈢將無菌之彎曲玻璃棒放在培養基上,再用手或旋轉桌 (Turn Table) 旋轉培養皿至水樣均勻分佈於培養基表面。

㈣倒置培養皿於培養箱內,在 35±1℃ 下培養 48±3 小時。

㈤計數各稀釋度培養皿中所產生的菌落數並記錄之,若菌落太多造成計數困難,則以「菌落太多無法計數」(Too Numerous to Count,TNTC)表示。

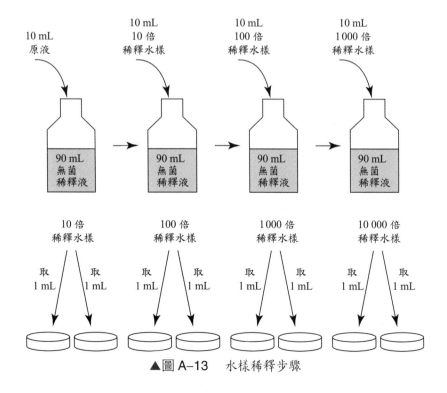

▲圖 A–13　水樣稀釋步驟

步驟㈠至㈢須在無菌操作臺內操作。

八、結果處理

㈠以含 30 至 300 個菌落之同一稀釋倍數的兩個培養皿計算其總菌落數，總菌落數以菌落數 (CFU)/mL (Colony Forming Units/mL) 表示之。計算公式如下：

$$總菌落數〔菌落數\,(CFU)/mL〕=\frac{選取培養皿之菌落數總和}{選取之實際體積總和}$$

$$=\frac{X+Y}{\dfrac{0.2}{D}+\dfrac{0.2}{D}}$$

$X,\ Y$: 同一稀釋倍數兩個培養皿之菌落數
D: 稀釋倍數

㈡培養皿之菌落數不在 30 至 300 個菌落之間時，則依菌落數實際數目以下列方式處理：

1. 若各稀釋度中僅有一個稀釋度之一個培養皿的菌落數在 30 至 300 個之間，則以上述八、㈠公式計算之。

2. 若原水培養皿中均無菌落生長，則總菌落數以 < 5 CFU/mL 表示；若僅原水有菌落產生且少於 30 個，則以實際菌落數的平均值乘以 5 後的數值表示[❷]。

3. 若各培養皿之菌落數均不在 30 至 300 個之間，則以最接近 300 個菌落數之同一稀釋度的兩個培養皿以上述八、㈠公式計算。

4. 若各稀釋度中有兩個稀釋度的培養皿之菌落數在 30 至 300 個之間，則以下列公式計算：

$$總菌落數〔菌落數\,(CFU)/mL〕=\frac{選取培養皿之菌落數總和}{選取之實際體積總和}$$

$$=\frac{X_1+Y_1+X_2+Y_2}{\dfrac{0.2}{D_1}+\dfrac{0.2}{D_1}+\dfrac{0.2}{D_2}+\dfrac{0.2}{D_2}}$$

D_1、D_2: 菌落數在 30 至 300 個之間的稀釋度
X_1、X_2: D_1 稀釋度的兩個培養皿之菌落數
Y_1、Y_2: D_2 稀釋度的兩個培養皿之菌落數

---

❷　<1 CFU/mL×1.0÷0.2

㈢數據表示：若計算所得之菌落數小於 10，以 "＜10" 表示；菌落數小於 100 時，以整數表示（小數位數四捨五入），菌落數大於 100 以上時，只取兩位有效數字，並以科學記號表示，例如菌落數為 142 時以 1.4×10^2 表示之，菌落數 155 時以 1.6×10^2 表示之，菌落數為 18 900 時 1.9×10^4 表示。

㈣檢測記錄須註明採樣時間、培養起始及終了時間、培養基名稱、培養溫度及各稀釋度的數據等相關資料。

▼表 A–32　總菌落數計算實例說明

培養皿中之菌落數				結果表示〔菌落數(CFU/mL)〕	參　考
原　水	稀釋 10 倍	稀釋 100 倍	稀釋 1 000 倍		
TNTC; TNTC	<u>156; 162</u>	17; 19	1; 0	8.0×10^3	八、㈠
TNTC; TNTC	<u>59; 53</u>	6; 4	0; 0	2.8×10^3	八、㈠
<u>310; 298</u>	29; 25	3; 4	0; 0	1.5×10^3	八、㈡．1
TNTC; TNTC	369; 356	<u>35; 29</u>	4; 3	1.6×10^4	八、㈡．1
<u>25; 24</u>	1; 2	0; 0	0; 0	1.2×10^2	八、㈡．2
<u>1; 2</u>	0; 0	0; 0	0; 0	8	八、㈡．2
<u>0; 0</u>	0; 0	0; 0	0; 0	＜5	八、㈡．2
TNTC; TNTC	<u>321; 311</u>	27; 29	3; 4	1.6×10^4	八、㈡．3
TNTC; TNTC	<u>299; 285</u>	30; 34	3; 4	1.5×10^4	八、㈡．4

① TNTC 表示菌落太多，計數困難。
②畫底線數字表示用於計數。

九、品質管制

㈠微生物採樣人員及檢測人員應具備微生物基本訓練及知識。

㈡進行微生物檢測時所用的器具均經滅菌處理。

㈢每批次採樣時，應進行野外及運送空白。

㈣每批次或每十個水樣需進行試劑空白實驗。

㈤應記錄所有稀釋度水樣的原始數據，以備查核之用。

㈥每個稀釋度水樣需至少進行二重覆。

十、精密度及準確度

　　略。

十一、參考資料

㈠ U.S. APHA-AWWA-WPCF, *Standard Methods for the Examination of Water and Wastewater*, 20th ed., pp. 9–31, American Public Health Assoc., Washington, D.C., 1998.

㈡ Van Soestbergan, A. A. & C. H. Lee, Pour Plates or Streak Plates, *Appl. Microbiol.*, 18：1092, 1969.

㈢ Kaper, J. B., A. L. Mills & R. R. Colwell, Evaluation of the Accuracy and Precision of Enumerating Aerobic Heterotrophs in Water Samples by the Spread Method, *Appl, Environ. Microbiol.* 35：756, 1978.

㈣ Buck, J. D. & R. C. Clevendor, The Spread Plate as a Method for the Enumeration of Marine Bacteria, *Limnol, Oceanoger*, 5：78, 1960.

㈤ 中國國家標準，《食品微生物之檢驗法──總菌落數之檢驗》，經濟部中央標準局，CNS 10890 N6186，1988。

水中總菌落數檢測方法㈡[1] ——混合稀釋法

中華民國九十三年三月二十九日

(93) 環署檢字第 0930022126 號公告

NIEA E204.52B

一、方法概要

　　本方法係用以檢測能在胰化蛋白腖葡萄糖培養基（Tryptone Glucose Extract Agar，TGE）或在培養皿計數培養基（Plate Count Agar，PCA）中生長並形成菌落之水中好氧及兼性厭氧異營菌。

二、適用範圍

　　本方法適用於飲用水及地面水體、地下水體、廢水、污水之水質中總菌落數檢驗。

三、干　擾

㈠水樣中含有抑制或促進細菌生長的物質。

㈡檢測使用的玻璃器皿及設備含有抑制或促進細菌生長物質。

㈢其他。

四、設　備

㈠量筒：一般使用 100、500 及 1 000 mL 之量筒。

㈡吸管：一般使用 有 0.1 mL 刻度之 1、5 及 10 mL 之滅菌玻璃吸管或市售無菌塑膠吸管，或無菌微量吸管 (Micropipet)。

㈢培養皿：90×15 或 100×15 mm 之滅菌玻璃培養皿或市售無菌塑膠培養皿，底面平滑無氣泡、刮傷或其他缺點者。

㈣稀釋瓶：一般使用 100、250、500 及 1 000 mL 可滅菌之硼矽玻璃製品。

㈤錐形瓶：一般使用 500 及 1 000 mL 之可滅菌硼矽玻璃製品。

---

[1]　配合本書第 25 章。

㈥採樣容器: 容量 120 mL 以上可滅菌之硼矽玻璃瓶或無菌塑膠製有蓋容器，或市售無菌袋。

㈦冰箱: 溫度能保持在 0 至 5°C 者。

㈧水浴槽: 溫度能保持在約 50°C 者。

㈨培養箱: 溫度能保持在 35 ± 1°C 者。

㈩高壓滅菌釜: 用於培養基和稀釋液等不能乾熱滅菌之材料及用具等之滅菌。溫度能保持在 121°C（壓力約 15 lb/in^2 或 1 kg/cm^2）、15 分鐘以上者。

㈠乾熱滅菌器（烘箱）: 用於玻璃器皿等用具之滅菌。溫度可維持在 160°C 達 2 小時或 170°C 達 1 小時以上者。

㈢菌落計數器: 適用於菌落之計算者。

㈢天平: 能精秤至 0.01 克者。

五、試　劑

㈠培養基: 可選取下列二者之一培養細菌。依下列配方配製培養基，或使用市售商品化的培養基均可。

　1.胰化蛋白腖葡萄糖培養基（Tryptone Glucose Extract Agar，TGE）

葡萄糖 (Glucose)	1.0 g
胰化蛋白腖 (Tryptone)	5.0 g
牛肉抽出物 (Beef Extract)	3.0 g
洋菜 (Agar)	15.0 g
蒸餾水	1 L

經 121°C 滅菌 15 分鐘。置於約 50°C 的水浴槽中，避免凝結。可根據檢驗需求量，依配方比例配製培養基。

　2.培養皿計數培養基（Plate Count Agar，PCA）

葡萄糖 (Glucose)	1.0 g
胰化蛋白腖 (Tryptone)	5.0 g
酵母抽出物 (Yeast Extract)	2.5 g
洋菜 (Agar)	15.0 g
蒸餾水	1 L

經 121°C 滅菌 15 分鐘。置於約 50°C 的水浴槽中，避免凝結。可根據檢驗需求量，依配方比例配製培養基。

㈡無菌稀釋液

1. 磷酸二氫鉀溶液

　　取 3.4 g 磷酸二氫鉀 (KH_2PO_4) 溶於 50 mL 之蒸餾水中，俟完全溶解後，以 1.0 N 氫氧化鈉溶液調節其 pH 值為 7.2±0.5。然後加蒸餾水至全量為 100 mL，儲存於冰箱中作為原液備用。

2. 氯化鎂溶液

　　取 8.1 g 氯化鎂 ($MgCl_2 \cdot 6H_2O$)，先溶於少量蒸餾水中，俟完全溶解後，再加蒸餾水至全量為 100 mL，儲存於冰箱中作為原液備用。

　　分別取 10 mL 氯化鎂溶液和 2.5 mL 磷酸二氫鉀溶液再加入蒸餾水至全量為 2 L，混搖均勻後，分裝於稀釋瓶中，經 121°C 滅菌 15 分鐘，作為無菌稀釋液備用。

六、採樣與保存

㈠盛裝水樣檢驗微生物之容器，應使用清潔並經滅菌之玻璃瓶或無菌塑膠容器或市售無菌採樣袋，且於採樣時應避免受到污染。水樣若含有餘氯時，無菌容器中應加入適量之硫代硫酸鈉。

　　（120 mL 水樣中加入 0.1 mL、10% 硫代硫酸鈉可還原 15 mg/L 餘氯）

㈡飲用水採樣前應清潔手部，飲用水出水口以火烤或以 70% 酒精消毒。所採水樣應具有代表性，且在檢驗之前不再被污染。

㈢高溫飲用水應使用無菌玻璃瓶採樣，俟水樣冷卻至適當溫度後，始可置入 0～5°C 之冰箱保存運送，以避免採樣瓶破裂。

㈣水樣應於採樣後 24 小時內完成檢驗，並置入培養箱中培養。

㈤水樣量須以能做完所需檢驗為度，但不得少於 100 mL。

七、步　驟

㈠將已滅菌之培養基放入水浴槽內，溫度保持約在 50°C，以避免凝結。

㈡視水樣中微生物可能濃度範圍進行水樣稀釋步驟，使用無菌吸管吸取 10 毫升之水樣至 90 毫升之無菌稀釋液中形成 10 倍稀釋度之水樣，混合均勻，而後自 10 倍稀釋度水樣以相同操作方式進行一系列適當之 100、1 000、10 000 倍等稀釋水樣並混搖均勻，進行稀釋步驟時，均需更換無菌吸管。稀釋方法如圖 A–13 (p. 487) 所示。

㈢以 1 mL 無菌吸管吸取 1 mL 的原水及（或）各稀釋度水樣滴在培養皿內，每一稀釋濃度至少做二重覆。

㈣將約 50℃ 培養基分別倒約 15 mL 至含原水及（或）稀釋度水樣的培養皿中，混搖均勻後靜置凝結。

㈤倒置培養皿於培養箱內，在 35±1℃ 培養 48±3 小時。

㈥計數各稀釋度培養皿中所產生的菌落數並記錄之，若菌落太多造成計數困難時，則以「菌落太多無法計數」（Too Numerous to Count，TNTC）表示。

步驟㈡～㈣須在無菌操作臺內操作。

八、結果處理

㈠以含 30 至 300 個菌落之同一稀釋度的兩個培養皿計算其總菌落數，總菌落數以 菌落數 (CFU)/mL (Colony Forming Units/mL) 表示之。計算公式如下：

$$\text{總菌落數}〔\text{菌落數 (CFU)/mL}〕= \frac{\text{選取培養皿之菌落數總和}}{\text{選取之實際體積總和}}$$

$$= \frac{X + Y}{\dfrac{1.0}{D} + \dfrac{1.0}{D}}$$

D: 菌落數在 30 至 300 個之間的稀釋度
X、Y: D 稀釋度的兩個培養皿之菌落數

㈡培養皿之菌落數不在 30 至 300 個菌落之間時，則依菌落數實際數目以下列方式處理：

　1. 若原水及各稀釋水樣中僅有一個稀釋度的一個培養皿之菌落數在 30 至 300 個之間，則以上述八、㈠公式計算之。

　2. 若原水培養皿中均無菌落生長，則總菌落數以小於 1 (< 1) 表示；若僅原水有菌落產生且少於 30 個，亦應計數菌落數。

　3. 若各培養皿之菌落數均不在 30 至 300 個之間，則以最接近 300 個菌落數之同一稀釋度的兩個培養皿以上述八、㈠公式計算。

4. 若各稀釋度中有兩個稀釋度之培養皿的菌落數在 30 至 300 個之間，則以下列公式計算之：

$$總菌落數〔菌落數 (CFU)/mL〕 = \frac{選取培養冊之菌落數總和}{選取之實際體積總和}$$

$$= \frac{X_1 + Y_1 + X_2 + Y_2}{\dfrac{1.0}{D_1} + \dfrac{1.0}{D_1} + \dfrac{1.0}{D_2} + \dfrac{1.0}{D_2}}$$

D_1、D_2：菌落數在 30 至 300 個之間的稀釋度
X_1、X_2：D_1 稀釋度的兩個培養皿之菌落數
Y_1、Y_2：D_2 稀釋度的兩個培養皿之菌落數

㈢若計算所得之總菌落數小於 1（含 0），以 " < 1 " 表示；總菌落數小於 100 時，以整數表示（小數位數四捨五入），總菌落數大於 100 以上時，只取兩位有效數字，並以科學記法表示，例如總菌落數為 142 時以 1.4×10^2 表示，總菌落數 155 時以 1.6×10^2 表示，總菌落數為 18 900 時以 1.9×10^4 表示。

㈣檢測紀錄須註明採樣時間、培養起始及終了時間、培養基名稱、培養溫度及各稀釋度的數據等相關資料。

九、品質管制

㈠微生物採樣人員及檢測人員應具備微生物基本訓練及知識。

㈡進行微生物檢驗時，所用的器具均應經滅菌處理。

㈢每批次採樣時，應進行野外及運送空白。

㈣每批次或每十個水樣需進行試劑空白實驗。

㈤應記錄所有稀釋度水樣的原始數據，以備查核之用。

㈥每個稀釋度水樣需至少進行二重覆。

十、精密度及準確度

略。

十一、參考資料

㈠ U.S.A PHA-AWWA-WPCF, *Standard Methods for the Examination of Water and Wastewater*, 20th ed., American Public Health Assoc., Washington, D.C., 1998.

㈡ Van Soestbergan, A. A. & C. H. Lee, Pour Plates or Streak Plates, *Appl. Microbiol*, 18：1092, 1969.

㈢ Berry, J. M., D. A. McNeill & L. D. Witter, Effect of Delays in Pour Plating on Bacterial Counts, *J. Dairy. Sci.*, 52：1456, 1969.

㈣ 中國國家標準，《食品微生物之檢驗法──總菌落數之檢驗》，經濟部中央標準局，CNS 10890 N6186，1988。

水中大腸桿菌群檢測方法㈠**❶** ──多管發酵法

中華民國九十三年三月二十九日

(93) 環署檢字第 0930022285 號公告

NIEA E201.52B

一、方法概要

本方法係用以檢測水中革蘭氏染色陰性，不產生內生孢子之桿狀好氧或兼性厭氧菌，且能在 $35 \pm 1°C$、48 ± 3 小時發酵乳糖並產生氣體之大腸桿菌群 (Coliform Group)；在不同體積或不同稀釋度之水樣所產生之結果，以「100 mL 水中最大可能數 (MPN/100 mL)」表示 100 mL 水中存在之大腸桿菌群數目。

二、適用範圍

本方法適用地面水體、地下水體、廢水、污水及海域水質及水源水質水樣中大腸桿菌群之檢驗。

三、干　擾

㈠水樣中含有抑制或促進大腸桿菌群細菌生長之物質。

㈡檢測使用的玻璃器皿及設備含有抑制或促進大腸桿菌群細菌生長的物質。

㈢其他。

四、設　備

㈠量筒：一般使用 100、500 及 1 000 mL 之量筒。

㈡吸管：一般使用有 0.1 刻度之 10 mL 滅菌玻璃吸管或市售無菌塑膠吸管，或 10 mL 無菌微量吸管 (Micropipet)。

㈢試管：大小約 150 × 15 mm 之試管或有蓋螺旋試管。

㈣發酵管 (Durham Fermentation Tube)：大小約 22 × 9 mm 之玻璃管。

---

❶ 配合本書第 26 章。

㈤稀釋瓶：一般使用 100 mL、250 mL、500 mL 及 1 000 mL 可滅菌之硼矽玻璃製品。

㈥錐形瓶：一般使用 500 mL、1 000 mL 及 2 000 mL 之可滅菌硼矽玻璃製品。

㈦採樣容器：容量 120 mL 以上可滅菌之玻璃瓶或塑膠製無菌有蓋容器，或市售無菌袋。

㈧冰箱：溫度能保持在 0 至 5°C 者。

㈨天平：能精稱至 0.01 g 者。

㈩培養箱：溫度能保持在 35±1°C 者。

㈡高壓滅菌釜：用於培養基和稀釋水等不能乾熱滅菌之材料及用具等之滅菌。溫度能維持在 121°C（壓力約 15 lb/in^2 或 1 kg/cm^2）滅菌 15 分鐘以上者。

㈢乾熱滅菌器（烘箱）：用於玻璃器皿等用具之滅菌。可維持在 160°C 達 2 小時或 170°C 達 1 小時以上者。

㈣接種環：為白金或鎳鉻合金製，能適用於細菌接種或移植者。

五、試 劑

㈠培養基，可選用市售培養基。

　1.硫酸月桂酸胰化蛋白腙培養基（Lauryl Sulfate Tryptose Broth，簡稱 LST）

　1 倍濃度 LST 培養基含有下列成分：

胰化蛋白腙 (Tryptose)	20.0 g
乳糖 (Lactose)	5.0 g
氯化鈉 (NaCl)	5.0 g
磷酸氫二鉀 (K_2HPO_4)	2.75 g
磷酸二氫鉀 (KH_2PO_4)	2.75 g
硫酸月桂酸鈉 (Sodium Lauryl Sulfate)	0.1 g
蒸餾水	1 L

配成 2 倍濃度，完全溶解後，分取 10 mL 注入裝有倒置發酵管之試管內，經 121°C 滅菌 15 分鐘，冷卻後備用。滅菌後培養基保存在 2 至 10°C，培養基使用期限以不超過兩週為限。可根據檢驗需求量，依配方配製培養基。

　2.煌綠乳糖膽汁培養基（Brilliant Green Lactose Bile Broth，簡稱 BGLB）

　1 公升的 BGLB 培養基中含有下列成分：

蛋白腙 (Peptone)	10.0 g
乳糖 (Lactose)	10.0 g
牛膽粉 (Oxgall Powder)	20.0 g

煌綠色試劑 (Brilliant Green)   0.0133 g
蒸餾水   1 L

完全溶解後，分取 5 至 10 mL 注入裝有倒置發酵管之試管內，經 121°C 滅菌 15 分鐘，冷卻後備用。滅菌後培養基保存在 2 至 10°C 不透光容器中，培養基使用期限以不超過一週為限。可根據檢驗需求量，依配方配製培養基。

㈡無菌稀釋液

1. 磷酸二氫鉀溶液

取 3.4 g 磷酸二氫鉀 (KH_2PO_4) 溶於 50 mL 的蒸餾水中，俟完全溶解後，以 1.0 N NaOH 溶液調節其 pH 值為 7.2±0.5，然後加蒸餾水至 100 mL 後儲存於冰箱中，作為原液備用。

2. 氯化鎂溶液

取 8.1 g 氯化鎂 ($MgCl_2 \cdot 6H_2O$)，先溶於少量蒸餾水，俟完全溶解後，再加蒸餾水至全量為 100 mL，儲存於冰箱中作為原液備用。

分別取 10 mL 氯化鎂溶液和 2.5 mL 磷酸二氫鉀溶液再加入蒸餾水至 2 L，混搖均勻後，分裝於稀釋瓶中，經 121°C 滅菌 15 分鐘，作為無菌稀釋液備用。

六、採樣與保存

㈠盛裝水樣檢驗微生物之容器，應使用清潔並經滅菌之玻璃瓶或無菌塑膠容器或市售無菌採樣袋，且於採樣時應避免受到污染。水樣若含有餘氯時，無菌容器中應加入適量之硫代硫酸鈉。

（120 mL 水樣中加入 0.1 mL、10% 硫代硫酸鈉可還原 15 mg/L 餘氯）

㈡採樣前以清潔劑清洗手部，再行採水樣，所採水樣應具有代表性，且在檢驗之前不再被污染。採樣後水樣儘速置入 0 ～ 5°C 冰箱中保存運送。

㈢水樣應於採樣後 24 小時內完成推定試驗，並置入培養箱中培養。

㈣水樣量須以能做完所需檢驗為度，但不得少於 120 mL。

七、步　驟

試驗分兩階段進行。首先進行推定試驗，若推定試驗結果為陽性反應，則繼續進行第二階段之確定試驗，如結果仍是陽性反應則顯示有大腸桿菌群存在。各試驗步驟如下述：

(一)推定試驗

　1.慎選發酵管中沒有氣泡且未污染之 10 mL 2 倍濃度 LST 試管。

　2.視水樣中微生物可能濃度範圍進行水樣稀釋步驟，使用無菌吸管吸取 10 mL 水樣
　　至 90 mL 無菌稀釋液中，形成 10 倍稀釋度水樣，混合均勻，而後自 10 倍稀釋度
　　水樣以相同操作方式進行一系列適當之 100、1000、10000 倍等稀釋水樣，進行稀
　　釋步驟時，均需更換無菌稀釋吸管，水樣稀釋步驟如圖 A-13 (p. 487) 所示。

　3.以無菌吸管分別取各稀釋度 10 mL 水樣至內含 10 mL 2 倍濃度的 LST 試管中，每
　　一稀釋度各作 5 支，小心混合均勻，混合後發酵管內不可產生氣泡，每批次或每
　　10 個水樣需以無菌稀釋液進行試劑空白實驗。

　4.在 35±1℃ 培養箱中培養 48±3 小時，觀察並記錄發酵情形，若有氣體產生則推定
　　試驗為陽性反應，若無氣體產生則推定試驗為陰性反應，但若培養液呈混濁狀態，
　　雖無產氣，亦應進行確定試驗。

(二)確定試驗

　若推定試驗之發酵管中有氣體或混濁產生時，則使用 BGLB 進行確定試驗:

　1.慎選發酵管中沒有氣泡且未污染之 BGLB 試管。

　2.利用無菌接種環自產生氣體以及混濁之 LST 培養基試管中，接種一圈培養液至
　　BGLB 培養基試管中。

　3.在 35±1℃ 培養箱中培養 48±3 小時。

　4.在 48±3 小時內，BGLB 培養基試管如有氣體產生，則確定試驗為陽性反應。

八、結果處理

(一)經確定試驗確認 BGLB 試管為陽性反應後，應以「100 mL 水中最大可能數
　　(MPN/100 mL)」計算及記錄。5 支發酵管連續三種稀釋度之 MPN 可查表 A-33。
　　表 A-33 所示接種之水樣量為 10 mL、1.0 mL 及 0.1 mL，若接種之水樣量為 1.0 mL、
　　0.1 mL 及 0.01 mL 時應將附表數字乘以 10 倍；如用 0.1 mL、0.01 mL 及 0.001 mL 時
　　應乘以 100 倍，餘類推。如果所用之稀釋度有三種以上時，採用最具意義之三種稀釋
　　度如表 A-34 所示。

100 mL 水中大腸桿菌群最大可能數 (MPN/100 mL) 之計算公式如下：

$$\text{MPN}/100\ \text{mL} = 查表所得之\ \text{MPN}\ 值 \times \frac{10}{最具意義三種稀釋度之最大水樣體積}$$

結果如為個位數、十位數則直接以個位數或十位數表示，若三位數以上，則以兩位有效數字之科學記法表示：例如 110 以 1.1×10^2 表示，16 000 以 1.6×10^4 表示。

㈡檢測記錄須註明採樣時間、培養起始及終了時間、培養基名稱、培養溫度及各稀釋度的數據等相關資料。

九、品質管制

㈠微生物採樣人員及檢測人員應具備微生物基本訓練及知識。

㈡進行微生物檢驗時，所用的器具均應經滅菌處理。

㈢每批次採樣時應進行野外及運送空白。

㈣每批次或每 10 個水樣需進行試劑空白實驗。

㈤檢驗報告應記錄原始數據，以備查核之用。

十、精密度及準確度

　　略

十一、參考資料

㈠ APHA-AWWA-WPCF, *Standard Methods for the Examination of Water and Wastewater*, 20th ed., American Public Health Assoc. Washington, D.C., 1998.

㈡經濟部中央標準局，《食品微生物之檢驗法──大腸桿菌之檢驗》，中國國家標準。總號 10951 類號 N6192，1988。

㈢經濟部中央標準局，《食品微生物之檢驗法──大腸桿菌群之檢驗》，中國國家標準。總號 10984 類號 N6194，1988。

㈣日本規格協會，JIS，《公害關係》，pp. 1015～1020，東京・日本，1991。

▼表 A–33　三連續稀釋度 (10 mL、1 mL、0.1 mL) 五試管重覆測試時，不同陽性及陰性結果組合之 MPN 指數及 95% 可信賴極限

接種 BGLB 所得陽性反應試管數	每 100 mL 之 MPN	95% 可信範圍		接種 BGLB 所得陽性反應試管數	每 100 mL 之 MPN	95% 可信範圍	
		下限	上限			下限	上限
0–0–0	< 2	–	–	4–2–0	22	9.0	56
0–0–1	2	1.0	10	4–2–1	26	12	65
0–1–0	2	1.0	10	4–3–0	27	12	67
0–2–0	4	1.0	13	4–3–1	33	15	77
				4–4–0	34	16	80
1–0–0	2	1.0	11	5–0–0	23	9.0	86
1–0–1	4	1.0	15	5–0–1	30	10	110
1–1–0	4	1.0	15	5–0–2	40	20	140
1–1–1	6	2.0	18	5–1–0	30	10	120
1–2–0	6	2.0	18	5–1–1	50	20	150
				5–1–2	60	30	180
2–0–0	4	1.0	17	5–2–0	50	20	170
2–0–1	7	2.0	20	5–2–1	70	30	210
2–1–0	7	2.0	21	5–2–2	90	40	250
2–1–1	9	3.0	24	5–3–0	80	30	250
2–2–0	9	3.0	25	5–3–1	110	40	300
2–3–0	12	5.0	29	5–3–2	140	60	360
3–0–0	8	3.0	24	5–3–3	170	80	410
3–0–1	11	4.0	29	5–4–0	130	50	390
3–1–0	11	4.0	29	5–4–1	170	70	480
3–1–1	14	6.0	35	5–4–2	220	100	580
3–2–0	14	6.0	35	5–4–3	280	120	690
3–2–1	17	7.0	40	5–4–4	350	160	820
4–0–0	13	5.0	38	5–5–0	240	100	940
4–0–1	17	7.0	45	5–5–1	300	100	1 300
4–1–0	17	7.0	46	5–5–2	500	200	2 000
4–1–1	21	9.0	55	5–5–3	900	300	2 900
4–1–2	26	12	63	5–5–4	1 600	600	5 300
				5–5–5	≥ 1 600	–	–

▼表 A–34　判讀說明

水樣別	水樣體積 (mL)				陽性反應組合
	1	0.1	0.01	0.001	
a	5/5	5/5	2/5	0/5	5–2–0
b	5/5	4/5	2/5	0/5	5–4–2
c	0/5	1/5	0/5	0/5	0–1–0
d	5/5	3/5	1/5	1/5	5–3–2
e	5/5	3/5	2/5	0/5	5–3–2

水中大腸桿菌群檢測方法㈡[1] —— 濾膜法

中華民國九十三年三月二十九日

(93) 環署檢字第 0930022285 號公告

NIEA E202.52B

一、方法概要

本方法係用濾膜檢測非飲用水中好氧或兼性厭氧、革蘭氏染色陰性、不產芽孢之大腸桿菌群 (Coliform Group) 細菌。該群細菌在含有乳糖的 Endo 培養基上，於 35±1°C 培養 24±2 小時會產生紅色色系具金屬光澤菌落。所有缺乏紅色金屬光澤的菌落，均判定為非大腸桿菌群。

二、適用範圍

本方法適用於地面水體、地下水體、廢水、污水及海域水質及水源水質水樣中大腸桿菌群之檢測驗。

三、干 擾

㈠水樣中含有抑制或促進大腸桿菌群細菌生長之物質。

㈡檢測使用的玻璃器皿及設備含有抑制或促進大腸桿菌群細菌生長的物質。

㈢濁度過高之水樣易造成濾膜孔隙阻塞，影響水樣檢驗的觀察及結果的判讀。

㈣其他。

四、設 備

㈠量筒：一般使用 100、500 及 1 000 mL 之量筒。

㈡吸管：一般使用 1、5 及 10 mL 之無菌玻璃吸管或無菌塑膠製吸管，應有 0.1 mL 之刻度。

㈢稀釋瓶：一般使用 100、250、500 及 1 000 mL 能耐高壓滅菌之硼矽玻璃製品。

---

[1] 配合本書第 26 章。

(四)錐形瓶：一般使用 250、500、1 000 及 2 000 mL 能耐高壓滅菌之硼矽玻璃製品。

(五)採樣容器：無菌之玻璃或塑膠製有蓋容器，使用市售無菌袋亦可。

(六)培養皿：硼矽玻璃製或可拋棄式塑膠製培養皿。其大小以 60 × 15 mm、50 × 12 mm 或其他適當大小者。

(七)過濾裝置：能耐高溫高壓滅菌的玻璃、塑膠、陶瓷或不銹鋼等材質構成之無縫隙漏斗，以鎖定裝置、磁力或重力固定於底部。

(八)抽氣幫浦：水壓式或吸氣式，壓力差最好在 138 至 207 kPa 者。

(九)濾膜：一般使用 0.45 μm 孔徑且有格子記號的濾膜，直徑 47 mm，能使水中大腸桿菌群完全滯留者。

(十)鑷子：前端圓滑、內側無波紋。

(十一)培養箱：溫度能保持 35 ± 1°C 者。

(十二)加熱板：可調溫度，並附磁石攪拌功能者。

(十三)菌落計數器：用於計算菌落數目。

(十四)天平：能精稱至 0.01 g 者。

(十五)高壓滅菌釜：用於稀釋、過濾裝置等不能乾熱滅菌之材料及用具等之滅菌。能以中心溫度 121°C（壓力約 15 lb/in^2 或 1 kg/cm^2）滅菌 15 分鐘以上者。

(十六)乾熱滅菌器（烘箱）：用於玻璃器皿等用具之滅菌。溫度能保持 160°C 達 2 小時或 170°C 達 1 小時以上者。

五、試　劑

(一)培養基，可選用市售商品化培養基。

1. LES Endo Agar 培養基（又名 m-Endo Agar LES 培養基）

每一公升之 LES Endo Agar 培養基含下列成分：

酵母抽出物 (Yeast Extract)	1.2 g
胰化酪蛋白腖（Casitone 或 Trypticase）	3.7 g
胰化蛋白腖 (Tryptose)	7.5 g
硫化蛋白腖（Thiopeptone 或 Thiotone）	3.7 g
乳糖 (Lactose)	9.4 g
磷酸氫二鉀 (K_2HPO_4)	3.3 g
磷酸二氫鉀 (KH_2PO_4)	1.0 g
氯化鈉 (NaCl)	3.7 g
去氧膽酸鈉 (Sodium Desoxycholate)	0.1 g

硫酸月桂酸鈉 (Sodium Lauryl Sulfate)	0.05 g
亞硫酸鈉 (Na$_2$SO$_3$)	1.6 g
鹼性洋紅 (Basic Fuchsin)	0.8 g
洋菜 (Agar)	15.0 g

將上述成分溶於含 20 mL 酒精（95%，*V/V*）之 1 公升蒸餾水中，煮沸溶解後❷，冷卻至 45 至 50°C，分裝約 5 mL 之培養基至直徑 60 mm 培養皿中，置於室溫下凝固後，保存在 2 至 10°C 不透光的容器或黑暗中。培養基使用期限以不超過兩週為限。可根據檢測需求量，依配方比例配製培養基。

2. m-Endo Broth 培養基

每一公升之 m-Endo Broth 培養基含下列成分：

酵母抽出物 (Yeast Extract)	1.5 g
胰化蛋白腖（Tryptose 或 Polypeptone）	10.0 g
硫化蛋白腖（Thiopeptone 或 Thiotone）	5.0 g
胰化酪蛋白腖（Casitone 或 Trypticase）	5.0 g
乳糖 (Lactose)	12.5 g
氯化鈉 (NaCl)	5.0 g
磷酸氫二鉀 (K$_2$HPO$_4$)	4.375 g
磷酸二氫鉀 (KH$_2$PO$_4$)	1.375 g
硫酸月桂酸鈉 (Sodium Lauryl Sulfate)	0.05 g
去氧膽酸鈉 (Sodium Desoxycholate)	0.1 g
亞硫酸鈉 (Na$_2$SO$_3$)	2.1 g
鹼性洋紅 (Basic Fuchsin)	1.05 g

將上述成分溶於含 20 mL 酒精（95%，*V/V*）之 1 公升蒸餾水中，煮沸後❸ 冷卻。分裝約 1.8 至 2.2 mL 培養液至含墊片之直徑 60 mm 培養皿中。培養基使用以不超過 96 小時為限。可根據檢測需求量，依配方比例配製培養基。

本培養基亦有添加洋菜的配方，配製方法及使用期限參照 LES Endo Agar 培養基。

㈡無菌稀釋液

1. 磷酸二氫鉀溶液

取 3.4 g 磷酸二氫鉀 (KH$_2$PO$_4$) 溶於 50 mL 的蒸餾水中，俟完全溶解後，以 1.0 *N* NaOH 溶液調整其 pH 值為 7.2±0.5，然後加蒸餾水至全量為 100 mL，儲存於冰箱中作為原液備用。

---

❷　此培養基不可高溫高壓滅菌。

❸　此培養基不可高溫高壓高壓滅菌。

2. 氯化鎂溶液

取 8.1 g 氯化鎂 ($MgCl_2 \cdot 6H_2O$) 先溶於少量蒸餾水，俟完全溶解後，再加蒸餾水至全量為 100 mL，儲存於冰箱中作為原液備用。

分別取 10 mL 氯化鎂溶液和 2.5 mL 磷酸二氫鉀溶液，再加入蒸餾水至全量為 2 L，混搖均勻後，分裝於稀釋瓶中，經 121°C 滅菌 15 分鐘，作為無菌稀釋液備用。

六、採樣與保存

㈠採微生物檢測之水樣時，應使用清潔並經滅菌之玻璃或塑膠容器或市售無菌採樣袋，且於採樣時應避免受到污染。水樣若含有餘氯時，無菌容器中應加入適量之硫代硫酸鈉（120 mL 的水樣中加入 0.1 mL、10% 的硫代硫酸鈉可還原 15 mg/L 的餘氯）。

㈡水樣運送及保存之溫度應維持在 0 ～ 5°C。

㈢水樣應於採樣後 24 小時內完成檢測並置入培養箱中培養。

㈣水樣量以能做完所需檢測為度，但不得少於 100 mL。

七、步　驟

㈠視水樣中微生物可能濃度範圍進行水樣稀釋步驟。使用無菌吸管吸取 10 mL 之水樣至 90 mL 之無菌稀釋液中，形成 10 倍稀釋度之水樣，混合均勻。而後自 10 倍稀釋度水樣，以相同操作方式進行一系列適當之 100、1 000、10 000 倍等稀釋水樣，並混搖均勻。進行稀釋步驟時，均需更換無菌吸管。水樣稀釋步驟如附圖所示。

㈡以無菌鑷子夾起無菌濾膜，放在無菌過濾裝置之有孔平板上，小心將漏斗固定，將過濾裝置接上抽氣幫浦。加入適量無菌稀釋液，以測定過濾設備是否裝置妥當。

㈢以無菌吸管吸取 10 mL 的原液及（或）各稀釋度水樣至無菌過濾器中過濾。過濾後，再以 20 至 30 mL 之無菌稀釋液沖洗漏斗；每個稀釋度水樣皆需進行二重覆。

㈣沖洗過濾後，解開真空裝置，將漏斗移開。儘速以無菌鑷子取出過濾後之濾膜置於培養基上，濾膜應完全與培養基貼合，避免產生氣泡。將培養皿置於 35 ± 1°C 培養箱內培養 24 ± 2 小時。進行不同稀釋度水樣時，應更換無菌過濾器（漏斗），或將過濾器（漏斗）滅菌後才可再使用。

㈤計數各稀釋度培養皿中所產生的紅色金屬光澤菌落，並記錄之，若紅色金屬光澤菌落太多或雜菌菌落數太多造成判讀困難，則以「菌落太多無法計數」（Too Numerous to Count，TNTC）表示。

八、結果處理（計算實例請參照附表）

㈠以含 20 至 80 個菌落之同一稀釋度的兩個培養皿計算其菌落數，以 菌落數 (CFU)/ 100 mL 表示之。計算公式如下：

大腸桿菌群〔菌落數 (CFU)／100 mL〕

$$= \frac{選取培養皿之紅色金屬光澤菌落數總和}{選取培養皿之實際體積總和} \times 100$$

$$= \frac{X + Y}{\dfrac{10}{D} + \dfrac{10}{D}} \times 100$$

X、*Y*: *D* 稀釋度之兩個培養皿的紅色金屬光澤菌落數
D: 菌落數在 20 至 80 個之間的稀釋度

㈡培養皿之菌落數不在 20 至 80 個菌落之間時，則依菌落數實際數目以下列方式處理：

1. 若原液及各稀釋水樣中僅有一個稀釋度的一個培養皿菌落數在 20 至 80 個之間，則以上述公式計算之。
2. 若原液培養皿中均無菌落生長，則菌落數以小於 10 (< 10) 表示；若僅原液有菌落產生且少於 20 個，亦應計數菌落數。
3. 若各培養皿之菌落數均不在 20 至 80 個之間，則選取最接近 80 個菌落數之同一稀釋度的兩個培養皿以上述公式計算。

㈢數據表示：若計算所得之菌落數小於 10，以 "< 10" 表示；菌落數小於 100 時，以整數表示（小數位數四捨五入），菌落數大於 100 以上時，只取兩位有效數字，並以科學記號表示，例如菌落數為 142 時以 1.4×10^2 表示之，菌落數 155 時以 1.6×10^2 表示之，菌落數為 18 900 時以 1.9×10^4 表示。

㈣檢測記錄須註明採樣時間、培養起始及終了時間、培養基名稱、培養溫度及各稀釋度的數據等相關資料。

九、品質管制

㈠微生物採樣人員及檢測人員應具備微生物基本訓練及知識。
㈡進行微生物檢測時，所用的盛裝器具均應經滅菌處理。
㈢每次採樣時，應進行野外及運送空白。

㈣每批次或每十個水樣需進行一次試劑空白。

㈤應記錄所有稀釋度水樣的原始數據，以備查核之用。

㈥每個稀釋度水樣需至少進行二重覆。

十、精密度與準確度

略。

▼表 A-35　大腸桿菌群計算實例說明

培養皿中之金屬光澤菌落				結果表示〔菌落數 (CFU)/100 mL〕	參　考
原液 10 mL	稀釋 10 倍（原液 1 mL）	稀釋 100 倍（原液 0.1 mL）	稀釋 1 000 倍（原液 0.01 mL）		
TNTC; TNTC	<u>75</u>; <u>70</u>	6; 7	1; 0	7.3×10^3	八、㈠
TNTC; TNTC	<u>21</u>; <u>17</u>	3; 4	0; 0	1.9×10^3	八、㈠・1
TNTC; TNTC	TNTC; TNTC	<u>90</u>; <u>85</u>	11; 9	8.8×10^4	八、㈠・3
<u>5</u>; <u>3</u>	0; 0	0; 0	0; 0	40	八、㈡・2
0; 0	0; 0	0; 0	0; 0	< 10	八、㈡・2

① TNTC 表示菌落太多，計數困難。
② 畫底線數字表示用於計數。

十一、參考文獻

㈠ Field, C. W. and Schaufus, C. P., Improved Membrane Filter Medium for the Detection of Coliform Organisms, *Amer. Water Works Assoc*, 50：193, 1958.

㈡ McCarthy, J. A. and Delaney, J. E., Membrane Filter Media Studies, *Water Sewage Works*, 105：292, 1958.

㈢ Rhines, C. E. and Cheevers, W. P., Decontamination of Membrane Filter Holders by Ultraviolet Light, *J. Amer. Water Works Assoc.*, 57：500. 1965.

㈣ Geldriech, E. E., Jeter, K. L. and Winter, J. A., Technical Considerations in Applying the Membrane Filter Procedure, *Health Lab. Sci*, 4：113, 1967.

㈤ Watling, H. R. and Watling, R. J., Note on the Trace Metal Content of Membrane Filters, *Water SA*. 1:28, 1975.

㈥ Lin, S. D., Evaluation of Millipore HA and HC Membrane Filters for the Enumeration of Indicator Bacteria, *Appl. Environ. Microbiol.*, 32:300, 1976.

㈦ Standridge, J. H., Comparison of Surface Pore Morphology of Two Brands of Membrane Filters, *Appl. Environ. Microbiol*, 31:316, 1976.

㈧ Geldreich, E. E., Performance Variability of Membrane Filter Procedure, *Pub. Health Lab*, 34:100, 1976.

㈨ Grabow, W. O. and DuPreez, M., Comparison of m-Endo LES. MacConkey and Teepol Media for Membrane Filtration Counting of Total Coliform Bacteria in Water, *Appl. Environ. Microbiol*, 38:351, 1979.

㈩ Dutka, B. D., ed., Membrane Filtration Applications, Techniques and Problems, Marcel Dekker, Inc., New York, N.Y., 1981.

(十一) Evans,Y. M., Seideet, R. G. and Lechevallier, M. W., Impact of Verification Media and Resuscitation on Accuracy of the Membrane Filter Total Coliform Enumeration Technique, *Apple. Environ. Microbiol.*, 41:1144, 1981.

(十二) Franzblau, S.G., Hinebusch, G. J., Kelley, T. M. and Sinclair, N. A., Effect of Non-Coliforms on Coliform Detection in Potable Ground Water: Improved Recovery with Anaerobic Membrane Filter Technique, *App. Environ. Microbiol.* 48:142, 1984.

(十三) McFeters, G. A., Kippin, J. S. and Lechevallier, M. W., Injured Coliforms in Drinking Water, *Appl. Environ Microbiol.* 51:1, 1986.

(十四) APHA, American Water Works Association & Water Pollution Control Federation, *Standard Methods for the Examination of Water and Wastewater*, 20th ed., APHA, Washington, D.C., 1998.

參考文獻

1. APHA-AWWA-WEF, *Standard Methods for the Examination of Water and Wastewater*, 18th ed., APHA, Washington, D.C. 20005, USA, 1992.

2. APHA-AWWA-WEF, *Standard Methods for the Examination of Water and Wastewater*, 20th ed., APHA, Washington, D. C. 2005, USA, 1998.

3. Benefield, L. D., J. F. Judkins, and B. L. Weand, *Process Chemistry for Water and Wastewater Treatment*, Prentice-Hall, Inc., Englewood Cliffs, N.J., USA, 1982.

4. Sawyer C. N., and P. L. McCarty, *Chemistry for Environmental Engineering*, 1978.

5. Sawyer C. N., P. L. McCarty, and G. F. Parkin, *Chemistry for Environmental Engineering and Science*, 5th ed., McGraw-Hill, Inc., New York, N.Y., USA, 2003.

6. Snoeyink V. L., and D. Jenkins, *Water Chemistry*, John Wiley & Sons, New York, N.Y., USA, 1980.

7. 行政院環境保護署環境檢驗所，《水質檢驗方法》，環保署環檢所，中壢市，桃園縣，2004。

8. 陳時仁，《水質檢驗技術手冊》，1991。

9. 陳素貞，《廢水實驗室管理概論》，高立圖書有限公司，臺北縣，2001。

化學元素週期表

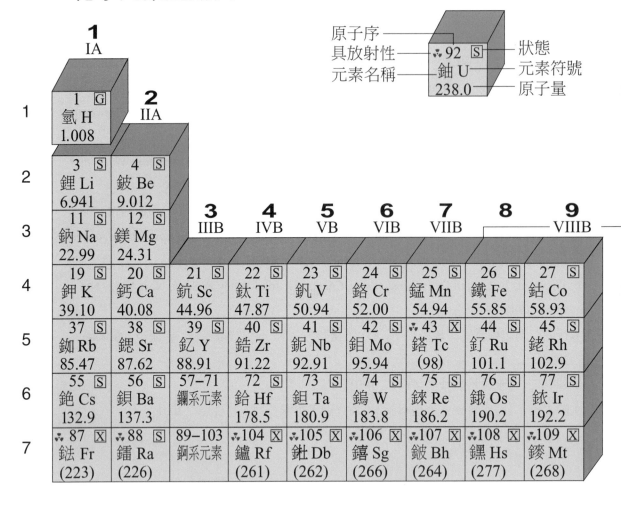

原子序							具放射性								狀態
元素名稱								✷ 92 Ⓢ							元素符號
							鈾 U								
							238.0							原子量	

1 IA

	1 IA	**2** IIA	**3** IIIB	**4** IVB	**5** VB	**6** VIB	**7** VIIB	**8**	**9** VIIIB
1	1 Ⓖ 氫 H 1.008								
2	3 Ⓢ 鋰 Li 6.941	4 Ⓢ 鈹 Be 9.012							
3	11 Ⓢ 鈉 Na 22.99	12 Ⓢ 鎂 Mg 24.31							
4	19 Ⓢ 鉀 K 39.10	20 Ⓢ 鈣 Ca 40.08	21 Ⓢ 鈧 Sc 44.96	22 Ⓢ 鈦 Ti 47.87	23 Ⓢ 釩 V 50.94	24 Ⓢ 鉻 Cr 52.00	25 Ⓢ 錳 Mn 54.94	26 Ⓢ 鐵 Fe 55.85	27 Ⓢ 鈷 Co 58.93
5	37 Ⓢ 銣 Rb 85.47	38 Ⓢ 鍶 Sr 87.62	39 Ⓢ 釔 Y 88.91	40 Ⓢ 鋯 Zr 91.22	41 Ⓢ 鈮 Nb 92.91	42 Ⓢ 鉬 Mo 95.94	✷ 43 Ⓧ 鎝 Tc (98)	44 Ⓢ 釕 Ru 101.1	45 Ⓢ 銠 Rh 102.9
6	55 Ⓢ 銫 Cs 132.9	56 Ⓢ 鋇 Ba 137.3	57–71 鑭系元素	72 Ⓢ 鉿 Hf 178.5	73 Ⓢ 鉭 Ta 180.9	74 Ⓢ 鎢 W 183.8	75 Ⓢ 錸 Re 186.2	76 Ⓢ 鋨 Os 190.2	77 Ⓢ 銥 Ir 192.2
7	✷ 87 Ⓧ 鍅 Fr (223)	✷ 88 Ⓢ 鐳 Ra (226)	89–103 錒系元素	✷ 104 Ⓧ 鑪 Rf (261)	✷ 105 Ⓧ 𨧀 Db (262)	✷ 106 Ⓧ 𨭎 Sg (266)	✷ 107 Ⓧ 𨨏 Bh (264)	✷ 108 Ⓧ 𨭆 Hs (277)	✷ 109 Ⓧ 䥑 Mt (268)

鑭系元素	57 Ⓢ 鑭 La 138.9	58 Ⓢ 鈰 Ce 140.1	59 Ⓢ 鐠 Pr 140.9	60 Ⓢ 釹 Nd 144.2	✷ 61 Ⓧ 鉅 Pm (145)	62 Ⓢ 釤 Sm 150.4	63 Ⓢ 銪 Eu 152.0
錒系元素	✷ 89 Ⓢ 錒 Ac (227)	✷ 90 Ⓢ 釷 Th 232.0	✷ 91 Ⓢ 鏷 Pa 231.0	✷ 92 Ⓢ 鈾 U 238.0	✷ 93 Ⓧ 錼 Np (237)	✷ 94 Ⓧ 鈽 Pu (244)	✷ 95 Ⓧ 鋂 Am (243)

狀態： ☒ S 固體
☒ L 液體
☒ G 氣體
☒ X 自然界不存在

								18 VIIIA
			13 IIIA	**14** IVA	**15** VA	**16** VIA	**17** VIIA	2 G 氦 He 4.003 / 1
			5 S 硼 B 10.81	6 S 碳 C 12.01	7 G 氮 N 14.01	8 G 氧 O 16.00	9 G 氟 F 19.00	10 G 氖 Ne 20.18 / 2
10	**11** IB	**12** IIB	13 S 鋁 Al 26.98	14 S 矽 Si 28.09	15 S 磷 P 30.97	16 S 硫 S 32.07	17 G 氯 Cl 35.45	18 G 氬 Ar 39.95 / 3
28 S 鎳 Ni 58.69	29 S 銅 Cu 63.55	30 S 鋅 Zn 65.39	31 S 鎵 Ga 69.72	32 S 鍺 Ge 72.59	33 S 砷 As 74.92	34 S 硒 Se 78.96	35 L 溴 Br 79.90	36 G 氪 Kr 83.80 / 4
46 S 鈀 Pd 106.4	47 S 銀 Ag 107.9	48 S 鎘 Cd 112.4	49 S 銦 In 114.8	50 S 錫 Sn 118.7	51 S 銻 Sb 121.8	52 S 碲 Te 127.6	53 S 碘 I 126.9	54 G 氙 Xe 131.3 / 5
78 S 鉑 Pt 195.1	79 S 金 Au 197.0	80 L 汞 Hg 200.6	81 S 鉈 Tl 204.4	82 S 鉛 Pb 207.2	83 S 鉍 Bi 209.0	⁙84 S 釙 Po (209)	⁙85 X 砈 At (210)	⁙86 G 氡 Rn (222) / 6
⁙110 X Ds (281)	⁙111 X Rg (272)	⁙112 X Uub (285)	⁙113 X Uut (284)	⁙114 X Uuq (289)	⁙115 X Uup (288)			/ 7

64 S 釓 Gd 157.3	65 S 鋱 Tb 158.9	66 S 鏑 Dy 162.5	67 S 鈥 Ho 164.9	68 S 鉺 Er 167.3	69 S 銩 Tm 168.9	70 S 鐿 Yb 173.0	71 S 鎦 Lu 175.0
⁙96 X 鋦 Cm (247)	⁙97 X 鉳 Bk (247)	⁙98 X 鉲 Cf (251)	⁙99 X 鑀 Es (252)	⁙100 X 鐨 Fm (257)	⁙101 X 鍆 Md (258)	⁙102 X 鍩 No (259)	⁙103 X 鐒 Lr (262)

◎ 應用力學——靜力學

金佩傑╱著

　　本書依據四年制科技大學及技術學院機械學群之「應用力學」及動力機械學群之「工程力學」課程綱要為基本架構編寫，貼合技職院校一貫的教學需求。各章內容皆從基本觀念談起，要言不煩，並即時輔以精選例題加強學習效果，讓讀者能系統性地了解靜力學的概念。習題數量力求適中，並儘量避免偏澀或艱難的問題，著重觀念的啟發與應用，使讀者能藉由實際的演算練習，建立良好的分析及計算能力。

◎ 流體力學

陳俊勳、杜鳳棋╱著

　　本書共分為八章，係筆者累積多年的教學經驗，配合平常從事研究工作所建立的概念，針對流體力學所涵蓋的範疇，分門別類、提綱挈領予以規劃說明。對於航太、機械、造船、環工、土木、水利……等工程學科，本書都是研修流體力學不可或缺的教材。全書包括基本概念、流體靜力學、基本方程式推導、理想流體流場、不可壓縮流體之黏性流、可壓縮流體以及流體機械等幾個部分。每章均著重於一個論題之解說，配合詳盡的例題剖析，使讀者有系統地建立完整的觀念。章末並附有習題，提供讀者自行練習，俾使達到融會貫通之成效。

◎ 工程與設計圖學（上）（下）

王聰榮、劉瑞興╱著

　　對從事工程及設計的專業人員來說，圖學是一門必須研習的學科；唯有習得製圖與識圖之後，才能了解產品的形狀、尺寸、規格與特徵，進一步製作、設計出良好的產品。

　　本書分為上、下兩冊。上冊主要介紹基礎圖學的知識及技能，例如工程圖學之內容、製圖設備、線條及字法、應用幾何、基本投影、剖視圖、輔助視圖、習用畫法、立體圖等；下冊則深入介紹透視圖、表面粗糙度、公差與配合、徒手畫與實物測繪、工作圖、建築製圖等進階內容。

以文學閱讀科學 用科學思考哲學

生活無處不科學

潘震澤　著

◆ 科學人雜誌書評推薦、中國時報開卷新書推薦、中央副刊每日一書推薦

本書作者如是說：科學應該是受過教育者的一般素養，而不是某些人專屬的學問；在日常生活中，科學可以是「無所不在，處處都在」的！

且看作者如何以其所學，介紹並解釋一般人耳熟能詳的呼吸、進食、生物時鐘、體重控制、糖尿病、藥物濫用等名詞，以及科學家的愛恨情仇，你會發現——生活無處不科學！

兩極紀實

位夢華　著

◆ 行政院新聞局中小學生課外優良讀物推介

本書收錄了作者一九八二年在南極和一九九一年獨闖北極時寫下的科學散文和考察隨筆中所精選出來的文章，不僅生動地記述了兩極的自然景觀、風土人情、企鵝的可愛、北冰洋的嚴酷、南極大陸的暴風、愛斯基摩人的風情，而且還詳細地描繪了作者的親身經歷，以及立足兩極，放眼全球，對人類與生物、社會與自然、中國與世界 、現在與未來的思考和感悟。

說　數

張海潮　著

◆ 2006好書大家讀年度最佳少年兒童讀物獎，2007年3月科學人雜誌專文推薦

數學家張海潮長期致力於數學教育，他深切體會許多人學習數學時的挫敗感，也深知許多人在離開中學後，對數學的認識只剩加減乘除；因此，他期望以大眾所熟悉的語言和題材來介紹數學，讓人能夠看見數學的真實面貌。

科學讀書人——一個生理學家的筆記

潘震澤　著

◆ 民國93年金鼎獎入圍，科學月刊、科學人雜誌書評推薦

「科學」如何貼近日常生活？這是身為生理學家的作者所在意的！透過他淺顯的行文，我們得以一窺人體生命的奧祕，且知道幾位科學家之間的心結，以及一些藥物或疫苗的發明經過。

另一種鼓聲——科學筆記

高涌泉　著

◆ 100本中文物理科普書籍推薦，科學人雜誌、中央副刊書評、聯合報讀書人新書推薦

你知道嗎？從一個方程式可以看全宇宙！瞧瞧一位喜歡電影與棒球的物理學者筆下的牛頓、愛因斯坦、費曼……，是如何發現他們偉大的創見！這些有趣的故事，可是連作者在科學界的同事，也會覺得新鮮有趣的啊！

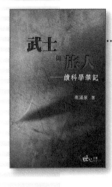

武士與旅人——續科學筆記

高涌泉　著

◆ 第五屆吳大猷科普獎佳作薦

誰是武士？誰是旅人？不同的風格湯川秀樹與朝永振一郎是20世紀日本物理界的兩大巨人。對於科學研究，朝永像是不敗的武士，如果沒有戰勝的把握，便會等待下一場戰役，因此他贏得了所有的戰役；至於湯川，就像是奔波於途的孤獨旅人，無論戰役贏不贏得了，他都會迎上前去，相信最終會尋得他的理想。　本書作者長期從事科普創作，他的文字風趣且富啟發性。在這本書中，他娓娓道出多位科學家的學術風格及彼此之間的互動，例如特胡夫特與其老師維特曼之間微妙的師徒情結、愛因斯坦與波耳在量子力學從未間斷的論戰……等，讓我們看到風格的差異不僅呈現在其人際關係中，更影響了他們在科學上的追尋探究之路。